煤炭成人高等教育“十二五”规划教材

矿山压力与岩层控制

主　编　谭云亮　赵同彬
副主编　臧传伟　顾士坦　宁建国

煤炭工业出版社
·北　京·

内 容 提 要

本书遵循、依据、参照“以上覆岩层运动为中心”的矿山压力理论体系为主线，系统介绍了矿山压力与岩层控制基础知识、采煤工作面矿压显现与顶板控制理论与技术、巷道矿压显现与围岩控制原理与技术、矿压诱发灾害的原理与预防技术、矿山压力监测预报技术等方面内容。

本书可作为煤炭高等院校采矿工程专业的专业教材，也可作为现场从事采掘工程技术人员的参考书。

前　　言

矿山压力与岩层控制是采矿工程专业一门重要的专业课程，为培养我国煤炭行业高素质人才起着重要的支撑作用。我国在矿山压力与岩层控制领域的研究历史长久，取得了丰硕的成果，学科理论与技术得到了快速发展，已经形成了比较完整的理论体系及相关的控制技术，促进了采矿行业的安全与持续发展。

我国煤田地质条件复杂，采用的采煤方法多种多样，在不同地质条件与开采技术条件下，矿山压力规律都会呈现出相应的特点。本教材的编写既充分吸收以前教材的精彩内容，又反映了当前最新、最有代表性的基本理论、普遍规律、控制技术及监测方法，全面介绍了我国研究矿山压力与岩层控制方面所取得的科研成果和生产实践经验，同时本教材也介绍了可供借鉴的国外技术和经验。

本书作为成人教材，压缩了理论部分内容，加强了基本规律、控制技术、监测方法的有关内容，突出了成人高等教育的特点，重在培养实际应用能力。本书可作为成人教育及技术培训的教材，也可供广大采矿工程技术人员参考。

本教材由谭云亮、赵同彬任主编，臧传伟、顾士坦、宁建国任副主编。具体编写分工如下：第一章由谭云亮主笔，第二章由谭云亮、赵同彬主笔，第三章由赵同彬主笔，第四章由谭云亮、宁建国主笔，第五、六章由臧传伟主笔，第七、八章由顾士坦主笔，第九章由谭云亮、顾士坦主笔，第十章由赵同彬主笔，第十一章由宁建国主笔。全书由谭云亮、赵同彬负责统稿、定稿。

本书在编写过程中引用了众多专家、学者的成果，在此深表感谢。还要感谢张富兴、庄学安、肖治民、陈淼、王俊、邹建超、杨刚帅等为本书奉献的辛勤劳动。

由于作者水平有限，缺点和错误在所难免，敬请读者给予批评指正。

编　者

2014 年 7 月

目　次

第一章　绪　　论

【本章教学目的与要求】

- 了解矿山压力研究的任务、发展历史与现状
- 理解“以上覆岩层运动为中心”矿山压力理论的基本要点
- 了解各种矿山压力假说的理论要点

【本章概述】

矿山压力与岩层控制是采矿工程专业的主干课程之一，当我们开始学习这门课程时，不免思考：为什么要学习这门课程，学不好矿压会对煤矿安全生产带来怎样的后果；矿压主要研究哪些内容；矿压课有什么特点以及如何学好本门课程等问题。

本章主要介绍矿山压力与安全生产的关系、矿压研究的主要任务、矿压研究的历史和现状、矿压课程的主要内容和学习方法。

【本章重点与难点】

本章的重点是理解矿压研究的任务并领会“以上覆岩层运动为中心”矿山压力理论的基本要点，其中掌握“以上覆岩层运动为中心”矿山压力理论要点是本章的难点。

第一节　与矿山压力有关的生产安全事故

进入“十二五”以来，我国煤矿安全生产状况总体稳定、好转，但重大事故仍有发生，煤矿安全生产形势依然严峻。在2011年和2012年两年间，全国煤矿共发生重大事故35起，平均17.5起/a，占全国各类重大事故总起数的28%。以2012年为例，全国工矿商贸企业共死亡8469人，其中，煤矿共死亡1384人，占工矿商贸企业事故死亡人数的16.34%。在整个煤矿安全事故中，顶板事故所占比例较大。同样以2012年为例，全国煤矿共发生事故779起，死亡1384人，其中顶板事故366起、死亡459人，分别占事故总起数及死亡总人数的47.0%和33.2%，如图1-1、图1-2所示。

实践证明，顶板事故频繁发生的基本原因：

（1）没有很好地研究和掌握各个具体煤层开采需要控制的岩层范围及其运动规律（包括运动发生的时间和条件等），顶板控制设计缺少理论基础。

（2）没有深入地研究和掌握各种类型支架的特性，特别是在生产现场所能达到的实际支撑能力；没有解决针对具体煤层条件选好和用好支护手段方面的问题。

（3）没有更好地揭示支架与顶板运动间的关系，以正确、合理地选择矿压控制方案。

事实上，许多煤矿事故的发生及其有效控制都与岩层运动及其所处的应力条件密切相关。其中，与岩层运动直接相关的事故包括冒顶事故、顶板透水事故等，都与采动后顶板岩层的破坏密切相关；与应力条件直接相关的事故，包括煤与瓦斯突出、冲击地压和底板突水等事故，其应力条件的实现都是在一定采动条件下岩层运动和破坏的结果，如图1-3所示。

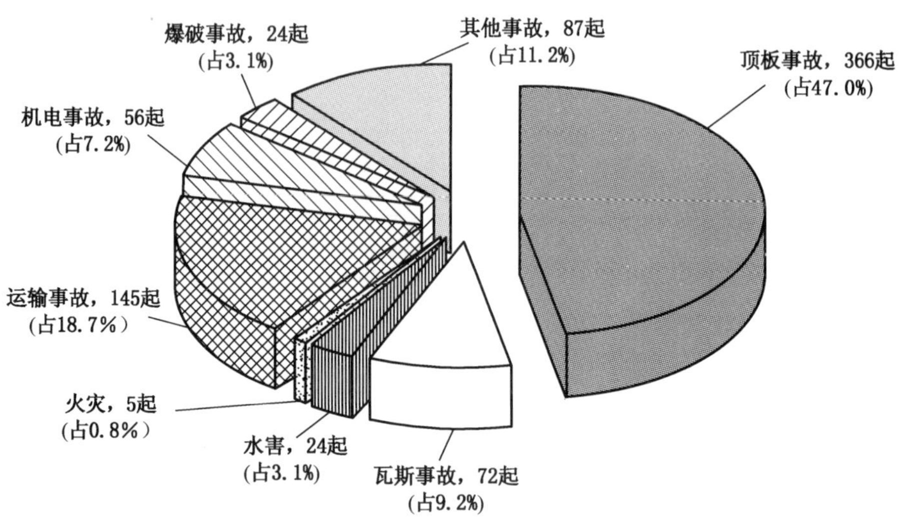

图1-1　2012年全国煤矿各类事故起数分布图

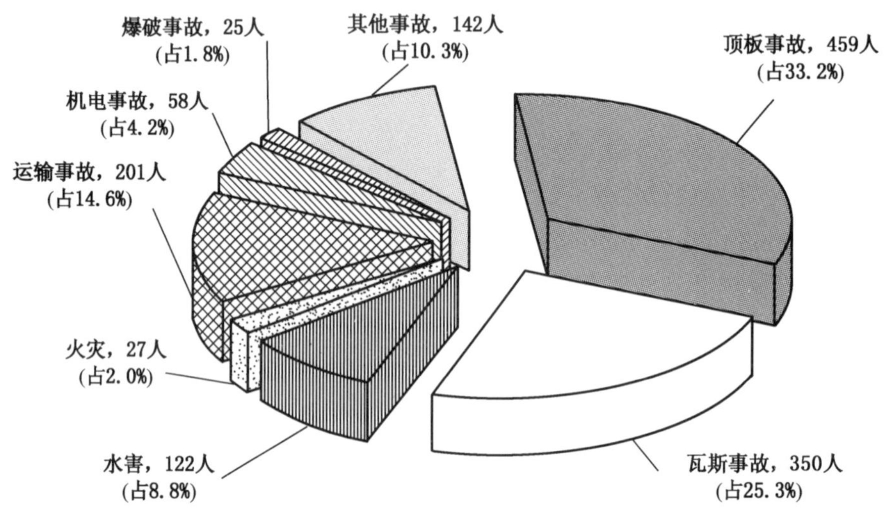

图1-2　2012年全国煤矿各类事故死亡人数分布图

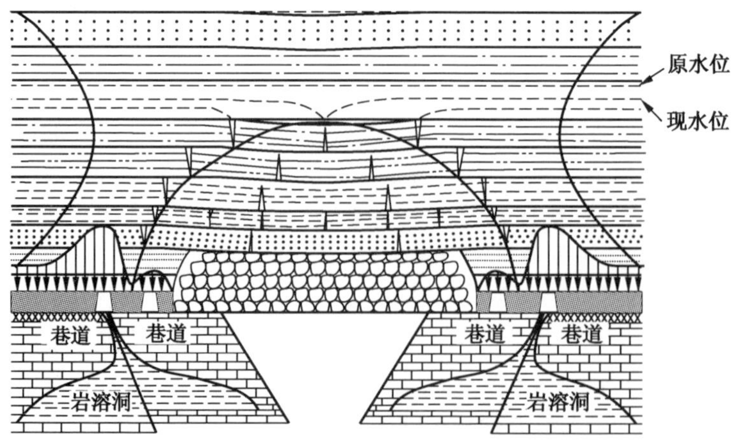

图1-3　与岩层运动相关的事故机理

因此，如果能够比较正确地预计出采煤工作面周围支承压力的分布情况（包括压力高峰位置和低应力区范围等），并在此基础上正确设计开采程序（开采的时空关系），避免在高应力区或岩层运动未稳定的部位开掘和维护巷道，则与采煤工作面矿山压力分布及岩层运动直接相关的事故就可以得到有效控制。但是，由于矿山压力及岩层运动规律掌握不清，控制方法与岩层运动不相适应，每年浪费在采煤工作面顶板控制和巷道维护上的人力和财力巨大。因此，结合我国煤矿特点进行矿山压力与岩层控制的研究，是关系到煤矿安全生产及提高经济效益的大事。

第二节　矿山压力与岩层控制研究的主要任务

根据国内外采矿工作者长期的理论和实践探索，特别是近50年来长壁开采的实践表明，矿山压力与岩层控制研究的主要任务如下：

（1）研究随采煤工作面推进，在其周围煤层及岩层中重新分布的应力（包括应力大小及方向）及其发展变化规律，这是采煤工作面矿山压力研究的重点。该应力的存在和变化是煤岩体变形、破坏和位移的根源，也是采煤工作面及周围巷道支架上压力显现的条件。

（2）研究采煤工作面支架上显现的压力及其控制方法。包括压力的来源、压力大小及与上覆岩层运动之间的关系、正确的控制设计方法等。

（3）研究在采煤工作面周围不同部位开掘和维护的巷道的矿山压力显现及其控制办法。包括不同时间开掘的巷道压力的来源，巷道支架上显现的压力的大小及其影响因素，以及支架与围岩运动间的关系等。

（4）控制采动岩层活动的主要因素分析。建立采动岩层运动和破坏的力学结构模型，从而对采煤工作面顶板矿压、采煤工作面突水、岩层移动及地表沉陷规律等进行系统描述。

（5）深部开采时采煤工作面支承压力分布、岩层结构及运动特点和围岩大变形的控制机制等。

在上述任务中，确定采掘空间的支护形式及所需的支护参数，是矿山压力研究的主要目标；而研究造成已采空间周围岩层运动，特别是产生破坏的力，则是实现上述目标的基础和关键。围绕着上述两个方面的问题，国内外采矿工作者，特别是在生产现场进行工程实践的专家，经历了长期的奋斗，已经取得许多重要的成果。

第三节　矿山压力与岩层控制研究的回顾

很早以前，采矿工作者已经发现，在煤和岩层中开挖的巷道，其支架上承受的压力远远小于已采空间上覆岩层的自然重量。即使采用长壁开采，采煤工作面支架上的压力也仅有上覆岩层重量的1%～5%。因此，采矿工作者认为已采空间是在某种结构的掩护之下的。根据在不同煤层条件下的开采经验，许多采矿工作者提出了不同的掩护结构模型，用以解释开采过程中出现的矿山压力现象，设计和选择采掘空间的支护形式及所需的反力，从而形成了各种假说。其中，适应于一般的煤层条件、具有一定历史地位和代表性的假说，大致可以归纳为以下几类。

一、掩护“拱”和掩护“梁”假说

掩护“拱”假说的基本观点：①采动形成的工作空间是在一种“拱”结构的掩护之下的；②“拱”结构承担上覆岩层的重量，通过拱脚传递到煤层及岩体上的压力及由此在煤岩体中形成的应力，是煤层及岩层破坏的原因，也是“拱”结构自身向外扩展的条件；③采煤工作面空间的支护仅承受拱内已破坏岩层的重量，支架在“拱”结构所圈定的破碎岩石荷重下工作——在一定的载荷条件下工作，支架上显现的压力大小与支架本身的力学特性无关。根据对拱的性质及形成条件的解释，其又可叫做自然平衡拱假说。

掩护“梁”的有关假说的主要观点可归纳如下：①采煤工作面是在一系列“梁”的掩护之下的。这些梁在垮落前能将自身的重量传递至前后两端支承岩体上，从而形成支承压力。②“梁”的破坏（垮落）和沉降是采煤工作面支架上压力显现的根源。③支架可能在由已破坏的岩石重力所“给定”的“一定载荷条件下”工作，也可能在由岩梁沉降所决定的“一定变形条件下”工作，即支架存在着“给定载荷”和“给定变形”两种工作状态。其中，在“给定变形”条件下工作的支架，其压力显现的大小仅取决于支架自身的力学特性（即自身的变形量与产生的阻抗力间的关系）。因此，当顶板的下沉量（顶底板移近量）和支架力学特性已知时，顶板压力即可事先确定。④支架的阻抗力（支架反力）相对于岩层压力来说是微不足道的，因此不可能对顶板下沉量产生影响。也就是说，支架在改变采煤工作面顶板下沉量方面是无能为力的。因此，支架的作用在于防止已碎岩体垮落和保持各种属性结构梁的连续性，不必要也不可能在改变顶板下沉量方面发挥作用。基于这种认识，有些学者（苏联的 K・B・鲁宾涅特）把研究和确定采煤工作面上覆岩层的整体下沉曲线及由此所决定的顶板下沉量作为采煤工作面矿压控制研究的关键。

从上述所列“梁”假说的共同点可以看到，与“拱”假说相比，“梁”假说在解释采煤工作面支架上压力显现的规律方面（包括压力的来源、压力大小、支架的力学特性及围岩运动间关系等）有了重要的发展。代表性的掩护“梁”假说有“悬臂梁”假说、“预生裂隙梁”假说和“铰接岩块”假说 3 种。

二、砌体梁结构力学模型与关键层理论

众所周知，煤层开采后上覆岩层将形成结构，该结构的形态及其稳定性将直接影响采煤工作面支架的受力大小及其参数和性能的选择，同时也将影响开采后上覆岩体内节理裂隙和离层区的分布以及地表塌陷的形态。因此，采煤工作面上覆岩层形成的结构特点及其形态一直为采矿工作者所重视。

1. 砌体梁模型

砌体岩梁理论的主要研究工作始于 20 世纪 60 年代初期，直到 70 年代末，以中国矿业大学钱鸣高院士为代表的研究人员才借助大屯孔庄矿开采后岩层内部移动观测资料，正式提出上覆岩层开采后呈砌体梁式平衡的结构力学模型。砌体梁假说认为，在基本顶岩梁达到断裂步距之后，随着工作面的继续推进，岩梁将会折断，但断裂后的岩块由于排列整齐，在相互回转时能形成挤压，由于岩块间的水平力以及相互间形成的摩擦力的作用，在一定条件下能够形成外表似梁实则为半拱的结构。这种平衡结构形如砌体，故称之为砌体

梁。

采动后岩体内形成的砌体梁力学模型是一个大结构，而在此大结构中影响采煤工作面顶板控制的主要是岩层移动中形成的离层区附近的关键岩块。显然，关键块平衡与否直接影响采煤工作面顶板的稳定性和支架的受力大小。因此，在砌体梁结构研究的前提下，应重点分析其中关键块的平衡关系。在这项研究中主要提出了砌体梁关键块的滑落和回转变形稳定条件，即“$S-R$”稳定条件。

2. 关键层理论

20 世纪末，钱鸣高院士、缪协兴教授等在砌体梁理论研究的基础上提出关键层理论。众所周知，由于煤系地层的分层特性存在差异，因而各岩层在岩体活动中的作用是不同的。有些较为坚硬的厚岩层在活动中起控制作用，即起承载主体与骨架作用；有些较为软弱的薄岩层在活动中只起加载作用，其自重大部分由坚硬的厚岩层承担。因此，关键层的定义可表述如下：在采煤工作面上覆岩层部分或直至地表的全部岩层活动中起控制作用的岩层称为关键层。关键层判别的主要依据是其变形和破断特征，在关键层破断时，其上覆全部或部分岩层的下沉变形是协调一致的，前者称为岩层活动的主关键层，后者称为亚关键层。也就是说，关键层的断裂将导致全部或相当部分的上覆岩层产生整体运动。显然，关键层的断裂步距即为全部或部分上覆岩层的断裂步距，其断裂将引起明显的岩层运动和矿压显现。关键层的断裂步距由其厚度、强度和载荷大小决定。

一般来说，关键层即为主承载层，在破断前以“板”（或“梁”）的结构形式承受上覆岩层的部分重量，断裂后则形成砌体梁结构，其结构形态即是岩层移动的形态。而各亚关键层之间或主关键层和亚关键层之间形成了岩体内部的离层。

采场上覆岩层中的关键层有如下特征：

（1）几何特征，相对于其他相同岩层而言厚度较大。

（2）岩性特征，相对于其他岩层而言较为坚硬，即弹性模量较大、强度较高。

（3）变形特征，在关键层下沉变形时，其上覆全部或局部岩层的下沉量是同步协调的。

（4）破断特征，关键层的破断将导致全部或局部上覆岩层的破断，从而引起较大范围的岩层移动。

（5）支承特征，关键层破坏前以“板”（或“梁”）的结构形式作为全部或局部岩层的承载主体，断裂后则成为砌体梁结构，继续作为承载主体。

三、以上覆岩层运动为中心的矿山压力理论

山东科技大学宋振骐院士等建立了“以上覆岩层运动为中心”的矿山压力理论，即传递岩梁理论。

“以上覆岩层运动为中心”的矿压理论，就是要力争在搞清上覆岩层运动发展规律、矿山压力的分布和显现与上覆岩层运动间关系的基础上，解决有关的矿压控制问题。显然，对于一个采煤工作面来说，如果不知道顶板中哪些岩层需要控制，不知道这些岩层大面积运动发生的时间、范围以及可能的运动方向，控制设计将是盲目的。同样，如果不了解支承压力分布随上覆岩层运动发展变化的规律，不能根据具体的条件（包括时间、地点及上覆岩层运动的发展情况等）搞清采煤工作面四周压力的真实分布情况，要正确选

择巷道合理的开掘位置和时间，解决好巷道支护所必需的阻力和缩量等方面的问题也是不可能的。

“以上覆岩层运动为中心”的矿山压力与岩层控制理论核心要点如下：

（1）强调“矿山压力”与“矿山压力显现”两个基本概念间的区别和联系。认为：矿山压力（即采动后促使围岩运动的力）的存在是绝对的，在任何已采空间的周围岩体中都存在着。但是矿山压力显现（包括围岩变形、位移和破坏，以及支架受力、下缩和折损等）则是相对的，有条件的，因而也是可以控制的。进行矿山压力研究的目的，就是要创造条件，把矿山压力的显现控制在安全上可靠、技术上可能、经济上合理的范围内。

（2）和其他工程不同，煤矿的采煤工作面始终是处在不断推进和发展的过程中的。因此，无论是存在于围岩中的“矿山压力”，还是由矿山压力作用而引起的“矿山压力显现”，都不是静止的。相反，它们都随采煤工作面推进而处于不断发展和变化过程中。造成这一发展变化的根本原因就是上覆岩层的运动。

（3）影响采煤工作面矿山压力显现的岩层范围是有限的、可知的和可以变化的。实践证明，对采煤工作面矿山压力显现有明显影响的岩层范围，仅是上覆岩层中很小的一部分，包括“直接顶”和“基本顶”两部分。对“直接顶”和“基本顶”的定义和界限不能只简单地考虑岩层的垮落性能，必须从岩层运动可能的发展程度及其运动时对压力显现的作用和影响，特别是在控制要求的差别上，从定性和定量两个方面给出更确切的含义。因此，“直接顶”是指在采空区已经垮落的岩层的总和。由于它们在推进方向上不能始终保持传递力的联系，因此一旦运动，其作用力将由支架全部承担。“基本顶”则是由运动对采煤工作面矿山压力显现有明显影响的“传递岩梁”（简称“岩梁”）组成，对于“基本顶”中每一“岩梁”，由于能始终保持向煤壁前方和采空区矸石上传递力的联系，因此，当其运动时，其作用力无须由支架全部承担。支架承担“岩梁”作用力的大小，由对岩梁“位态”的控制情况决定。

（4）研究基本顶来压时刻的“支架－围岩”关系，包括支架对直接顶的控制方式和对基本顶岩梁的控制方式两部分。其中，为了控制直接顶，只能采取“给定载荷”的工作方式，即必须考虑直接顶的作用力全部由支架承担。研究证明，这个作用力可以看成是一个与基本顶位态控制无关的常数。对于基本顶岩梁的控制，可以采取以下两种工作方式：

①“给定变形”工作方式。岩梁的位态（或在既定控顶距处的顶板下沉量）由岩梁自身的强度和两端支承的刚度条件决定，没有受到支架阻抗力的限制。

②“限定变形”工作方式。岩梁的位态受到支架阻抗力的限定。支架的阻抗力愈大，岩梁的位态愈高（即在既定控顶距处的顶板下沉量愈小）。此时，支架在既定控顶距和合力作用点的情况下，承受的作用力大小取决于对岩梁位态的控制要求，与支架的刚度等力学特性无关。

第四节　本书的主要内容与学习方法

一、主要内容

本书遵循、依据、参照“以上覆岩层运动为中心”的矿山压力理论体系为主线，主要内容分为五大部分：

第一部分是矿山压力与岩层控制基础知识，包括岩体的物理力学性质及特征，地应力以及采动应力等，为本书第二、三章的内容。

第二章 岩石与岩体的基本性质。通过本章的学习，了解岩石与岩体的基本物理力学性质，掌握变形参数、强度参数的定义，熟悉岩石基本物理力学性能的测试分析方法，了解岩石与岩体的工程分类方法。

第三章 矿山岩体原岩应力及采动应力。通过本章的学习，了解原岩应力构成、自重应力场计算方法、地应力分布规律与测试方法，熟悉孔洞周围弹性应力分布规律与应力集中，了解孔洞周围弹塑性二次应力分布规律，理解采动应力在岩层中的分布形式与传递特征。

第二部分是采煤工作面矿压显现与顶板控制理论与技术，包括覆岩运动规律、支承压力分布规律、支架-围岩关系、不同条件下的顶板控制设计、顶板控制等，为本书第四、五、六章的内容。

第四章 工作面覆岩运动及矿山压力显现规律。通过本章的学习，了解矿山压力、矿山压力显现、直接顶、基本顶、支承压力、内外应力场的概念，理解直接顶和基本顶结构特点，掌握确定直接顶、基本顶厚度的方法与步骤，沿采煤工作面纵向及推进方向顶板运动规律，支承压力在采煤工作面不同推进阶段的发展变化规律。

第五章 回采工作面顶板控制设计。通过本章的学习，熟悉常用支架工作特性、支架实际支撑能力的影响因素，理解采煤工作面矿压控制设计的要求与目标，掌握顶板控制设计的一般方法与步骤，能够进行综采工作面和单体支柱工作面的顶板控制设计，并了解日常的顶板控制方法和措施。

第六章 典型采煤工作面矿压控制。通过本章的学习，了解放顶煤工作面、大采高工作面、急倾斜采煤工作面、房柱式采煤工作面和浅埋煤层长壁工作面的矿压显现特点，理解与掌握各自的顶板结构及其控制方法，了解采煤工作面常见的顶板灾害及防治方法。

第三部分是巷道矿压显现与围岩控制原理与技术，包括巷道矿压显现规律、围岩稳定性因素及分析、围岩控制原理与技术等，为本书第七、八章的内容。

第七章 巷道矿压显现规律与稳定性。通过本章的学习，掌握采动对巷道矿压显现规律的影响、软岩巷道围岩变形破坏规律，了解影响巷道稳定性的因素。

第八章 巷道围岩控制原理与技术。通过本章的学习，了解巷道围岩支护原则，掌握外撑式支护机理与技术、锚杆支护机理与技术，了解巷道冒顶预防技术与措施。

第四部分是矿压诱发灾害的原理与预防技术，主要包括冲击地压、地表沉陷、底板突水、瓦斯突出 4 类灾害，为本书第九、十章的内容。

第九章 冲击地压防治。通过本章的学习，理解冲击地压发生的原因、机理及预测方法，掌握预防冲击地压的技术措施。

第十章 采动诱发相关灾害及防治。通过本章的学习，了解地表沉陷、底板突水、瓦斯突出与矿压的相关性，掌握由煤矿开采引起的 3 类典型灾害机理、显现规律，了解矿压诱发相关灾害的预测与防治方法。

第五部分是矿山压力监测预报技术，主要包括常用矿压监测仪器、监测系统布置、监测数据处理和分析、矿压预测预报等，为本书第十一章的内容。

第十一章　矿山压力监测技术与数据分析方法。通过本章的学习，了解矿山压力监测常用仪器工作原理，掌握工作面以及采煤工作面附近巷道矿山压力的监测内容及数据分析方法。

二、学习方法和要求

本课程学习的基本要求是搞清基本概念，领会基本原理，理解重点知识，建立矿压理论体系，掌握相关的计算、选型、分析、设计、管理及监测方法与手段，理论密切联系实践，坚持从实践中来、到实践中去。

思考与练习题

(1) 顶板事故在煤矿生产安全事故中所占比例如何？其发生的根本原因是什么？

(2) 简述矿山压力与岩层控制研究的主要任务。

(3) 矿山压力与岩层控制研究历史上产生的假说有哪些？简要叙述各假说的内容。

(4) 介绍关键层理论内容，并评述其适用于哪些工程条件。

(5)“以上覆岩层运动为中心”的矿山压力理论的核心观点是什么？

第二章　岩石与岩体的基本性质

【本章教学目的与要求】

- 掌握描述岩石基本物理性质的指标及定义
- 了解岩石在不同载荷条件作用下的变形及强度特性
- 理解区分岩石与岩体基本物理力学性质的影响因素
- 掌握岩石与岩体的分类方法及分类标准

【本章概述】

矿山采掘工程的施工对象是煤岩介质，其基本工程目标就是开挖与支护控制。矿山压力与岩层控制相关理论及技术对采矿工程至关重要，对矿山安全生产起到了科学指导作用，掌握岩石与岩体的基本性质是本门课程知识的学习前提。

本章主要介绍岩石的基本物理性质、岩石的变形与强度特性、岩体的基本物理力学性质、岩石与岩体的分类方法及分类标准。

【本章重点与难点】

本章的重点是理解并掌握与岩石物理力学相关的基本概念，尤其是注重描述矿山岩体工程特征方面的知识点，包括岩石的碎胀性与压实性、孔隙性与渗透性、岩石静载单向压缩变形曲线、普氏岩石分类、煤炭行业岩体分类。本章的难点是岩石流变特性、摩尔－库仑强度理论、围岩松动圈分类。

第一节　岩石的基本物理性质

一、岩石的基本概念

岩石是组成地壳的基本物质，由各种造岩矿物或岩屑在地质作用下按一定规律组合而成。为与自然状态下的岩体有所区别，多数岩石力学文献中，岩石是指从岩体中取出的、尺寸不大的块体物质，有时又称岩块。

二、岩石的质量指标

1. 岩石的密度和重力密度

岩石单位体积（包括岩石内孔隙体积在内）的质量，称为岩石的密度，又称质量密度。岩石的密度又可分为干密度和湿密度两种。干密度是指单位体积岩石绝对干燥时的密度，湿密度是指天然含水或饱水状态下的密度。

$$\rho_c = \frac{G}{V} \tag{2-1}$$

$$\rho = \frac{G_1}{V} \tag{2-2}$$

式中 ρ_c——岩石的干密度，kg/m³；

ρ——岩石的湿密度，kg/m³；

G——岩石试件烘干后的质量，kg；

G_1——岩石试件（天然含水或饱水）的质量，kg；

V——岩石试件的体积，m³。

在一般情况下，岩石干、湿密度的数值差别不大，但对于某些黏土类岩石，区分干、湿密度具有重要意义。岩石密度取决于岩石的矿物成分、孔隙度和含水量。当其他条件相同时，岩石的密度在一定程度上与埋藏深度有关，靠近地表的岩石密度往往较小，而深部的致密岩石一般具有较大的密度。

岩石的重力密度是指单位体积（包括孔隙体积）岩石的重力。为方便计算，工程实践中，可根据岩石的密度换算出岩石的重力密度，用下式表示：

$$\gamma = \rho g \tag{2-3}$$

式中 γ——岩石的重力密度，kN/m³；

ρ——岩石的密度，kg/m³；

g——重力加速度，取9.8 m/s²。

2. 岩石的相对密度

岩石的相对密度，是指岩石固体部分实体积（不包括空隙）的质量与同体积4 ℃水的质量之比值。其计算公式为

$$d = \frac{G}{V_c \rho_w} \tag{2-4}$$

式中 d——岩石的相对密度；

G——绝对干燥时体积为 V_c 的岩石质量，kg；

V_c——岩石固体部分实体积，m³；

ρ_w——水的密度，kg/m³。

岩石的相对密度取决于组成岩石的矿物相对密度，与岩石的空隙和吸水多少无关，且随岩石中重矿物含量的增多而增大。

三、岩石的体积指标

1. 岩石的孔隙性

天然岩石中包含着数量不等、成因各异的孔隙和裂隙，是岩石的重要结构特征之一。在工程实践中很难将两者分开，因此统称为岩石的孔隙性。岩石的孔隙性是岩石中孔洞和裂隙发育程度的指标，岩石的孔隙性常用孔隙率 n 和孔隙比 e 表示。

岩石的孔隙率是指岩石各种孔洞和裂隙体积总和与岩石总体积的比值，以百分数表示。岩石的孔洞、裂隙有的与大气相通，有的不相通，其表达式如下：

$$n = \frac{V - V_c}{V} = 1 - \frac{V_c}{V} = 1 - \frac{V_c}{G} \times \frac{G}{V} = 1 - \frac{\rho_c}{d\rho_w} \tag{2-5}$$

式中 n——岩石的孔隙率，%；

V——岩石总体积，m³；

V_c——岩石试件内固体矿物颗粒体积，m³。

孔隙率是衡量岩石工程质量的重要物理性质之一。岩石孔隙率反映了孔隙和裂隙在岩石中所占的百分率，孔隙率越大，岩石中的孔隙和裂隙就越多，岩石的力学性能则越差。

岩石的孔隙比是指岩石试样中孔隙的体积与岩石内固体部分实体积（不包括岩石中孔隙）之比，其公式为

$$e = \frac{V - V_c}{V_c} = \frac{V}{V_c} - 1 = \frac{d\rho_w}{\rho_c} - 1 \tag{2-6}$$

根据岩石试件中三相体的相互关系，孔隙率 n 与孔隙比 e 存在着如下关系：

$$e = \frac{n}{1 - n} \tag{2-7}$$

岩石的孔隙性质对岩石其他性质有显著影响。随着岩石孔隙率增大，削弱了岩石的整体性，使得岩石的密度和强度随之降低，透水性增大；另外，孔隙的存在会加快岩石风化速度，进一步增大岩石透水性和降低岩石力学强度。

2. 岩石的碎胀性和压实性

岩石的碎胀性是指岩石破碎后的体积比破碎前的体积增大的性质。常用岩石的碎胀系数 K_p 来表示，即岩石破碎后处于松散状态下的体积与岩石破碎前处于整体状态下的体积之比，其表达式如下：

$$K_p = \frac{V'}{V} \tag{2-8}$$

式中　K_p——岩石碎胀系数；

V'——岩石破碎膨胀后的体积，m^3；

V——岩石处于整体状态下的体积，m^3。

岩石的碎胀系数对矿山压力控制，特别是对煤矿工作面的顶板控制有重要意义。在井巷掘进中，选用装载、运输及提升等设备的容器时，必须考虑岩石的碎胀系数；岩石爆破所需膨胀空间大小和对自由空间的充填作用也与岩石的碎胀系数有关。碎胀系数与岩石的物理性质、破碎后块度的大小及其排列状态等因素有关。例如，坚硬岩石呈大块破坏且整齐排列时，碎胀系数较小；岩石破碎后块度较小且排列较杂乱，则碎胀系数较大。

在维护岩石稳定性时，岩石的碎胀性可用岩石破碎后处于一定压缩应力状态下的单位体积的增量来衡量，该值称为岩石的碎胀应变，即

$$\varepsilon_v = \frac{V_1 - V}{V} \tag{2-9}$$

式中　ε_v——岩石的碎胀应变；

V_1——岩石破碎膨胀后的体积，m^3；

V——岩石处于破碎前整体状态下的体积，m^3。

岩石的碎胀应变与岩石的受力、岩石强度和岩石类型等有关。在低应力情况下，强度低的岩石，其破坏后块体的张开程度及滑移量较小，岩石破裂后单位体积的应变也较小；强度高的岩石，其破坏后块体的张开程度及滑移量较大，岩石破裂后单位体积的应变也较大。

岩石的压实性是指岩石破碎后，在其自重和外加载荷的作用下会逐渐压实，体积随之减小，碎胀系数比初始破碎时相应变小。这种压实后的体积与破碎前原始体积之比，称为残余碎胀系数。

四、岩石的水理性

岩石与水相互作用时所表现的性质称为岩石的水理性，主要是吸水性、渗透性、软化性和抗冻性。

1. 岩石的吸水性

岩石的吸水性是指遇水不崩解的岩石，在一定试验条件下吸入水分的性能。它取决于岩石孔隙的数量、大小、开闭程度和分布情况。通常以岩石的自然吸水率、饱和吸水率和饱水系数表示。

岩石的自然吸水率 w 是指在常温常压下吸入水的质量 g 与试件烘干质量 G 的比值，以百分率表示，即

$$w=\frac{g}{G} \tag{2-10}$$

岩石的饱和吸水率 w_s 是指试件在真空或加压（一般为 15 MPa）条件下吸入水分的质量 g_s 与试件的烘干质量 G 之比，简称饱水率，即

$$w_s=\frac{g_s}{G} \tag{2-11}$$

饱水系数 J 则是指岩石的自然吸水率 w 与饱和吸水率 w_s 之比，一般 $J=0.5\sim0.8$。

2. 岩石的渗透性

岩石能被水透过的性能称为岩石的渗透性。水只能沿连通孔隙渗透，岩石的渗透系数是表征岩石透水能力强弱的指标，也叫渗透率。可用渗透系数衡量（表 2－1），它主要决定于岩石孔隙的大小、方向及其相互连通情况。

表 2－1　某些岩石的渗透系数值

岩石名称	孔隙情况	渗透系数/(cm·s^{-1})
花岗岩	较致密、微裂隙	$1.1\times10^{-12}\sim9.5\times10^{-11}$
	含微裂隙	$1.1\times10^{-11}\sim2.5\times10^{-11}$
	微裂隙及部分粗裂隙	$2.8\times10^{-9}\sim7\times10^{-8}$
石灰岩	致密	$3\times10^{-12}\sim6\times10^{-10}$
	微裂隙、孔隙	$2\times10^{-9}\sim3\times10^{-6}$
	空间较发育	$9\times10^{-5}\sim3\times10^{-4}$
片麻岩	致密	$<10^{-13}$
	微裂隙	$9\times10^{-8}\sim4\times10^{-7}$
	微裂隙发育	$2\times10^{-6}\sim3\times10^{-5}$
辉绿岩、玄武岩、砂岩	致密	$<10^{-13}$
	较致密	$10^{-13}\sim2.5\times10^{-12}$
	孔隙较发育	5.5×10^{-6}
页岩	微裂隙发育	$2\times10^{-10}\sim8\times10^{-9}$
片岩	微裂隙发育	$10^{-9}\sim5\times10^{-8}$
石英岩	微裂隙	$1.2\times10^{-10}\sim1.8\times10^{-10}$

渗透系数一般通过在钻孔中进行抽水试验或压水试验测定。不同岩石的透水性有很大差别，即使同一种类型岩石，不同条件下其透水性也有很大不同。

3. 岩石的软化性

岩石浸水后强度降低的性能称为岩石的软化性，常用软化系数来衡量。软化系数是岩样饱水状态下单轴抗压强度与自然干燥状态下单轴抗压强度的比值，即

$$\eta_c = \frac{\sigma_{cw}}{\sigma_c} \leqslant 1 \qquad (2-12)$$

式中　η_c——岩石的软化系数；

σ_{cw}——饱水岩样的抗压强度，MPa；

σ_c——自然风干岩样的抗压强度，MPa。

岩石浸水后的软化程度，与岩石中亲水矿物和易溶性矿物的含量、孔隙的发育程度、水的化学成分以及岩石浸水时间长短等因素有关。亲水矿物和易溶矿物含量越多、张性裂隙越发育，则岩石浸水后强度降低程度越大。

研究岩石的软化性，对用高压注水法控制坚硬难垮落顶板有重要意义。岩石普遍具有软化性，即岩石的软化系数一般小于1。

4. 岩石的抗冻性

岩石抵抗冻融破坏的性能称为岩石的抗冻性，通常用抗冻系数表示。岩石的抗冻系数 c_f 是指岩样在 ±25 ℃的温度区间内，反复降温、冻结、升温、融解，其抗压强度有所下降，岩样抗压强度的下降值与冻融前的抗压强度的比值，即为抗冻系数，用百分率表示，即

$$c_f = \frac{\sigma_c - \sigma_{cf}}{\sigma_c} \times 100\% \qquad (2-13)$$

式中　c_f——岩石的抗冻系数；

σ_c——岩样冻融前的抗压强度，MPa；

σ_{cf}——岩样冻融后的抗压强度，MPa。

岩石在反复冻融后其强度降低的主要原因：构成岩石的各种矿物的膨胀系数不同，当温度变化时，由于矿物的胀缩不均而导致岩石结构的破坏；当温度降到0 ℃以下时，岩石孔隙中的水将结冰，其体积增大约9%，会产生很大的膨胀压力，使岩石的结构发生改变，直至破坏。

五、岩石的热性和电磁性

1. 岩石的容热性和热膨胀性

岩石的容热性指岩石进行热交换时所吸收热量的能力，用岩石的比热容（C）和容积热容（C_v）表示。前者指不存在相转变条件下，单位质量的岩石温度变化1 ℃时所需热量，单位是J/(kg·℃）或cal/(kg·℃)；后者则是使单位体积的岩石温度变化1 ℃时所需的热量，单位是J/(m^3·℃）或cal/(m^3·℃)。比热容和容积热容都是表征岩石储热能力的物理量，两者之间的关系为 $C_v = C\rho$（ρ 为岩石密度）。岩石的比热容取决于岩石中所含矿物的成分及含量，当温度和压力变化范围不大时，岩石的比热容可视为常数。

岩石受热后其体积和长度发生膨胀的性质称为岩石的热膨胀性，常用线膨胀系数

(α_l) 和体膨胀系数 (α_v) 表征。岩石的线膨胀系数是岩石试件在温度每升高 1 ℃所引起的长度增量与其 0 ℃时长度之比；岩石的体膨胀系数则是岩石试件在温度每升高 1 ℃所引起的体积增量与其 0 ℃时体积之比。一般岩石的体膨胀系数为线膨胀系数的 3 倍，即 $\alpha_v = 3\alpha_l$。

2. 岩石的电磁特性

任何岩石都具有电磁特性，在工程地质勘探过程及矿山异常动力现象研究中，有时要用到岩石的电磁特性，它的表征指标有岩石的导电性和磁性。岩石的导电性是指岩石介质传导电流的能力，常用电阻率表示。岩石的电阻率是指沿岩石试样体积电流方向的直流电场强度与该处电流密度的比值。岩石的磁性包括感应磁性及剩余磁性，前者指岩石被现代地磁场磁化而产生的磁性，后者则指岩石形成过程中被当时地磁场磁化所保留下来的磁性。

第二节 岩石的变形特性

岩石在载荷作用下，首先发生的物理变化是变形。随着载荷的不断增加，或在恒定载荷作用下，随时间的增长，岩石变形逐渐增大，最终导致岩石破坏。岩石变形有弹性变形、塑性变形和黏性变形 3 种。

一、静载荷单向压缩下岩石的变形特征

在外力作用下岩石产生变形的规律，可以用在刚性试验机上得到的岩石应力－应变关系来说明。在单向压力作用下，岩石试件的应力－应变全程曲线如图 2－1 所示。

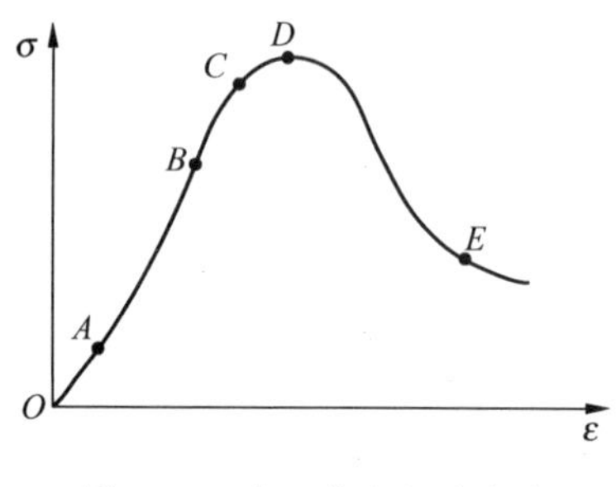

图 2－1 岩石单向压缩试验应力－应变曲线

全应力－应变曲线可将岩石的变形分为下列 5 个阶段：

O—A 段，压密阶段。岩石应力－应变曲线呈上凹形，岩石中原有裂隙和孔隙受压后逐渐闭合，岩石体积被压缩。此阶段试件横向膨胀较小，试件体积随载荷增大而减小。

A—B 段，线弹性阶段。岩石体积继续压缩，应力－应变曲线近似呈直线形，相应 *B* 点的应力值成为弹性极限。这一阶段常用弹性模量和泊松比两个参数来描述岩石的应力－应变的关系。在国际工程岩体试验方法标准中，弹性模量 E 是用应力－应变直线段的斜率来表示，该值被称作平均模量；泊松比 μ 是指在弹性阶段中，岩石的横向应变与纵向应变之比值。这是描述岩石侧向变形特性的一个参数，它应与弹性模量相对应，在同一个应力范围内计算其值。

B—C 段，弹塑性过渡阶段。岩石的应力－应变曲线从 *B* 点开始偏离直线，岩石开始有微破裂不断产生，岩石的体积由压缩转向膨胀，对应曲线上 *C* 点的应力值成为屈服极限。

C—D 段，塑性阶段。应力－应变曲线呈上凸形，曲线斜率逐渐减小，岩石破裂速度加快，因此也称破裂发展阶段，岩石体积膨胀加速。如果在 *CD* 段卸载，会出现塑性滞环，变形不能完全恢复。*D* 点对应的应力称为强度极限 (σ_{max}) 或峰值强度。

D 点以后阶段，破坏阶段，又称后破坏阶段。此阶段为应力 - 应变曲线的峰后阶段。达到 D 点时岩石发生破坏，体积快速增长，岩石抵抗载荷能力很快下降，最后达到并保持一定的强度。此阶段最后保持的强度称为残余强度，这说明岩石在达到极限强度以后，仍然存在着承载能力。

由上述分析可以看出，岩石在弹性阶段体积变小，在塑性阶段体积开始增大，大约在强度极限 D 点后体积很快超过原体积。岩石在塑性阶段的体积膨胀称为岩石的扩容，主要是由于变形引起裂隙发展和张开而造成的。极限强度 D 点后的体积膨胀称为岩石的碎胀，主要是由于岩石的破裂造成的。

岩石受载后，永久变形或全变形小于5% 者为脆性破坏，这种岩石称为脆性岩石；永久变形或全变形大于5% 者为塑性破坏，这种岩石称为塑性岩石。岩石的脆性和塑性是影响破岩和支护难易程度的主要因素之一。

二、静载荷三向压缩下岩石的变形特征

在自然条件下，岩体绝大多数是处于三向压缩状态。实验证明，有围压作用时的岩石变形特性与单向压缩时的变形特性不尽相同。图 2 - 2 所示为大理岩的等围压（$\sigma_2 = \sigma_3$）三轴试验结果下的应力 - 应变曲线。

首先，随着围压的增大岩石的抗压强度明显增加，岩石的变形显著增大，产生明显的塑性变形，岩石的弹性极限显著增大；另外，随着围压增大，岩石逐渐由脆性岩石转化为塑性岩石。图 2 - 2 中，大理岩在围压为零或较低时，岩石呈现出脆性性质；当围压增大到 50 MPa 时，呈现出由脆性向塑性的转化；围压增大到 68. 5 MPa 时，呈现出塑性流动；围压增加到 165 MPa 时，则岩石屈服后的应力差值（$\sigma_1 - \sigma_3$）随应变的增加而稳定增长，出现应变硬化现象。

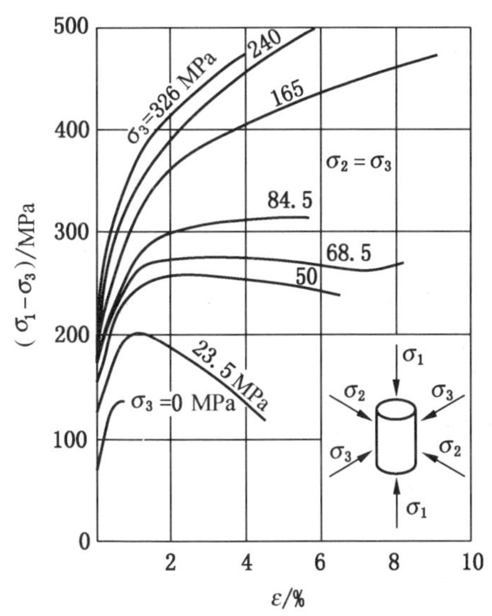

图 2 - 2　不同围压下大理岩的应力 - 应变曲线

在不同岩性下，围压对岩石变形模量的影响也不相同。在坚硬少裂隙的岩石中其影响较小，而在软弱多裂隙的岩石中其影响较大。对砂岩来说，随围压增大，其弹性模量在屈服前可提高 20%，而到接近破坏前则下降 20% ~40%。但一般而言，随着围压的增加，岩石的弹性模量和泊松比都会有一定程度的提高。

三、岩石的流变特性

1. *岩石流变类型*

各种岩土工程都与时间因素有关，时间对岩石变形特性的影响称为岩石的变形时间效应，与时间因素有关的应力 - 应变现象统称为流变。

岩石的流变性质可分为：

（1）蠕变：应力不变条件下，应变随时间延长而增加的现象。

（2）松弛：应变一定时，应力随时间延长而减小的现象。

（3）弹性后效：加载（或卸载）后经过一段时间应变才增加（或减小）到一定数值的现象。

（4）黏性流动：岩石在蠕变发生一段时间以后卸载，部分变形永久不能恢复的现象。

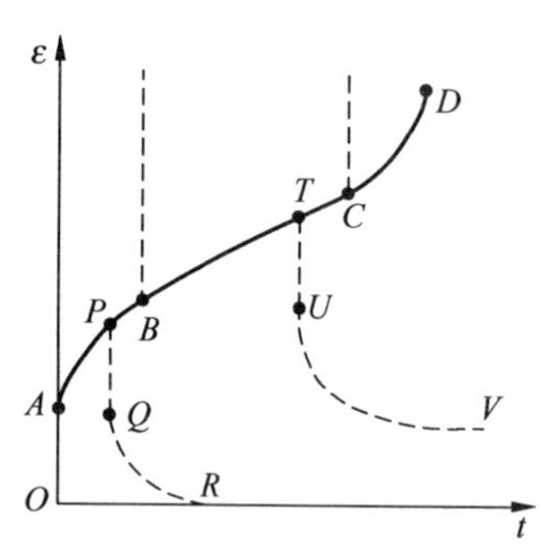

图2-3 典型的蠕变曲线

2. 岩石蠕变特性

随着采矿等岩体工程规模日益增大，岩石的流变问题已成为十分重要的问题，但对研究岩石力学性质关系更密切的是蠕变。反映蠕变特性的变形-时间曲线称为蠕变曲线，图2-3显示了以时间为横坐标，应变为纵坐标的典型的蠕变曲线。从曲线形态上看，可将与时间有关的曲线分成4个阶段：

O—*A* 阶段，瞬时变形阶段。在加载瞬间，岩石立即产生一瞬时弹性应变，此段所经时间极短，可以认为与时间无关。

A—*B* 阶段，第一阶段蠕变（又称初始蠕变、过渡蠕变或阻尼蠕变）。在施加外载荷并当外载荷维持一定的时间后，岩石将产生一部分随时间而增大的应变，此时的应变速率将随时间的增长逐渐减小，蠕变曲线呈下凹形，并向直线状态过渡。在此阶段，若卸去外载荷，则最先恢复的是岩石的瞬时应变，如图中的 *PQ* 段；之后，随着时间的增加，其剩余应变亦能逐渐地恢复，如图中的 *QR* 段。*QR* 段曲线的存在，说明岩石具有随时间的增长应变逐渐恢复的特性，这一特性被称为弹性后效。

B—*C* 阶段，第二阶段蠕变（又称等速蠕变、稳定蠕变或定常蠕变）。在这一阶段最明显的特点是应变与时间的关系近似呈直线变化，应变速率为一常数。若在这第二阶段也将外载荷卸去，则同样会出现与第一阶段卸载时一样的现象，部分应变将逐渐恢复，弹性后效仍然存在，但是此时的应变已无法全部恢复，存在这部分不能恢复的永久变形。第二阶段的曲线斜率与作用在试件上的外载荷大小和岩石的黏滞系数 η 有关。通常可利用岩石的蠕变曲线，推算岩石的黏滞系数。

C—*D* 阶段，第三阶段蠕变（又称加速蠕变或非稳态蠕变）。当应变达到 *C* 点以后，岩石将进入非稳态蠕变阶段。这时 *C* 点为一拐点，之后岩石的应变速率剧烈增加，整个曲线呈上凹形，经过短暂时间后应变达到某个数值 *D* 点时试件将发生破坏。*C* 点往往被称为蠕变极限应力，其意义类似于屈服应力。

第三节 岩石的强度特性

岩石抵抗外载破坏的能力称为岩石的强度。岩石的强度与受力状态和加载速度关系很大。一般而言，单向受力时，岩石抵抗压缩力的强度比其抵抗拉伸力的强度要高约10倍，岩石在三向受力状态下的强度比二向受力或单向受力的强度要高，岩石在动载荷作用下的强度比在静载荷作用下的强度要高。

岩石中矿物的矿物成分、结晶程度、颗粒大小、形状和颗粒之间的联结方式，以及岩石的构造，都对岩石的强度有影响。岩石内部含水时强度较低。

在大量岩石强度试验的基础上，根据不同的破坏机理、归纳和分析描述，人们建立了多种强度准则。强度准则对于分析岩石的破裂与稳定具有重要意义。

一、静载荷下岩石的强度性质

按外力性质不同，可将岩石强度分为抗压强度、抗拉强度和抗剪强度等。岩石静载荷强度的测定方法，是将岩石加工成规定形状和尺寸的试件，在材料试验机或三轴试验机上进行拉、压、剪、弯等强度试验，或者利用点荷仪进行点荷试验。

在大多数情况下，岩石表现为脆性破坏；同一种岩石的强度变化很大；不同受力状态下岩石的极限强度相差悬殊。岩石在不同应力状态下的强度值一般符合以下规律：三向等压抗压强度>三向不等压抗压强度>双向抗压强度>单向抗压强度>单向抗剪强度>单向抗拉强度。

二、动载荷下岩石的强度性质

巷道开挖破岩时，岩石承受的外力都不是静荷载，而是一种动荷载，它是时间的函数。岩石在动载荷作用下，无论是抗压强度还是抗拉强度都比静载荷作用下要大。在分析岩石稳定性时，一般用岩石的静载荷强度；在分析开挖问题时，一般用岩石的动载荷强度。

三、非连续岩石的强度特性

当岩石内存在非连续面时，岩石的强度将受到加载方向与非连续面相互关系的影响，典型的试验曲线如图2－4所示。该图表明，当岩石的非连续面与加载方向成30°时，岩石强度最低；而非连续面与加载方向正交或平行时得到的强度最高。所以，层理或节理发育的岩石，支护和破岩难度会有很大不同。

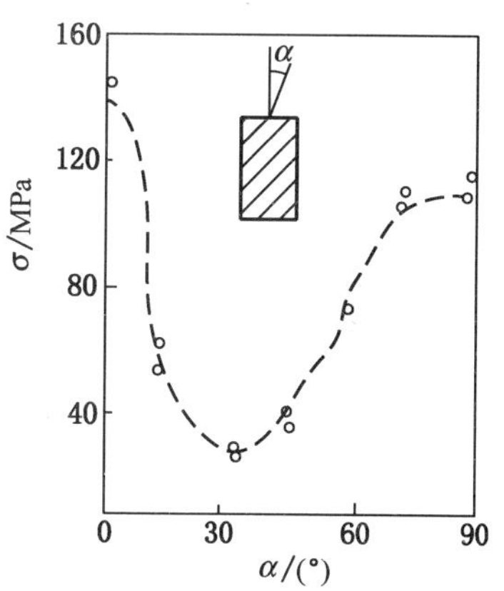

图2－4　岩石强度随非连续面夹角变化的典型曲线

四、岩石强度理论

强度理论是建立在对试验数据的统计分析基础之上。摩尔认为，岩石不是在简单的应力状态下发生破坏，而是在不同的正应力和剪应力组合作用下，才使其丧失承载能力。或者说，当岩石某个特定面上作用的正应力和剪应力达到一定的数值时，随即发生破坏。

1. 摩尔强度理论

通过大量的三向压缩试验，可求得许多组用极限应力表示的圆。所谓摩尔强度包络线就是指由各极限应力圆的破坏点所组成的轨迹线。由于岩石存在着明显的不均匀性，使得摩尔强度包络线的数学表达式仅能用一个普遍的函数形式表示，如式（2－14），而无法用一个公式正确地表征岩石的摩尔强度包络线。如图2－5所示，摩尔强度包络线具有下列主要特性：在正应力较小的范围内，其曲线斜率较陡；在较大的正应力作用下，其斜率较平缓。

$$\tau = f(\sigma) \tag{2-14}$$

如果掌握了某种岩石的摩尔强度包络线，即可对该类岩石的破坏状态进行评价。根据强度包络线的含义，只要作用在某种岩石上某个特定的作用面上的应力与包络线上的应力值相等，该岩石即沿着特定的作用面产生宏观的断裂面而破坏。若用极限应力圆来表示的话，则极限应力圆上的某一点与摩尔强度包络线相切，即表示在该应力状态下，岩石发生破坏。

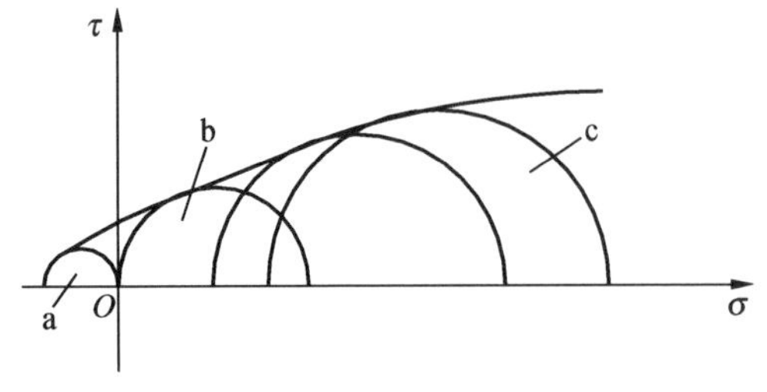

a—单向抗拉；b—单向抗压；c—三向受压

图2-5 摩尔强度包络线

2. 摩尔-库仑强度理论

为了使强度包络线更加简洁和使用方便，库仑提出了用直线公式近似表示强度线，其表达公式如下：

$$\tau_f = c + \sigma \tan\phi \tag{2-15}$$

式中 τ_f——在正应力 σ 作用下的极限剪应力，MPa；

c——岩石的黏聚力，MPa；

ϕ——岩石的内摩擦角，(°)。

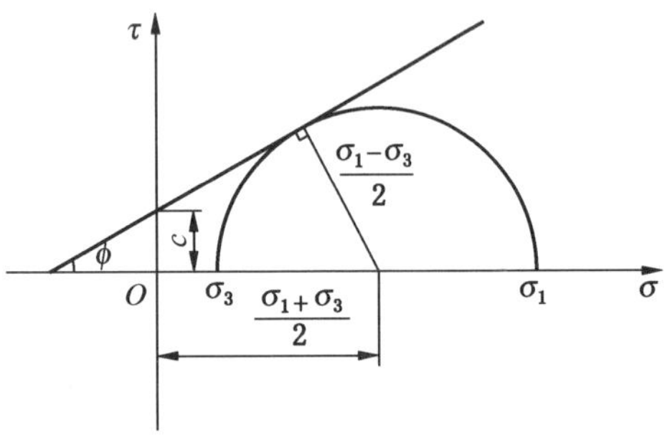

图2-6 摩尔—库仑强度线

在工程的实际应用过程中，为了更灵活地应用摩尔-库仑直线型强度包络线，也有人采用以式（2-16）表示的强度表达式。由图2-6中的几何实际关系可得

$$\sigma_1 = \sigma_3 \frac{1+\sin\phi}{1-\sin\phi} + \frac{2c\cos\phi}{1-\sin\phi} \tag{2-16}$$

令 $\frac{1+\sin\phi}{1-\cos\phi} = \xi$，$\frac{2c\cos\phi}{1-\sin\phi} = \sigma_c$ 时：

$$\sigma_1 = \sigma_3 \xi + \sigma_c \tag{2-17}$$

式中 σ_c——岩石单轴抗压强度值，MPa。

第四节 岩体的基本物理力学性质

一、岩体的基本概念

天然岩体，从宏观来说，它是由节理或裂隙切割成一块一块的、互相排列与咬合着的岩块所组成的。前面讨论的岩石力学性质，都是基于对小块岩石试件（岩块）进行的实验和研究得出的，与大范围天然岩体的性质有很大差别：

（1）岩体赋存于一定地质环境之中，地应力、地温、地下水等因素对其物理力学性质有很大影响；而岩石试件只是为实验室实验而加工的岩块，已完全脱离原有的地质环境。

（2）岩体在自然状态下经历了漫长的地质作用过程，其中存在着各种地质构造和弱面，如不整合、褶皱、断层、节理、裂隙等。

（3）一定数量的岩石组成岩体，且岩体无特定的自然边界，只能根据解决问题的需要来圈定范围。

根据上述特征，将岩体定义为地质体的一部分，并且是由处于一定地质环境中的各种岩性和结构特征岩石所组成的集合体，也可以看成是由结构面所包围的结构体和结构面共同组成的。

二、岩体的基本物理性质

1. 结构面与结构体

所谓“结构面”，是指在地质发展历史中，尤其是地质构造运动过程中形成的、具有一定方向、延展较大、厚度较小的地质界面，它包括岩石物质的分界面和不连续面。例如，岩体中存在的层面、节理、断层、软弱夹层等，可统称为结构面。结构面是岩体的重要组成单元。

所谓“结构体”，是指由不同产状的结构面相互切割而形成的单元块体，也称单元岩块。结构体的四周都被结构面包围，常见的结构体大都是有棱有角的多面体，如立方体、柱状体、板状体、菱形体、梯形体、楔形体、锥形体等。结构体也是岩体的重要组成部分。

研究矿山岩石力学问题时，比较有代表性的结构面是层理和节理。在研究岩土工程问题时，一般以节理作为结构面的典型代表，它是构造断裂的一种，具有 3 个特点：①大多由于地质构造力而形成的有规则破裂；②岩体中没有位移或位移极小的裂隙；③一般以两组或两组以上的群体形式在岩体中出现，且每组的方向大致平行。因此，节理又常是指岩体中呈有规律的组合的裂隙总体。

2. 结构类型

岩体按结构特征的不同，可划分为以下 5 种基本类型：

（1）整体结构，如图 2 - 7a 所示，是指未受或仅受轻微构造变动的岩浆岩、变质岩、厚层沉积岩等，结构面间距超过 1 m，很少有断层且节理不发育，通常可认为是均质、连续介质。

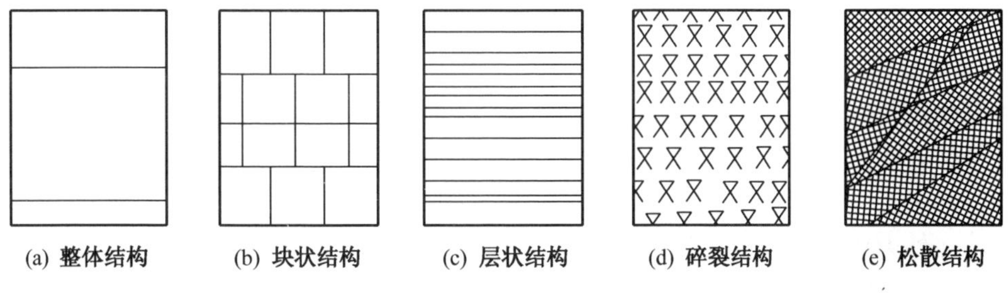
(a) 整体结构　(b) 块状结构　(c) 层状结构　(d) 碎裂结构　(e) 松散结构

图 2 - 7　岩体结构的基本类型

（2）块状结构，如图 2 - 7b 所示，指遭受中等构造变动的厚层、中厚层沉积岩、变质岩和火成岩体，结构面间距为 0.5 ~ 1 m，岩层多为水下或倾斜状，节理发育，有小断层及偶有层间错动，岩石一般比较坚硬。通常由岩性单一或强度相近的岩层组合而成，可视为连续介质或非连续介质。

（3）层状结构，如图2－7c所示。特点是各单层具有较完整的层状组合，并常含有黏结力很小的层理面、极薄层或薄层状的原生软弱夹层及轻微层间错动面，节理发育程度不等。岩体的完整性取决于岩层变位程度，其变形、破坏受岩层组合和结构面控制。此类结构还可划分为层状结构和薄层状结构，属于不连续介质。

（4）碎裂结构，如图2－7d所示。特点是岩层受强烈构造变动后产生严重变形和破裂，褶皱、断层、层间错动、节理十分发育，且断层与节理经常互相切割，岩体比较破碎，整体强度低，结构面控制受力后的岩体变形和破坏。它还可以划分为镶嵌结构、层状碎裂结构和碎裂结构，属于不连续或似连续介质。

（5）松散结构，如图2－7e所示。一般发育在十分剧烈的构造变动后由断层泥、岩粉、压碎的岩石碎屑、碎块等所组成的岩体以及强风化带中。近代未经胶结的松散沉积物，如砂卵石层等也属松散岩体，其整体强度极低，几乎没有自稳能力，属于非连续介质。

不同情况下，自然状态的岩体表现出的性质和特征不同，但从绝大多数情况来看，因岩体中一般含有大量节理和裂隙，因此可把它视为一种多裂隙体，常称之为裂隙介质或准连续介质。

三、岩体的力学性质

因岩体在形成和存在的整个地质历史时期，经受着各种复杂而不均衡的地质作用，使其工程性质变得更复杂，从力学角度看，岩体与岩石有许多区别，其中较为明显的基本特征有：

（1）总体的非均质性。由多种岩石组成的岩体，因其结构面方向、分布、密度以及在自然条件下组成岩石的物质成分和组合状况经常变化，所以认为岩体是非均质的。即岩体的非均质性是岩体物理力学性质随空间位置的不同，其性质也不相同的特性。

（2）岩体的各向异性。因岩体中结构面的分布往往有一定的方向，随受力岩体的结构面趋向不同，其力学性质也不同。岩体的各向异性指岩体的全部或部分物理力学特征随方向不同而表现出不同性质的特征。岩体的许多物理力学性质，如弹性模量、抗拉、抗压强度等随测试或加载方向不同而有显著差异。

1. 岩体变形特性

像其他材料一样，在载荷作用下岩体会产生变形，载荷不断增加，变形会不断发展，最后会导致岩体的破坏。了解岩体的变形规律和特性，对于控制岩体变形，解决井巷设计、掘进和维护，以及与地下开采有关的其他实际问题都有重要意义。

岩体在外力作用下，变形将不断发展直至破坏。岩体并非理想弹性体，而是具有弹性、塑性和黏性的裂隙非连续介质，因此其变形更复杂，其力学性质是天然岩块和结构弱面力学性质的综合反映，即岩体的总变形包括以压缩和形状变形为主的结构体变形及以压密和剪切滑移变形为主的结构面变形。此外，有的结构体在剪切过程中由于摩擦作用而发生转动，当与剪切滑移变形等结合在一起时，岩体会出现扩容现象，从而造成岩体侧向扩张，并用侧胀系数（侧向变形与纵向变形的比值）代替岩石横向变形系数。实际工程中，除用侧胀系数来表征岩体的变形特征外，还可用岩体弹性模量和岩体变形模量表征。

根据目前的试验研究，可把岩体受力后产生变形和破坏的过程分为 4 个阶段，其应力－应变曲线如图 2－8 所示。

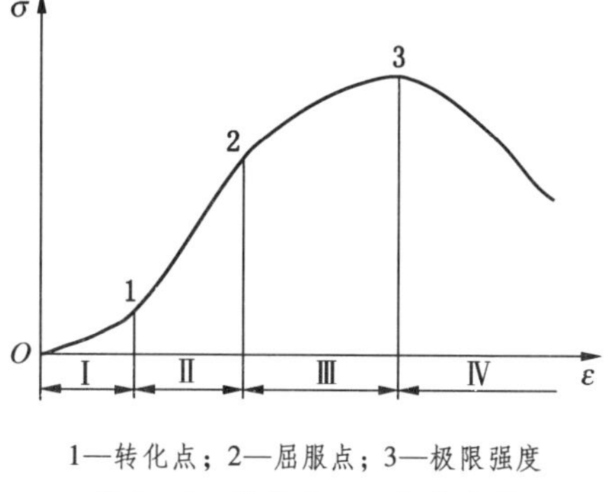

1—转化点；2—屈服点；3—极限强度

图 2－8　岩体应力－应变曲线

（1）压密阶段。该阶段在受力的复杂多裂隙岩体首先出现（图 2－8 中Ⅰ）。变形主要是非线性的压缩变形，表现为应力－应变曲线呈凹状缓坡。这时岩体中的结构体尚未起主要作用，变形量的大小主要取决于岩体结构面的数量、方位和性质及岩体结构类型等。在裂隙发育或处于破碎带的岩体中，由于岩体内裂隙充填物的压密和其内结构面（节理、裂隙、层理面等）的闭合，因而需很大的载荷经过一段时间才能完成这一阶段的变形；而在完整、致密的岩体中，此阶段很短甚至没有。

（2）弹性阶段。岩体经过压密后，可认为是连续介质。如果继续加载就进入弹性阶段（图 2－8 中Ⅱ）。该阶段的主要特点是，岩体中的结构体开始承载和变形，岩体变形的主要组成部分是弹性变形。

（3）塑性阶段。如果继续加载，当应力达到屈服点以后，岩体变形就进入塑性阶段（图 2－8 中Ⅲ）。该阶段的主要特点是以沿结构面滑移变形为主的剪切滑移变形，伴随着结构体的变形，开始出现微破裂并逐渐增加，出现扩容、应变强化等现象。此时结构岩块本身的性质决定着变形阶段的显现过程，即软弱岩石经历很长时间才完成此阶段的变形，且有时出现蠕变、松弛等流变现象；相反，对于坚硬脆性岩石，此阶段却不明显。

（4）破坏阶段。如岩体承受的载荷不断增长，其变形增长率也不断增大，当应力达到极限强度时，岩体会沿着某些破损面滑动，于是就从塑性阶段进入破坏阶段（图 2－8 中Ⅳ）。特点是应力－应变曲线基本上缓慢下降，标志着岩体处于破裂积累阶段，当积累到一定程度后，岩体才失去稳定而发生完全破坏。此时，岩体内不仅出现因原有裂缝的扩展而发展的新裂缝，并且出现因结构体转动以及结构面滑移所产生的内部空洞，因而，岩体体积较之以前大大膨胀，其纵向变形也由于岩体开始破坏而大为增加。

值得注意的是，此阶段内岩体出现破裂并不代表岩体已完全破坏，它的破坏有特定条件，但当应力达到或超过极限强度时的确表现为破裂，此后，常常出现应力释放（应力下降）现象，而有些岩体由于破裂面上还有一定的摩擦阻力，其破裂后应力并不突然下降，即岩体的“残余强度”。从此观点看，多裂隙岩体实质上就是作用力达到并超过极限强度而发生了破裂的岩体。

2. 岩体的强度特性

岩体是由结构面和结构体共同组成的复杂地质体，而结构弱面之间的黏结力十分微弱甚至没有，所以岩体的抗拉强度比岩石的抗拉强度更小，因此可认为岩体是一种不能承受拉力的工程材料。在实践中进行理论计算和工程设计时，常常采用无拉力准则，即只要某个区域出现拉应力，不管拉应力的大小是否已达到抗拉强度，岩体都认为是处于危险状态。

由于岩体结构的复杂性，加上其他因素的影响，目前还难以准确地建立岩体的强度曲

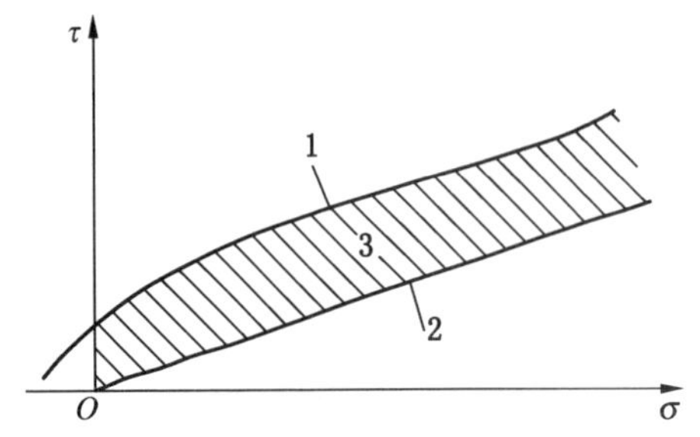

1—结构体强度曲线；2—结构弱面强度曲线；
3—岩体强度曲线的可能范围
图2-9 岩体强度曲线范围

线。但可以认为，具有结构弱面岩体的总强度既不会超过岩体结构体的强度，也不会低于其中结构弱面的强度。通常，岩体内的弱面越少，越接近于岩体结构体强度曲线，并以岩体结构体强度曲线为其上部界限；反之，岩体内弱面越发育，则岩体强度曲线越接近于弱面强度曲线，而以弱面强度曲线为其下部界限。岩体强度曲线总是介于岩体结构体强度曲线和结构弱面强度曲线之间，岩体强度曲线范围如图2-9所示。

第五节 岩石与岩体的分类

一、分类的目的与原则

工程岩体（石）分类的目的，是从工程的实际需求出发，对工程建筑物基础或围岩的岩体（石）进行分类，并根据其好坏，进行相应的试验，赋予它必不可少的计算指标参数，以便于合理地设计和采取相应的工程措施，达到经济、合理、安全的目的。因此，工程岩体（石）分类是为岩体工程建设的勘察、设计、施工和编制定额提供必要的基本依据。

进行工程岩体（石）分类，一般应考虑以下原则：

（1）工程岩体（石）的分类应该与所涉及的工程性质，即与使用对象密切地联系在一起。需考虑分类是适用于某一类工程、某种工业部门的通用分类，还是一些大型工程的专门分类。

（2）分类应该尽可能采用定量的参数，以便于在应用中减少人为因素的影响，并能用于技术计算和制订定额上。

（3）分类的级数应合适，不宜太多或太少，一般分为4~6级。

（4）工程岩体（石）分类方法与步骤应简单明了，分类的参数在工程现场容易获取，参数所赋予的数字便于记忆，便于应用。

（5）由于目的、对象不同，考虑的因素也不同。各个因素应有明确的物理意义，并且还应该是独立的影响因素。

二、岩石的分类

岩石按不同的标准可分为不同类型，常见的分类有：

（1）按岩石成因可分为岩浆岩、沉积岩和变质岩三大类。煤田是地质历史上沉积运动形成的，煤矿绝大多数遇到的是沉积岩。

（2）自然状态下的岩石，按其固体矿物颗粒之间的结合特征，可分为固结性岩石、黏结性岩石、散粒状岩石、流动性岩石等。固结性岩石是指造岩矿物的固体颗粒间成刚性联系，破碎后仍可保持一定形状的岩石。在煤矿中遇到的大多是固结性岩石。常见的有砂岩、石灰岩、砂质页岩、泥质页岩、粉砂岩等。

(3) 按岩石的力学性质不同，常把矿山岩石分为坚硬岩石和松软岩石两类。松软岩石具有结构疏松、密度小、孔隙率大、强度低、遇水易膨胀等特点。从矿压控制角度看，这类岩石往往会给采掘工作造成很大影响。

(4) 普氏岩石分类。20 世纪 50 年代，我国引进了按岩石坚固性进行分类的方法（即普氏分类法），煤炭系统至今仍有沿用。M·M·普罗托季亚科诺夫（苏联）于 1926 年提出用“坚固性”这一概念作为岩石工程分类的依据。他发现，岩石在各种外载（锹、镐、钻机及炸药爆破等）作用下，其破坏的难易程度相似或趋于一致，因此建议用“坚固性系数”作为分类指标，来表示岩石破坏的难易程度。岩石坚固性系数用 f 表示，其值可用岩石的单向抗压强度（MPa）除以 10（MPa）求得，即

$$f=\frac{\sigma_c}{10} \tag{2-18}$$

根据 f 值的大小，可将岩石分为 10 级共 15 种，见表 2-2。

表 2-2 岩石按坚固性分类

级别	坚硬程度	岩石	坚固性系数 f
Ⅰ	最坚硬的岩石	最坚固、最致密的石英岩和玄武岩，其他最坚固的岩石	20
Ⅱ	很坚固的岩石	很坚固的花岗岩类，石英斑岩，很坚固的花岗岩，硅质片岩；坚固程度较Ⅰ级岩石稍差的石英岩；最坚固的砂岩和石灰岩	15
Ⅲ	坚固的岩石	致密的花岗岩和花岗类岩石，很坚固的砂岩和石灰岩，石灰质矿脉，坚固的砾石，很坚固的铁矿石	10
Ⅲa	坚固的岩石	坚固的石灰岩，不坚固的花岗岩，坚固的砂岩，坚固的大理岩，白云岩，黄铁矿	8
Ⅳ	相当坚固的岩石	一般的砂岩，铁矿石	6
Ⅳa	相当坚固的岩石	砂质页岩，泥质砂岩	5
Ⅴ	坚固性中等的岩石	坚固的页岩，不坚固的砂岩及石灰岩，软的砾岩	4
Ⅴa	坚固性中等的岩石	各种不坚固的页岩，致密的泥灰岩	3
Ⅵ	相当软的岩石	软的页岩，很软的石灰岩，白垩，岩盐，石膏，冻土，无烟煤，普通的泥灰岩，破碎的砂岩，胶结的卵石和粗砂粒，多石块的土	2
Ⅵa	相当软的岩石	碎石土，破碎的页岩，结块的卵石和碎石，坚硬的烟煤，硬化的黏土	1.5
Ⅶ	软岩	致密的黏土，软的烟煤，坚硬的表土层	1.0
Ⅶa	软岩	微砂质黏土，黄土，细砾石	0.8
Ⅷ	土质岩石	腐殖土，泥煤，微砂质黏土，湿砂	0.6
Ⅸ	松散岩石	砂，细砾，松土，采下的煤	0.5
Ⅹ	流砂岩石	流砂，沼泽土壤，饱含水的黄土及饱含水的土壤	0.3

普氏岩石分类法简明、便于使用，因而在许多国家获得广泛应用。但是岩石的稳定性不但取决于岩石强度，还与岩石的应力、岩石的结构有关。因此，这种分类方法也有其局限性。

三、岩体的分类

在自然界中岩体极其复杂，不仅组成岩体的岩石“软”、“硬”差别极大，而且岩体还包含各种结构面以及大量微观裂隙等，因此岩体远比迄今为止人类所熟知的任何其他工程材料都要复杂。

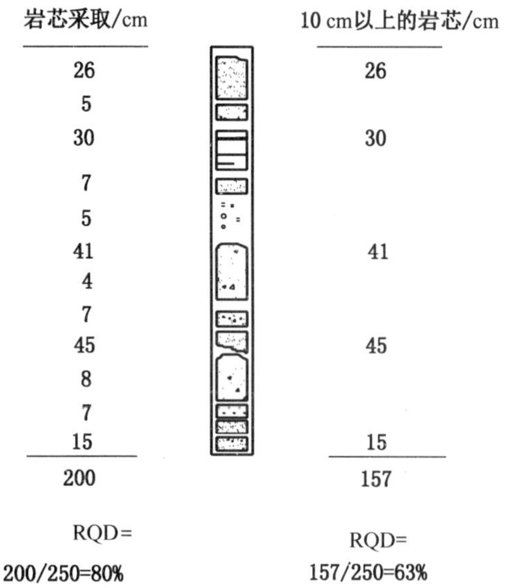

岩芯采取/cm	10 cm以上的岩芯/cm
26	26
5	
30	30
7	
5	
41	41
4	
7	
45	45
8	
7	
15	15
200	157
RQD= 200/250=80%	RQD= 157/250=63%

图2-10 岩芯质量测定及计算过程

岩体分类是人们认识工程围岩的一种重要手段。目前，国内外有关岩体分类的方法很多，有一般性的分类，也有专门性的分类，有定性的也有定量的，分类原则和考虑的因素亦各有不同。下面介绍在采掘工程中常用的几种分类方法。

1. RQD 分类

RQD 即“岩芯质量指标”（Rock Quality Designation Index），是由美国伊利诺斯大学狄勒（Deere）提出的。RQD 是一修正的岩芯取出率，仅考虑长度大于或等于 100 mm 的完整岩芯。测定 RQD 的正确步骤如图 2-10 所示，其分类见表 2-3。

表2-3 岩芯质量指标 %

分类	优质	良好	好	差	很差
RQD	90~100	75~90	50~75	25~50	0~25

RQD 分类在美国及欧洲应用广泛，是评估岩芯质量的简单、经济的方法。尽管其本身并不是岩体的充分描述，但在隧道工程中用作选择隧道支护时非常有用。RQD 已被用作钻孔岩芯记录的标准参数之一。

2. 煤炭行业的围岩分类

我国煤炭行业根据巷道支护设计和施工需要，按照煤矿岩性特点和构造情况，制定了岩体分类表，见表 2-4。该表在煤炭行业应用广泛，但是随着近年来煤炭开采向深部发展，该表在使用中也出现了困难。如深部井巷工程砂岩分类中出现的问题：按照该分类表的“岩层描述”指标，其砂岩的岩性坚硬，$R_b > 60$ MPa，不易风化等，属于“稳定岩层”，即Ⅰ类；但是按照“巷道开掘后围岩的稳定状态”指标，其砂岩的围岩很容易产生冒顶片帮，属于“稳定性较差岩层”，即Ⅳ类。这样，对于同一岩层，在该分类表中出现了两个不同的、性质特性相反的位置，使分类不能进行。

3. 围岩松动圈分类

巷道开挖前，如果集中应力小于岩体强度，那么围岩将处于弹塑性稳定状态；当应力超过围岩强度之后，巷道周边围岩将首先破坏，并逐渐向深部扩展，直至在一定深度取得

表2-4 煤炭行业岩体分类表

围岩分类		岩层描述	巷道开掘后围岩的稳定状态(3~5 m跨度)	岩种举例
类别	名称			
Ⅰ	稳定岩层	1. 完整坚硬岩层，R_b >60 MPa，不易风化 2. 层状岩层层间胶结好，无软弱夹层	围岩稳定，长期不支护无碎块掉落现象	完整的玄武岩，石英质砂岩，奥陶纪灰岩，茅口灰岩，大冶厚层灰岩
Ⅱ	稳定性较好岩层	1. 完整且比较坚硬岩层，R_b =40~60 MPa 2. 层状岩层，胶结较好 3. 坚硬块状岩层，裂隙面闭合，无泥质充填物，R_b >60 MPa	能维持一个月以上稳定，会产生局部岩体掉落	胶结好的砂岩、砾岩，大冶薄层灰岩
Ⅲ	中等稳定岩层	1. 完整的中硬岩层，R_b =20~40 MPa 2. 层状岩层以坚硬岩层为主，夹有少数软岩层 3. 比较坚硬的块状岩层，R_b =40~60 MPa	围岩的稳定时间仅有几天	砂岩，砂质页岩，粉砂岩，石灰岩，硬质凝灰岩
Ⅳ	稳定性较差岩层	1. 较软的完整岩层，R_b <20 MPa 2. 中硬的层状岩 3. 中硬的块状岩层，R_b =20~40 MPa	围岩很容易产生冒顶片帮	页岩，泥岩，胶结不好的砂岩，硬煤
Ⅴ	不稳定的岩层	1. 易风化潮解剥落的松软岩层 2. 各种破碎岩层		炭质页岩，花斑泥岩，软质凝灰岩，煤，破碎的各类岩石

注：1. 岩层描述将岩层分为完整的、层状的、块状的和破碎的4种。完整岩层，层理和节理裂隙的间距大于1.5 m；层状岩层，层与层间距小于1.5 m；块状岩层，节理裂隙间距小于1.5 m且大于0.3 m；破碎岩层，节理裂隙间距小于0.3 m。
2. 当地下水影响围岩的稳定性时，就考虑适当降级。
3. R_b 为岩石的饱和抗压强度。

三向应力平衡时为止，此时围岩已进入破碎状态。围岩中产生的这种破碎带称为围岩松动圈，围岩松动圈内的岩石主要表现为应力和变形处于软化和残余强度范围。可以通过声测法或地质雷达测试围岩松动圈。大量的测试结果表明,围岩松动圈在煤矿开采条件下普遍存在。

以围岩松动圈厚度为指标的岩石分类见表2-5。研究表明，围岩松动圈的厚度是地应力和围岩强度的函数，即围岩松动圈是地应力与围岩强度相互作用的结果，它是一个综合指标。因此，分类结果较为准确可靠。

表2-5 巷道支护围岩松动圈分类表

围岩类别		分类名称	松动圈 L_p/cm	支护机理及方法	备注
小松动圈	Ⅰ	稳定围岩	0~40	喷射混凝土支护	围岩整体性好，不易风化的可不支护
中松动圈	Ⅱ	较稳定围岩	40~100	锚杆悬吊理论 喷层局部支护	
	Ⅲ	一般围岩	100~150	锚杆悬吊理论 喷层局部支护	刚性支护局部破坏

表2-5（续）

围岩类别		分类名称	松动圈 L_p/cm	支护机理及方法	备注
大松动圈	Ⅳ	一般不稳定围岩（软岩）	150~200	锚杆组合拱理论 喷层、金属网局部支护	刚性支护大面积破坏
	Ⅴ	不稳定围岩（较软围岩）	200~300	锚杆组合拱理论 喷层、金属网局部支护	围岩变形有稳定期
	Ⅵ	极不稳定围岩（极软围岩）	>300	二次支护理论	围岩在一般支护条件下无稳定期

围岩松动圈岩石分类方法本身与岩性不直接相关，但是对于具体井巷工程，当分类水平一定，即地应力一定时，就可以与岩性联系起来，建立该水平不同岩性的分类表。

4. Q 指标分类

挪威土工研究所（NGI）的巴顿（Barton，1974）等人分析了200多座已建隧道的实测资料，提出了一种岩体分类方法，见表2-6。这种分类方法综合了RQD、节理组数、节理面粗糙度、节理面蚀变程度、裂隙水及地应力的影响6个方面的因素，用一个算式计算岩体综合质量指标 Q，即

$$Q=\left(\frac{RQD}{J_n}\right)\left(\frac{J_r}{J_a}\right)\left(\frac{J_w}{SRF}\right) \tag{2-19}$$

式中 RQD——岩芯质量指标，按前面介绍的方法计算；

J_n——节理组数评分；

J_r——节理面粗糙度评分；

J_a——节理面蚀变程度评分；

J_w——裂隙水折减系数，按裂隙水条件评分；

SRF——地应力折减系数。

表2-6 Q 值与岩体质量关系列表

类别	G	F	E	D	C	B	A		
	特坏	极坏	很坏	坏	较好	好	很好	极好	极好
Q 值	<0.01	0.01~0.1	0.1~1.0	1.0~4.0	4.0~10.0	10.0~40.0	40.0~100.0	100.0~400.0	>400.0

式（2-19）可以看做是3个参数的函数：结构体尺寸大小（RQD/J_n）、结构面抗剪弧度（J_r/J_a）及有效应力（J_w/SRF）。3个参数中每个参数本身就是一个综合指标。第一个参数为 RQD 与 J_n 值的比值，比单独用 RQD 指标好；第二个参数同时考虑了非连续面的形态特征和蚀变、充填物特征；第三个参数中 J_w 值高，非连续面抗剪强度则低，而且地下水还能软化和冲刷非连续面中的黏土质充填物。SRF 值的影响比较复杂，如果非连续面上无充填物，应力垂直于结构面，则非连续面抗剪强度会因 SRF 值高而增高，而在其他情况下，可能有相反的结果。因此，第三个参数是一个描述“有效应力”的经验参数。

思考与练习题

(1) 岩石的基本概念是什么？岩体与岩石定义有何区别？

(2) 简述岩石的基本物理力学性质指标有哪些，介绍相关定义及参数获取方法。

(3) 简述典型岩石应力－应变曲线的分段特征。

(4) 介绍不同载荷条件下的岩石力学性质有何区别，如静载单向加载与三向加载、静载与动载。

(5) 岩石流变性的定义是什么？具体流变类型包括哪几种？

(6) 简述摩尔－库仑强度理论，并用力学公式进行表征描述。

(7) 介绍岩石坚固性系数的定义，简述普氏岩石分类方法及标准。

(8) 简述我国煤炭行业的围岩分类方法及标准。

(9) 介绍围岩松动圈的概念，简述围岩松动圈分类方法及特点。

第三章 矿山岩体原岩应力及采动应力

【本章教学目的与要求】

• 理解岩体中原岩应力的构成，掌握自重应力的计算方法

• 了解常用的地应力测量方法及工程应用

• 掌握孔洞周边应力分布规律，了解不同载荷分布、不同开挖形状条件下的孔洞周边应力分布特征

• 理解支承压力的概念，了解采动支承压力在岩层中的空间传递规律

【本章概述】

煤岩体内部存在着初始原岩应力，矿山开采过程必将导致煤岩内部应力重新分布，平衡后形成采动应力场。采矿工程中矿山压力显现是由力源控制的，掌握矿山煤岩体原岩应力及采动应力分布规律十分重要，本章内容是后续课程学习的理论基础。

本章主要介绍岩体中的原岩应力构成、地应力测量方法、孔洞周边应力分布规律、采动应力在岩层中的传递规律。

【本章重点与难点】

本章的重点是理解并掌握与原岩应力及采动应力相关的知识点，包括自重应力场的计算方法、双向等压条件下的二次应力分布规律、支承压力及其传递规律。本章的难点是地应力的测量原理、不同条件下的孔洞周边应力分布特征、支承压力定义及分布影响。

第一节 岩体中的原岩应力

未受采动（工程扰动）影响而又处于自然平衡状态的岩体，被称为原岩。原岩应力是指岩体在天然状态下所存在的内在应力，也称岩体初始应力（P_0）、绝对应力或地应力。

根据力源的不同，原岩应力分为以下 3 个方面：①上覆岩层的重力（自重应力）；②构造运动的作用力（构造应力）；③岩体膨胀的作用力（膨胀应力），包括岩体因温度升高或遇水膨胀而产生的应力等。通常意义上的原岩应力是指由自重应力和构造应力组成的地应力，根据方向的不同，地应力分为垂直地应力和水平地应力。

一、自重应力

自重应力由上覆岩层自重构成，它是原岩应力基本组成之一，目前趋于一致的结论是，自重应力可以简单地表示为和采深的线性关系，即

$$\begin{cases}\sigma_V = \sum_{i=1}^{n} \gamma_i H_i \\ \sigma_h = \lambda \sigma_V\end{cases} \tag{3-1}$$

式中　σ_V——垂直地应力，kPa；

σ_h——水平地应力，kPa；

γ_i——岩体重力密度，kN/m^3；

H_i——采深，m；

λ——水平应力系数，也称为侧压系数。

当岩层埋深浅时，自重应力较小，一般不超过岩层本身的强度，岩体处于弹性状态。随着埋深的增加，自重应力不断增大，一直达到岩体的弹性限度。此时，岩层处于潜塑性状态。当埋深超过这个临界深度时，岩层就处于塑性状态了。

二、构造应力

地下原岩体在形成时或形成后，经历或正在经历着各种地质构造运动。这种由于地质构造运动而在岩体内积存的应力称为构造应力，具有以下特点：

（1）一般情况下地壳运动以水平运动为主，构造应力主要也是水平应力，而且地壳运动总的来说是以挤压运动为主，所以水平应力以压应力占绝对优势。

（2）构造应力分布很不均匀，主应力的大小和方向往往有很大变化。

（3）岩体中的构造应力具有明显的方向性，通常两个方向的水平应力值是不相等的。

（4）根据测定，岩体中的构造应力普遍存在以下规律：最大水平应力>最小水平应力>垂直应力。水平构造应力可能比自重造成的水平应力大几倍到几十倍，而且往往浅部的倍数比深部大。因此，在浅部开采时，构造应力显得比自重应力更为重要。

（5）在坚硬岩层中，出现构造应力一般比较普遍；在软岩中，储存构造应力很少。因为软岩强度低、易于变形，在外力作用下常常产生塑性变形甚至破坏，其中所储存的变形能也就随之释放。坚硬岩层由于地壳构造运动使岩层弯曲形成背斜与向斜构造，往往可以聚集大量的能量，因而形成很高的构造应力。

三、膨胀应力

由温度升高引起岩石膨胀而产生的应力 σ_T 值及其影响因素可以由下式表示：

$$\sigma_T = \alpha\beta EZ \tag{3-2}$$

式中　σ_T——岩体的温度膨胀应力，kN/m^2；

α——岩体的温度梯度，℃/m；

β——岩体的线膨胀系数，℃$^{-1}$；

E——岩体的弹性模量，MPa；

Z——岩体的埋藏深度，m。

显然，σ_T 值主要与开采深度有关。在一般深度条件下，由于温度应力与自重应力及构造应力相比很小，因此，只是在开采深度比较大的条件下才需要考虑。

泥质岩石特别是含有蒙脱石等吸水性很强的成分的情况下，遇水膨胀可以产生很高的膨胀应力，是巷道矿山压力的一个重要来源。

四、原岩应力分布的基本规律

通过理论研究、地质调查和大量的地应力测量资料，原岩应力分布的主要规律归纳如下：

（1）实测铅直应力基本上等于上覆岩层质量。统计资料表明，在深度为 25 ~ 2700 m 范围内，铅直应力呈线性增长。但是，在世界多数地区并不存在真正的铅直应力，即没有一个主应力的方向完全与地表垂直。

（2）水平应力普遍大于铅直应力。根据实测资料统计，水平应力多数大于铅直应力，铅直应力在多数情况下为最小主应力，在少数情况下为中间主应力，只有个别情况下为最大主应力。

（3）平均水平应力与铅直应力的比值随深度的增加而减小。平均水平应力与铅直应力的比值 λ 是表征地区原岩应力场特征的指标，该值随深度的增加而减小。但在不同地区，变化的速度不相同。从已有资料看，在浅部 λ 值比较分散，随着深度的增加，λ 的离散变小并向 1 附近集中。这说明地壳深部可能出现静水压力状态。

（4）最大水平主应力和最小水平主应力一般相差较大，显示出很强的方向性。

第二节　地应力测量方法

目前国内外普遍采用的地应力测量方法有两种，即应力解除法和水压致裂法。深部环境和浅部存在很大差异，应解决一些相关的理论和技术问题，才能准确测量到深部岩体的地应力。深部地应力测量研究工作要遵循如下的思路：①应力解除法和水压致裂法都是“点”测量方法，在深部地应力测量中，仍可采用这两种方法，但还需解决一些关键的技术问题；②为了了解深部大范围地应力场分布规律，除了继续完善“点”测量方法外，还要进一步研究地球物理方法，用于测定大范围岩体内的应力状态。

一、应力解除法

1. 应力解除法原理

现场测量原始地应力，就是通过现场测试确定岩体的三维应力状态。岩体中一点的应力状态可由选定坐标系中的 6 个分量（σ_x，σ_y，σ_z，τ_{xy}，τ_{yz}，τ_{zx}）来表示。地应力的 6 个应力分量处于相对静止的平衡状态，无法直接得知。应力解除法是通过扰动打破原有状态，从一种平衡状态到新的平衡状态的过程中，通过对应力效应的间接测量来实现。

力或应力最直观的物理效应是产生应变和位移。可以通过应变和位移传感器将岩体应变和位移的变化记录下来，取得测量数据。根据岩石的应力－应变关系，建立相应的力学计算模型，就能计算出地应力的 6 个分量或者 3 个主应力的大小和方向。

2. 应力解除法测试步骤

所谓钻孔应力解除技术，就是将一段岩石通过取芯从周围岩体隔离开来的方法，如图 3－1 所示。空心包体应力解除过程如下：

（1）在井下测量巷道或硐室内，用钻机向围岩钻进应力解除孔，钻孔上倾 3° ~ 5°，记录孔深，如图 3－1a 所示。

（2）换锥形钻头做锥形孔底，以保证后面的小孔与大孔同心，如图 3－1b 所示。

（3）装上小钻头，将小钻头顶到孔底，吹净小孔岩粉，如图 3－1c 所示。

（4）在包体的空腔内倒入适量的黏结剂，将包体安装在定向器上，慢慢地将其送入孔中直到包体顶端到达小孔底部，如图 3－1d 所示。再向前推进时就把铅丝剪断，将胶体挤出包体空腔，包体就成功地安装于小孔中。

（5）环氧树脂固化后，先记下定向器所显示的应力计的偏角，然后将推杆和定向器小心地从钻孔中拔出，并用罗盘测量出钻孔的方位角和倾角。严格按接线编号接通应变仪，进行读数，并将此读数作为初始值。

（6）按预定分级深度钻进，进行套芯解除。每解除一级深度后，停钻然后将钻头推出小孔，然后按要求进行读数，如图3－1e所示。套芯解除至一定深度后，应变计读数趋于稳定。读数稳定后，不再解除。将包含包体的岩芯折断并取出，并对岩芯的岩性进行描述，如图3－1f所示。

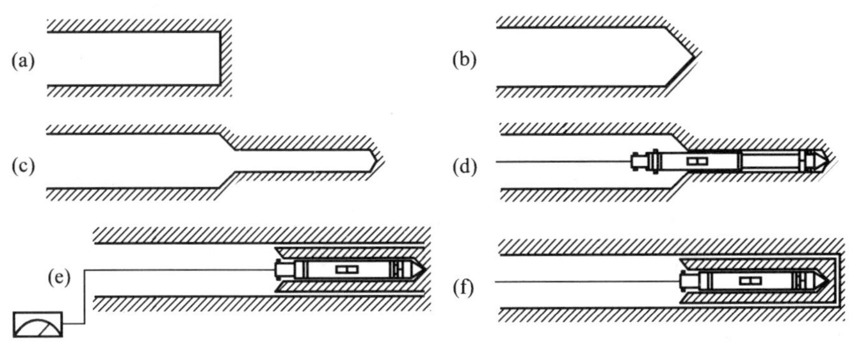

图3－1　空心包体应力解除过程示意图

3. 钻孔局部壁面应力全解除法

钻孔局部壁面应力全解除法的理论基础仍为弹性力学模型，其应力分量的计算是根据钻孔侧壁上某点任意方向的应变与钻孔围岩远场应力之间的线弹性关系来确定的。但与套芯应力解除法不同的是，它是直接将应变片（花）粘贴在测点附近的局部壁面上，然后利用侧壁取芯技术围绕粘贴应变片（花）的局部壁面进行环形切割来实现对局部壁面的应力解除，只要钻取的“悬臂梁”状圆柱形岩样足够长，就可以实现完全应力解除，如图3－2所示。

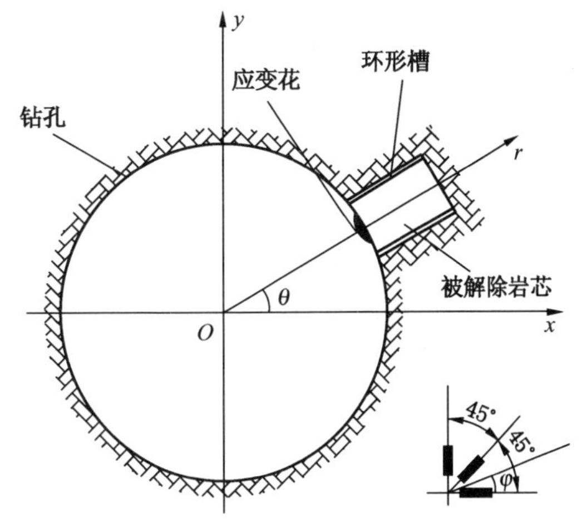

图3－2　侧壁取芯应力解除示意图

在钻孔的某一局部孔段上，对孔壁不同位置处的壁面实施取芯钻进，进行环形切割实现局部应力解除，记录下应力解除前后孔壁壁面不同方向上的应变变化量，根据应力－应变关系，通过钻孔坐标系与大地坐标系之间的变换关系，就可以推导出测点的应力张量，进而求得主应力及其量值。

二、水压致裂法

1. 水压致裂法的原理

水压致裂法是通过液压泵向钻孔内拟定测量深度处加液压将孔壁压裂，测量压裂过程

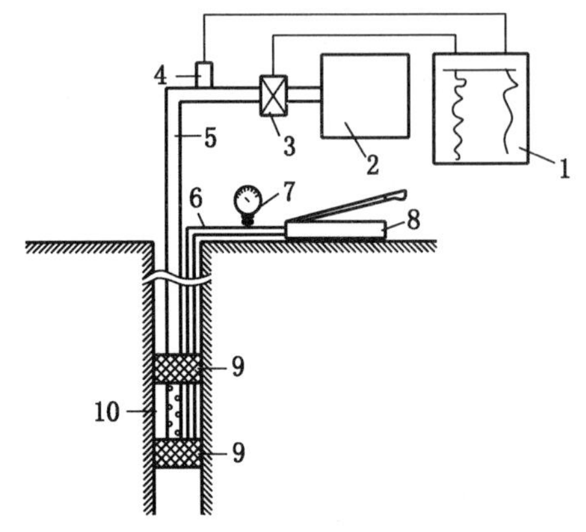

1—记录仪；2—高压泵；3—流量计；4—压力计；5—高压钢管；6—高压胶管；7—压力表；8—泵；9—封隔器；10—压裂段

图 3－3 水压致裂法测量系统示意图

中的各特征点压力及开裂方位，以此计算测点附近岩体中初始应力大小和方向。水压致裂法测量岩体初始应力可不涉及岩体的物理力学性质，可由测量和记录的压力值来确定。水压致裂法测量系统示意图如图 3－3 所示。

2. 水压致裂法测试步骤

(1) 打钻孔到准备测量应力的部位，并将钻孔中待加压段用封隔器密封起来，钻孔直径与所选用的封隔器的直径相一致。

(2) 向各个封隔器的隔离段注射高压水，不断加大水压，至孔壁出现开裂，获得初始开裂压力 p_i。

(3) 停止增压，关闭高压泵，压力迅速下降，裂隙停止扩展，并趋于闭合；当压力降到使裂隙处于临界闭合状态时的平衡压力，此时的应力称为关闭压力，记为 p_s；最后卸压，使裂隙完全闭合。

(4) 重新向密封段注射高压水，使裂隙重新打开并记下裂隙重开时的压力 p_r 和随后的恒定关闭压力 p_s。这种卸压－重新加压的过程重复 2～3 次，以提高测试数据的准确性。

上述步骤 (2)、(3) 记录了时间－压力关系和时间－流量关系，如图 3－4 所示。

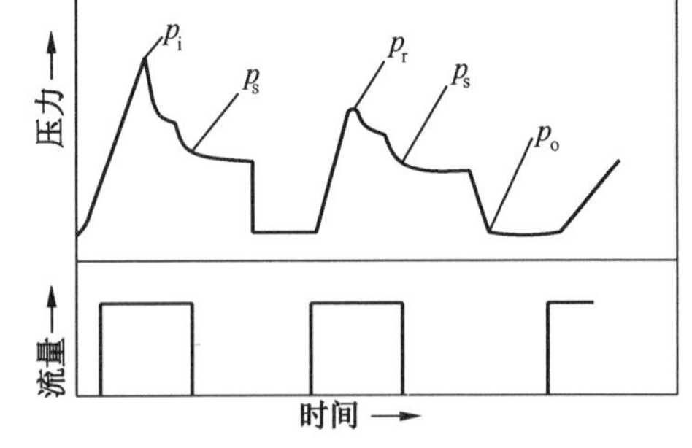

图 3－4 水压致裂法试验时间－压力和时间－流量曲线图

(5) 将封隔器完全卸压，连同加压管等全部设备从钻孔中取出。

(6) 测量水压致裂裂隙和钻孔试验段天然节理、裂隙的位置、方向和大小，测量可以采用井下摄影机、井下电视、井下光学望远镜或印模器。一般情况下，水压致裂裂隙为一组径向相对的纵向裂隙，很容易辨认出来。

3. 水压致裂测试方法评价

水压致裂测量结果只能确定垂直于钻孔平面内的最大主应力和最小主应力的大小和方向，所以从原理上讲，它是一种二维应力测量方法。若要确定测点的三维应力状态，必须打设互不平行的交汇于一点的 3 个钻孔，这相当困难。一般情况下，假定钻孔方向为一个主应力方向，例如，将钻孔打在垂直方向，并认为垂直应力是一个主应力，其大小等于单位面积上覆岩层的质量，则由单孔水压致裂结果也就可以确定三维应力场。

水压致裂法认为初始开裂发生在钻孔壁切向应力最小的部位，亦即平行于最大主应力的方向，这是基于岩石为连续、均匀和各向同性的假设。如果孔壁本来就有天然节理裂隙存在，那么初始裂痕很可能发生在这些部位，而并非切向应力最小的部位，因而，水压致裂法较为适用于完整的脆性岩体。

第三节 孔洞周围的应力分布

由于地下巷道和回采空间具有复杂的几何形状，以及巷道和回采空间周围岩体也是属于非均质、非连续、非线性以及加载条件和边界条件复杂的一种特殊介质。到目前为止，对于岩石及岩体的力学性质，以及原岩应力场的特征，尚未完全掌握，所以还无法用数学力学的方法精确的求解出巷道周围岩体内各处的应力分布情况。根据采矿工程的特点，通过近似地求解出巷道周围的应力状态，对了解巷道变形的机理是十分有益和非常必要的。但是，对复杂的矿山地下工程条件也必须做一些简化。

首先，将巷道及回采空间简化为各种理想的单一形状的孔，如圆形、椭圆形及矩形等。这样各巷道之间的影响也就可视为孔与孔之间的影响；其次，巷道周围的岩体性质也须简化，一般先把它看做完全均质的连续弹性体；此外，还需对孔周围的原岩应力场及其应力状态作假设，把均质连续无限或半无限弹性体中孔周边应力分布问题作为平面应变问题进行分析。

随着侧压系数 λ 不同，可能有几种典型的应力状态，见表 3－1。当 $\lambda>1$ 时，实际上是表 3－1 中双向不等压状态的坐标系旋转了 90°的情况。

表3－1 应力场的各种形式

对比内容	非均匀应力场		均匀应力场	
典型示意图	$\sigma_1>0$ $\sigma_2=0$	$\sigma_1>0$ $\sigma_2=1/3\ \sigma_1$	$\sigma_1>0$ $\sigma_2<\sigma_1$	$\sigma_1>0$ $\sigma_2=\sigma_1$
侧应力变化规律	小→大			
侧压系数	$\lambda=0$	$\lambda=\frac{1}{3}$	$\frac{1}{3}<\lambda<1$	$\lambda=1$
水平应力（σ_2）与铅直应力（σ_3）的比值	$\sigma_2=0$	$\sigma_2=\frac{1}{3}\sigma_1$	$\sigma_2=(1\sim3)\frac{\sigma_1}{3}$	$\sigma_2=\sigma_1$
应力状态	单向受压	双向不等压	双向不等压	双向等压

下面就分别叙述在各种应力场内不同形状的孔周围应力分布情况。

一、双向等压应力场内的圆形孔

1. 基本假设

围岩为均质，各向同性，线弹性，无蠕变或黏性行为；原岩应力为各向等压（静水压力）状态；巷道断面为圆形，在无限长的巷道长度里，围岩的性质一致。于是可以采用研究平面应变问题的方法，取巷道的任一截面作为其代表，且埋深 H 大于或等于 20 倍的巷道半径 R_0（或其宽、高），即有

$$H \geqslant 20R_0 \tag{3-3}$$

研究表明，当埋深 $H \geqslant 20R_0$ 时，忽略巷道影响范围（3~5 倍的 R_0）内的岩石自重（图 3-5），与原问题的误差不超过 10%。水平原岩应力可以简化为均布的，原问题就构成为载荷与结构都是轴对称的平面应变圆孔的问题（图 3-6）。

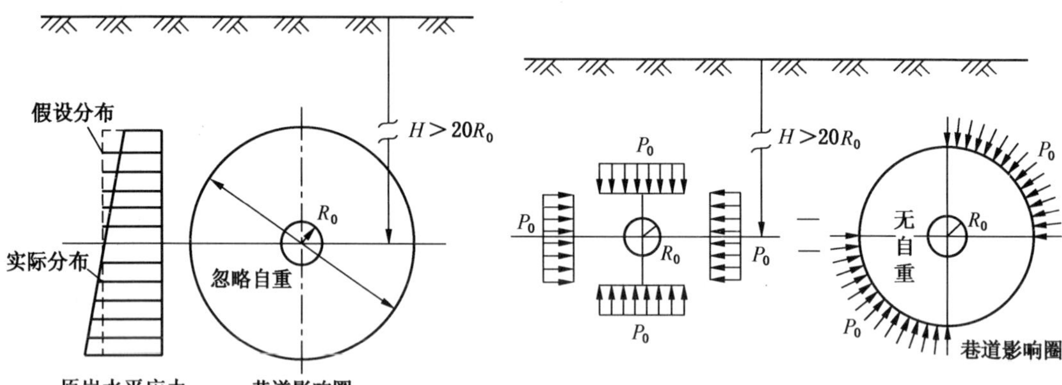

图 3-5　深埋巷道的力学特点　　　图 3-6　轴对称圆巷的条件

2. 计算结果

假设 σ_1 由自重应力引起，$\sigma_1=\gamma H$，则半径为 r 的任一点 σ_r 和 σ_t 为

$$\sigma_r=\gamma H\left(1-\frac{r_1^2}{r^2}\right) \tag{3-4}$$

$$\sigma_t=\gamma H\left(1+\frac{r_1^2}{r^2}\right) \tag{3-5}$$

式中　　r_1——孔的半径；

σ_t、σ_r——切向应力和径向应力。

3. 讨论

由式（3-4）和式（3-5）两式可以绘出如图 3-7 所示的圆孔周围的应力场图。由上述关系式可得以下几个主要结论：

（1）在双向等压应力场中，圆孔周边全处于压缩应力状态。

（2）应力大小与弹性常数 E、μ 无关。

（3）σ_t、σ_r 的分布和角度无关，皆为主应力，即切向和径向平面均为主平面。

（4）双向等压应力场中孔周边的切向应力为最大应力，其最大应力集中系数 $K=2$，且与孔径的大小无关。当 $\sigma_t=2\gamma H$ 超过孔周边围岩的弹性极限时，围岩将进入塑性状态。

（5）其他各点的应力大小则与孔径有关。

（6）在双向等压应力场中圆孔周围任意点的切向应力 σ_t 与径向应力 σ_r 之和为常数，且等于 $2\sigma_1$。

二、双向不等压应力场内的圆形孔

1. 双向不等压应力场内的圆形孔应力解

根据弹性理论，双向应力无限板内圆形孔（图 3-8）的应力解为

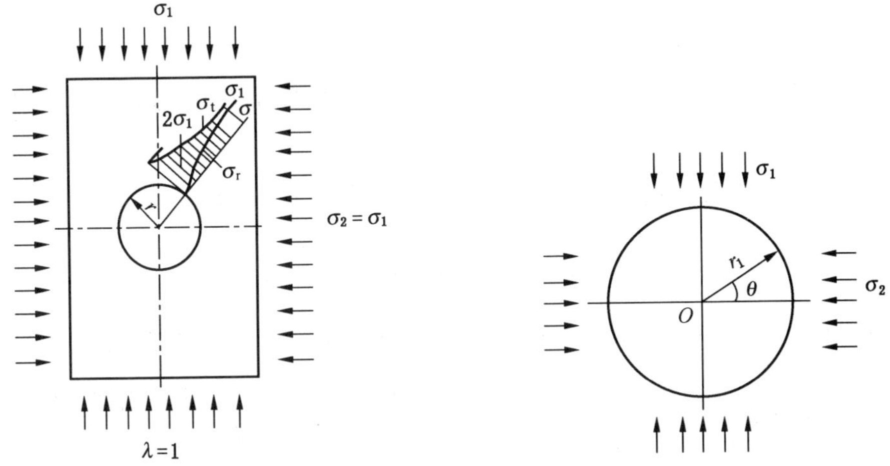

图 3-7　圆孔在双向等压应力场中周围应力分布图　　图 3-8　双向不等压应力场中的圆形孔

$$\sigma_r=\frac{\gamma H}{2}(1+\lambda)\left(1-\frac{r_1^2}{r^2}\right)-\frac{\gamma H}{2}(1-\lambda)\left(1-4\frac{r_1^2}{r^2}+3\frac{r_1^4}{r^4}\right)\cos 2\theta \tag{3-6}$$

$$\sigma_t=\frac{\gamma H}{2}(1+\lambda)\left(1+\frac{r_1^2}{r^2}\right)+\frac{\gamma H}{2}(1-\lambda)\left(1+3\frac{r_1^4}{r^4}\right)\cos 2\theta \tag{3-7}$$

2. 讨论

（1）若取极限情况 $\lambda=0$，则有

$$\sigma_r=\frac{\gamma H}{2}\left(1-\frac{r_1^2}{r^2}\right)-\frac{\gamma H}{2}\left(1-4\frac{r_1^2}{r^2}+3\frac{r_1^4}{r^4}\right)\cos 2\theta \tag{3-8}$$

$$\sigma_t=\frac{\gamma H}{2}\left(1+\frac{r_1^2}{r^2}\right)+\frac{\gamma H}{2}\left(1+3\frac{r_1^4}{r^4}\right)\cos 2\theta \tag{3-9}$$

由此得 θ 分别为 0°、90°、180°及 270°轴线上的径向应力与切向应力的分布图，如图 3-9 所示。由此可知，当 $\lambda=0$ 时，圆孔的顶、底部出现了拉应力区；在圆孔两侧的最大

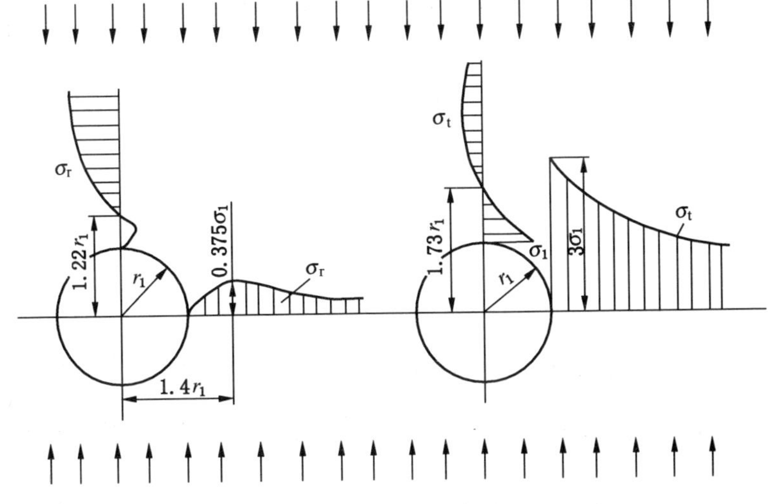

图 3-9　λ=0 时圆孔周围的应力分布图

应力集中系数$\frac{(\sigma_t)_{max}}{\sigma_1}$值达到3。

（2）如前所述，只考虑自重情况下原岩应力状态的侧向应力系数在0与1之间，即$0\leqslant\lambda\leqslant1$。

（3）若将$\lambda=\frac{1}{3}$代入式（3-9）中，则可得切向应力σ_t为

$$\sigma_t=\frac{2}{3}\sigma_1\left(1+\frac{r_1^2}{r^2}\right)+\frac{\sigma_1}{3}\left(1+3\frac{r_1^4}{r^4}\right)\cos2\theta \tag{3-10}$$

取$\theta=90°$、$\theta=270°$，则周边出现$\sigma_t=0$，即此时圆孔顶部与底部不会出现拉应力。

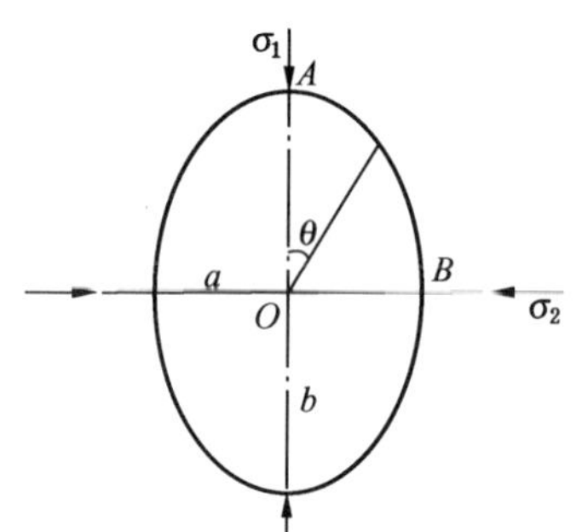

图3-10 深埋椭圆形孔周围应力分布图

由上述讨论可见，$\lambda>\frac{1}{3}$，周边不出现拉应力；$\lambda<\frac{1}{3}$时，将出现拉应力；$\lambda=\frac{1}{3}$，圆孔顶部与底部不出现拉应力。$\lambda=0$时，$\theta=90°$处，拉应力最大。所以，$\lambda=0$为最不利情况。$\lambda=1$为均匀受压的最有利于稳定的情况。

三、椭圆形孔周边的应力分布

在采矿工程中椭圆形巷道虽然应用不多，但通过对椭圆形巷道周边的应力分析，对分析开采后矿山压力的形成及如何维护好巷道是很有启发意义的。

在一般原岩应力状态（图3-10）下，根据弹性理论，椭圆形孔周边上任意点的切向应力σ_t为

$$\sigma_t=(\sigma_1+\sigma_2)-\frac{[(a-b)(\sigma_1+\sigma_2)+(a+b)(\sigma_1-\sigma_2)](a\sin^2\theta-b\cos^2\theta)}{a^2\sin^2\theta+b^2\cos^2\theta} \tag{3-11}$$

式中　a、b——椭圆形孔的长半轴与短半轴。

先分析$\theta=0$、$\theta=\pi$时，椭圆形孔两侧的切向应力情况。其式为

$$\sigma_t=(\sigma_1+\sigma_2)-\frac{[(a-b)(\sigma_1+\sigma_2)+(a+b)(\sigma_1-\sigma_2)](-b)}{b^2}=\left(1+\frac{2a}{b}\right)\sigma_1-\sigma_2 \tag{3-12}$$

取$\lambda=1$，则有

$$\sigma_t=\frac{2a}{b}\sigma_1 \tag{3-13}$$

$\lambda=0$，则有

$$\sigma_t=\frac{2a+b}{b}\sigma_1 \tag{3-14}$$

由此可知，孔两侧的最大切向应力将随孔的几何尺寸发生变化，其切向应力集中系数：当$\lambda=1$时，$k=\frac{2a}{b}$；当$\lambda=0$时，$k=\frac{2a+b}{b}$。显然，孔越扁，则应力集中系数越大。同理，分析$\theta=\frac{\pi}{2}$、$\theta=\frac{3\pi}{2}$时的σ_t情况。可知在$\lambda=0$时，$\sigma_t=-\sigma_1$，即形成拉应力；当

$\lambda=1$ 时，$\sigma_t=\dfrac{2a}{b}\sigma_1$。

四、矩形孔和其他形状巷道周边的应力分布

地下工程中经常遇到一些非圆形巷道，如矩形、梯形、拱形等。非圆形孔周围的应力计算甚为复杂，可用弹性力学的复变函数方法解决。在弹性应力条件下巷道断面围岩中的最大应力是周边的切向应力，且周边应力大小和 E、μ 弹性参数无关。同样，它和原岩应力场分布（大小）、巷道的形状（竖向和横向轴比）很有关系。断面在右拐角的地方有较

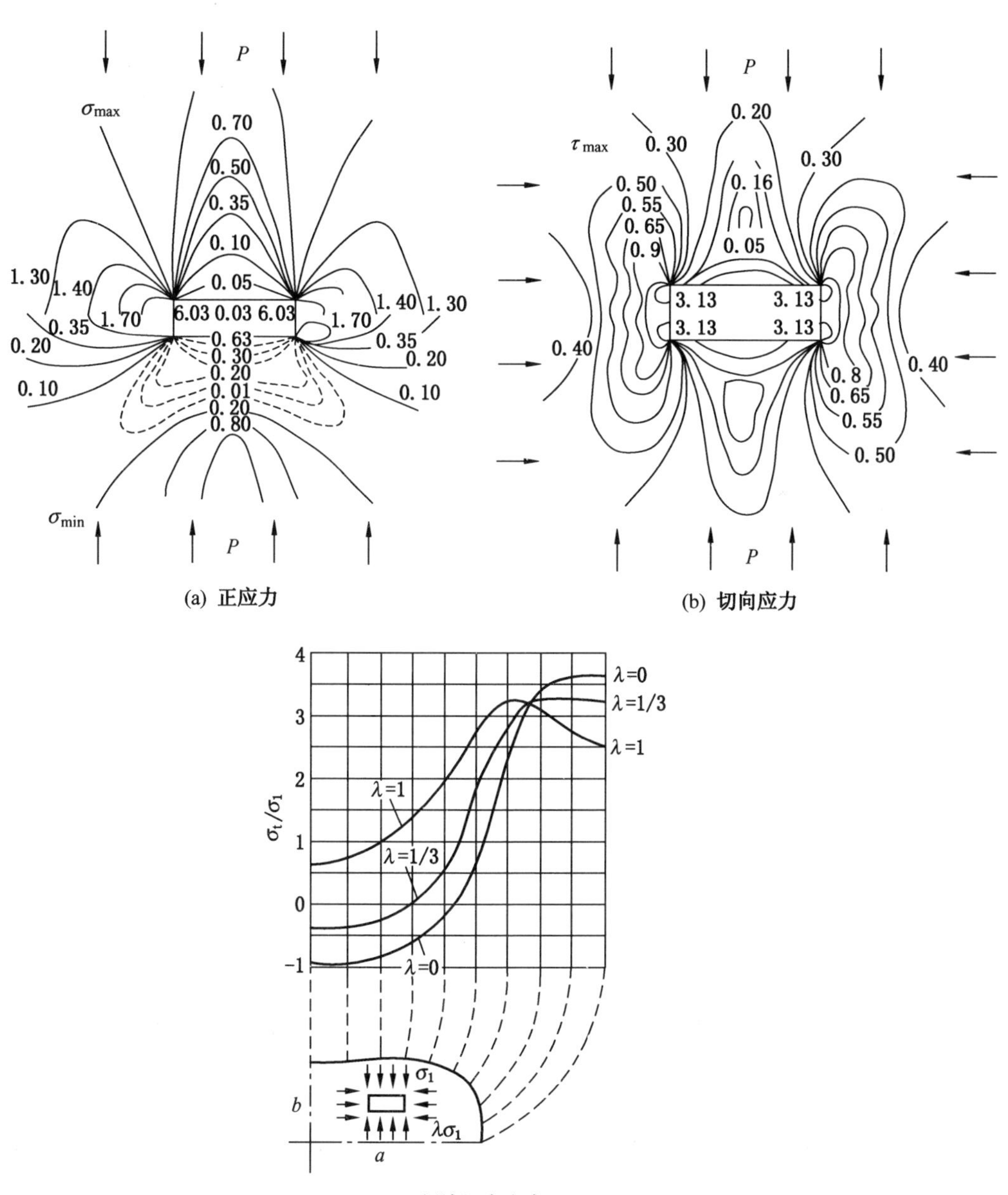

(a) 正应力

(b) 切向应力

(c) 周边切向应力

图 3－11　矩形孔周围应力分布图

大的应力集中；在直长边则容易出现拉应力。图 3－11a 所示为矩形孔周围的正应力分布，图 3－11b 所示为切向应力分布。图 3－11c 所示为长边为 $2a$，短边为 $2b$，且 $2a=2\times2b$，$\lambda=0$、$\lambda=1/3$、$\lambda=1$ 时，矩形孔周边切向应力的分布图。矩形拐角处的圆弧半径为 $r_0/2a=1/6$。对于其他一些常遇到的典型断面周边弹性应力分布，可以查阅有关参考文献等。矩形巷道周边切向应力部分计算结果见表 3－2。

表 3－2 矩形巷道周边切向应力部分计算结果

θ	$a:b=5$		$a:b=3.2$		$a:b=1.8$		$a:b=1$（正方形）		附图
	λp_0	P_0	λp_0	P_0	λp_0	P_0	λp_0	P_0	
0°	1.192	－0.940	1.342	－0.98	1.200	－0.801	1.472	－0.808	
45°					3.352	0.821	3.000	3.000	
50°	1.158	－0.644	2.392	－0.193	2.763	2.747	0.980	3.860	
65°	2.692	7.030		6.201	－0.599	5.260			
90°	－0.678	2.420	－0.770	2.152	－0.334	2.030	－0.808	1.472	

注：表格内的数字分别表示 λp_0、P_0 对该点的应力集中影响系数。

五、多孔开挖周围的应力分布

以上所述均为单孔周围的应力重新分布情况。实际上在采矿工程中还常遇到多条巷道之间或回采空间对巷道的影响等问题。这些情况均可看做多空间相互影响问题。一般来说，相邻两孔的影响程度及多孔周围的应力分布受到下列一些因素的影响：孔断面的形状及其尺寸大小；相邻两孔间的距离；在同一水平内相邻孔的数目；原岩应力场的性质和有关参数。

1. 断面相同的相邻两孔的应力分布

由单孔周围的切向应力分布衰减情况可知，它有一个剧烈影响的范围，一般以超过原岩应力的 5% 处为界。令此影响半径为 R_i，$R_i=\sqrt{20}r_1$。现以双向等压应力场中的圆形孔为例，若相邻两孔的间距大于 $2R_i$，则此两孔就不会产生相互影响，巷道周边的应力分布也将和单孔的情况基本相同。在这种情况下，即使存在多条巷道，它们之间相互也不产生影响。反之，如两孔间距小于 $2R_i$，则相互之间就会有影响。图 3－12 所示为相邻两圆孔间距小于 $2R_i$ 时产生相互影响的关系图。图中令 $B=D$，所处的原岩应力场为 $\lambda=0$，则两孔之间周边上产生的切向应力集中系数为 3.26，而在单孔时为 3，如图中虚线所示。在 $\frac{r}{r_0}=2$ 处，即间距的中点处，$\sigma_t=1.7\sigma_1$，比原来的应力 $1.2\sigma_1$ 增长了 41.7%。但在孔的顶、底部，拉应力由 $-\sigma_1$ 降至 $-0.7\sigma_1$。

2. 大小不等的相邻两孔的应力分布

从前述已知，单孔切向应力重新分布的影响范围与孔的半径成正比，以及等径相邻两

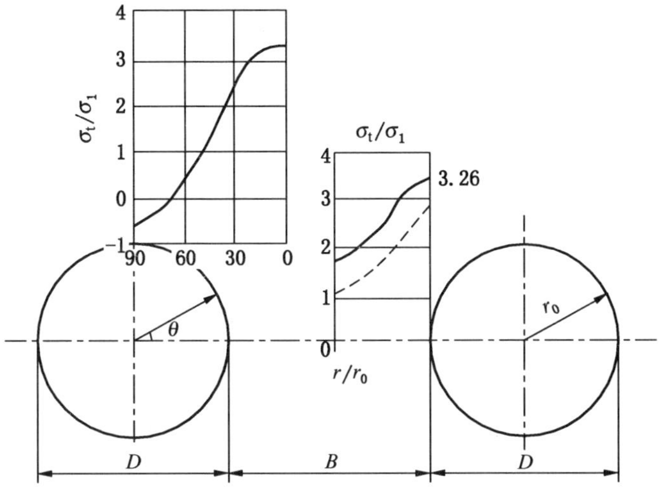

图 3-12　等径相邻两孔当 $B=D$ 时的切向应力分布图

孔的影响间距（中心距）为 $2R_i$。同理，对大小不等的相邻两孔，影响间距为其各自的影响半径之和。图 3-13 所示为不等径相邻两孔的切向应力分布图。从图中可以看出，小孔周边的切向应力集中系数高达 4.26，而大孔周边的应力集中系数仅为 2.75。这说明大孔对小孔的应力分布影响较大，而小孔对大孔的影响则甚微。这个特点对于研究回采工作面与邻近巷道的相互影响很有参考价值。

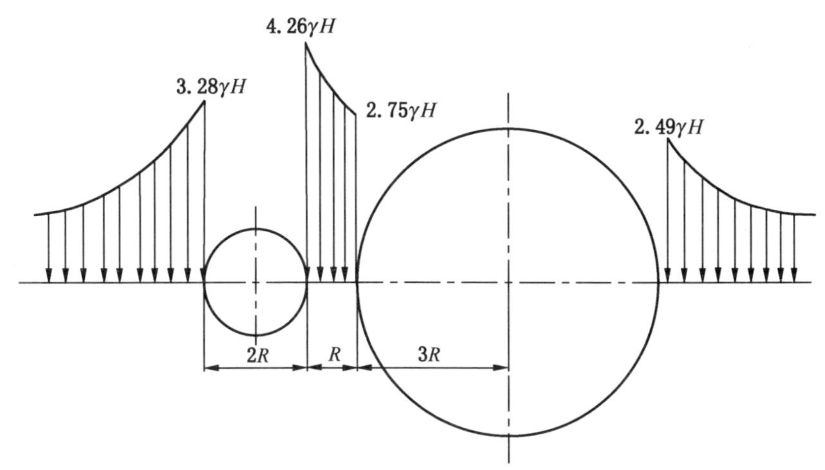

图 3-13　不等径相邻两孔的切向应力分布图

3. 在同一水平多孔相互影响条件下的应力分布

图 3-14 所示为 $\lambda=0$ 条件下，同一水平多孔的相互影响。由图可以看出，孔周边的应力集中系数是随 D/B 值的增大而增大的（D 为孔径，B 为孔周边的间距）。另外，又受同一水平上孔的数目影响。显然，孔的数目越多，孔周边的应力集中系数也越大。

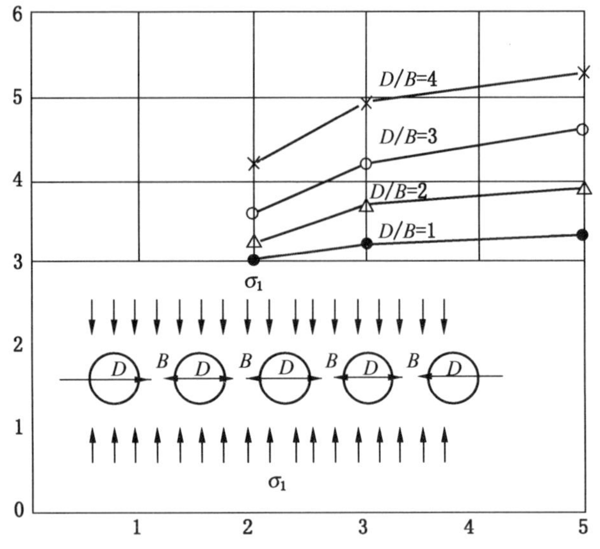

图 3－14 多孔对应力集中系数的影响

第四节 围岩弹塑性分布的二次应力状态

围岩二次应力状态就是指经开挖后的岩体在无支护条件下，经应力调整后达到新的平衡的应力状态。分析围岩的二次应力状态，必须掌握两个条件：一是岩体自身的力学性质包括变形特性和强度特性；二是岩体的初始应力状态。

由于作用在岩体的初始应力较大或岩体自身的强度比较低，巷道开挖后，巷道周围的部分岩体应力超出了岩体的屈服应力，使岩体进入了塑性状态；随着与巷道壁距离的增大，最小主应力也将随之增大，进而提高了岩体的强度，并促使岩体的应力转为弹性状态。因此，这种弹塑性应力并存的状态被称为岩体二次应力的弹塑性分布。处在弹塑性分布中的巷道，必须进行支护，否则巷道周围的岩体将产生失稳，影响巷道的正常使用。本小节介绍 $\lambda=1$ 条件下的应力状态。由于在圆形巷道中这是个轴对称问题，且应力与 θ 角无关，使得弹塑性区都成一个圆环状，分析其应力分布比较简单。

一、塑性区应力计算

当巷道壁的二次应力超出岩体的屈服应力，则巷道壁岩体将产生塑性区。就岩石的力学特性而言，多数的岩石属脆性材料，其屈服应力的大小不太容易求得。因此通常近似地采用摩尔－库仑直线形强度判据作为进入塑性状态的条件。

塑性区内的应力计算公式为

$$\sigma_{\theta p}=\frac{\sigma_c}{\xi-1}\left[\xi\left(\frac{r}{r_a}\right)^{\xi-1}-1\right] \tag{3-15}$$

$$\sigma_{rp}=\frac{\sigma_c}{\xi-1}\left[\left(\frac{r}{r_a}\right)^{\xi-1}-1\right] \tag{3-16}$$

式中 $\xi = \frac{1+\sin\varphi}{1-\sin\varphi}$，$\sigma_c = \frac{2c\cos\varphi}{1-\sin\varphi}$。

塑性区内应力随 r 的变化如图 3－15 所示，其中切向塑性应力 $\sigma_{\theta p}$ 和径向应力 σ_{rp} 都随 r 的增大而增大；根据塑性判据，在塑性区内的应力都应满足 $\sigma_{\theta p} = \xi\sigma_{rp} + \sigma_c$ 的强度条件。图 3－15 中的两个摩尔圆与强度线相切，表示了塑性区内任意一点应力状态都满足岩体的强度条件的这一特性。在进行塑性区内的应力计算时，可利用该条件简化计算或校核计算结果的正确性。

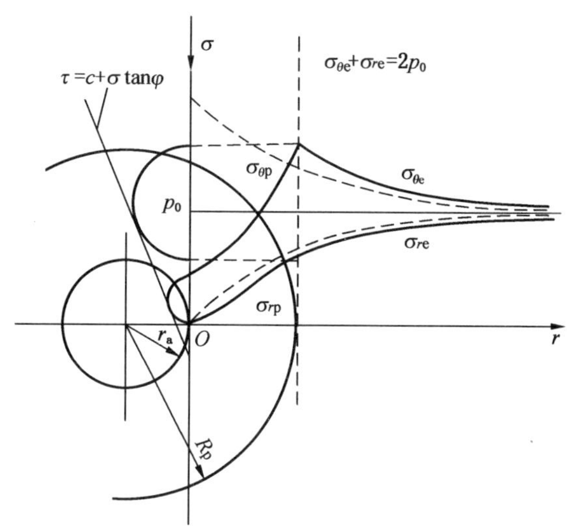

图 3－15 弹塑性应力分布图

二、塑性区半径的计算

由上述分析可知，随着 r 的增大，径向应力 σ_{rp} 也将随之增大。根据三向应力作用下岩体的强度特性可知，岩体的强度将随围压 σ_{rp} 的增加而升高，由此使岩体中的应力逐渐向弹性应力状态过渡。因此，岩体内必定存在着某一点的应力为弹塑性应力的交界点，即该点的应力既满足塑性应力的条件又满足弹性应力的条件。通常将此弹塑性分界点到洞轴线的距离称为塑性圈半径 R_p。根据以上所述条件：$r = R_p$，$\sigma_{\theta p} = \sigma_{\theta e}$，$\sigma_{rp} = \sigma_{re}$。将 $\lambda = 1$ 时的塑性区内的应力计算公式，代入当 $\lambda = 1$ 时弹性应力应满足的条件 $\sigma_{\theta p} + \sigma_{rp} = 2p_0$，可得塑性区半径 R_p 的计算公式为

$$R_p = r_a\left[\frac{2p_0(\xi-1)+2\sigma_c}{\sigma_c(\xi+1)}\right]^{\frac{1}{\xi-1}} \tag{3-17}$$

由塑性区半径计算公式（3－17）可知：①塑性区半径与巷道半径成正比，巷道半径 r_a 越大，塑性区半径 R_p 也越大；②巷道所处的原岩应力越大，塑性区就越大，但是不成线性关系；③反映岩体性质的指标 c 和 φ 越小，即岩体强度越低，塑性区越大。

三、塑性区的位移

由于塑性区的应力和应变为非线性关系，因此采用广义胡克定理并不能正确地表现塑

性区内的应力与应变关系。用平均应力与平均应变之间的关系，乘以一个表示两者所具有的非线性关系的塑性模数 ψ，并假设在塑性区内体积应变为零，最终可求得塑性区内的径向位移，这是计算塑性区位移最常用的方法之一。塑性区内的径向位移表达式如下：

$$u = r\varepsilon_\theta = r\frac{\psi(1+\mu_0)}{E_0}(\sigma_\theta - \sigma_r)$$

$$= \frac{p_0(\xi-1)+\sigma_c}{(\xi+1)} \cdot \frac{2R_p^2(1+\mu_0)}{r \quad E_0} \tag{3-18}$$

由式（3－18）可知，径向位移与岩体的强度参数 ξ、塑性区内的变形常数 E_0 和 μ_0、初始应力 p_0、塑性区半径 R_p 以及任意一点的距离 r 等因素有关。

四、弹性区的应力和位移

根据围岩二次应力塑性状态下，塑性区内的应力、位移和塑性圈半径等的计算公式，塑性区内的应力分布特征：随着离巷道轴线距离 r 的增大，径向和切向应力都在逐渐增大。由于径向应力的增大，提高了岩体的承载能力，使岩体内的应力逐渐向弹性状态过渡，当 $r>R_p$ 时，岩体内的应力处在弹性状态。此时，弹性区内的应力、位移可用弹性分布的微分方程进行计算。但是，由于塑性区的存在，使得在塑性区半径处的径向应力必定会对弹性区内的应力、位移产生影响。因此，在讨论弹性区内的应力、位移问题时，必须考虑塑性区的存在对弹性区的影响。通常的做法是将塑性区边界上的径向应力作为外力对弹性区作用，以此代替塑性区的存在，并将其看成开挖半径为 R_p 的巷道计算模式，分析弹性区内的应力、位移状态。

弹性区内的应力和位移计算公式如下：

$$\sigma_{re} = p_0\left(1-\frac{R_p^2}{r^2}\right)+\sigma_{R0}\frac{R_p^2}{r^2} \tag{3-19}$$

$$\sigma_{\theta e} = p_0\left(1+\frac{R_p^2}{r^2}\right)-\sigma_{R0}\frac{R_p^2}{r^2} \tag{3-20}$$

$$u = \frac{p_0(1+\mu)}{E}\left[(1-2\mu)r+\frac{R_p^2}{r}\right]-\frac{1+\mu}{E}\sigma_{R0}\frac{R_p^2}{r} \tag{3-21}$$

从上述公式可见，弹塑性分布状态下的弹性应力、位移表达式与纯弹性分布的表达式很接近，多了一项由于塑性区边界上径向应力 σ_{R0} 的作用所给予的增量。因此，其应力、位移、应变的分布规律也大致相同。就位移而言，与前述相同，工程上关心的是由于开挖所产生的位移增量，即

$$\Delta u = \frac{1+\mu}{E}(p_0-\sigma_{R0})\frac{R_p^2}{r} \tag{3-22}$$

从公式中可以发现，位移增量变小了。很明显，是由于塑性圈的存在限制了弹性区的变形所致。

五、围岩弹塑性分布二次应力状态小结

（1）当开挖后，巷道壁的切向应力 $\sigma_\theta=2p_0\geqslant\sigma_c$ 时，巷道周围的岩体将产生塑性区。

（2）在 $\lambda=1$ 的条件下，塑性区是一个圆环，塑性区内的应力 $\sigma_{\theta p}$ 和 σ_{rp} 将随 r 的增大

而增大，且塑性区内的应力应该满足所假设的起塑条件 $\sigma_{\theta p}=\sigma_{rp}\xi+\sigma_c$。当 $r=R_p$ 时，围岩处在塑性区的边界上，而塑性区边界上的径向应力将影响弹性区的应力、位移、应变的计算。

（3）当 $r>R_p$ 时，围岩的应力将进入弹性区。由于塑性区的存在，将限制弹性区内的应力、位移、应变的变化。因此，与无塑性区的弹性二次应力状态相比较，各计算式中增加了由于塑性区边界上的径向应力 σ_{R0} 的作用所引起的增量，而分布规律与纯弹性分布大致相同；仍可用 $\sigma_\theta+\sigma_r=2p_0$ 来校核计算结果的正确性。

（4）巷道围岩可分为 3 种状态：①周边应力小于围岩弹性极限，则巷道能自稳；②周边应力大于围岩弹性极限，则巷道围岩进入塑性状态；③若周边应力大于围岩强度极限，则围岩不稳定，必须借助支护抗力支撑。

第五节　采动支承压力在岩层中的传递

一、支承压力简介

所谓支承压力，指地下空间顶板上部原岩铅垂应力向周边围岩转移，引起周边围岩切向应力的增高部分，它仅仅是矿山压力的一部分。在单一自重应力场条件下，支承压力来源于上覆岩层的质量，原岩铅垂应力 σ_V 可按岩体重力密度 γ 与覆盖岩层总厚度 H 之乘积估算，即 $\sigma_V=\gamma H$。支承压力为 $\sigma_t=k_c\sigma_V$，其中 k_c 为应力集中系数。

某些研究表明，支承压力带的应力集中系数 k_c 可按下式估算：

$$k_c=\left(1+\frac{1}{\frac{b}{L}}\right)k_L \tag{3-23}$$

式中　k_L——开采空间形状影响系数，长/宽 =1 时，$k_L=0.7$，长/宽>3 时，$k_L\approx1$；

b——支承带宽度；

L——开挖（开采）跨度，如图 3－16 所示。研究表明，支承压力带的宽度 b 视岩体性质及开采空间跨度而异，大致有如下关系：$b/L=k_1k_r$。其中，k_1 为跨度影响系数，$L=3$ m 时，$k_1=1$，$L=30\sim40$ m 时，$k_1=0.5$；k_r 为岩石性质影响系数，硬岩 $k_r=0.8$，中硬岩 $k_r=1.5$。

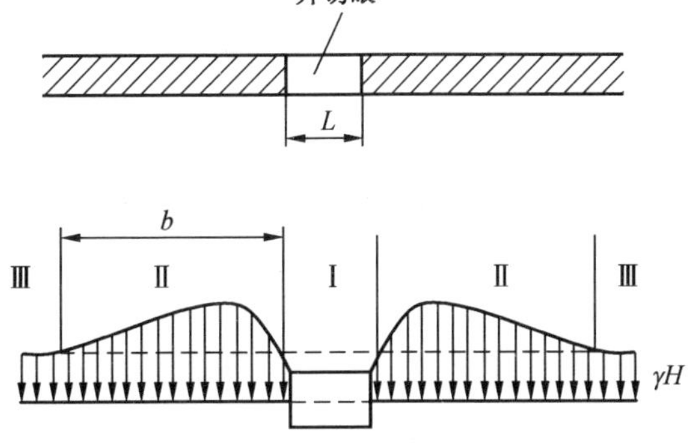

图 3－16　顶板支承带宽与开挖跨度示意图

对采矿工程而言，支承压力是在开采过程中随时形成的。由于支承压力引起的围岩变形，对巷道维护和工作面落煤等都有直接影响，并且对开采过程中形成的冲击地压、煤与瓦斯突出、深部开采分区破裂化效应的形成、顶板的完整性和支架的受力大小也有直接影响，因此，支承压力是矿山压力控制的重要对象。

根据支承压力的性质，常将采矿工作面前方和巷道两侧的切向应力分布按大小进行分区，如图 3－17 所示。比原岩应力小的压力区，称为减压区；比原岩应力大的压力区，称为增压区。增压区就是通常所说的支承压力区。支承压力区的边界一般可取大于原岩应力的 5%，即 $\sigma_t = 1.05\sigma_1$ 处作为分界线，再向岩体内部发展即处于稳压状态的原岩应力区。

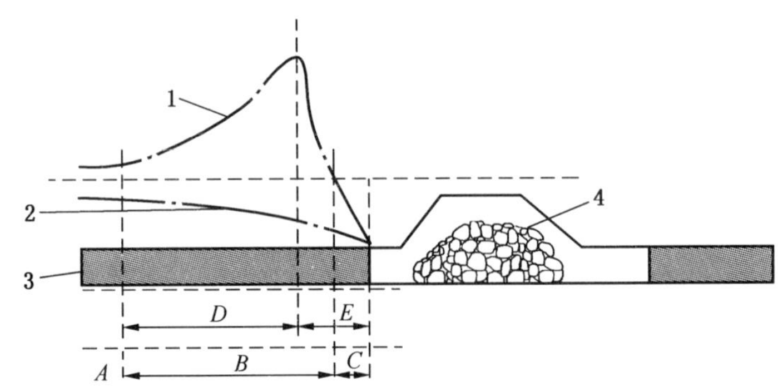

A—稳压区；*B*—增压区；*C*—减压区；*D*—弹性区；*E*—极限平衡区；
1—最大主应力（切向）；2—最小主应力（径向）；3—煤层；4—垮落的顶板

图 3－17　巷道（采场）支承压力分布图

二、采煤工作面前后支承压力分布

采煤工作面前后的支承压力分布与采空区处理方法有关。假如采空区采用的是留煤柱的刚性支撑，工作面前后的支承压力分布类似于巷道两侧，其情况如图 3－18 中曲线 1 所示，即工作面前后均有几乎相等的压力分布。

假设采空区采用全部垮落法或充填法，则由于上覆岩层中出现块体咬合的结构，将导致工作面前方支承压力急剧增加，而采空区支承压力则大幅降低，如图 3－18 中曲线 2 所示。刚垮落或刚充填的充填体中应力很小，远离开采的充填体被压实，其承受的压力逐渐增高，直至等于原岩应力。在单层压实的充填体中，中间局部顶板最大应力值可达 $1.31\gamma H$，如图 3－18 中曲线 2 所示；但在充填体下开采第二煤层分层并再充填压实时，采空区的顶板最大应力值不超过 γH。

若工作面采高很大或顶板岩层比较坚硬，则在岩层悬露时工作面前方支承压力较高，而采空区则较低，如图 3－18 中曲线 3 所示。但当坚硬顶板切落时，前方支承压力将有所降低，采空区后方则有所增高。

由于种种原因，如因采深太大或岩性的影响，致使开采后岩层移动未能波及地表，则此时将出现图 3－18 中曲线 4 的状态，即采空区的支承压力有可能恢复不到重力应力值（γH）的状态。

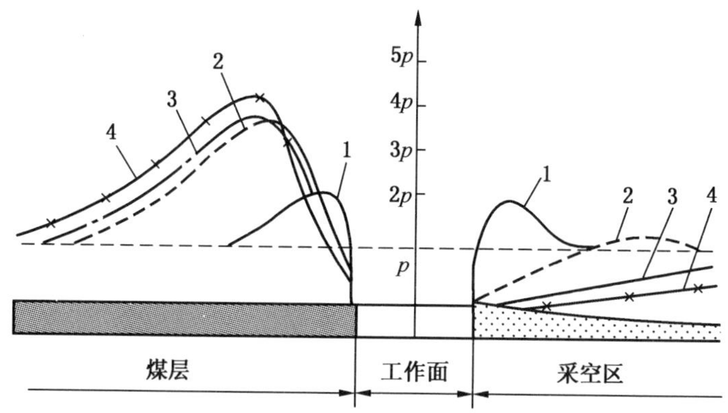

图 3－18　不同采空区支撑条件下工作面前后支承压力分布图

根据上述分析，采矿工作面前后的支承压力一般可绘制成如图 3－19 所示的形式，且可将其分为应力降低区 b、应力增高区 a 及应力不变区 c。其分布特点：①工作面前方矿体端，几乎支承着采矿工作空间上方裂隙带及其上覆岩层大部分重量，即工作面前方支承压力远比后方大；②工作面矿壁及采空区（或采空区垮落带）是随时间向前移动的，因而支承压力带也随时间向前移动；③由于裂隙带中形成了支撑的半拱式结构，所以采矿工作空间一般是处于应力降低区范围内。

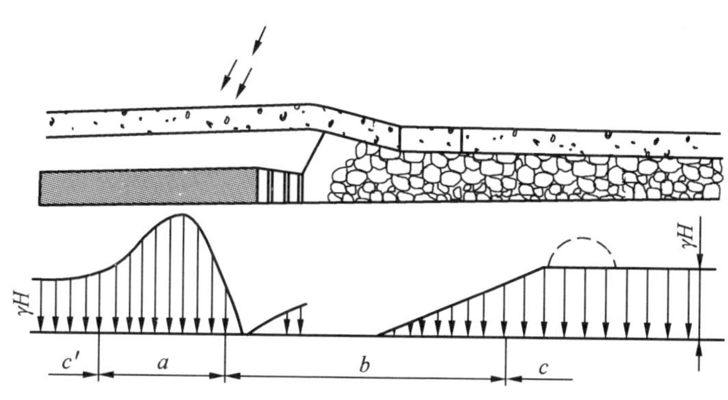

图 3－19　工作面前后支承压力分布图

事实上由工作面前方支承压力峰值到工作面端部为极限平衡区，由峰值向矿体内侧为弹性区。显然，支承压力的分布曲线将由支承体的力学特性及其载荷大小而定。

三、相邻采场对支承压力的影响

如图 3－20 所示，若 $b > b_1 + b_2$，支承压力分布相互无影响，与单一空间开挖类似。若 $b < b_1 + b_2$，两开挖空间之间的矿柱上的支承压力将发生叠加，应力集中系数较单一开挖空间明显增加；若 $b < b_1 + b_2$，且一侧开采空间位于另一侧的支承压力带内，则开采空间 2 的两侧都会受到开采空间 1 的影响，其两侧的支承压力都有不同程度的增大。

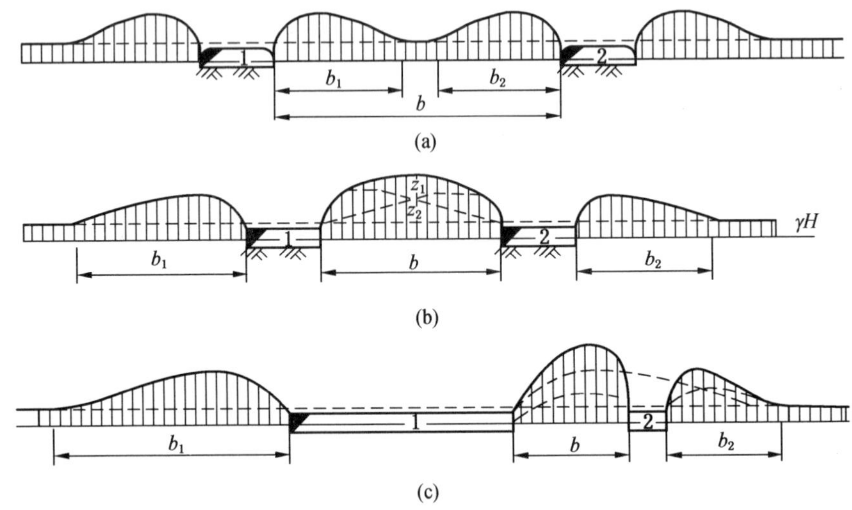

图3-20　相邻开采空间的支承压力分布图

四、支承压力在底板岩层中的传递

工作面采动后，承受支承压力的煤柱将把支承压力传递给底板。如图3-21所示，若煤柱上方为均布载荷，底板是处于弹性变形阶段的均质岩层，则在垂直方向与煤柱不同距离的水平截面上的压应力分别为图3-21a中曲线abc、$a_1b_1c_1$、$a_2b_2c_2$、…，曲线的纵坐标值为煤柱上载荷p的百分率。图3-21b中的曲线def、$d_1e_1f_1$、$d_2e_2f_2$分别为通过受载面积中心轴上、与中心轴相距0.5B垂直截面上、1.0B垂直截面上的压应力分布。

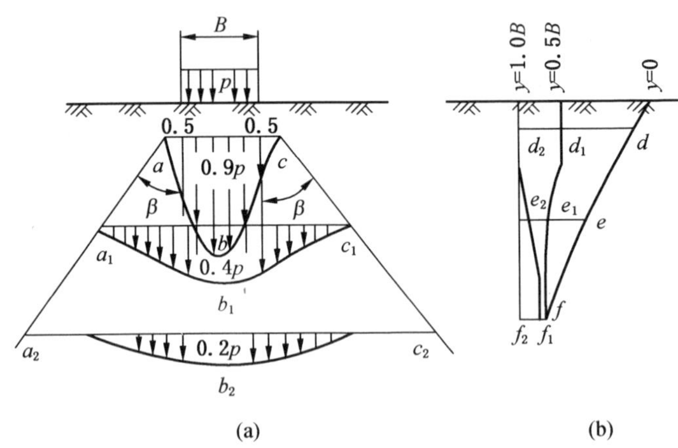

图3-21　支承压力在底板中的传递

支承压力在煤层底板中的传递，如图3-22所示，可分为4个区域：

(1) 应力增高区。这是开采引起支承压力传递到底板岩层中，在靠近巷道或采空区边沿的煤柱或煤体下方形成的大于原岩应力的增压区。越靠近煤体或煤柱，该集中应力值越大，如图3-22中A区所示。

（2）应力降低区。由于开挖后形成地下巷道、硐室、采空区等空间，或者顶板岩层离层、垮落，在邻近巷道或空间的正下方底板岩层中，形成应力明显低于原岩应力的卸压区，且远离矿层其卸压程度逐渐减小，如图3－22中B区所示。

（3）轻微影响区。位于煤体边界的采空区或巷道下方，介于应力增高区和应力降低区之间的区域，为受采动影响轻微的区域，如图3－22中C区所示。

（4）未受影响区，也称原岩应力区。在矿体底板中，离煤柱或煤体支承压力区距离较远或深度较大，未受支承压力影响的地区；或者离采空区或巷道空间距离较远或深度较大，未形成卸压区的地区，如图3－22中D区所示。

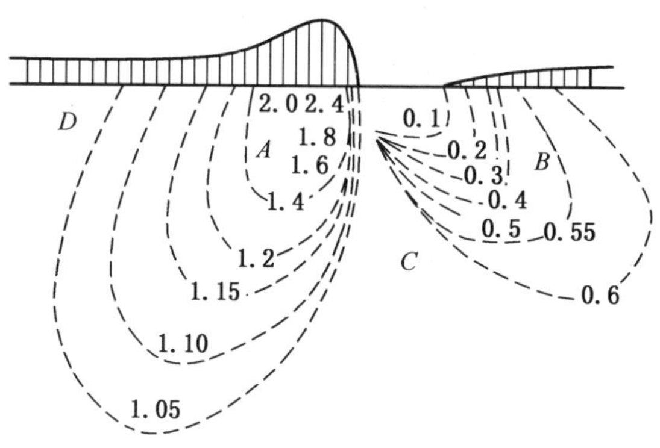

图3－22　支承压力在煤层底板中的传递

从减轻巷道受压的观点看，显然不应将底板岩巷布置在A区，但也不宜布置在离采空区很近的B区，因为该处的底板岩层常会向采空区方向产生移动或底鼓。从减少掘进量、便于生产联络和有利于维护等观点看，也不宜将岩巷布置在D区。根据经验，一般将底板岩巷布置在C区，而且它离煤体底板和煤体边界都应有合适的距离。在采矿生产实际中，还常利用这一特性在被保护巷道上方开凿卸压巷道。

由图3－23可知，底板内各点应力大小与施力点的距离成反比，随底板岩层与煤柱间的垂直距离的增加而迅速降低。同时，应力以中心为最大，向煤柱外侧呈一定角度扩展，在边缘处迅速减小。如果把底板中垂直应力相同的各点连成线，即构成等压线，如图3－23中曲线4、5、6所示。

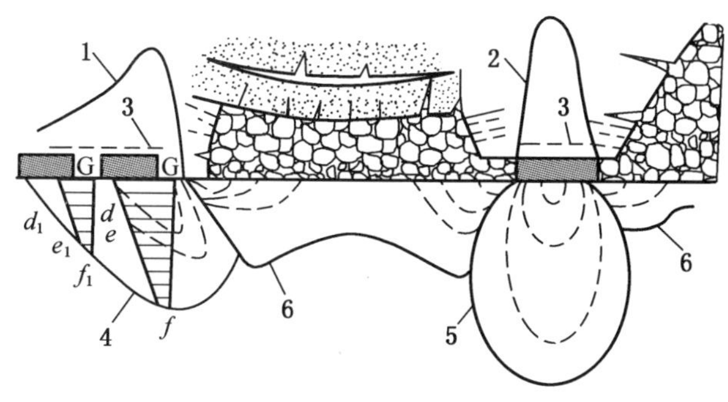

1、2—支承压力曲线；3—原岩应力曲线；4、5—应力增高区界限；6—应力降低区界限

图3－23　采空区底板岩层内的应力分布

图3－23中曲线4、5以内的底板岩层为应力增高区，这是因为开采工作引起的支承压力经煤柱传递到底板岩层，在靠近采空区的煤柱正下方形成大于原岩应力的增压区，且越靠近煤柱，应力集中系数越大。曲线4、5以外的底板岩层，由于离煤柱上支承压力区距离较远或深度较大，因而为不受支承压力影响的区域。曲线6以内是应力降低区，这是由于开采后顶板岩石离层、垮落，顶板应力向煤柱转移，在邻近采空区下方底板岩层中形成应力明显低于原岩应力的卸压区，且随着远离煤体而卸载程度逐渐减小。

底板岩层内的应力值与煤柱上支承压力成正比，即与煤体的厚度、倾角、埋深、顶板岩层性质、煤体的采动状况、煤柱的宽度等密切相关。若煤柱两侧都已采动，则形成支承压力叠加，在煤柱上形成比单侧采矿更大的支承压力，如图3－20b、图3－23中曲线2所示。这样，必然使其在底板内的传递深度和应力值均比单侧采矿时大得多。随着煤柱宽度减小，支承压力在底板内的传递深度和应力值显著增大。

底板岩层性质将对上部煤柱上的支承压力在底板内的传递范围有很大影响。坚硬的底板岩层可使传递的应力迅速减弱，但应力向煤体外侧的扩展角度增大。相反，在松软岩层内支承压力的传递深度要大得多，其强烈影响范围往往可达20～30 m以上。

思考与练习题

（1）原岩应力的概念是什么？其构成部分有哪些？

（2）简述岩体自重应力场的计算方法，并分析仅考虑自重条件的原岩应力场分布规律。

（3）介绍应力解除法、水压致裂法测量地应力的原理。

（4）简述双向等压条件下圆形孔洞周边的弹性应力分布规律、弹塑性应力分布规律，并用相应图示绘制出。

（5）介绍载荷条件、孔洞形状等因素对孔边应力分布的影响。

（6）二次应力的概念是什么？可分为哪两种类型？

（7）介绍支承压力的定义及其表述方法。

（8）简述支承压力在底板中的传递规律，并分析其传递区域特征。

第四章　工作面覆岩运动及矿山压力显现规律

【本章教学目的与要求】

- 理解矿山压力、矿山压力显现、支承压力、直接顶与基本顶的定义
- 理解矿山压力与矿山压力显现之间的关系
- 掌握直接顶与基本顶厚度的确定方法
- 掌握上覆岩层在回采工作面推进方向上的运动发展规律
- 了解支承压力分布、上覆岩层运动和矿山压力显现三者间的关系

【本章概述】

弄清采煤工作面矿山压力、矿山压力显现与上覆岩层运动之间的关系是进行采煤工作面矿山压力控制的关键之一。

本章主要介绍矿山压力与矿山压力显现间的关系，沿工作面纵向和推进方向上覆岩层运动发展规律，工作面超前支承压力分布与上覆岩层运动和矿山压力显现三者间的关系。

【本章重点与难点】

本章的重点是理解矿山压力、矿山压力显现、支承压力、直接顶与基本顶的定义，掌握沿工作面推进方向上覆岩层运动发展规律，其中工作面超前支承压力分布与上覆岩层运动和矿山压力显现三者间的关系是本章的难点。

第一节　矿山压力与矿山压力显现

一、矿山压力

采动：在煤或岩层中开掘巷道和进行回采工作称为对煤（或岩）层的采动。

采动空间：采动后，在煤（或岩）层中形成的空间称为采动空间，如图 4－1 中 A 所示。

围岩：采动空间周围岩体包括顶板 T、底板 D 及两帮岩层 B，统称为围岩，如图 4－1 所示。

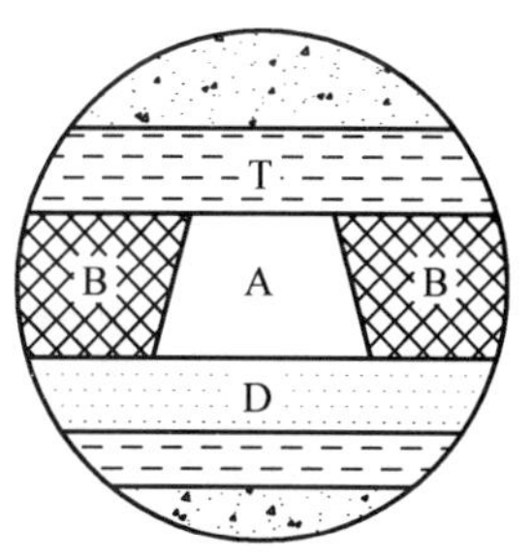

A—采动空间；B—两帮岩层；D—底板；T—顶板

图 4－1　采动空间与围岩

煤及岩层采动前，一般都在覆盖岩层重力、构造运动作用力等地质力的作用之下，处于三向受力的原始平衡状态。假设地表是水平的，且只受到覆盖岩层重力的作用，则该岩层采动前后垂直应力变化的一般情况，如图 4－2 所示。

采动后重新分布于围岩各个岩层边界上的力及岩层中各点的应力将促使该部分岩体产生变形或破坏，从而向已采空间运动。采动后作用于岩层边界上或存在于岩层之中的促使围岩向已采空间运动的力（即采动后促使围岩运动的力），称为矿山压力。

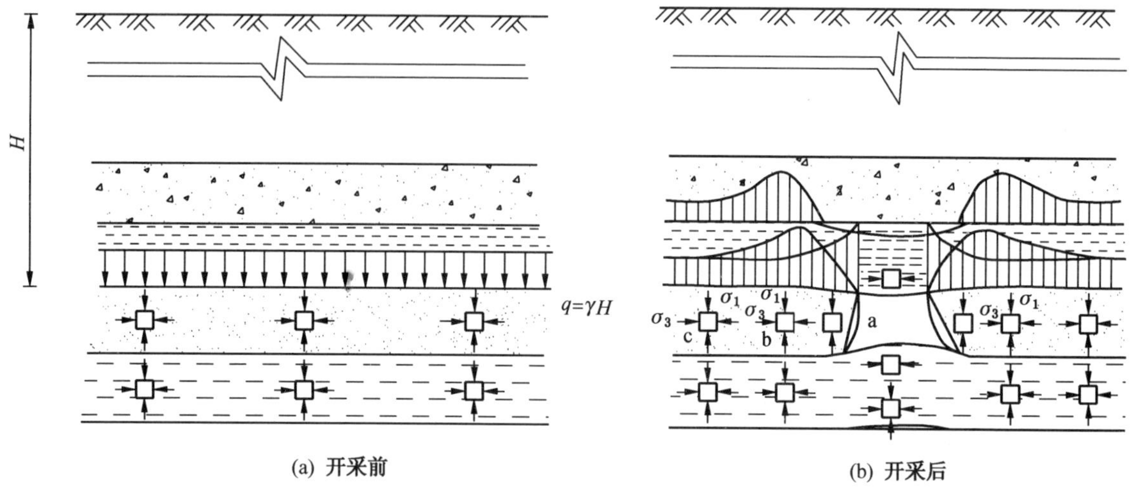

(a) 开采前 (b) 开采后

图4-2 开采前后应力分布图

二、矿山压力显现

（一）矿山压力显现的概念

煤及岩层一经采动，应力将重新分布，其中，处于采动边界部位的煤（岩）体承受较高压力作用，其约束条件和受力状况都发生明显改变。当该部位煤（岩）体所承受的压力值没有超出其允许的限度时，围岩处于稳定状态；当该部位煤（岩）体所承受的压力值超出其允许的限度时，围岩处于不稳定状态。当采动边界部位的煤（岩）体所承受的压力值超出其允许极限后，围岩运动将明显表现出来，即产生煤（岩）体扩容后的塑性破坏、煤（岩）帮片塌、顶板下沉与底板鼓起等一系列矿压现象。

在工作面开采过程中，由于已破碎煤（岩）体的作用力以及仍处于连续状态的顶板岩层的弯曲下沉等，工作面内支架受力与支柱活柱下缩也将明显地表现出来。

采动后，在矿山压力作用下通过围岩运动与支架受力等形式表现出来的矿山压力现象，统称为“矿山压力显现”。矿山压力显现的基本形式包括围岩运动与支架受力两个方面。

1. 围岩运动

（1）顶板运动，指巷道及工作面顶板岩层的弯曲下沉、裂断破坏及冒顶，如图4-3a所示。

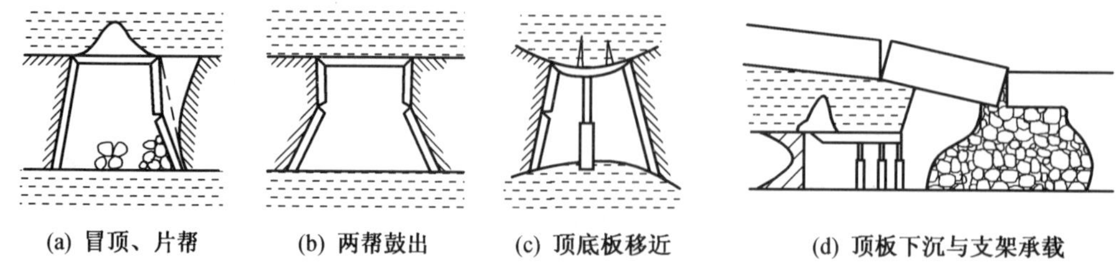
(a) 冒顶、片帮 (b) 两帮鼓出 (c) 顶底板移近 (d) 顶板下沉与支架承载

图4-3 矿山压力显现的基本形式

(2) 两帮运动，主要指巷道两帮的弹性变形、裂隙扩展、岩体扩容后产生的塑性破坏与塑性流动，以及两帮岩体向着采动空间内的移动（包括两帮片帮、鼓出等缓慢移动，以及在动压冲击下的高速移动），如图 4－3a、b 所示。

(3) 底板运动，指巷道及工作面底板岩层的鼓起、隆起、层理滑移及裂断破坏等，如图 4－3c 所示。

反映围岩运动的信息有顶底板与两帮的移近量、移近速度，顶板压力（顶底板岩层相对移动过程中的压力显现）等。

2. 支架受力

矿山压力显现的第二个基本形式是支架受力，主要包括：支架承受载荷的增减、支架变形（活柱下缩）及支架压折等现象，如图 4－3d 所示。

（二）矿山压力显现的相对性

矿山压力显现是矿山压力作用下围岩运动的结果。由于围岩运动是由其受力大小、边界约束条件、自身强度等因素所决定；而且，围岩运动过程中引起支架承受载荷的变化，不仅取决于围岩运动的发展情况，还与支架对围岩运动的抵抗程度密切相关。由此可见，矿山压力显现是相对的。

1. 巷道围岩运动的相对性

采动过程中，围岩要向着采动空间运动。由于围岩承受的压力大小、自身强度、受力状况等不同，运动的发展程度也不相同。

开采深度越大，支承压力越大，即巷道周边岩体承受的垂直应力越大。研究表明，当开采深度超过 150～200 m 以后，一般条件下，煤层巷道周边岩体都会出现明显的塑性破坏与变形，顶底板移近量明显增加。反之，浅部巷道（采深小于 100～150 m）的周边岩体处于弹性状态，变形比较小，运动相对不明显，巷道容易维护。回采工作面也是同样，采深越大，煤壁承受的超前支承压力作用越强，煤壁压酥、片帮、顶板破碎等矿山压力显现越明显。

围岩变形能力不仅取决于所承受的压力大小，还与围岩强度有关。低强度岩体的变形能力要高于高强度岩体。如果顶底板是强度低、分层厚度小的粉砂岩、页岩、泥岩时，则在自重及轴向力等的作用下，顶板很容易弯曲下沉，底板鼓起，造成顶底板移近量增大；相反，如果是由强度高、分层厚度大的砂岩、砂质页岩等组成时，顶底板移近量相对前种情形就要小得多。

通过架设支架等方法改变围岩受力状态，可以达到控制矿压显现程度（变形程度）的目的。在一定采深及围岩条件下，巷道两帮岩体因处于双向应力状态易受压破坏，如图 4－4a 所示，并不断向纵深部扩展，与此同时产生较明显的塑性变形，引起顶板下沉与底板鼓起加剧，巷道围岩无法稳定，如图 4－4b 所示。如果及时架设支架，给两帮岩体提供侧向力 σ_3，如图 4－4c 所示，使其转为三向应力状态，阻止破坏的继续发展，可以维持围岩的稳定，矿压显现程度就可得到明显控制。

2. 支架受力的相对性

支架上的压力显现是由围岩运动引起的，其大小主要取决于三方面因素。

1）支架对围岩运动的抵抗程度

支架作为围岩运动过程中的承载体，对围岩运动是否抵抗以及抵抗到什么程度，压力

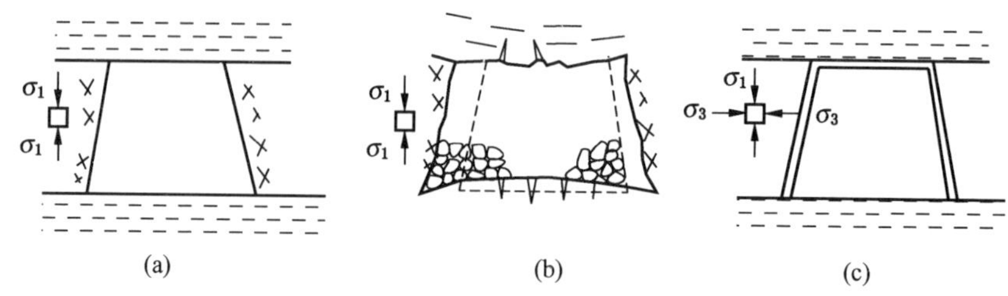

图4－4　巷道围岩稳定与破坏

显现会有明显差别。抵抗程度越高，承受的载荷越大，围岩变形越小。相反，如果支架不能对围岩的运动进行抵抗，而是在运动过程中逐步“退让”，则支架受力较小，而围岩变形则相应增大。例如，同一种巷道是采用砌碹支护，还是采用可缩性支架支护，巷道变形及支架上受力大小差别很大：前者碹体受力大，巷道变形小（因为支架对围岩运动起到了限制作用）；后者支架受力相对减小，巷道变形相应增加。

2）支架的力学特征

采用不同类型的支架（柱），由于其工作特性不同，围岩运动过程中则有不同的压力显现。对于巷道来说，支架一般是在“给定变形”情况下工作的，如图4－5所示。采用木支护时，随着顶板下沉，受力明显增加，由于木支柱可缩量很小，阻力很快升到允许界限而被压折，如图4－5a、c中曲线1所示。如果巷道底板松软，当支柱受力超过底板岩层抗压强度时，发生钻底现象，支柱受力明显下降，如图4－5b及图4－5c中曲线2所示。

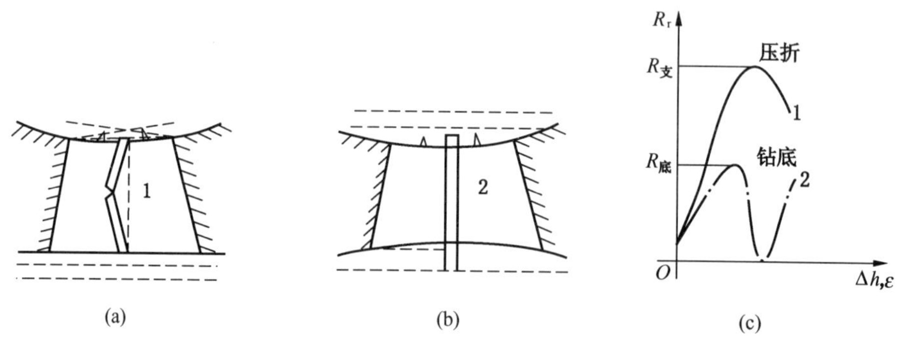

1—木支柱压折；2—木支柱钻底

图4－5　木支柱折断与压力显现

采用增阻、可缩性支柱支护时，随着顶板下沉，支柱受力随活柱下缩而逐渐增大，顶板下沉到不同位置，支柱上压力显现是不同的。如果采用恒阻支柱支护，只要支柱受力超过安全阀开启压力R_B，则支柱下缩，并保持压力恒定，即支柱上的压力显现在顶板下沉过程中基本不变，如图4－6所示。

3）矿压显现的“时空性”

在回采工作面支护过程中，由于围岩运动不断发展，支架上的压力显现也在不断变化。

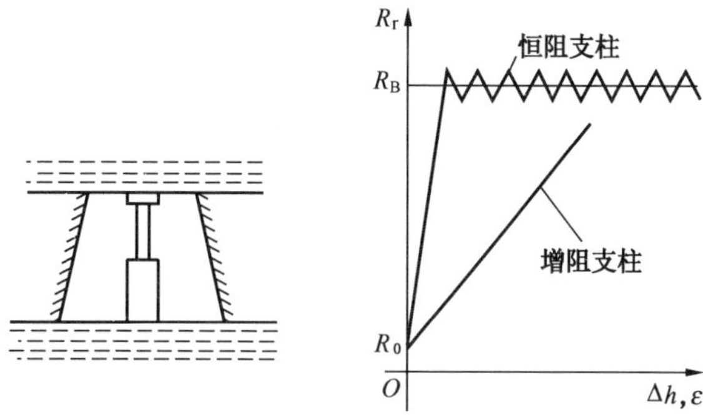

图4-6 可缩性支柱压力显现

以增阻支柱为例，支柱阻力增加是靠活柱下缩来实现的。围岩运动处于相对稳定阶段时，支架上的压力很小；一旦围岩开始显著运动，围岩变形（顶板下沉、底板鼓起等）加剧，支架承受载荷将明显增大，来压时刻支架上的压力达最大值。围岩运动呈周期性变化，支架上的压力显现也呈周期性变化。由此可见，即使是同一回采工作面，不同时刻的压力显现也是不同的。

由于围岩应力状态、约束条件以及承受的支承压力大小不同，在不同地点将产生不同程度的矿压显现，如图4-7所示。图4-7a所示为采动条件下煤壁处煤体没有发生塑性破坏（如采深比较小、煤强度较高时会出现这种情况），仍处于弹性状态，支承压力高峰就在煤壁附近。此时，如在A处（压力高峰处）开掘巷道，压力高峰内移，巷道侧帮仍处于弹性状态，产生弹性压缩变形，巷道支架受力较小。如在B处（原始应力区）开掘巷道，同样也只产生弹性变形，但弹性变形量要小于A处，支架受力也会更小。而在图4-

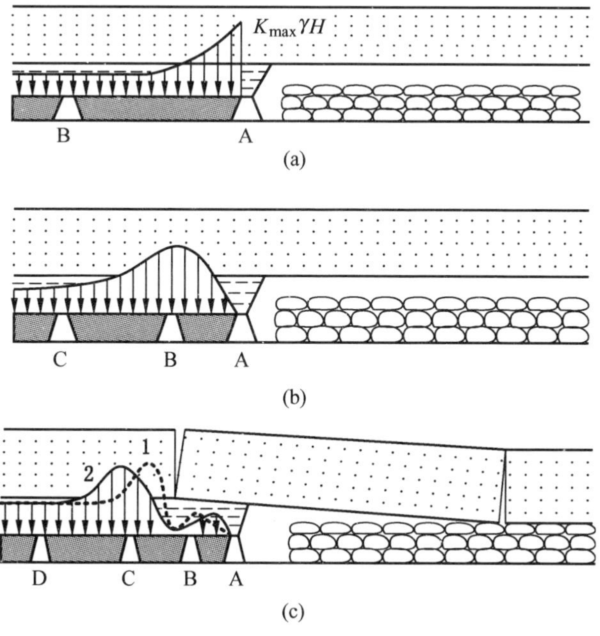

图4-7 支承压力分布图

7b、c 所示条件下，煤体产生塑性破坏，支承压力高峰向深部转移，基本顶岩梁超前煤壁前方断裂（图 4－7c）。如还在压力高峰部位（图 4－7b 中 B 处、图 4－7c 中 C 处）开掘巷道，则巷道两帮岩体因承受不住集中支承压力作用而产生塑性破坏，甚至无法维护，矿山压力显现比较剧烈。如果在原始应力区（图 4－7b 中 C 处、图 4－7c 中 D 处）开掘巷道，或在边缘处（图 4－7b 中 A 处、图 4－7c 中 A 处）沿空留巷，或在内应力场中开掘巷道（图 4－7c 中 B 处），由于这些部位巷道围岩承受的支承压力作用小，矿山压力显现的程度相对于图 4－7c 中 C 处会明显减弱，巷道围岩将易于维护和保持稳定。

三、矿山压力与矿山压力显现间的关系

研究与实践充分证明，矿山压力的存在是客观的、绝对的，它存在于采动空间的周围岩体中。但矿山压力显现则是相对的、有条件的，它是矿山压力作用的结果。然而，围岩中有矿山压力存在却不一定有明显的显现。因为围岩的明显运动本身就是有条件的，只有当应力达到其强度后才会发生。支架受力也是如此，它不仅取决于围岩的明显运动，而且还取决于支架对围岩运动的抵抗程度。

压力显现强烈的部位不一定是压力高峰的位置。如图 4－7b 所示，在 A 处顶板下沉量比 B 处大，但支承压力高峰却是在 B 处。研究结果表明，在岩层运动发展过程中，矿山压力与矿山压力显现之间存在一定的对应关系，根据两者之间的关系，可以通过矿山压力显现来推断压力高峰的位置，为巷道布置提供依据。

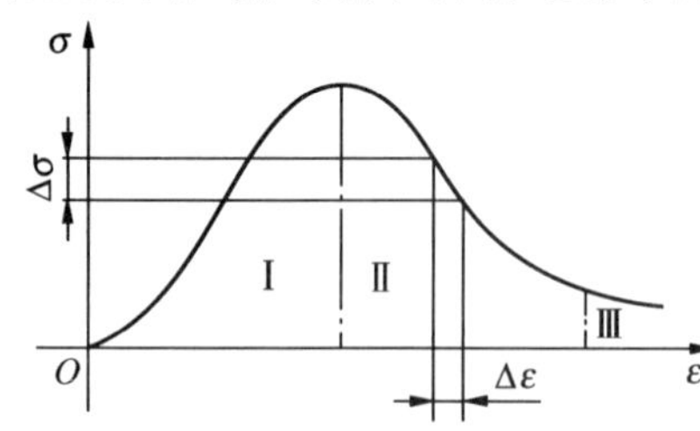

Ⅰ—弹性区；Ⅱ—塑性破坏区；Ⅲ—塑性流变区

图 4－8　煤体全应力－应变曲线

就某一点而言，压力显现的变化幅度与该点压力大小的增减幅度是相关的、对应的，但不一定成正比。图 4－8 所示为煤体全应力－应变曲线。在弹性区域内，煤体上压力越高，煤体弹性变形越大，两者间成正比关系，即 $\sigma = E\varepsilon$；在塑性破坏区和塑性流变区两个区域内，由于塑性破坏的发展和裂隙的扩展（扩容），煤体所能承受的压力随之降低，对应某一应变的增加量 $\Delta\varepsilon$，应力有一减少量 $\Delta\sigma$。

第二节　工作面覆岩结构组成

一、直接顶和基本顶的概念

直接顶是指在采空区内已垮落，在回采工作面内由支架暂时支撑的悬臂梁，其结构特点是在回采工作面推进方向上不能始终保持水平力的传递。因此，控制直接顶的基本要求是，当其运动时，支架应能承担其全部岩重，如图 4－9a 所示。

基本顶是指运动时对回采工作面矿压显现有明显影响的传递岩梁的总和，在初次来压后，是一组在推进方向上能始终传递水平力的不等高裂隙梁，如图 4－9b 所示。

对于基本顶各岩梁控制的基本要求：防止由于基本顶运动对回采工作面产生动压冲击和大面积切顶事故发生，把基本顶岩梁运动结束时在回采工作面形成的顶板下沉量控制在要求的范围。显然，如果基本顶岩梁运动没有动压冲击，岩梁运动结束后的自由位态所形

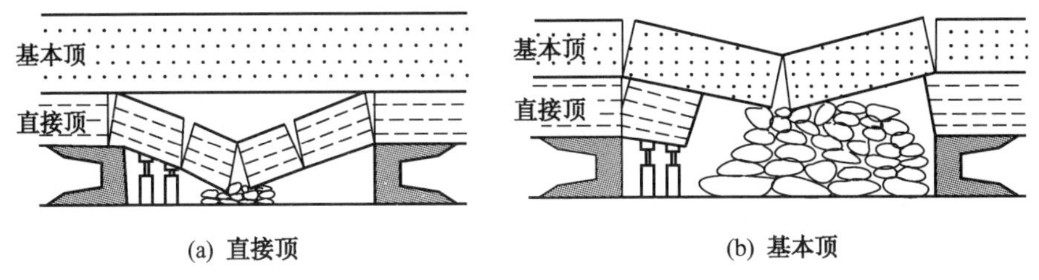

(a) 直接顶　　(b) 基本顶

图4-9 直接顶、基本顶示意图

成的回采工作面顶板下沉量满足生产要求，此时支架可不承担基本顶岩梁的岩重，即对这部分岩梁，支架承担的压力大小取决于所控制的岩梁位态。

二、直接顶和基本顶厚度的确定

（一）直接顶厚度的确定方法

1. 直接顶厚度的理论推断方法

根据对岩层破坏发展规律的不同理解，目前对开采单一煤层或厚煤层顶板分层时，有关推断直接顶厚度的方法和表达公式基本上有以下两大类。

1）不考虑岩梁本身沉降的推断方法

这种推断方法认为，悬空岩层的垮落由下而上，一直发展到自然接顶为止。在这个自然垮落的发展过程中，不考虑岩层本身沉降的影响。

这种推断方法的几何模型，如图4-10所示。其直接顶厚度表达式及推导过程如下：

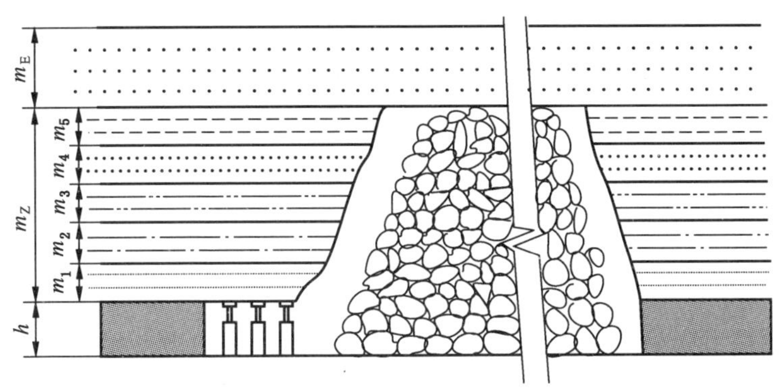

图4-10 不考虑岩层弯曲沉降时的直接顶厚度

$$m_Z + h = K_p m_Z$$

由此导出的直接顶厚度 m_Z 为

$$m_Z = \frac{h}{K_p - 1} \tag{4-1}$$

式中　h——采高，m；

K_p——岩石碎胀系数。

这种推断方法对于厚度不大，强度不高的岩层覆盖的回采工作面，特别是在初次来压阶段，计算的结果可能与实际情况比较接近。

但是，这种方法没有考虑岩层垮落多数都是由弯曲沉降发展而来的实际情况，没有考虑未垮落岩层本身的沉降。因此，不能较好地解释和表达直接顶厚度变化的各种情况。例如，对于实际垮落为零的缓沉回采工作面，用式（4－1）就无法作出解释。

2）考虑岩梁本身沉降的推断方法

这种方法认为，除了整体切断的岩层以外，所有岩层的垮落都是由弯曲沉降运动发展而来的。因此，确定直接顶厚度必须考虑岩梁的沉降和岩层变形能力的影响以及下部允许运动空间的高度。

这种推断方法的几何模型，如图4－11所示。显然，图中未垮岩梁或基本顶 m_E 的沉降值，满足如下关系式：

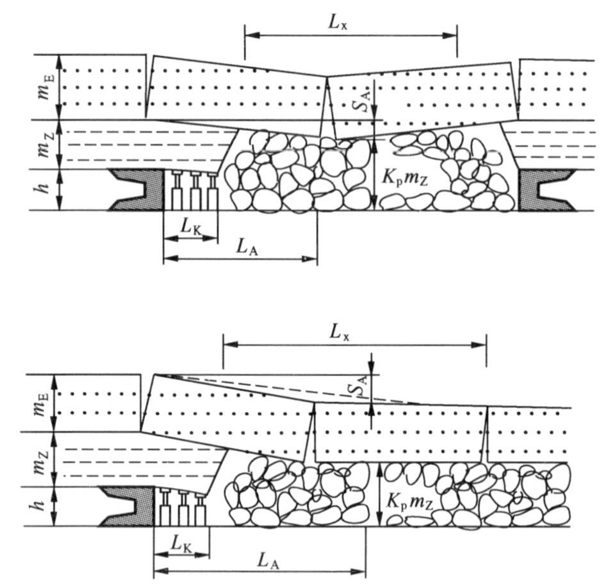

图4－11 考虑岩层弯曲沉降时的直接顶厚度

$$S_A = h - m_Z(K_p - 1) \leqslant S_0 \tag{4-2}$$

式中 S_A——岩梁实际沉降值；

S_0——岩梁保持假塑性允许的沉降值。

由式（4－2）可以直接导出直接顶厚度 m_Z 的表达式为

$$m_Z = \frac{h - S_A}{K_p - 1} \tag{4-3}$$

式中，$S_A \leqslant S_0$。

从图4－11可以看出，由式（4－3）推断直接顶厚度时，要遵守 S_A 和 K_p 值在同一地点选取的原则，可以用距煤壁任何距离处的数值代入，都不影响计算结果。原则上 S_A 的取值位置是固定的，该位置应当是岩梁显著运动发生后，从下部开始触矸位置起，到运动被迫停止时整个触矸范围的反力中心。显然，这个触矸范围（即图4－11中 L_x）的大小和反力中心位置是由该岩梁分配到该处的岩重所决定的。由于该支承范围内的矸石都处于承压状态，因此反力中心 A 点的碎胀系数 K_p 必然有确定的数值。这个数值以矸石确实对岩梁起到支承作用为准。根据初步研究，该值变化于1.15~1.35之间。

2. 直接顶厚度的实测推断方法

利用回采工作面来压前夕支柱承载值p'可以反推直接顶垮落厚度。

回采工作面来压前夕支柱主要承受直接顶的作用力，如图4-12所示，在测出来压前夕回采工作面支柱承载值的基础上，推算出直接顶厚度m_Z为

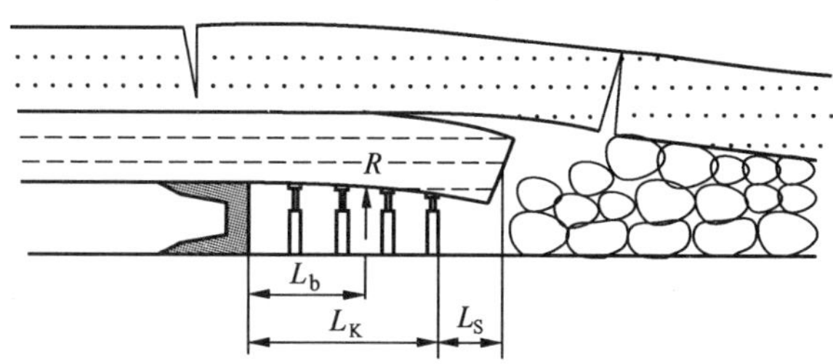

图4-12　回采工作面来压前夕支柱受力图

$$m_Z=\frac{p'}{\gamma_z f_z} \tag{4-4}$$

$$f_z=\frac{1}{2n_z}\left(\frac{L_K+L_S}{L_K}\right)^2$$

$$n_z=\frac{L_b}{L_K}$$

式中　γ_z——直接顶的重力密度，N/m^3；

p'——实测来压前夕支柱（架）承载值，Pa；

f_z——悬顶系数；

L_K——控顶距，m；

L_S——悬顶距，m；

n_z——支柱（架）合力作用点位置系数；

L_b——支柱（架）合力作用点距煤壁距离，m。

当考虑煤层倾角α影响时，以$f'_z(f'_z=f_z\cos\alpha)$代替式（4-4）中的f_z，所求结果为对应角条件下的直接顶厚度。

（二）基本顶厚度的实测推断方法

关于基本顶的厚度范围，宋振骐等曾经在开滦范各庄矿岩层运动实测的研究中进行了探讨，初步认为基本顶范围为采高的5~6倍。经过井下的实测研究，认为在一般岩层条件下，这个结论比较接近客观实际。

井下采用岩层动态观测研究方法确定基本顶厚度，包括以下两方面的工作内容：

（1）确定回采工作面的传递岩梁的数目。

（2）确定各传递岩梁的位置及厚度。

组成基本顶的岩梁数目，可以根据实测所得回采工作面顶板下沉量Δh、下沉速度v、支柱（架）承载值R_0与工作面推进步距L间的关系进行推断。例如，实测得到$v=f(L)$及$\Delta h=\varphi(L)$等动态曲线，如图4-13a所示，从中可推断出影响回采工作面的传递岩梁数目为1个；而图4-13b所示曲线，则说明影响回采工作面的传递岩梁数目为2个。

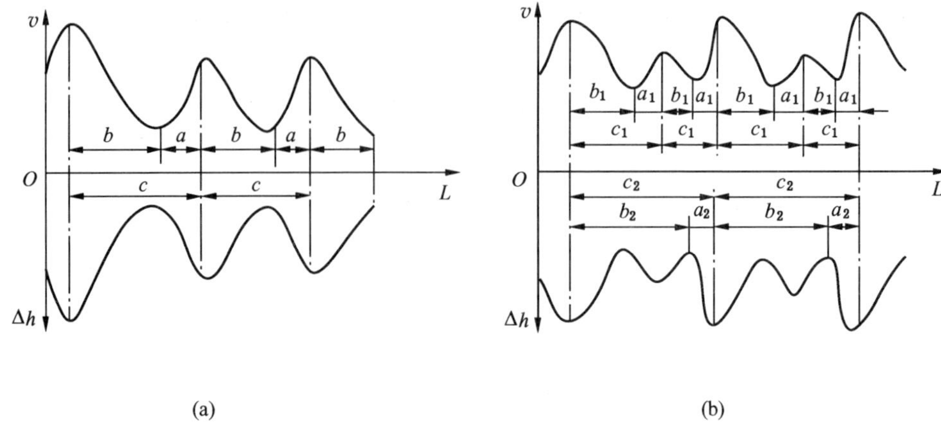

图 4－13 工作面顶板下沉速度和下沉量

各传递岩梁的位置及厚度的确定主要通过岩层柱状图或石门剖面所揭示的岩层分布情况，根据前面所述传递岩梁组合规律进行判断。

三、“三带”的划分

回采工作面推进后根据上覆岩层运动（或破坏）发展程度，可将上覆岩层划分为 3 个带：

垮落带：即图 4－14 中 A 所示部分。该部分岩层在采空区已经垮落，在采场由支架暂时支撑，在推进方向上不能始终保持传递水平力的联系。

裂隙带：即图 4－14 中 B 所示部分。该范围内的岩层，在推进方向上裂隙发育，各岩层的裂隙深度已扩展到（或接近扩展到）全部厚度。这一带裂隙的形状好像龟壳，因此也叫龟裂带。

缓沉带：即图 4－14 中 C 所示部分。缓沉带的岩层在采场推进很长一段距离后才会运动，其运动缓慢，运动结束后在推进方向上形成裂隙，无论在数量上，还是深度上都较前一带少和小。

图 4－14 上覆岩层“三带”分布图

与垮落带相比，裂隙带和缓沉带结构特征有着明显的不同，主要体现在后两带的岩层在推进方向上能始终保持传递水平力的联系。为此我们把两带中每一组同时运动（或近于同时运动）的岩层作为一个运动整体，称为一个“传递水平力的岩梁”（传递岩梁）。裂隙带是由运动强度较大、运动结束后推进方向上裂隙比较发育的传递岩梁组成。缓沉带则是由运动和缓、运动结束后在推进方向上裂隙发育程度低的传递岩梁组成。

第三节　回采工作面支承压力分布规律

一、支承压力的基本概念

煤层采出后，在围岩应力重新分布的范围内，作用在煤层、岩层和矸石上的垂直压力称为“支承压力”。显然由此定义的支承压力分布范围包括高于和低于原岩应力的整个区域。

在单一自重应力场条件下，回采工作面周围岩体上的支承压力来源于上覆岩层的重量。假设煤及岩层水平赋存，并将回采工作面上覆岩层简化为多层的组合岩梁结构，如图4－15所示，则在支承压力影响范围内，距煤壁 x 处煤层单位面积上承受的压力 σ_y 可以近似看成是上覆各岩梁在该处作用的总和，即

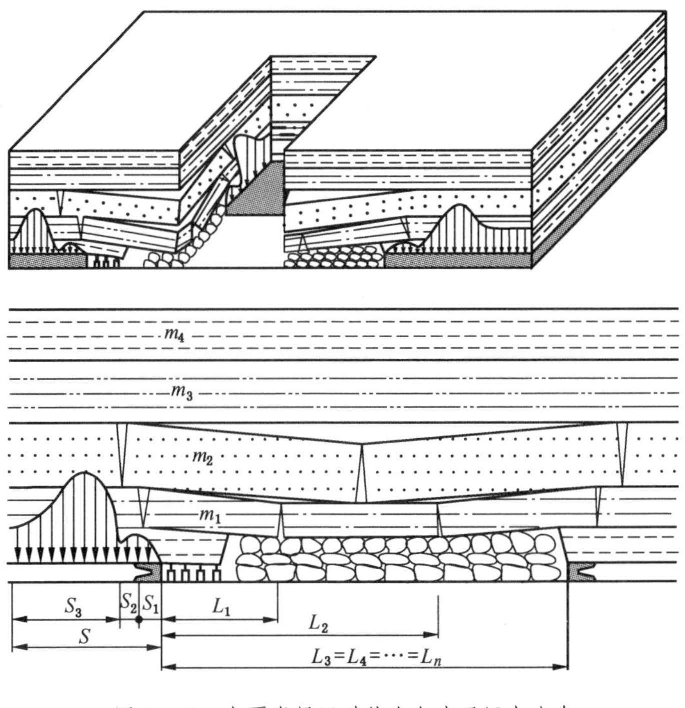

图4－15　上覆岩层运动状态与支承压力分布

$$\sigma_y = \sum_{i=1}^{n} m_i\gamma_i + \sum_{i=1}^{n} m_i\gamma_i L_i C_{ix} \tag{4-5}$$

式中　σ_y——煤层上的支承压力，Pa；

n——直接作用于该处的传递岩梁数目（或称为直接覆盖岩梁数），也就是在该处上方未出现离层的岩梁数；

m_i——第 i 层传递岩梁厚度，m；

γ_i——第 i 层传递岩梁的平均重力密度，N/m^3；

L_i——第 i 层传递岩梁的跨度，m；

C_{ix}——第 i 层传递岩梁至该处的质量比例（传递比率）。

由式（4－5）可知，煤壁前方各处的支承压力都可以看成由下列两部分组成：

（1）直接覆盖岩梁的单位质量，即 $\sum_{i=1}^{n} m_i\gamma_i$，这部分作用力与直接覆盖岩层的总厚度成正比。

（2）直接覆盖岩梁悬跨部分传递至该处的作用力，即 $\sum_{i=1}^{n} m_i\gamma_i L_i C_{ix}$，这部分作用力在分配比率不变的情况下，与各传递岩梁的厚度和跨度成正比。

在支承压力作用下发生的煤层压缩和破坏，相应部位的顶底板相对移动以及支架受力变形等现象统称为支承压力的显现。支承压力显现可以在回采工作面和邻近的巷道中观测到。在回采工作面可以看到的现象有煤壁片帮和底板鼓起等。在超前巷道中，除了两帮煤壁的压缩和片帮外，顶底板移近和支架受力等支承压力显现也都是比较容易观测到的。

支承压力的存在是绝对的；支承压力的显现是支承压力作用的结果，就其显现的形式和程度而言，支承压力显现是相对的、有条件的。因为只有当煤层承受的压力值达到其强度极限时，才会发生明显压缩和破坏；而工作面支架受力或变形，不仅取决于煤层破坏后顶底板的相对移动，而且与支架对顶底板运动的抵抗程度有关。总之，尽管支承压力的存在是支承压力显现的基础，但是不能简单地说有支承压力就一定有支承压力显现，更不能说支承压力显现最明显的地方，就一定是压力高峰所在的部位。在生产现场经常会出现支承压力大小和支承压力显现程度不一致，甚至截然相反的情况。

二、回采工作面支承压力分布的基本形式

研究证明，对应不同的开采深度和煤层强度条件，回采工作面周围煤层上支承压力分布可能有 3 种类型。

（一）回采工作面支承压力分布的基本形式

1. 单一弹性分布

这种分布的特点是压力高峰在煤层边缘，随与煤壁距离的增加按负指数曲线规律递减，如图 4－16a 所示。在从煤壁开始的整个分布范围内，煤层都处于弹性压缩状态。如果以无冲击倾向煤层全应力－应变曲线表达煤层破坏全过程，如图 4－17 所示，则该范围内煤层处于弹性变形阶段（图中 AB 段），所承担的压力与其弹性压缩变形量成正比。

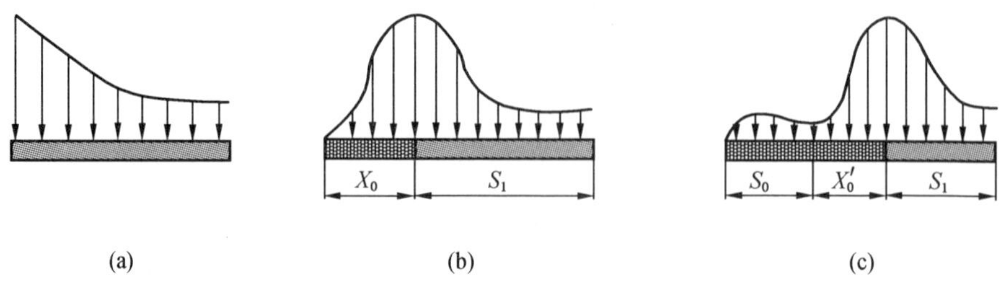

X_0、X'_0—塑性区；S_0—内应力场；S_1—弹性区

图 4－16　支承压力分布的 3 种类型

此时，由于煤层边缘未遭破坏，覆盖岩层间保持了较高的接触应力，很难沿层面剪切滑移，这就决定了回采工作面上覆各岩梁间的离层不可能深入到煤壁前方。因此，各岩梁的断裂只能在煤壁处发生，而且在岩梁裂断时，煤壁前方的巷道中除了可能观测到顶板“反弹”现象之外，将看不到顶底板移近等明显的压力显现。

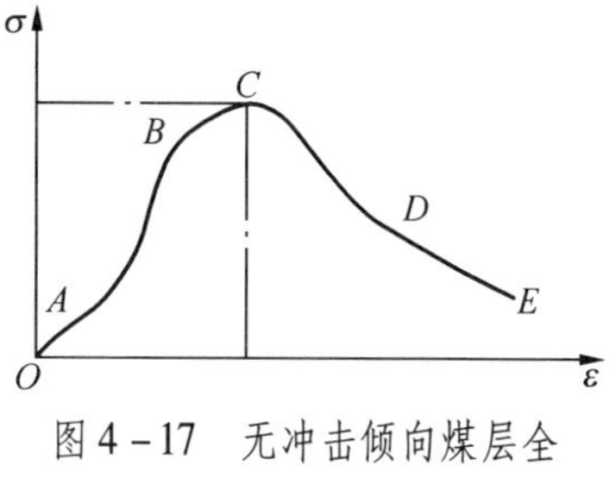

图4－17　无冲击倾向煤层全应力－应变曲线

2. 出现塑性破坏区的分布

该分布由塑性区 X_0 及弹性区 S_1 两个部分构成，如图4－16b所示。其中煤壁边缘里侧的弹性区煤层处于弹性变形状态，其压力分布是一个高峰在弹塑性交界处，并向内发展逐渐下降至原始应力值的曲线，各部位压力与该处煤层的压缩成正比。相反，煤壁边缘附近的塑性区煤层已遭破坏，处于全应力－应变曲线（图4－17）中的 *CDE* 段（即塑性流变阶段），显然，进入该状态的煤层，如果没有水平应力的约束（除非压力完全解除），其变形将会继续扩展，因此，足够的水平应力是该部位煤层在一定压力下能够保持稳定的条件。由于从煤壁开始向内各部位阻止煤层继续变形的水平应力逐渐增加，因此塑性区的压力分布是与水平应力分布趋势相同的，即从煤壁开始逐渐上升的曲线。

由于塑性区范围内煤层承载能力已大幅度下降，而且处于极不稳定的状态，因此上覆岩梁自承能力一旦消失，相应部位的煤体压缩将加剧。在工作面及相邻的巷道中，煤壁片帮、顶底板移近加速等压力显现都会明显地表现出来。

正因为塑性区煤层承载能力大幅度下降，而且处于极不稳定的状态，所以无法阻止上覆岩梁弯曲沉降及岩梁间接触应力消失。这种状态为各岩梁沿层面剪切破坏和深入煤壁前方裂断创造了条件。

3. 内应力场的分布

内应力场分布的主要特点是岩梁深入塑性区断裂，原来完整的应力场以岩梁断裂线为界，明显地分为两个部分，如图4－16c所示。一部分是由运动着的岩梁重量所决定的内应力场 S_0；另一部分则是与上覆岩层总体重量相联系的外应力场，包括新扩展的塑性区 X'_0 及弹性区 S_1 两部分。此时，外应力场压力的大小和影响范围与开采深度直接相关，但是内应力场的压力大小则仅取决于同时运动着的岩层跨度和厚度，与开采深度没有直接的联系。

上述支承压力分布的3种类型各有其存在的条件，不同煤层在相同的开采条件下，可能有不同的分布形式。即使煤层条件和开采技术条件相同，但开采深度不同，工作面推进到不同部位，支承压力分布形式往往也不一样。因此，认清影响支承压力各类分布形式的原因及其存在的条件，对于矿山压力控制，特别是解决巷道矿压控制方面的问题是十分重要的。

（二）内应力场的范围及存在条件

内应力场的出现是以存在塑性区为前提的，因此其最大的可能范围将由塑性区的宽度 X_0 所限定。

煤层不出现塑性区，自然也就不会出现内应力场。满足相应条件的判别式为

$$[H]=\frac{\sigma_c}{K_{max}\gamma} \tag{4-6}$$

或

$$[\sigma_c]_{min}=K_{max}\gamma H \tag{4-7}$$

式中 $[H]$——在既定煤层条件下，不出现内应力场的临界深度，m；

$[\sigma_c]_{min}$——在既定采深条件下，不出现内应力场的煤层最小单轴抗压强度，MPa；

K_{max}——最大应力集中系数。

由式（4-6）及式（4-7）可得出以下结论：

（1）开采深度 H 及 K_{max} 越大，塑性区范围越大。在采深和覆盖岩层既定的条件下，煤层上的支承压力值，包括最大应力集中系数 K_{max} 及相应的高峰压力 $K_{max}\gamma H$ 也都有一定极限，因此，在具体采高条件下，塑性区的最大范围也有确定的数值。只要掌握了支承压力分布和显现的变化规律，这个范围是可以通过实测找到的。

（2）煤层强度越高（即单轴抗压强度 σ_c 值越大），在同样深度条件下塑性区的范围将越小。

（3）在一定采深和既定煤层条件下，塑性区范围与煤层开采深度成正比。分层开采厚煤层时，塑性区的范围取决于分层开采的高度和开采所在的位置。采高越大，开采分层的累计厚度越大，塑性区范围也越大。因此，那种不考虑采高大小和开采分层所在位置，简单地根据采深条件一成不变的划定塑性区及内外应力场范围，来选择巷道开掘位置的方法是不妥当的。

由式（4-6）和式（4-7）可知，内应力场存在的条件为

$$H>[H] \quad 或 \quad \sigma_c<[\sigma_c]_{min} \tag{4-8}$$

研究表明，两侧为实体煤条件，采用长壁开采时，自开切眼开始，随回采工作面推进，煤壁前方煤层上的最大应力集中系数 K_{max} 的变化情况接近于椭圆孔应力集中随轴比的变化规律，即从工作面推进开始，K_{max} 值随推进步距的增加而增加，到工作面推进至基本顶范围内的岩层初次运动结束，岩梁跨度和基本顶高度所决定的长短轴比趋于稳定时，K_{max} 值达到比较稳定的极限。这个极限值在一般岩层所覆盖的回采工作面，变化于 2～3 之间。大多数情况下，$K_{max}=2.5$。

影响支承压力参数的因素很多，主要有原岩应力、采空区的形状和尺寸、采空区上覆岩层的性质和动态、煤柱的强度和其周围采动状况以及煤层的开采深度等。这些因素的不同致使支承压力参数的变化范围很大，支承压力分布参数主要由现场实测得到。

第四节　沿回采工作面推进方向上覆岩层运动发展规律

随着回采工作面的推进，煤壁前方的支承压力及支架上显现的压力都在不断的变化。回采工作面矿压显现的发展变化规律是由对其有影响的上覆各岩层的运动发展规律决定的，除了受岩层运动的纵向发展规律影响外，还受推进方向的发展规律所影响。因此，必须进一步研究岩层在推进方向上各阶段的发展过程和描述岩层运动的参数，从而揭示岩层运动在推进方向上的发展规律。

一、回采工作面上覆岩层运动的发展阶段

在回采工作面推进过程中，按照上覆各岩层承受的矿山压力大小不同和支承（约束）

条件的差异，其运动发展状况可分为两个阶段。

（一）初次运动阶段

从岩层由开切眼开始悬露，到对工作面矿压显现有明显影响的一两个传递岩梁初次裂断运动结束，为初次运动阶段，如图 4－18a、b 所示。其中包括直接顶岩层初次垮落和基本顶的初次来压。该阶段岩层两端由煤壁支撑，其受力状态可视为两端嵌固梁。

回采工作面各岩层初次运动在回采工作面的压力显现称为初次来压。由于任何岩层初次运动步距相对正常情况下的运动步距要大得多，因此初次运动来压面积大、强度高，并且可能伴随发生动压冲击。在控制岩层运动和矿压显现时，一定要十分注意这一特点，以保证回采工作面在初次来压期间的安全。

（二）周期性运动阶段

从岩层初次运动结束到工作面采完，顶板岩层按一定周期有规律的断裂运动，称为周期性运动阶段（图 4－18c 至图 4－18f）。在此发展阶段，岩层的约束条件发生了根本性变化；直接顶岩层在回采工作面里为一端固定的“悬臂梁”。直接顶上方各岩梁则为一端由煤壁支承，另一端则为由采空区矸石支撑的不等高的传递岩梁。此时，顶板运动步距较初次运动步距小得多。

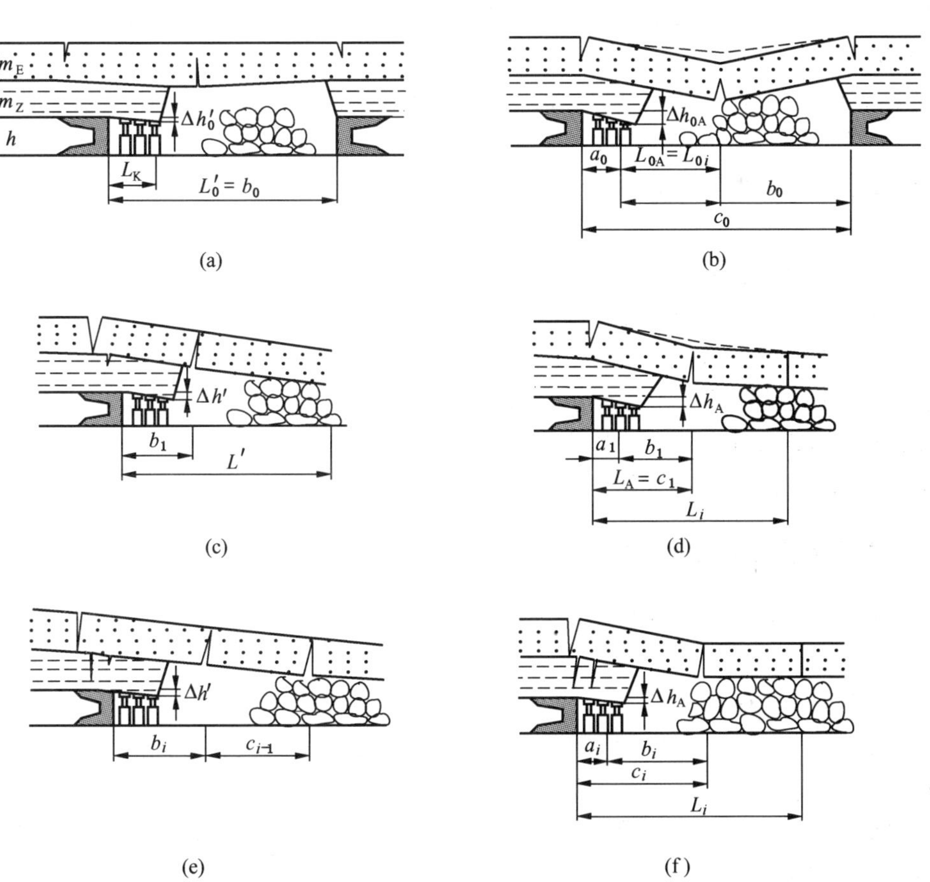

图 4－18 岩层运动在推进方向的发展过程

岩层周期性运动在回采工作面引起的矿压显现称为回采工作面周期来压。这个阶段岩层的完整性比初次运动前差，运动步距又比较小，因此，控制岩层运动和矿压显现的要求也不相同。当两种运动来压强度差别很大时，不仅要尽可能扩大推进方向上的距离，而且支架的选型和设计必须分别考虑。显然，如果按初次来压设计和选择支架，周期来压阶段支架的阻力不能充分发挥，将带来较大浪费。

二、上覆岩层运动的发展过程

在上述两个发展阶段中，岩层运动都将经历相对稳定和显著运动两个发展过程。

（一）相对稳定过程

岩梁运动幅度小，对回采工作面矿压影响不明显的过程，称为岩梁处于相对稳定过程。描述该过程长短的参数是岩梁的相对稳定步距，即岩梁处于相对稳定状态时工作面推进的距离，用 b 表示，如图 4－18a、c、e 所示。

（二）显著运动过程

岩梁运动幅度较大，对回采工作面矿压影响极为明显的过程，称为岩梁处于显著运动过程，即通常所说的“来压”过程。描述这一运动过程的参数是岩梁的显著运动步距，也就是从岩梁大幅度运动开始，到运动基本结束为止，工作面推进的距离，用 a 表示，如图 4－18b、d、f 所示。

岩梁经历了一次相对稳定和显著运动的全过程，就完成了一个运动周期，描述岩梁运动周期长短的参数是周期来压步距 c，它是指岩梁完成一次周期性运动工作面推进的距离。由此，描述上述运动过程的各参数，存在如下关系：

$$c = a + b \tag{4-9}$$

式中 c——岩梁的周期来压步距，m；

a——岩梁的显著运动步距，m；

b——岩梁的相对稳定步距，m。

岩梁的来压步距，是反映岩梁强度特征和对工作面影响程度的重要参数，是顶板分类的重要指标。运动步距不同，来压强度也不同，对于顶板的控制要求也可能有区别。来压步距不同的回采工作面，日常的顶板控制工作也要分别对待。

三、影响上覆岩层运动的因素

影响岩层运动的主要因素包括岩层的强度特征、采动条件和采空区处理方法 3 个方面。

（一）岩层的强度特征

由岩层的力学性质、厚度和节理裂隙情况决定的岩层强度特征，是影响岩层运动发展的内在因素。强度高、厚度大的岩梁，周期采压步距 c 将较大，相对稳定步距 b 也较大，显著运动步距 a 则较小（即岩梁显著运动发展迅速）。相反，强度低、厚度小的岩梁，周期来压步距 c 和相对稳定步距 b 则较小，显著运动步距 a 相对而言要较前者大些（即显著运动发展较缓慢）。如果岩梁在推进方向上裂隙相当发育，不仅周期来压步距 c 小，而且有时很难划分岩梁处于相对稳定和显著运动的界限。

（二）采动条件

采高和推进速度等采动条件对岩梁的运动发展过程也会产生重要影响。如加大采高，而工作面直接顶垮落高度不变，则岩梁显著运动的空间相对增加，岩梁的显著运动更明显。

当岩层的强度较低时，突然提高推进速度到某定值后，有可能导致岩梁运动步距扩大。有些矿井在日常推进速度条件下回采工作面来压不明显，高产后出现大面积来压现象，就是这个原因。此时，如不注意加强支护，就容易发生区域性冒顶事故。

（三）采空区处理方法

采用强制放顶减小岩梁厚度，可减小运动步距（包括 c 值和 b 值）。采用采空区充填减小岩梁运动空间，可使其运动不明显。采空区处理方法，必须根据所需控制的顶板类型和需要加以选择。

四、上覆岩层运动的基本参数

为了深入细致地研究岩层运动的发展规律，必须建立一套既符合岩层运动客观实际，又易于在生产使用中标定的参数，对岩梁在各个运动阶段的运动状态进行描述。

（一）初次运动阶段的基本参数

在回采工作面初次运动阶段表达岩梁运动状态的参数，如图 4－18a、b 所示。

1. 表达岩梁运动过程的基本参数

这些基本参数包括：岩梁的相对稳定步距 b_0、岩梁的显著运动步距 a_0、岩梁的初次来压步距 c_0，其相互关系为 $c_0=a_0+b_0$。

2. 表达来压结束时刻（显著运动结束时）岩梁位置状态（即“位态”）的参数

1）来压结束时的回采工作面顶板下沉量 Δh_{0A}

该下沉量决定于支架对顶板的工作状态（控制程度）。当支架对岩梁运动不进行限制（即采取给定变形工作状态）时，来压结束时回采工作面顶板下沉量以 Δh_{0A} 表示，其大小与岩梁的初次来压步距 c_0、采高、直接顶厚度等有关。当支架对岩梁来压结束时的位置进行限制（即采取限定变形工作状态）时，以 Δh_0 表示，其大小由工作面支护强度决定。

2）来压结束时的岩梁跨度

来压结束时的岩梁跨度同样也是由支架对顶板的工作状态决定。在给定变形条件下，来压结束时的岩梁跨度以 L_{0A} 表示，其大小由岩梁运动步距决定；在限定变形条件下以 L_0 表示，其大小由支护强度决定。

在给定变形条件下，来压结束时回采工作面顶板下沉量 Δh_{0A} 和岩梁跨度 L_{0A} 存在以下关系：

$$\Delta h_{0A}=\frac{L_K[h-m_Z(K_p-1)]}{L_{0A}}\approx\frac{2L_K[h-m_Z(K_p-1)]}{c_0} \tag{4-10}$$

式中　K_p——岩石碎胀系数，一般取 1.25～1.30。

3）表达来压前夕岩梁的位态参数

（1）初次来压前夕岩梁的最大跨度 $L_0'=b_0$。

（2）初次来压前夕工作面顶板下沉量 $\Delta h_0'$。

（二）正常推进阶段的基本参数

回采工作面进入正常推进阶段后，表达周期来压过程及来压前后岩梁位态的参数有如下几种。

1. 表达岩梁运动过程的参数

岩梁的相对稳定步距 b、岩梁的显著运动步距 a、岩梁的周期来压步距 c，且有 $c = a + b$。

2. 表达周期来压结束时回采工作面顶板下沉量

（1）来压结束时回采工作面顶板下沉量。与初次来压结束时的回采工作面顶板下沉量一样，支架对顶板的工作状态不同，来压结束后的顶板下沉量也不同。当支架在给定变形状态下工作时，回采工作面顶板下沉量用 Δh_{A} 表示，它是回采工作面顶板最终下沉值，其大小决定于岩梁周期来压步距、采高和直接顶厚度等；当支架为限定变形状态时，回采工作面顶板下沉量以 Δh_i 表示，其大小由支架支护强度决定。

（2）来压结束时的岩梁跨度。来压结束时的岩梁跨度在给定变形条件下，用最小跨度 L_{A} 表示；在限定变形条件下，可用岩梁周期来压结束的相对稳定跨度 L_i 表示。

上述位态参数间相互关系为

$$\Delta h_i = \frac{L_{\mathrm{K}}[h - m_{\mathrm{Z}}(K_{\mathrm{p}} - 1)]}{L_i} \tag{4-11}$$

$$\Delta h_{\mathrm{A}} = \frac{L_{\mathrm{K}}[h - m_{\mathrm{Z}}(K_{\mathrm{p}} - 1)]}{L_{\mathrm{A}}}$$

$$L_i = \frac{\Delta h_{\mathrm{A}}}{\Delta h_i} L_{\mathrm{A}}$$

（3）表达周期来压前夕岩梁位态参数及其相互关系：

$$\Delta h' = \frac{L_{\mathrm{K}}[h - m_{\mathrm{Z}}(K_{\mathrm{p}} - 1)]}{L'}$$

式中 $\Delta h'$——周期来压前夕回采工作面顶板下沉量，m；

L'——周期来压前夕岩梁的极限跨度，m。

无论回采工作面支架对顶板采取哪种工作状态，岩梁来压前的极限跨度均为

$$L' = L_{\mathrm{A}} + b \approx c + b$$

第五节 支承压力分布、上覆岩层运动和矿山压力显现三者间的关系

一、超前支承压力分布与上覆岩层运动间的关系

理论研究与现场实践证明，从回采工作面推进开始至基本顶各岩梁初次来压结束期间，支承压力分布可以划分为 3 个阶段。

第一阶段：从回采工作面推进开始至煤壁支承能力改变（即煤壁附近煤体进入塑性状态）之前。

在此阶段，随着回采工作面的推进，通过处于相对稳定状态的基本顶岩梁传递至煤层

上的压力将逐渐增加。但是，由于各点的应力没有达到煤体的破坏极限，因此，包括煤壁在内的整个煤层都处于弹性压缩状态，支承压力分布将是一条峰值在煤壁处的单调下降曲线，如图4－19a所示。

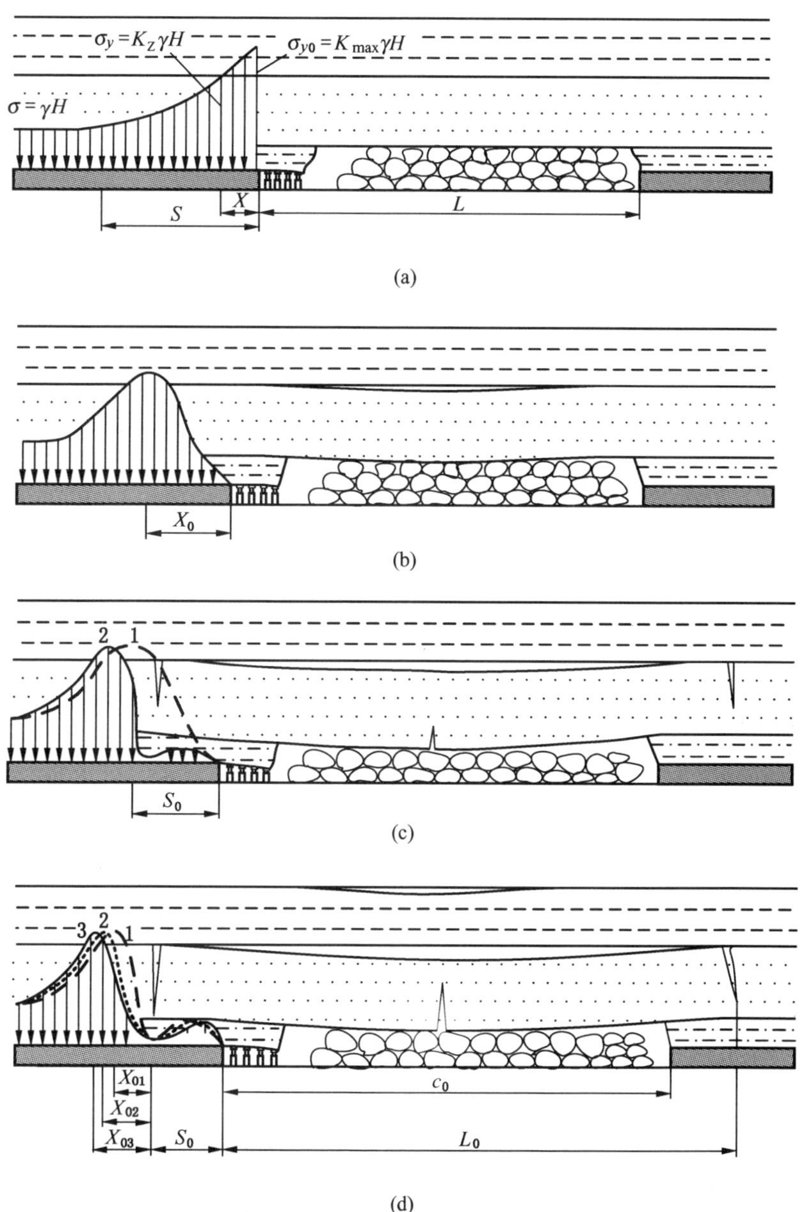

X_0、X_{0i}—塑性区；S_0—内应力场；S—弹性区

图4－19 初次来压阶段支承压力分布图

由于此阶段煤与岩层都处于弹性状态，因此可以假设各岩梁的跨度相等（$L_i = L$），且认为在煤层同一位置的传递系数相同（$C_{ix} = C_x$）。由此可得：

$$\sigma_y = \sum_{i=1}^{N} m_i \gamma (1 + LC_x) = K_Z \gamma H \tag{4-12}$$

$$H = \sum_{i=1}^{N} m_i$$

$$K_Z = 1 + LC_x$$

式中 N——从煤层到地表的覆盖岩梁数；

H——埋深，m；

K_Z——垂直应力集中系数。

垂直应力集中系数 K_Z 值随岩梁跨度 L 的增大而增大。当 L 一定时，K_Z 随着距煤壁距离 x 增加而减小。有限元研究结果表明，其衰减规律函数为

$$K_Z = 1 + K_0 e^{-bx} \tag{4-13}$$

式中 K_0、b——与煤层及矸石等弹性模量有关的系数。

第二阶段：从煤壁支承能力开始改变起，到基本顶岩梁端部断裂前为止。

进入此阶段，靠煤壁附近的应力值达到了煤层的强度极限，煤体发生破坏，其支承能力开始降低。这一趋势随回采工作面推进和岩梁悬跨度增加将逐渐向煤壁前方扩展。与此同时，岩层沉降幅度逐渐增大，由岩梁跨度中部开始的离层现象也将向两端扩展。一旦基本顶岩梁的作用力超过下部煤层的支承能力，离层就要向煤壁方向发展，甚至深入到煤壁前方。显然在此阶段，对煤体的支承能力已经下降，特别是离层已出现的部位，基本顶作为传递上部整体岩重的作用将逐步下降，而作为形成支承压力的“载荷作用”将越来越占据主导地位。随着煤体破坏的发展，煤壁附近的压力高峰将向煤体深部转移，煤层上支承压力的分布将分成两个区间：在塑性区（包括煤体已完全破坏的部分）压力逐渐上升，在弹性区压力则单调下降，弹塑性区的交界处为压力峰值的位置，如图 4－19b 所示。

第三阶段：从基本顶岩梁端部断裂起至岩梁中部触矸止。

在此阶段中，支承压力分布随基本顶岩梁“显著运动”的发展而明显变化。其主要特征是：

（1）岩梁端部断裂前夕，在断裂线附近将伴有压力的集中，如图 4－19c 中曲线 1 所示。

（2）岩梁端部断裂结束时，以断裂线为界将支承压力明显地分为两个部分：一是在断裂线与煤壁之间（即图 4－19c 中 S_0 范围）由已断裂岩梁自重所决定的“内应力场”；二是在断裂线外（即图 4－19c 中 S_0 以远）由上覆岩层整体重量所决定的“外应力场”，两应力场中的压力分布没有密切的联系。在岩梁断裂结束时，两应力场中的压力分布如图 4－19c 中曲线 2 所示。

（3）两应力场形成后，随着工作面的推进，各自的应力高峰以断裂线为界向相反的方向发展（即呈“背向”转移变化）。其中，内应力场中的支承压力随工作面的推进和岩梁的再次断裂，压力峰值逐渐增加，峰值位置逐渐转移向煤壁，形成压力的“收缩”，而后压力高峰逐渐降低，直至岩梁中部触矸，压力峰值降低到最低值为止。该过程中压力分布的变化趋势，如图 4－19d 中的 S_0 范围内曲线 1、2、3 所示。其中曲线 1 为岩梁断裂时的压力分布，曲线 2 为岩梁回转压力向煤壁方向收缩、集中的情况，曲线 3 为岩梁中部触矸后压力降低后的分布情况。与此相反，外应力场中的支承压力高峰区随着回采工作面推进和岩梁断裂线附近煤体破坏的发展，压力峰值逐渐降低，峰值作用位置逐渐向前方扩展，一直到煤体的支承能力能与压力峰值的作用相抗衡为止。

回采工作面进入正常推进阶段后，支承压力分布的主要特点是伴随着上覆岩层的周期性运动而呈周期性变化，其变化的一般规律如图4－20所示。

从图4－20可以看出，在回采工作面推进过程中，伴随着岩梁每一次周期性运动，支承压力分布的发展，包括了以下两个过程：

（1）相对稳定的发展过程。该过程从上一次岩梁运动结束，即图4－20a所示状态开始，到工作面推进至该岩梁再次断裂的前夕，即图4－20c中曲线1所示状态为止。此时，随着工作面的推进，内应力场范围不断缩小。由于岩梁周期性运动已经结束，内应力场中煤层上所承受的压力将很小。在该发展过程中，对于随工作面推进而前移的外应力场，其支承压力分布的范围将因内应力场范围的缩小、水平约束阻力的降低而逐渐扩大（即塑性区范围向前方伸展），直到该岩梁再次断裂前夕达到最大值为止。在此过程中，支承压力大小和分布的变化都是逐渐的、均衡的。

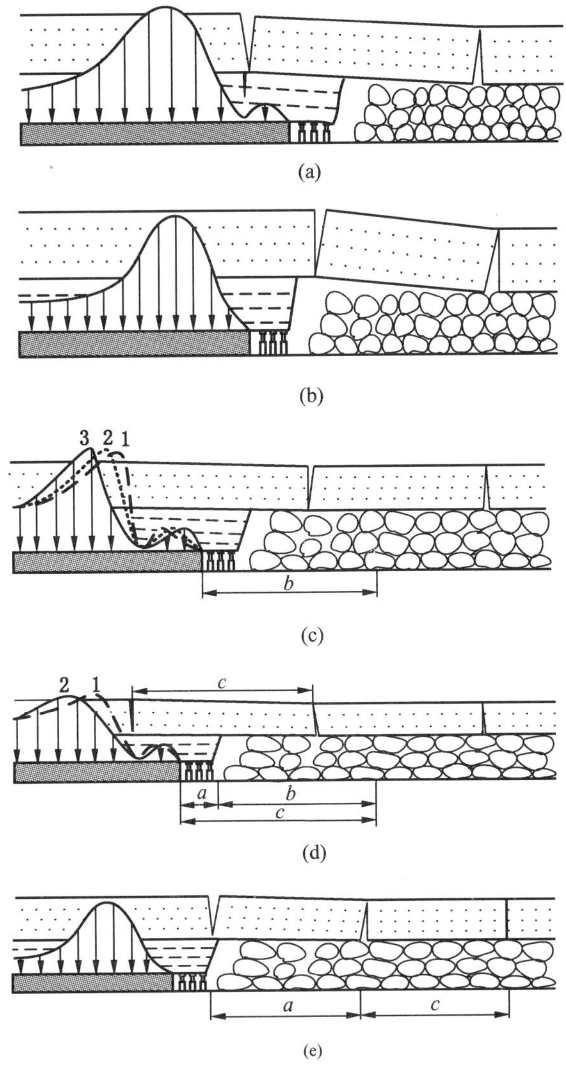

图4－20 正常推进阶段支承压力分布图

（2）显著变化的发展过程。这个过程从岩梁断裂前夕，即图 4－20c 曲线 1 所示状态开始，至基本顶岩梁运动结束，即图 4－20d 曲线 2 所示状态为止。在此过程中，随岩梁运动状态的明显改变，支承压力分布将剧烈变化。支承压力分布的变化主要包括：岩梁断裂时，在断裂部位应力集中，即图 4－20c 中曲线 2 所示；断裂结束时，断裂线附近应力下降并迅速向两侧转移，支承压力分布明显的分为内、外两个应力场，即图 4－20c 中曲线 3 所示；随着工作面推进和岩梁回转运动加速，内应力场中的压力高峰向煤壁方向转移，外应力场中应力向纵深扩展，如图 4－20d 中曲线 1 所示，直到岩梁中部触矸压力降低到最小值，即图 4－20d 中曲线 2 所示为止。

二、回采工作面支承压力分布与矿山压力显现间的关系

（一）基本顶初次运动阶段

从回采工作面推进开始至基本顶各岩梁初次来压结束期间，支承压力分布与矿山压力显现的变化划分为 3 个阶段。

第一阶段：从回采工作面推进开始至煤壁支承能力改变（即煤壁附近煤体进入塑性状态）之前。

本阶段中，在超前巷道中观测到的顶底板移近量 Δh 等压力显现，其分布规律与支承压力分布规律相同，为一条高峰在煤壁处的单调下降曲线，如图 4－21 所示。

第二阶段：从煤壁支承能力开始改变起，到基本顶岩梁开始断裂前为止。

在此阶段，支承压力显现分布规律与压力的分布规律不完全相同，压力显现总体上仍是一条高峰在煤壁处的单调下降曲线，但与压力分布曲线相对照可以看出：在弹性区压力显现与压力分布相一致；在塑性区两者分布的变化趋势则完全相反，如图 4－22 所示。可以根据超前巷道中的实际支承压力显现推断支承压力的变化趋势。

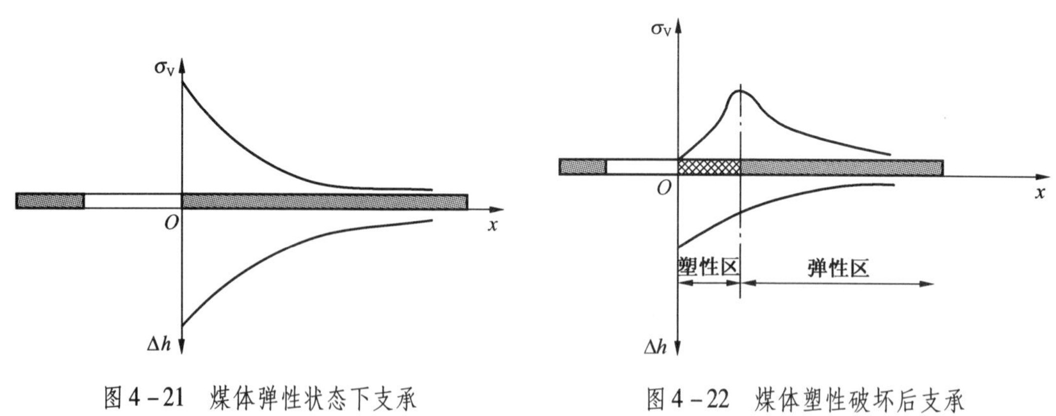

图 4－21　煤体弹性状态下支承压力与显现分布规律

图 4－22　煤体塑性破坏后支承压力及其显现分布规律

第三阶段：从基本顶岩梁端部断裂起至岩梁中部触矸止。

在此阶段中，超前巷道中压力显现的变化与压力分布的变化趋势相一致，其主要特征是：

（1）岩梁断裂时，伴随着压力在断裂线附近的集中，该部位顶底板移近速度将突然

增大。

（2）随着岩梁断裂扩展或显著沉降，由于断裂线附近的压力突然下降，煤层顶底板的移近出现停滞甚至“反弹”现象（即观测位移值出现负值），相应部位支架载荷也明显降低。

（3）岩梁断裂结束后，随工作面继续推进，内、外应力场中的压力显现也将以断裂线为界呈背向转移变化。其中，内应力场中的顶底板移近等压力显现将强化，直到岩梁中部触矸后，随后逐渐缓和下降到最低值。外应力场中压力显现强化的部位前移，直到煤体的支承能力能与高峰压力相抗衡的位置才停止。

（二）正常推进阶段

回采工作面进入正常推进阶段后，支承压力显现的主要特点与支承压力分布的特点一致，也是伴随着上覆岩层的周期性运动而呈周期性变化。在回采工作面推进过程中，伴随着岩梁每一次周期性运动，支承压力显现也包含了两个过程：相对稳定发展过程、显著变化的发展过程，其特点与初次来压阶段相同。

三、回采工作面矿山压力显现与上覆岩层运动间的关系

采动过程中，矿山压力显现的基本形式包括围岩的明显运动产生的位移和支架受力等，其产生的根源在于上覆岩层运动。这里只重点介绍顶板垮落。

（一）围岩变形、破坏与垮落

围岩变形、破坏与垮落包括两帮、顶板和底板 3 个部位。

1. 直接顶的初次垮落

长壁工作面从开切眼开始采煤后，直接顶跨度不断增加，其弯曲下沉也不断增加。一般在直接顶跨距达 6～20 m 后，发生初次垮落。当直接顶垮落高度达到 1 m 以上、垮落长度达工作面长度一半以上时，就叫做直接顶初次垮落。直接顶初次垮落时自开切眼到支架后排放顶线的距离叫做初次垮落步距，如图 4－23 所示。

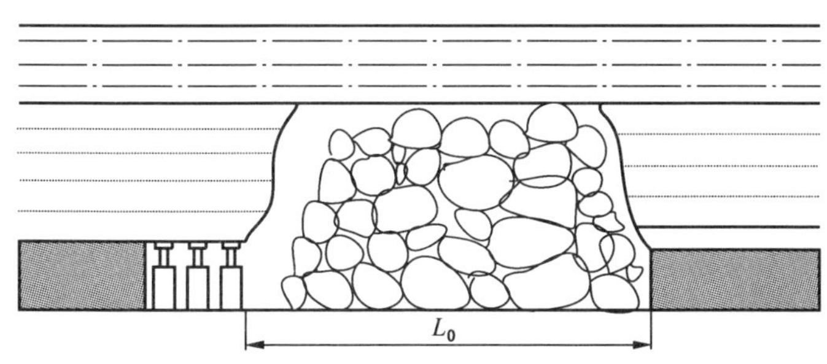

图 4－23 直接顶初次垮落

直接顶初次垮落又称工作面初次放顶，是一种典型的矿压显现，其初次垮落步距是衡量顶板完整程度的重要指标。

2. 基本顶初次来压

如果直接顶垮落后不能填满采空区，基本顶把自身及上位岩层的重量都加到工作面周围的煤柱上，工作面支架感觉不到基本顶的压力。随着回采工作面的推进，基本顶逐渐弯

曲下沉，当达到极限跨距时断裂下沉。这时工作面顶板下沉加快，煤壁片帮严重，支架受力增大，甚至发生顶板的台阶下沉。这就是回采工作面开采以来基本顶初次断裂，使工作面支架承受较大的静载荷或冲击载荷，这种矿山压力显现叫做基本顶初次来压，如图 4-24 所示。基本顶初次来压时，由开切眼到工作面煤壁的距离叫做基本顶的初次来压步距，一般为 20～50 m。

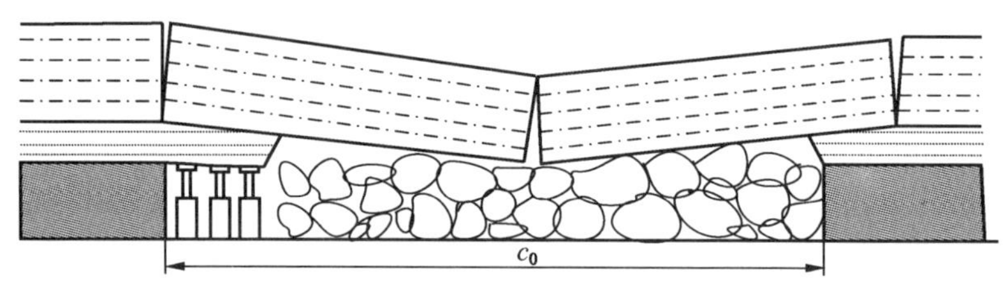

图 4-24　基本顶初次来压

3. 基本顶周期来压

基本顶初次来压后，随着工作面的继续推进，基本顶呈周期性断裂与下沉，工作面周期性出现顶板下沉加快、煤壁严重片帮、支架受力增大以及顶板台阶下沉等。这种由于基本顶周期性断裂引起的矿山压力显现叫做基本顶周期来压，如图 4-25 所示。相邻两次基本顶周期来压的平均距离，即基本顶周期断裂的平均值叫做基本顶周期来压步距，一般为基本顶初次来压步距的$\frac{1}{4}$～$\frac{1}{2}$。

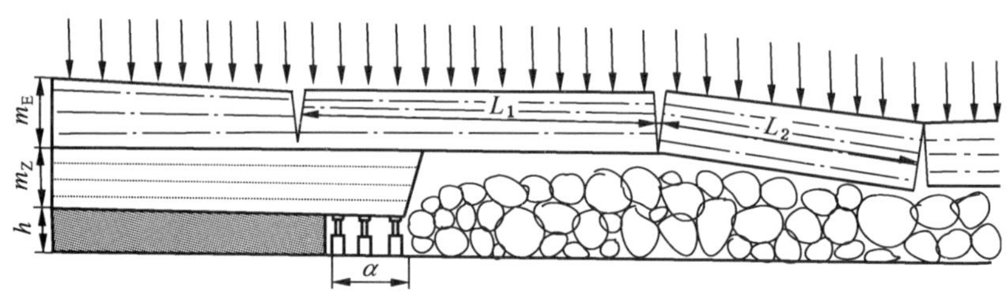

图 4-25　基本顶周期来压

（二）回采工作面支架受力与上覆岩层运动间的关系

研究回采工作面支架上的压力来源、形成的条件及其影响因素，特别是与上覆岩层运动间的关系，认识支架上压力显现的相对性，是正确掌握回采工作面顶板运动规律、评价支架有效支承能力和判断支护工作状态及控制效果的基础。

回采工作面支架受力（支架载荷）是顶板运动的结果，其值取决于支架对顶板运动控制的方式和抵抗程度。当支架对顶板的运动不加限制时，其最终受力大小由支架的力学特性和顶板最终沉降值 Δh_A 决定；相反，当支架对顶板运动进行限制时，其受力的大小取决于对岩梁位态的控制程度。

对于增阻支架来说，在回采工作面工作过程中，可以用支架受力模型表示，如图 4-26 所示，其受力值 R_T 为

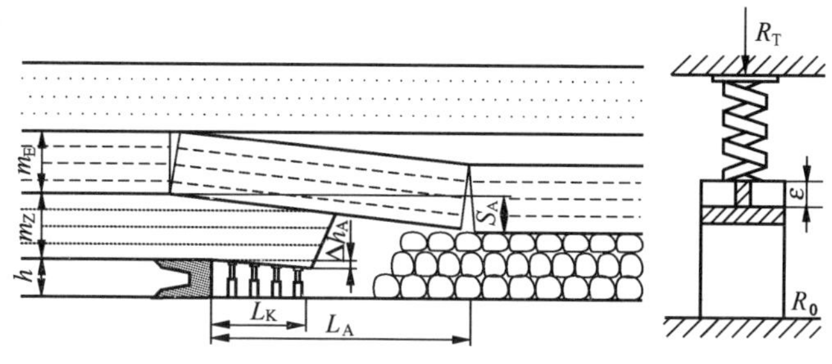

图4-26　支架受力模型

$$R_T = R_0 + E\varepsilon \tag{4-14}$$

式中　R_T——支架阻力，N；

R_0——支架的始动阻力，N；

E——支架的刚度，N/m；

ε——支架的压缩量，m。

支架的压缩量为

$$\varepsilon = \Delta h - (\delta_T + \delta_d + \delta_f) \tag{4-15}$$

式中　Δh——回采工作面顶板下沉量，m；

δ_T——支架钻入顶板的深度，m；

δ_d——支架钻入底板的深度，m；

δ_f——辅助性支护结构（如“戴帽”“穿鞋”等）的压缩量，m。

在回采工作面推进过程中，如果采高不变，则回采工作面推进至任一位置时，顶板下沉量 Δh 可近似表示为

$$\Delta h = \frac{L_K S_A}{L_A} \tag{4-16}$$

式中　L_K——控顶距，m；

S_A——基本顶在触矸处的沉降量，m；

L_A——岩梁悬跨度，m。

由式（4-14）至式（4-16）可以得出以下结论：

（1）回采工作面支架受力大小受多方面因素影响，包括支架本身的力学特性 E、回采工作面顶板下沉量 Δh、顶底板的抗压强度（影响 δ_T、δ_d）及辅助性支架结构的压缩量 δ_f 等。由于这些因素影响，往往会使支架的设计工作阻力（或设计支撑能力）与支架在回采工作面的实际工作阻力（实际承载值）不完全一致，有时相差很大。

（2）回采工作面顶板下沉量 Δh 不仅随岩梁的悬跨度变化，而且取决于来压结束时支架的实际工作状态。因此，回采工作面支架受力值与回采工作面推进的时空变化及支架对顶板的工作状态密切相关。

（3）支架上的压力显现是相对的，取决于回采工作面上覆岩层运动的状态。

1.“给定变形”状态下支架的压力显现规律

当支架在“给定变形”状态下工作时，支架对顶板的运动不加限制，来压结束时，岩梁沉降至最终沉降位置，回采工作面顶板下沉量将达到最大值，即 $\Delta h = \Delta h_A = \Delta h_{max}$。

此条件下采用不同特性支架时的压力显现特征如下所述。

1）增阻支架

增阻支架为“等压”支架，采用始动阻力为零的增阻支架，如不发生破顶钻底等情况，其缩量由顶板下沉量 Δh 决定，即 $\varepsilon=\Delta h$。由式（4－14）和式（4－15）可知，支架受力值 R_T 表达式为

$$R_T=E\Delta h=E\cdot\frac{L_K S_A}{L_A} \tag{4-17}$$

由式（4－17）可知，支架上的压力大小与回采工作面顶板下沉量 Δh 成正比，与岩梁的悬跨度 L_A 成反比。

当岩梁处于相对稳定阶段，岩梁的悬跨度 L_A 随工作面推进逐渐增大，而回采工作面顶板下沉量 Δh 会逐渐减少，支架受力值 R_T 也将逐渐下降；当岩梁达到其稳定运动步距 b 时，在端部断裂前夕，悬跨度 L_A 达最大值（$L_A=c+b=L_{max}$）。此时，回采工作面顶板下沉量与支架受力均为最低值，即

$$R_T=E\cdot\frac{L_K S_A}{L_{max}}=E\cdot\Delta h_{min}=R_{min} \tag{4-18}$$

相反，当岩梁处于显著运动阶段，随着岩梁迅速沉降触矸，悬跨度迅速减少，回采工作面顶板下沉量和支架受力值均会明显增大，直至岩梁达到无阻碍最终沉降位置时，回采工作面顶板下沉量达最大值（$\Delta h=\Delta h_A=\Delta h_{max}$），支架受力值也相应达到最大值，即

$$R_T=E\Delta h_A=R_{max} \tag{4-19}$$

显然，“给定变形”条件下的增阻支架，在回采工作面推进过程中，其压力显现规律与回采工作面顶板下沉量的变化规律相同，如图4－27所示。

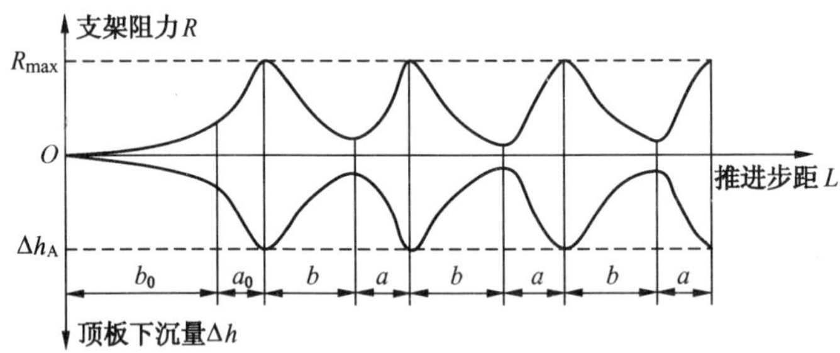

图4－27 “给定变形”条件下增阻支架压力显现规律

2）恒阻支架

恒阻支架的工作过程可以用曲线描述，如图4－28所示。

恒阻支架上的压力显现主要是初撑力 R'_0 和始动阻力 R_0，其中 $R_{min}=R'_0$，$R_{max}=R_0$。支架在下缩过程中，其阻力是恒定的，即 $R_T=R_0$，在不破顶、不钻底的情况下，与回采工作面顶板下沉量无关。

在“给定变形”状态下工作的恒阻支架，并不改变顶板的运动规律。当岩梁前次来压结束，重新进入相对稳定运动过程时，由于重新悬露的岩梁自身具有稳定性，加上煤壁的支撑作用，支架只承担直接顶的部分作用力，顶板压力将很小，在低于始动阻力的情况

下，支架凭借初撑力支撑顶板，而当岩梁进入显著运动时，支架将承担基本顶岩梁的作用力，顶板压力将明显增加，当达到支架的始动阻力 R_0 后，支架开始下缩，阻力不再上升，并趋于稳定，呈一平直的直线。由于岩梁周期性的运动，恒阻支架受力变化过程也会呈现周期性的规律，如图 4－28 所示。

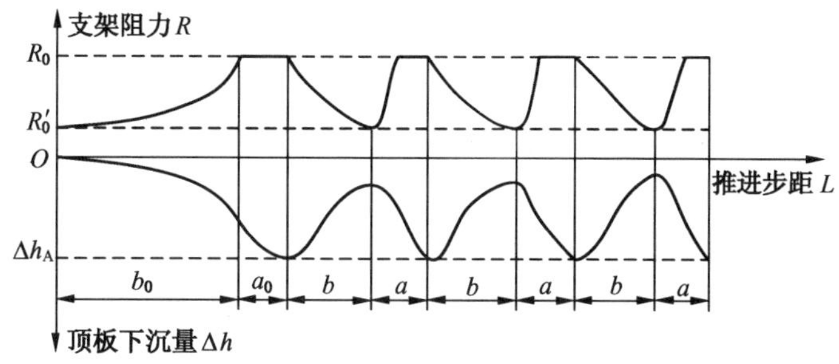

图 4－28　“给定变形”条件下恒阻支架压力显现规律

2. “限定变形”状态下支架的压力显现规律

当支架在“限定变形”状态下工作时，来压时的顶板运动受到支架阻力限制，来压结束时，岩梁不可能沉降至无阻碍最终沉降位置（最低位态），回采工作面实际的顶板下沉量 Δh_i 将小于“给定变形”条件下的最大顶板下沉量 Δh_A。在“限定变形”条件下，回采工作面来压前后，最小和最大顶板下沉量（$\Delta h'$，Δh_i）分别为

$$\Delta h' = \frac{L_K S_A}{L_i + b} \tag{4-20}$$

$$\Delta h_i = \frac{L_K S_A}{L_i} \tag{4-21}$$

式中　$\Delta h'$——来压前夕回采工作面最小顶板下沉量；

Δh_i——来压结束时回采工作面最大顶板下沉量，$\Delta h_i < \Delta h_A$；

L_i——来压结束时岩梁的悬跨度，$L_i > c$。

在这种条件下采用不同特性支架的压力显现规律如下所述。

1）增阻支架

增阻支架在“限定变形”状态下工作时，其受力大小完全由回采工作面顶板下沉量决定。由式（4－20）和式（4－21）可知，来压前后支架受力值分别为 $R' = E\Delta h'$、$R_T = E\Delta h_i$。在回采工作面推进过程中，支架受力的规律是：在岩梁相对稳定运动阶段中，随岩梁悬跨度 L 由 L_i 增加至 $L_i + b$，回采工作面顶板下沉量 Δh 由来压结束时的最大值 Δh_i 逐渐下降至最小值 $\Delta h'$。同时，支架受力值由来压结束时的最大值 R_T 降至来压前夕的最小值 R'；相反，当岩梁进入显著运动阶段，随岩梁悬跨度由 $L_i + b$ 降至 L_i，回采工作面顶板下沉量由 $\Delta h'$ 增至 Δh_i，支架受力将由 R' 迅速上升至 R_T。在上述过程中，支架受力与回采工作面顶板下沉量的变化规律是一致的，如图 4－29 所示。

2）恒阻支架

对“限定变形”状态下的恒阻支架，其压力显现的大小与回采工作面顶板下沉量无直接关系，在一定的初撑力 R_0' 和始动阻力 R_0 条件下，仅取决于顶板压力。随岩梁每一次进入显著运动，顶板压力达到 R_0 后，支架上的压力显现就会出现稳定的恒阻段，随岩梁每一次进入相对稳定运动，支架上的压力显现又降至初撑力 R_0'。随岩梁周期性的运动，支架上的压力显现将周期性的出现稳定的恒阻段，这一显现规律如图 4－30a 所示。

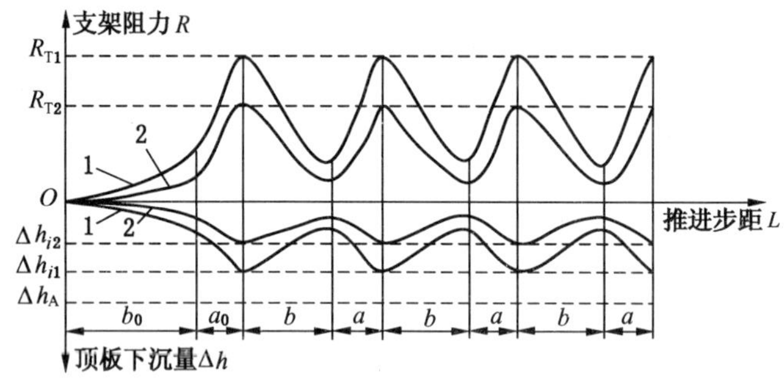

图 4－29 “限定变形”条件下增阻支架压力显现规律

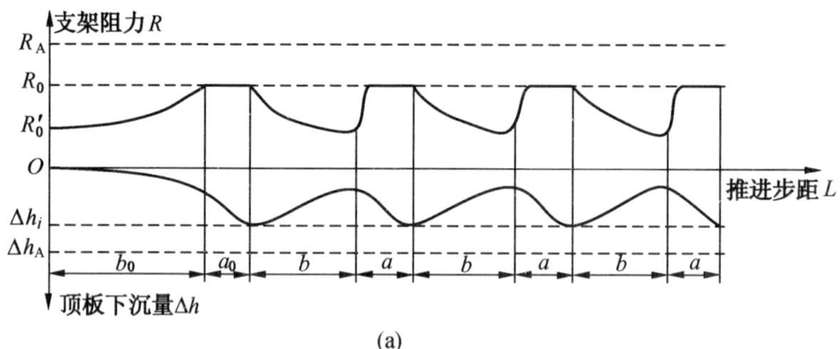

(a)

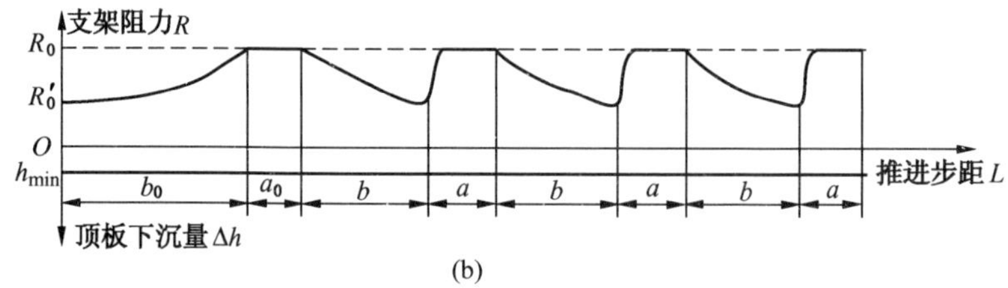

(b)

图 4－30 “限定变形”条件下恒阻支架压力显现规律

在“限定变形”状态下的恒阻支架，其压力显现的大小与变化规律，并不随支架对顶板运动限制要求的改变而明显地改变，例如，将顶板下沉量控制在“限定变形”的上限，即 $\Delta h_i = \Delta h_{min}$，尽管在回采工作面推进过程中，顶板下沉量几乎无变化，但恒阻支架上的压力显现的大小及其变化规律仍然与图 4－30a 相近，如图 4－30b 所示。

同理，恒阻支架在“限定变形”和“给定变形”两种条件下工作，支架上压力的大小和变化规律也是相近的，如图 4－28 和图 4－30 所示。

3. 不同类型顶板条件下支架压力显现特征

回采工作面顶板情况不同，即岩层的运动规律不同，在推进过程中支架上的压力显现也就不同。

对于强度高、厚度大的顶板，有可能发生整体垮落。在顶板垮落前，岩层大面积悬露，且无明显沉降，则支架上显现的压力将会很小；一旦切落，支架受力将迅速上升，甚至会切垮工作面。对于强度高的基本顶岩梁，当其下部直接顶垮落，不足以充填采空区时，由于岩梁显著沉降的空间较大，则在来压时刻，往往伴有动压冲击，支架受力会明显上升。

相反，对于强度低的软岩顶板，岩梁的自稳性较低，当下部岩梁沉降时，上部岩梁会在不太长的时间内追随下部岩梁沉降。因此，回采工作面顶板下沉量及基本顶的厚度均随时间增加而增加，致使在回采工作面推进过程中，支架受力一直十分明显，且工作面推进速度越慢，支架受力将会越明显。

回采工作面来压前后，支架压力显现的差异是客观存在的。不少单位采用“来压强度”或“动载系数”来反映和描述这一差异。其中动载系数所采用的指标归纳为如下 3 种情况：

（1）采用回采工作面来压后与来压前顶板下沉量（单位为 mm）之比。

（2）采用回采工作面来压后与来压前支架工作阻力（单位为 N/根或 N/架）之比。

（3）采用回采工作面来压后与来压前实际支护强度（单位为 Pa）之比。

在确定动载系数的基础上，根据其值大小来划分顶板来压强度的类型。基于压力显现的相对性，不讲条件地、简单地采用上述比值的方法来确定动载系数，并加以应用是不妥当的。因为动载系数不仅与支架对顶板的工作方式密切相关，而且在既定的工作状态下，与所采用的支架类型和所选用的不同指标也有密切关系。

在给定变形条件下，岩梁将沉降至最终沉降位置，来压结束时回采工作面顶板下沉量为 $\Delta h=\Delta h_{\mathrm{A}}=\Delta h_{\max}$，在此情况下，若采用来压前后回采工作面顶板下沉量之比作为动载系数的指标，则无论采用增阻支架或恒阻支架控制顶板都会得到相同的结果；若采用来压前后支架工作阻力之比作为动载系数的指标，则动载系数与支架的力学特性相关。当采用增阻支架时，由于来压结束后回采工作面顶板下沉量为定值 Δh_{A}，则动载系数随增阻支架刚度的增加而增大。当采用恒阻支架时，则动载系数由支架的初撑力和始动阻力决定。

在限定变形状态下，岩梁的位态受到支架阻力的限制，来压结束时支架与顶板建立起力学平衡系统，回采工作面顶板下沉量为控制所要求的顶板下沉量 Δh_i。在此情况下，若采用来压前后回采工作面顶板下沉量之比作为动载系数指标，则无论用增阻支架还是恒阻支架都会得到相同的结果，但是，限定变形状态下动载系数要比在给定变形状态下的动载系数值小，且岩梁控制的位态越高，差别越大。若采用来压前后支架工作阻力之比作为动载系数的指标，则动载系数与支架的力学特性的关系是：当采用增阻支架时，动载系数随支架刚度增加而增大，且岩梁控制的位态越高，动载系数越小；当采用恒阻支架时，动载系数由该支架的初撑力和始动阻力决定，且与岩梁位态控制的高低几乎无关；若采用来压前后回采工作面实际支护强度之比作为动载系数的指标，则无论采用增阻支架还是恒阻支架，都会得到相同的结果，这就无法与实际吻合，因为此时动载系数的大小与岩梁位态控制的高低相关，控制位态越高，动载系数越大。

思考与练习题

（1）如何理解矿山压力显现是相对的和有条件的？

（2）如何理解矿山压力与矿山压力显现两者之间的关系？

（3）介绍直接顶和基本顶厚度的确定方法。

（4）试述支承压力的概念，单一自重应力场的支承压力表达式是什么？

（5）沿采煤工作面推进方向上支承压力的分布可分为哪几个阶段？各有什么特点？

（6）从回采工作面推进开始至基本顶各岩梁初次来压结束期间，支承压力分布可以划分为哪几个阶段？

（7）已知某工作面顶板来压时岩梁实际沉降值为500 mm，采高为2.2 m，岩梁触矸处下部已垮落岩层的碎胀系数为1.25，试求直接顶厚度。

第五章　回采工作面顶板控制设计

【本章教学目的与要求】

- 理解顶板控制设计的要求与目标
- 理解支架 - 围岩关系
- 了解常用支架工作特性、支架实际支撑能力的影响因素
- 掌握顶板控制设计的一般方法与步骤，能够进行综采工作面和单体支柱工作面的顶板控制设计
- 了解顶板日常控制措施

【本章概述】

针对上覆岩层的赋存条件及其可能的运动情况进行控制设计，将回采工作面内矿压显现控制在要求的范围内，是实现矿井安全生产的重要保证。

本章主要介绍回采工作面顶底板的分类、支架 - 围岩关系、支护强度的确定方法、支架工作特性及实际支撑能力、单体支柱工作面顶板控制设计、综采工作面顶板控制设计、顶板的日常控制。

【本章重点与难点】

本章的重点是理解并掌握采煤工作面顶板支护强度及支护参数的确定方法，包括支架 - 围岩关系、支护强度计算、支架的初撑力和工作阻力确定等，其中支护强度的计算是本章的难点。

第一节　采场顶底板分类及其矿压显现特征

回采工作面顶板控制主要包括预计顶板运动规律、确定支护强度、选择支护形式、确定支护参数、制定工作面顶板控制措施等。对于一个具体工作面而言，一是要确定需控岩层范围，确定其类别，预测其运动规律；二是了解所用支护手段及其在井下的实际特性和支撑能力；三是确定回采工作面支架 - 围岩关系，并确定合理的支护强度；四是进行支护形式、支护参数的选择与计算；五是进行常见顶板事故控制设计。回采工作面顶板控制流程如图 5 - 1 所示。

回采工作面顶板控制设计是针对具体的顶板条件进行的。顶板岩层的性质、组成，运动形式以及不同的稳定条件，对于顶板处理方式、支护设计都会有明显影响。因此，回采工作面顶板分类是顶板控制设计和日常顶板控制的基础。

一、顶板分类原则和常用指标

对顶板进行分类，必须从顶板控制的原则和具体方法出发，具体考虑顶板控制方法的差别和效果。例如，考虑支架选型计算的出发点（或要求）及具体方法步骤时，首先要确

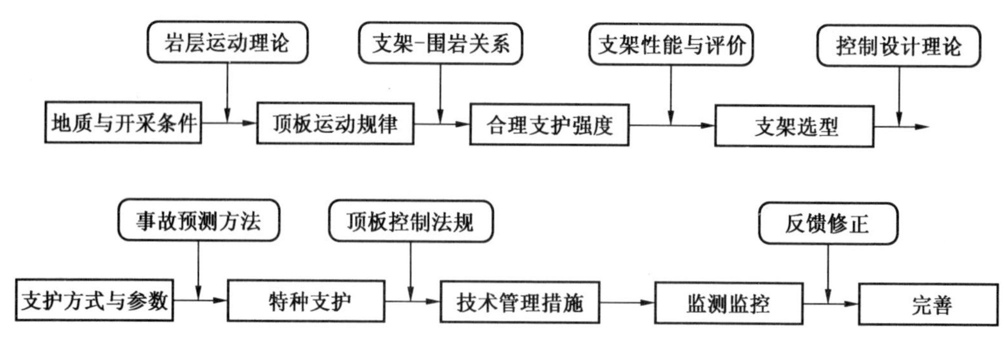

图5-1 回采工作面顶板控制流程

定支架选型是以防止切顶事故为主，还是以防止支柱缩量超限及保证必要的工作空间为主。

顶板分类主要指标有岩性指标、工程指标两种。

（1）岩性指标。岩性指标包括顶板岩层的岩石力学性质（单向抗压强度）、分层厚度、节理和裂隙的发育情况等，通常由实验室试验和现场实测两种方法测定。

（2）工程指标。工程指标是指在回采过程中可以直接观测到的参数，包括直接顶端面挠曲情况、端面顶板破碎度、直接顶垮落步距、基本顶运动步距和岩梁数目、直接顶厚度和采高比值、顶板下沉量、片深等。

二、直接顶分类及其矿压显现特点

（一）直接顶分类

在《缓倾斜煤层采煤工作面顶板分类》（行业标准）中，选择直接顶平均初次垮落步距$\overline{L}_Z$为分类指标，同时综合考虑直接顶单向抗压强度、分层厚度、节理裂隙间距以及顶板岩梁抗弯能力，将回采工作面直接顶分为4类，见表5-1。

（二）各类直接顶矿压显现特点

1. 1类直接顶

这类顶板多数为分层厚度比较小的页岩、炭质页岩、黏土岩、粉砂岩等，强度低，原生裂隙发育，初次垮落步距小于8 m，采空区内不形成悬顶，随采随垮。

随着工作面的推进，在超前支承压力作用下，岩层内部原生裂隙继续扩张，同时产生许多再生裂隙。受裂隙切割的顶板悬露后，如果得不到及时支护，端面顶板下沉速度明显增大，出现明显的“自行挠曲”现象，并很容易发展到垮落。此类顶板在工作面推进过程中端面顶板破碎度一直比较高。

表5-1 直接顶分类表

直接顶类别			指标/m	岩性描述
1	不稳定	1a	$\overline{L}_Z \leq 4$	泥岩、泥页岩，节理裂隙发育或松软
		1b	$4 < \overline{L}_Z \leq 8$	泥岩、炭质泥岩，节理裂隙较发育
2	中等稳定		$8 < \overline{L}_Z \leq 18$	致密泥岩、粉砂岩、砂质泥岩，节理裂隙不发育
3	稳定		$18 < \overline{L}_Z \leq 28$	砂岩、灰岩，节理裂隙很少
4	非常稳定		$28 < \overline{L}_Z \leq 50$	致密砂岩、灰岩，节理裂隙极少

2. 2 类直接顶

这类直接顶顶板多为分层厚度在 250 ~ 500 mm 的砂质页岩、厚层页岩、泥质石灰岩等。裂隙间距在 250 ~ 500 mm，初次垮落步距 9 ~ 18 m。

在工作面推进过程中，由于基本顶岩梁周期性裂断和超前支承压力作用，直接顶会出现周期性破碎现象。因此，输送机通道上方顶板破碎度呈明显的周期性变化。在正常推进阶段，采空区侧的顶板下沉速度大于煤壁侧；在周期来压期间，煤壁顶板下沉速度明显增加，高于采空区侧，在及时支护后，顶板下沉速度明显降低。

3. 3 类、4 类直接顶

此类顶板分层厚度大，裂隙不发育，比较完整，初次垮落步距大于 18 m，推进过程中采空区内经常出现悬顶，并按一定步距周期性垮落。在工作面推进过程中，端面顶板破碎度很低，几乎为零。此类顶板可以不及时支护。

三、基本顶分级及矿压显现特点

（一）基本顶分级

在《缓倾斜煤层采煤工作面顶板分类》（行业标准）中，选择基本顶初次来压当量$\overline{p}_e$为分类指标，考虑了基本顶初次来压步距、直接顶厚度和采高的比值（N）、采高等的影响，将回采工作面基本顶分为 4 级，见表 5－2。

表5－2　基本顶分级表

基本顶级别	来压程度		指　标	岩　性
Ⅰ	不明显		$\overline{p}_e \leqslant 895$	一般砂页岩
Ⅱ	明显		$895 \leqslant \overline{p}_e \leqslant 975$	层理不发育的砂页岩及小厚度砂岩
Ⅲ	强烈		$975 \leqslant \overline{p}_e \leqslant 1075$	4 ~ 5 m 的细粒及中粒砂岩
Ⅳ	非常强烈	Ⅳa	$1075 < \overline{p}_e \leqslant 1145$	厚度＞10 m 的砂岩
		Ⅳb	$\overline{p}_e > 1145$	坚硬致密砂岩

基本顶初次来压当量$\overline{p}_e$按式（5－1）计算如下：

$$\overline{p}_e = 241.3\ln(c_0) - 15.5N + 52.6h \qquad (5-1)$$

式中　$\overline{p}_e$——基本顶初次来压当量，kN/m^2。

（二）各级基本顶矿压显现特点

1. Ⅰ级基本顶

这类顶板为来压不明显的顶板，有 3 种可能情形。一是基本顶岩梁强度低，初次来压步距一般小于 25 m，周期来压步距一般小于 8 m；二是厚煤层下分层开采时，基本顶岩梁已预先裂断成块，运动剧烈程度明显削弱；三是直接顶垮落高度大、充填效果好、允许基本顶运动的空间小，基本顶岩梁运动受到阻碍，最终沉降值因而也很小。这类顶板运动在工作面内的压力显现比较平缓、没有明显的周期性。

2. Ⅱ级基本顶

在这类顶板条件下，工作面内压力显现有明显的周期性。基本顶岩梁初次来压步距一般为25～45 m、周期来压步距一般为8～15 m。组成基本顶的岩梁数目一般为1个或2个。上位坚硬岩梁来压时，可能对下位岩梁产生动压冲击，容易造成直接顶的下切。

3. Ⅲ级、Ⅳ级基本顶

此类顶板的岩梁多为砂岩、中粒石英砂岩等，强度高，来压步距大，初次来压步距多大于45 m。基本顶由一个或多个岩梁组成。在工作面推进过程中，相对稳定阶段压力显现不明显，一旦岩梁断裂来压，工作面压力明显上升，来压时的压力是来压前的3～4倍，甚至更高。

四、底板分类及其特点

回采工作面控顶区内的支撑系统由“顶板－支架－底板”组成，顶板和底板是支架能够发挥支撑力的两个基础，任何一个出现问题，支撑系统就不能正常工作，任何一个的刚度发生变化，就会影响整个系统的支撑刚度。因此，底板岩层的刚度将直接影响到支护性能的发挥。由于单体支柱的底端面积小，在底板比较松软的情况下，支柱很容易插入底板，从而影响对顶板的控制。将支柱底端（支架底座）在单位面积底板上所造成的压力称为底板载荷集度，即底板比压。

根据我国煤矿开采工作面底板对支柱的影响将底板进行了分类，见表5－3，根据此表选择支柱的底端面积。

表5－3 底板分类表

底板类型			基本指标	辅助指标	参考指标	参考岩性
名称	代号		允许底板载荷强度 p_P/MPa	允许底板刚度 S_P/（MPa·mm^{-1}）	允许底板单向抗压强度 R_P/MPa	
极软	Ⅰ		$p_P \leqslant 3.0$	$S_P \leqslant 0.3$	$R_P \leqslant 8.5$	充填砂、泥岩、软煤
松软	Ⅱ		$3.0 < p_P \leqslant 6.0$	$0.3 < S_P \leqslant 0.7$	$8.5 < R_P \leqslant 13.2$	泥页岩、煤
较软	Ⅲ	Ⅲa	$6.0 < p_P \leqslant 10.0$	$0.7 < S_P \leqslant 1.2$	$13.2 < R_P \leqslant 19.6$	中硬煤、薄层状页岩
		Ⅲb	$10.0 < p_P \leqslant 16.0$	$1.2 < S_P \leqslant 2.0$	$19.6 < R_P \leqslant 29.1$	硬岩、致密页岩
中硬	Ⅳ		$16.0 < p_P \leqslant 32.0$	$2.0 < S_P \leqslant 4.1$	$29.1 < R_P \leqslant 54.6$	致密页岩、砂质页岩
坚硬	Ⅴ		$p_P > 32.0$	$S_P > 4.1$	$R_P > 54.6$	厚层砂质页岩、粉砂岩、砂岩

第二节 回采工作面支架－围岩关系及支护强度确定

在确定了回采工作面顶底板类别，选择了采空区处理方式之后，需要预计顶板的运动范围、运动参数和回采工作面矿压显现特征，确定支架－围岩关系，建立位态方程，然后确定合理的支护强度。其中，顶板的运动范围、运动参数的确定方法可以参见本书第四章。

一、支架对顶板的工作状态

在确定回采工作面支架－围岩关系时，必须先清楚支架对顶板的工作状态。根据直接顶、基本顶以及支架的作用不同，可以分为“给定载荷”、“给定变形”和“限定变形”3 种工作状态。

（一）支架对直接顶的工作状态——“给定载荷”方案

由于直接顶在采空区内已经垮落，在工作面需由支架全部承担其重量，因此，支架要有足够的支撑能力，在回采工作面支护住直接顶，使其不垮落；同时，由于直接顶比较破碎，支架还必须能够护住顶板，使破碎岩块不能进入工作面。只有这样才能保证采场安全，即支架对直接顶具有“支”与“护”的双重特性。在顶板控制设计时，必须按最危险状态（沿煤壁处切断）考虑。理论与实践已证明，在顶板岩层沉降过程中，支架对直接顶的工作状态按“给定载荷”考虑是接近实际的，即无论顶板沉降到什么位置，直接顶给支架的作用力可以近似地看成是恒定的。其表达式为

$$A = m_Z \gamma_Z f_Z \tag{5-2}$$

式中　A——直接顶给支架的作用力；

f_Z——直接顶悬顶系数；

其他符号含义同前。

（二）支架对基本顶的工作状态——“给定变形”和“限定变形”

基本顶岩梁断裂后，给支架的作用力，由支架对岩梁运动的抵抗程度（或对岩梁位态控制的要求）决定。因此，岩梁运动结束时支架可在“给定变形”和“限定变形”两种状态下工作。

1.“给定变形”工作方案

回采工作面支架对基本顶岩梁的运动处于“给定变形”工作状态时，岩梁运动稳定时的位置状态（即“位态”）由岩梁的强度及两端支承情况决定。在岩梁由端部断裂到沉降至最终位态的整个运动过程中，支架只能在一定范围内降低岩梁运动速度，但不能对岩梁的运动起到阻止作用。

在“给定变形”工作状态下，岩梁运动全过程中支架作用力与顶板压力之间的关系为

$$Q_i > R_i \quad \text{或} \quad Q_i > P_i L_K \tag{5-3}$$

式中　Q_i——沿倾斜每米顶板给支架的作用力，N/m；

R_i——沿倾斜每米支架阻抗力，N/m；

P_i——采场支架平均承载能力，N/m^2；

L_K——控顶距，m。

显然，在这种情况下岩梁从运动到重新进入稳定的全过程中，都无法建立起支架受力与顶板压力之间的直接关系方程。

在这种工作状态下岩梁运动至最终状态时的结构如图 5－2 所示，顶板下沉量（即岩梁无阻碍最终沉降值）为

$$\Delta h_A = \frac{h - m_Z(K_p - 1)}{c} \cdot L_K \tag{5-4}$$

式中　Δh_A——岩梁无阻碍最终沉降值，即岩梁处于最低位态条件下最大控顶距处的顶板下沉量。

在这种工作状态下，为了防止支架在岩梁运动过程中被压死，所要求的最大允许缩量须满足以下关系式：

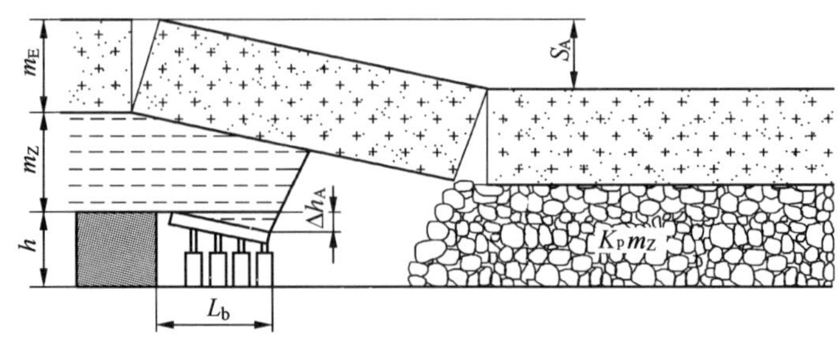

图5-2 Δh_A 计算图

$$\varepsilon_{max} = \Delta h_A - \sum \delta \tag{5-5}$$

式中 ε_{max}——支架最大允许缩量；

$\sum \delta$——支柱破顶钻底及辅助支护物压缩量。

岩梁运动结束时回采工作面支架实际受力值 R_T，在不发生破顶钻底的理想条件下，将由支架的综合刚度（支架力学特性）所决定，即

$$R_T = E_T \cdot \Delta h_A \tag{5-6}$$

式中 E_T——支架的综合刚度。

2.“限定变形”工作方案

回采工作面支架对岩梁运动采取“限定变形”，是指采回采工作面支架对岩梁运动进行必要的限制，即在支架阻力的作用下，岩梁不能沉降至最低位态。岩梁进入稳定时的位态（岩梁运动稳定时既定控顶距的回采工作面顶板下沉量）由回采工作面支架的阻抗力所限定。

支架在“限定变形”状态下工作时，支架阻力与取得平衡的岩梁位态之间存在着一定的力学关系，可以建立两者间的力学方程。在支架刚度一定的条件下，要求控制的位态越高，所需支架的阻抗力越大。

在选择支架对基本顶控制状态时，应该根据采场的需要来选择，是“给定变形”还是“限定变形”。

二、支架-围岩的一般关系

回采工作面支架-围岩关系是指支架和围岩间的相互作用关系，通常用支护强度和顶板下沉量来表示。支护强度是指单位面积上支架给予顶板的支撑力。从安全角度出发，除易碎直接顶回采工作面外，支护强度是越大越好，但从经济角度出发，应该在保证安全的前提下，尽可能减小支护强度，因为支护强度的提高是以增加材料的投入为代价的。既安全又经济的支护强度称为合理的支护强度。由此也可看出，针对不同的控制要求，支护强度是不同的，通常所说的某一个回采工作面的支护强度是多少，是针对一定的顶板控制状态而言的，因而不能笼统地认为该采场的顶板压力就等于测得的支护强度。

合理的支护强度应该能杜绝一些顶板事故，如剪切冒落、滑动冒落、冲击冒落，应该尽可能抑制一些顶板压力显现，如台阶下沉、破碎、离层、大悬顶、冲击载荷。

通过实验室和现场的调压试验，很早就提出了顶板下沉量与支护强度之间存在双曲线

关系，如图5－3所示，该关系指出，要减小顶板下沉量，就必须提高支护强度。

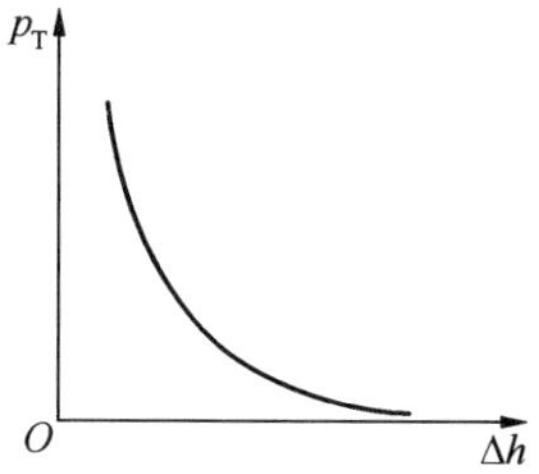

“传递岩梁”理论注意到上述双曲线只能定性地描述支架－围岩关系，而且基于梁式结构的力学模型，提出了位态方程的概念和表达式，如下：

$$p_T = A + K\frac{\Delta h_A}{\Delta h_i} \quad (5-7)$$

图5－3 支架－围岩的双曲线关系

式中 A——直接顶作用力；

K——位态常数，由岩梁参数和控顶距决定；

Δh_A——控顶末排最大顶板下沉量；

Δh_i——要控制的顶板下沉量。

式（5－7）除阐明了支架－围岩之间双曲线关系外，还进一步指明了直接顶在位态方程中的作用。在具体回采工作面，可计算出 Δh_A，K 则不能定量计算，因为

$$K = \frac{m_E \gamma_E c}{K_T L_K} \quad (5-8)$$

式中 m_E、γ_E、c——基本顶厚度、重力密度和运动步距；

L_K——控顶距；

K_T——岩重分配系数。

式（5－8）中，只有 K_T 是不定量的，因为 K_T 与岩梁断裂位置、结构形式、物理性质和支架性能等都有关系，只有搞清这些关系后，K_T 才能定量计算，然而，要搞清这些关系几乎是不可能的，因为很多参数无法准确得到，支架、煤壁、矸石与基本顶岩层之间是一种超静定关系。因此，解决这个问题也只能用相应的半定量分析，配合量化控制准则和现场经验相结合的方法。

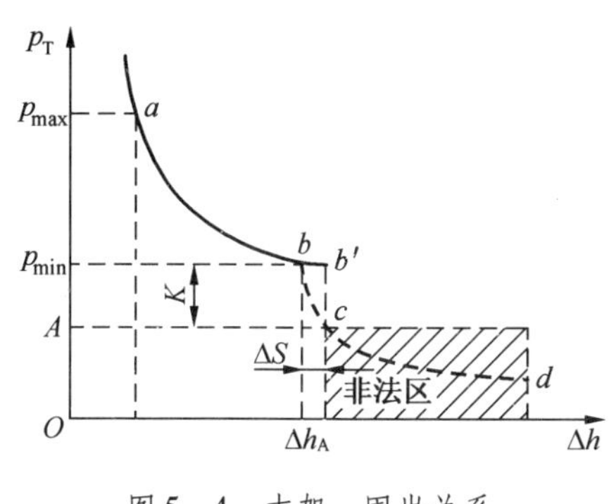

图5－4 支架－围岩关系

由于支架与多种形式基本顶结构的作用原理是一致的，因此多种形式基本顶结构与支架的作用关系可用一种有代表性的抽象模型表示，如图5－4所示。

图5－4中，阴影部分为非法工作区，$b'c$ 段为梁式结构给定变形 Δh_A 工作段，bc 段为拱梁或类拱结构分层压实时的工作段，ΔS 为离层压实量，K 为直接顶与基本顶的接触应力。ab 或 ab' 段为限定变形工作段。cd 段表示支架不能支撑直接顶的重量，因此，是非法工作区。

三、合理支护强度的确定

对基本顶而言，其支撑点只有前支点煤壁端（包括支架）和后支点采空区矸石，如果把岩梁断口处视为铰接，不考虑接触点的弯矩，则该支撑体系属于超静定结构。因此，单纯依靠解析方法无法进行支护强度的计算，只能采用半定量的支架－围岩关系、量化控制准则和成功经验相结合的方法。下面按工作面不同推进阶段，介绍支护强度的计算方

法。先介绍以“支”为准则的计算方法，后介绍以“防滑”为准则的计算方法。

（一）直接顶初次垮落期间

1.“支”的准则

直接顶初次垮落期间要求把直接顶安全地切落，如基本支护达不到要求，则考虑其他措施。

2. 力学保证条件

支架至少能承担起直接顶初次垮落步距一半的重力。

3. 支护强度

支护强度计算式为

$$p \geqslant \frac{m_Z \gamma_Z L_Z}{2L_K} \tag{5-9}$$

式中 L_K——控顶距；

L_Z——直接顶初次垮落步距；

γ_Z——直接顶重力密度。

（二）基本顶初次来压期间

1. “支” 的准则

（1）防止直接顶向采空区推垮。

（2）让基本顶缓慢沉降到要求的位态（防止冲击）。

（3）保证支架不被压死。

（4）对可能发生剪切的回采工作面，应采取特殊的处理方法，并进行回采工作面来压预报。

2. 力学保证条件

（1）增加支柱初撑力和工作阻力，使直接顶和基本顶紧贴（加大泵压，穿柱鞋或采用大吨位升柱器等措施）。

（2）支架能在不被压死的情况下，承担起基本顶的部分作用力和直接顶全部的作用力。

3. 支护强度

支护强度的计算式为

$$p = A + \frac{m_E \gamma_E c_0}{2K_T L_K} \tag{5-10}$$

式中 m_E、γ_E、c_0——基本顶厚度、重力密度和初次来压步距；

K_T——岩重分配系数，受直接顶厚度与采高之比 N 的控制。

大量研究证明，采空区充填得越密实，支架承受的基本顶作用力越小。根据现场经验，一般条件下回采工作面的 K_T 选取见表 5－4。

表 5－4 K_T 选取表

N	$N \leqslant 1$	$1 < N \leqslant 2.5$	$2.5 < N \leqslant 5$	$N > 5$
K_T	2	$2N$	$38(N-2.5)+5$	∞

式（5－10）中直接顶作用力 A 的计算式如下：

当悬顶距 $L_S<2$ m 时

$$A=\frac{m_Z\gamma_Z(L_S+L_K)^2}{L_K^2} \tag{5-11}$$

当悬顶距 $L_S\geqslant 2$ m 时

$$A=m_Z\gamma_Z\left(1+\frac{L_S}{L_K}\right) \tag{5-12}$$

由式（5－11）可知，当悬顶距较小时，悬顶与采空区已垮矸石很难接触已传递直接顶的重力，所以，应按力矩平衡来求 A。由式（5－12）可知，当悬顶距较大时，自身有一定支承能力，其作用力无须支架全部承担，悬顶断裂后，在沉降过程中，根据静力平衡，支架必须承受悬顶的全部重力（不考虑力矩的作用）。长悬顶触矸后，直接顶给支架的作用力为

$$A=\frac{m_Z\gamma_Z(L_S+L_K)^2}{(2L_S+L_K)L_K} \tag{5-13}$$

由式（5－12）和式（5－13）可知，前者计算出的 A 大于后者，前者考虑了长悬顶没触矸时的静力平衡，所以计算的结果较安全。一般情况下，用式（5－12）计算 A。

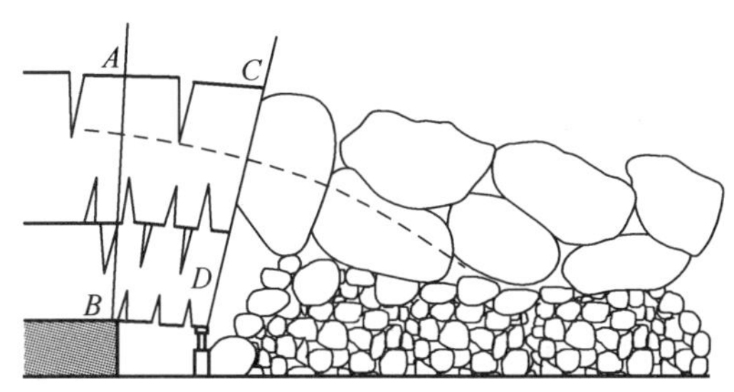

图 5－5　类拱在煤壁处的切落位置和断裂形式

（三）正常推进阶段

1．“支”的准则

（1）在基本顶类拱结构回采工作面，防止类拱在煤壁处切落（沿图 5－5 中 AB、CD 线）。

（2）在基本顶梁式结构回采工作面，防止基本顶来压时出现大的台阶下沉和冲击。

（3）在多岩梁结构回采工作面，防止上位岩梁对下位岩梁的冲击。

（4）防止支架压死。

2．力学保证条件

（1）在类拱结构回采工作面，保证支架能支撑直接顶和悬跨度一半的基本顶重量。

（2）支架在“给定变形”状态工作时，必须能支撑直接顶并能承担部分基本顶的作用力，以减缓基本顶的来压速度。

（3）支架在“限定变形”状态下工作时，必须能支住直接顶的全部作用力并能承担控制顶板下沉量为 Δh_i 时对应的基本顶悬跨度 L_i 的部分作用力。

3．支护强度

支护强度的计算分以下几种类型。

（1）类拱结构：

$$p=A+\frac{m_E\gamma_E c}{2L_K} \tag{5-14}$$

（2）给定变形：

$$p = A + \frac{m_E \gamma_E c}{K_T L_K} \quad (5-15)$$

（3）限定变形：

$$p = A + \frac{m_E \gamma_E c \Delta h_A}{K_T L_K \Delta h_i} \quad (5-16)$$

（4）多岩梁结构：

$$p = A + \frac{2m_E \gamma_E c}{K_T L_K} \quad (5-17)$$

式中 Δh_A——顶板最大下沉量；

Δh_i——要求控制的顶板下沉量；

m_E、γ_E、c——第一岩梁的厚度、重力密度和周期来压步距；

K_T——岩重分配系数，按表5-4选取。

（四）防止直接顶滑动的支护强度计算

防滑准则为一般情况下基本顶自身能形成平衡结构，为防止直接顶向采空区方向滑动，支架除承受直接顶的全部作用外，还需使直接顶与基本顶有足够大的接触压力，使直接顶与基本顶紧贴。

1. 基本顶初次来压期间的支护强度

在基本顶初次来压期间，按照防滑准则计算的支护强度为

$$p_T = A + \frac{Q m_Z \gamma_Z (L_K + L_S) \sin\alpha_0}{f L_K} \quad (5-18)$$

式中 A——直接顶作用力；

Q——由基本顶结构形式决定的摩擦力安全系数，见表5-5；

f——基本顶与直接顶之间的摩擦系数，一般取0.3；

α_0——基本顶初次来压完成后的顶板下沉角。

$$\sin\alpha_0 = \frac{2[h + m_Z(1 - K_p)]}{c_0} \quad (5-19)$$

式中 h——采高；

K_p——碎胀系数。

表5-5 安全系数Q选取表

基本顶结构	类拱结构	拱式结构	梁式结构
安全系数	1.5	2	3

2. 正常推进阶段的支护强度

在回采工作面正常推进期间，按照防滑准则计算的支护强度为

$$p_T = A + \frac{Q m_Z \gamma_Z (L_K + L_S) \sin\alpha}{f L_K} \quad (5-20)$$

式中 α——基本顶周期来压完成后的顶板下沉角。

$$\sin\alpha = \frac{[h + m_Z(1 - K_p)]}{c} \quad (5-21)$$

（五）合理支护强度的确定

根据前面按"'支'的准则"和"防滑准则"计算的支护强度，取其中的最大值为合理支护强度，这样既可以防止直接顶滑动，又可以防止出现动压冲击和台阶下沉。

第三节 支架工作特性及实际支撑能力

一、概述

回采工作面所用支架按照其构成可分为单体支柱、液压支架和简易（轻型）支架三类，如图5-6所示。单体支柱用在回采工作面支护时多和铰接顶梁配合使用，根据单体支柱的特性，可分为金属摩擦支柱和单体液压支柱。液压支架是由支柱、底座与顶梁联合为一个整体的结构，以液压为动力。简易（轻型）支架是介于单体支架和液压支架之间的过渡架型。

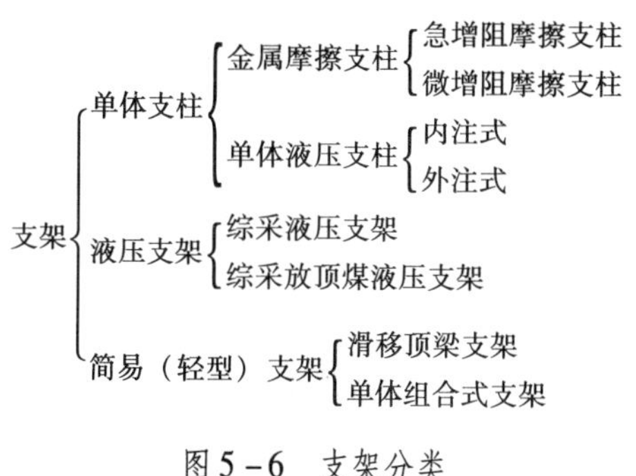

图5-6 支架分类

一般情况下，顶梁是刚性结构件，支柱由活柱和底柱组成，它们之间的伸缩关系形成了支柱的可缩性。因此，支架的特性主要取决于支柱的特性。对于液压支架而言，其力学特性还取决于其结构。支架架设后形成了顶底板围岩与支架的组合体，此组合体特性取决于支架、顶板、底板，以及架设时底板与支柱间有无浮矸、支柱能否插入顶底板等情况。现将有关描述支架（柱）特性的参数解释如下：

（1）支架性能（或特性）：支架的支撑力与支架可缩量的关系。

（2）支撑力：支架对顶板的主动作用力。

（3）工作阻力：支架受顶板压力作用而反映出来的力。

（4）初撑力：支架支设时，将活柱升起，托住顶梁，利用升柱工具和锁紧装置使支柱对顶板产生一个主动力。这个最初形成的主动力称为支柱的初撑力。对于液压支柱，即是泵压所形成的支柱对顶板的撑力。

（5）始动阻力：在顶板压力作用下，活柱开始下缩的瞬间支柱上所反映出来的力称为始动阻力。

（6）初工作阻力：在支架的性能曲线中，活柱下缩时，工作阻力的增长率由急剧增长转为缓慢增长的转折点处的工作阻力。

（7）最大工作阻力：支柱所能承受的最大负载能力，又称额定工作阻力。

在井下支护过程中，支架（柱）的实际支撑能力要比额定工作阻力小得多，因此，在进行控制设计时，必须考虑各种因素的影响，计算支架的实际支撑能力。

二、单体支柱

在单体支柱回采工作面，目前广泛应用的是单体液压支柱，还有一些煤矿在用金属摩擦支柱。

（一）单体液压支柱

单体液压支柱按注油（液）方式分为内注式和外注式两种，如图5－7、图5－8所示。

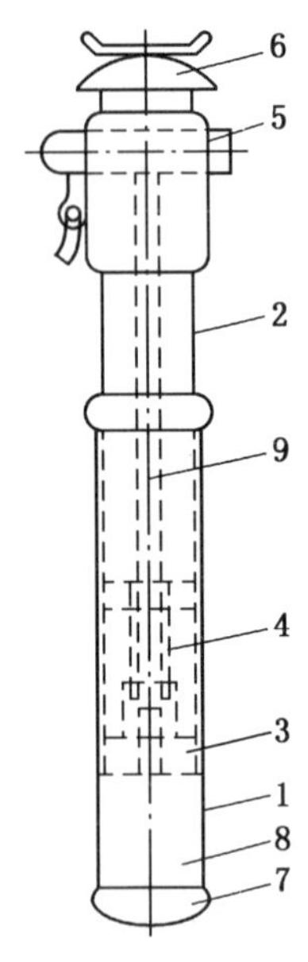

1—柱体；2—活柱；3—活塞头；
4—泵；5—安全阀及卸载阀；
6—上顶盖；7—下柱座；
8—支柱底腔；9—通道

图5－7 内注式单体液压支柱

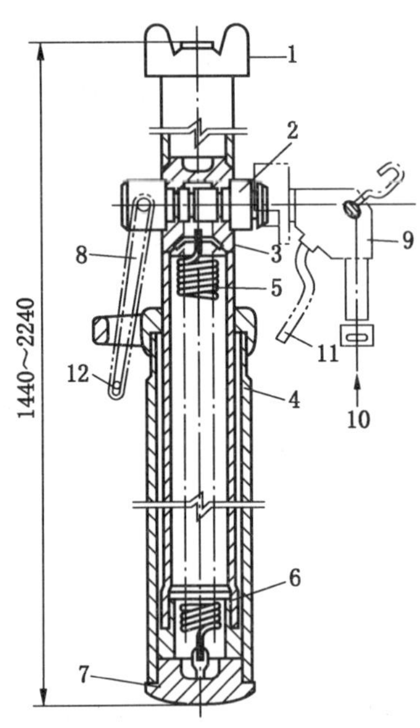

1—顶盖；2—三用阀；3—活柱体；4—液压缸；
5—复位弹簧；6—活塞；7—底座；8—卸载手把；9—注液枪；10—泵站供液；11—注液时操纵手把方向；12—卸载时动作方向

图5－8 外注式单体液压支柱

内注式单体液压支柱工作液存于支柱体内，通过摇动手把操纵支柱内的液压泵，把工作液从低压腔压入高压腔，从而升起支柱；回收时，打开卸载阀使高压腔内的工作液流回低压腔，活柱在自重作用下自动回缩，如图5－9所示。

外注式单体液压支柱的工作液是从外部供给的，一般是靠回采巷道内的泵站经高压软管通过注液枪向支柱供液，在高压液作用下使支柱升起并支撑顶板。回收时打开卸载阀，把工作液排到支柱外，活柱靠自重和弹簧拉力回缩。在工作面每隔10～15 m需配备一把注液枪和一个卸载手把。

外注式和内注式单体液压支柱各自的优缺点：①外注式单体液压支柱体内无手摇泵，结构简单，重量轻，成本低；②外注式单体液压支柱支设速度较快；③外注式单体液压支柱需要配备液压泵和管路系统，在使用上不如内注式灵活；④外注式单体液压支柱每使用

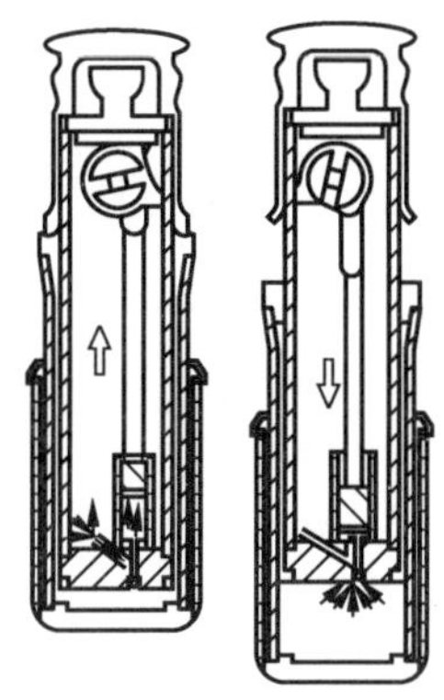

图5-9 内注式单体液压支柱示意图

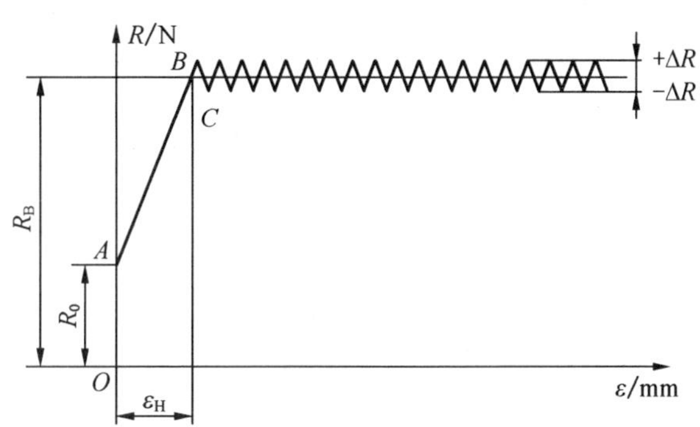

图5-10 单体液压支柱工作特性曲线

一次需要消耗一定的乳化液。因此，在一些薄煤层或行人比较困难的工作面，来回拉注液枪有困难时，宜使用内注式单体液压支柱；在缓斜和倾斜中厚煤层工作面中，则宜使用外注式单体液压支柱。

单体液压支柱的工作特性曲线如图5-10所示。支柱架设时，内注式依靠手工操作，一般能产生50~70 kN的初撑力（液压支柱初撑力与始动阻力相等）。外注式支柱初撑力取决于泵站及升柱质量。图5-10中工作点A对应初撑力R_0。顶板下沉时，支柱下腔工作液受压缩而呈弹性变形，压缩6~20 mm（DZ-22型支柱试验得ε_H为15~18 mm，对应于额定初撑力），工作阻力急剧上升到额定工作阻力R_B，即特性曲线中的B点，此时安全阀开启卸液，工作阻力略有下降，降到图中C点，安全阀重新关闭。随后工作阻力又有所增加，安全阀重新打开。如此反复，在活柱下缩过程中形成恒阻工作特性曲线。

（二）金属摩擦支柱

金属摩擦支柱按照工作特性有急增阻式和微增阻式两种，急增阻式已经基本不用，微增阻式的应用范围也比较小，故仅对微增阻式做简要介绍。微增阻金属摩擦支柱（HZWA），支柱支设后，可利用升柱器使支柱对顶板产生一定的初撑力R_0，此时滑块由于弹簧的作用而被向上推，楔组（水平楔与楔块）呈6°~8°的仰角。此后，在顶板下沉、活柱下缩的过程中，支柱表现为3个阶段：第一阶段，随顶板下沉，自动加紧机构起作用，支柱工作阻力随之上升到始动阻力R_0；第二阶段，当支柱所承受压力超过R_0后，随着活柱下缩，滑块也下移，楔组沿锁体上的圆弧向下转动，锁箍继续被撑开，夹紧力急剧增加，工作阻力由R_0急增至初工作阻力R_A；第三阶段，自动夹紧过程完成后，由于活柱摩擦表面的斜度（1/1250）胀开锁箍，使得支柱的工作阻力缓慢上升。HZWA型支柱工作阻力R_i随活柱缩量ε_i的变化规律为

$$R_i=\begin{cases}R_0+150000\dfrac{\varepsilon_i}{\delta_c} & (0\leqslant\varepsilon_i\leqslant\varepsilon_1)\\ R_0+150000+250(\varepsilon_i-10\delta_c) & (\varepsilon_1\leqslant\varepsilon_i\leqslant\varepsilon_B)\end{cases}\tag{5-22}$$

式中 R_i——任意时刻的工作阻力，kN；

R_0——初撑力，kN；

δ_c——随动系数，反映了滑块随活柱下缩的同步程度，是衡量楔紧程度的一个标志；

ε_i——任意时刻活柱下缩量，mm；

ε_1——水平楔转正时活柱下缩量，mm；

ε_B——支柱最大允许下缩量，mm。

HZWA 型支柱初工作阻力和终工作阻力分别为

$$R_A = R_0 + 1500\frac{\varepsilon_i}{\delta_c} = R_0 + 150000 \tag{5-23}$$

$$R_B = R_0 + 150000 + 250(\varepsilon_B - \varepsilon_1) \tag{5-24}$$

式中 R_A——初工作阻力，kN；

R_B——终工作阻力，kN。

三、综采液压支架

液压支架一般由顶梁、底座、立柱、推移装置、操控装置和其他辅助装置组成。按照支架的结构及特性可分为支撑式、掩护式和支撑掩护式三类。由于综采放顶煤液压支架具有专门的放煤机构，因此把它单独作为一类支架在第六章介绍，本节只介绍综采液压支架。

（一）支撑式液压支架

支撑式液压支架指在结构上没有掩护梁，对顶板的作用是以垂直支撑为主的支架，如图 5－11 所示。这种支架具有较大的支撑能力，靠立柱和顶梁直接支撑顶板，维护工作空间，顶板在顶梁后部切断垮落。由于支撑力集中在顶梁的后部，而在煤壁附近无立柱支护区由支撑力较弱的前探梁维护，顶梁上力的分布状态如图 5－13a、b 所示。

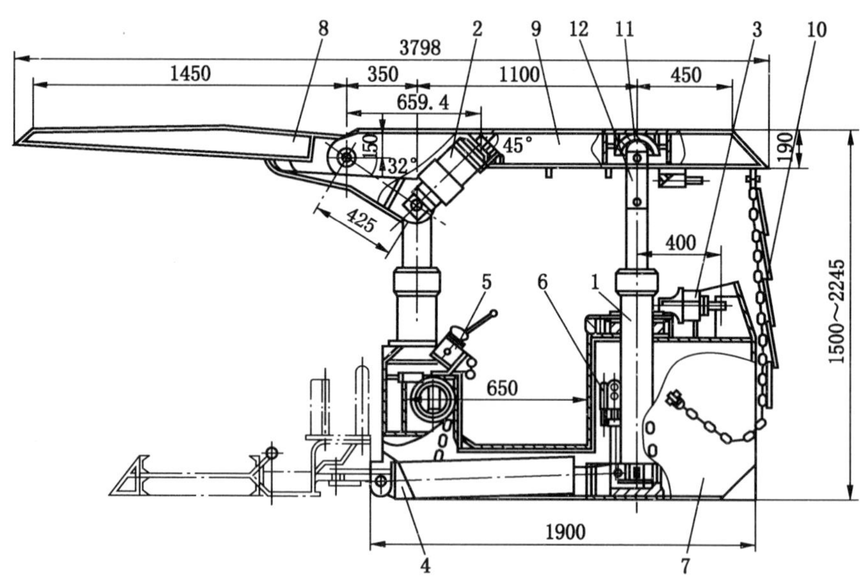

1—支柱；2—前梁千斤顶；3—复位千斤顶；4—推移千斤顶；
5—操纵阀；6—控制阀；7—底座箱；8—前梁；9—主梁；
10—挡矸帘；11—钢丝绳柱销；12—加长段

图 5－11 BZZC 型支撑式液压支架

这种支架支撑效率高，立柱阻力完全用于支撑控顶区内的顶板，每米工作面的支撑力高，放顶线的支撑能力大，通风断面大，结构简单，行人方便，价格便宜。但是支架端部支撑能力弱，对顶板的覆盖率及对架间和采空区的挡矸能力低，对顶板水平力的承受能力差。这种支架一般适用于支撑稳定和坚硬的顶板，对下位岩层为中等稳定以下的煤层难于适应，在破碎顶板下工作十分困难，较适用于直接顶稳定和基本顶来压较强烈的煤层，尤其是薄煤层。支撑式液压支架主要用于采高 2.5 m 以下，基本顶Ⅰ～Ⅳ级、直接顶 3、4 类（要结合深孔爆破软化顶板等措施）、底板Ⅲ类以上，煤层倾角 20°以内的长壁工作面，可用于高瓦斯工作面。

（二）掩护式液压支架

掩护式液压支架是指在结构上有掩护梁，单排立柱连接掩护梁或直接支撑顶梁对顶板起支撑作用的支架。掩护式液压支架可分为掩护支撑式支架和纯掩护式支架两类，其中掩护支撑式又分为支顶掩护式（图 5－12）和支掩掩护式两种。掩护支撑式支架顶梁较短，支撑能力较弱，顶梁上支撑力集中靠近煤壁附近，如图 5－13e 所示。支掩掩护式支架主要靠掩护作用维护工作空间，适用于Ⅰ级基本顶、1 类直接顶及松软底板（Ⅰ、Ⅱ类），特别是“两软”或“三软”工作面。支顶掩护式支架主要适用于直接顶 1～3 类、基本顶Ⅰ～Ⅲ级、底板Ⅱ类以上的条件。纯掩护式支架在结构上没有顶梁，对顶板只起掩护作用，如图 5－13f 所示，它一般在松软破碎顶板或人工顶板下使用。

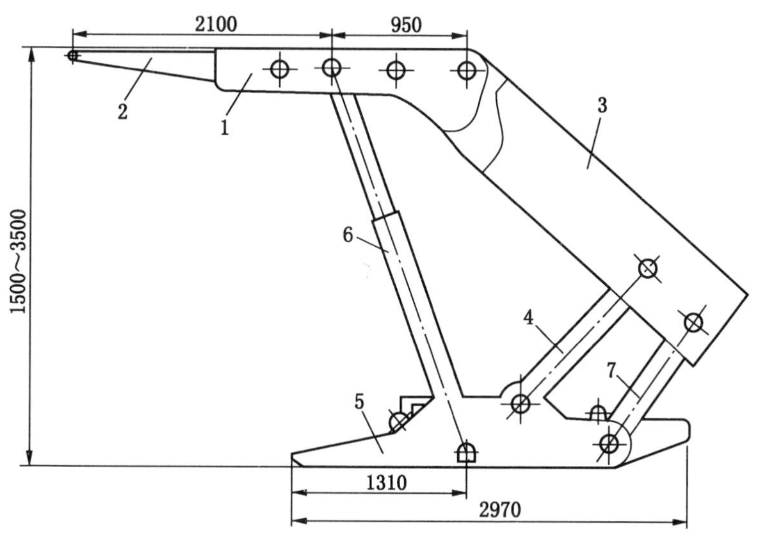

1—主梁；2—前梁；3—掩护梁；4—前连杆；5—底座；6—支柱；7—后连杆

图 5－12　ZY3200－15/35 型掩护式液压支架（立柱和顶梁连接）

（三）支撑掩护式液压支架

支撑掩护式液压支架是指顶梁较长、具有双排或多排立柱及掩护梁结构的支架，如图 5－14 所示。支柱大部或全部通过顶梁对顶板起支撑作用，有部分支柱是通过掩护梁对顶板起作用。这种支架对顶板兼有支撑和掩护两种作用，且支撑部分作用力大于掩护部分，顶梁上的支撑力分布如图 5－13c、d 所示。这种支架前后两排立柱支撑，支撑合力作用点

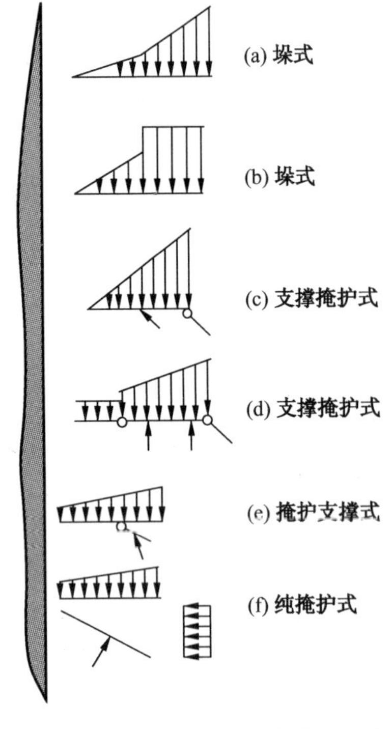

图5-13 不同架型顶梁上载荷分布

离煤壁较远；底板比压分布均匀，对底板比压小；支架的通风断面较大；纵向长度大，造价比掩护式液压支架高。支撑掩护式液压支架一般适用于Ⅱ～Ⅳ级基本顶，动压系数约为1.5以上，直接顶为2～4类工作面，对底板的强度不限；要求煤层倾角在15°以下，加防倒防滑装置可用于倾角30°以下工作面；可用于高瓦斯工作面。

四、简易（轻型）支架

近年来，不少中小型煤矿选用结构简单、价格低廉、易于组装拆卸的简易支架用于复杂不规则煤层及厚煤层的开采，特别是厚煤层放顶煤开采，取得了明显的技术经济效益。目前所使用的简易支架类型，主要有滑移顶梁支架和单体组合式支架两类。

（一）滑移顶梁支架

滑移顶梁支架是介于单体液压支柱与液压支架之间的一种支架，最初用来替代单体液压支柱和铰接顶梁，以减轻工人搬移支柱和顶梁的劳动，提高架设效率，减少支柱丢失。滑移顶梁支架由滑移的顶梁、悬吊在梁下的液压支柱以及移架机构组成，主要有单列节式滑移顶梁液压支架和并列左右梁式滑移顶梁液压支架两种。

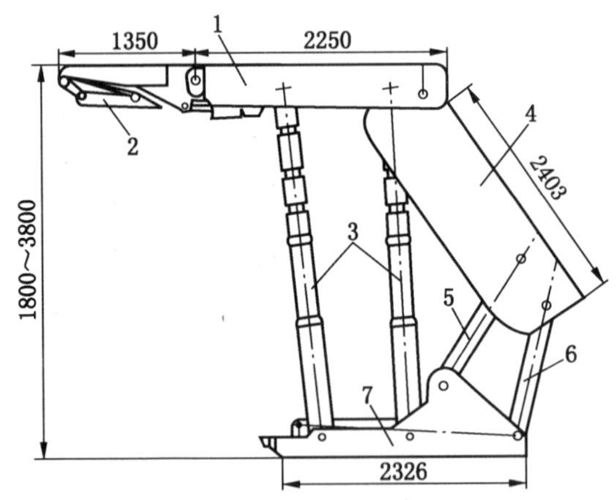

1—顶梁；2—护帮装置；3—支柱；4—掩护梁；5—前连梁；6—后连梁；7—底座

图5-14 ZZ4000-18/38型支撑掩护式液压支架

1. 单列节式滑移顶梁液压支架

这种支架的顶梁是由弹簧钢板与移架液压缸相连接的前后两根箱形顶梁组成，3～5根双作用液压支柱，呈单列直线布置，前梁有铰接顶梁，可分为伸缩式前伸梁或翻转式前探梁，如图 5－15 所示。它的前、后梁较宽，支护顶板面积较大，其支护强度和稳定性，比单体液压支柱－铰接顶梁支护明显增强，控顶性能提高，且具有提腿迈步移架的优点，不用人工搬移支柱。单列节式滑移顶梁液压支架适用于急斜特厚煤层水平分段放顶煤工作面，也可用于倾角较小（一般≤10°）的缓斜特厚煤层放顶煤工作面。

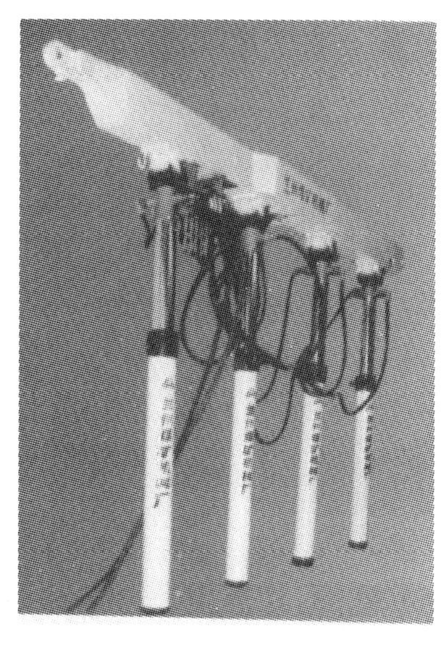

图 5－15　单列节式滑移顶梁液压支架

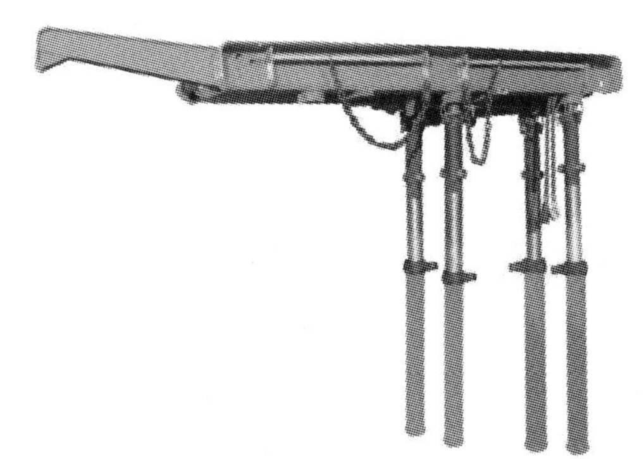

图 5－16　悬移顶梁液压支架

2. 并列左右梁式滑移顶梁液压支架

这种支架又称悬移顶梁液压支架，它由左、右梁并列组成支架顶梁，用挠性四连杆机构连接，有滑转式前伸梁，4～6 根双作用液压支柱分别与左、右梁双列布置，并列顶梁之间设移架液压缸，如图 5－16 所示。其稳定性有所增强，且左、右梁交替卸载前移，可做到不空顶移架或带压移架。悬移顶梁支架适应能力强，可用在较大倾角（一般≤40°）工作面。

（二）单体组合式支架

单体组合式支架是一种介于单体液压支柱和自移式液压支架之间的过渡式支架，由于其成本低，而且又能实现部分机械化，因而对中、小煤矿具有现实意义。它由单体液压支柱加窄顶梁、轻底座及其他辅助装置组合而成的轻型机械化支架。其结构简单实现了支护作业机械化，保证了支架具有较小的卸载影响，减弱了反复支撑时对顶板的破坏作用。主要由双框架迈步式、三顶梁迈步式、整体组合移动式 3 种类型。半卸载双框式组合支架，是一种以现有的高档工作面单体液压支柱为基本支柱，通过“穿鞋”、“戴帽”等手段实现采场机械化支护的支撑式支架。三顶梁迈步式支架由大小不同的 6 根顶梁（前中梁与两侧梁、后中梁与两侧梁）、掩护梁和 6 根单体液压支柱组成；顶梁结构互为固定，互为导向，即中梁定位、两侧梁移动，两侧梁定位、中梁移动。4 根中间支柱有底座，2 根侧柱穿有柱鞋，形成三角鼎立式组合迈步。整体组合移动式支架，即轻型支架，如图 5－17 所示。

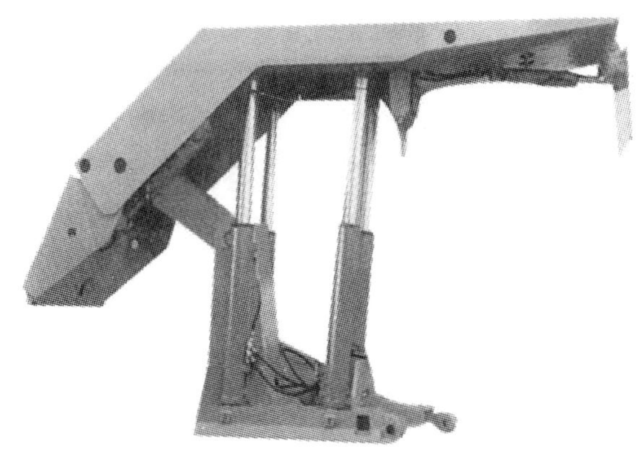

图 5-17 轻型支架

五、支架（柱）的实际支撑能力分析

（一）单体支柱实际支撑能力

1. 影响单体支柱支撑能力的因素

支柱在井下的工作条件复杂，有许多主客观、直接或间接的因素影响支柱工作性能和支撑能力正常发挥。这些因素主要有：

（1）直接顶底板强度。顶底板承载能力越高，越利于提高支柱实际支撑能力；反之，如果底板软，特别是当底板上有浮煤时，会引起支柱钻底，使工作阻力上不去。

（2）辅助支护结构压缩，如由于柱帽压缩会使得支柱工作阻力降低。

（3）支设质量。单体液压支柱在进入恒阻阶段之前，要经过一段增阻过程。升柱时间不足，初撑力越小，增阻段活柱缩量越大，都会对支柱在整个支护过程中的支撑能力产生一定的影响。

（4）支柱承载不均。由于支柱支设质量、浮煤压缩量以及辅助支护结构的差别等原因，造成不同列支柱在同一循环支护过程中阻力不均，结果使整体支撑能力降低。

（5）支柱本身的工作特性。金属摩擦支柱的工作阻力是靠活柱下缩来实现的。控顶范围内各排支柱顶板下沉量不同，活柱缩量及工作阻力也不相同，这是使用增阻支柱不可避免的。

2. 单体支柱实际支撑能力的计算方法

在综合了各种影响因素的基础上，单体支柱在井下工作过程中的实际支撑能力的计算式为

$$R_T = K_B K_Z R'_B \tag{5-25}$$

式中 R_T——支柱实际支撑能力，kN/棵；

K_B——不同列支柱承载不均匀系数；

K_Z——支柱本身的增阻系数；

R'_B——支柱回柱时的阻力，kN/棵。

影响支柱工作阻力的各因素的确定方法如下所述。

1）不均匀系数 K_B

K_B 反映了不同列支柱因支柱质量、辅助结构压缩等影响造成的各排之间承载能力上的差别。确定该值是以任一观测循环内几条观测线的阻力平均值 $R_{平}$ 作为比较的基准，将每一条观测线在同一循环内的载荷平均值 $R_{测平}$ 与 $R_{平}$ 相比，可得每一条观测线的承载不均匀系数，即

$$K'_B = \frac{R_{测平}}{R_{平}} \tag{5-26}$$

从安全角度出发，一般选取每一循环几条观测线中 K'_B 的最小值 K'_{Bmin}。取各个阶段（相对稳定阶段、来压阶段等）K'_{Bmin} 的平均值可得本工作面的承载不均匀系数为

$$K_B = \frac{\sum_{i=1}^{n} K'_{Bmin}}{n} \tag{5-27}$$

式中　n——所选观测循环数。

根据在开滦、平顶山、兖州等集团公司矿井的实测结果，由式（5-27）计算出的 K_B 值范围见表5-6。具体工作面应结合具体条件进行计算。

表5-6　K_B 值的统计情况

不同支护类型	K_B
微增阻摩擦支柱工作面	0.65～0.75
单体液压支柱工作面	0.8～0.9

2）增阻系数 K_Z

K_Z 反映了支柱本身的增阻特性。对于金属摩擦支柱，由于每个控顶排（处）顶板下沉量不同，支柱工作阻力是不一样的。每棵支柱在整个支护过程中的实际支撑能力，只能是从第一控顶排开始，到最末控顶排回撤时载荷的平均值 R_P，该值小于回撤时活柱缩量 ε'_B 对应的工作阻力 R'_B。这种差别用增阻系数 K_Z 表示为

$$K_Z = \frac{R_P}{R'_B} \tag{5-28}$$

（1）微增阻摩擦支柱工作特性。微增阻摩擦支柱工作特性曲线，如图5-18所示，其平均阻力 R_P 为

$$R_P = \frac{1}{2}(R_A + R_B) - \frac{\varepsilon_1}{2\varepsilon'_B}(R_B - R_0) \tag{5-29}$$

增阻系数 K_Z 为

$$K_Z = \frac{R_P}{R'_B} = \frac{R_A + R_B}{2R'_B} - \frac{\varepsilon_1}{2\varepsilon'_B R'_B}(R_B - R_0) \tag{5-30}$$

工作阻力 R'_B 为

$$R'_B = R_0 + 150000 + 250(\varepsilon'_B - \varepsilon_1) \tag{5-31}$$

（2）单体液压支柱。单体液压支柱工作特性曲线如图5-18所示。单体液压支柱进入恒阻工作段之前要经过一段增阻过程，考虑这段增阻过程的影响，K_Z 一般在0.9～1之间。

3）工作阻力 R'_B

R'_B 是指处于最末控顶排支柱回撤时的阻力。单体液压支柱的 R'_B 就是其额定工作阻力 R_B。金属摩擦支柱活柱下缩量到某一缩量时的阻力是 δ_c 和 ε 两者的函数。根据 δ_c 和支

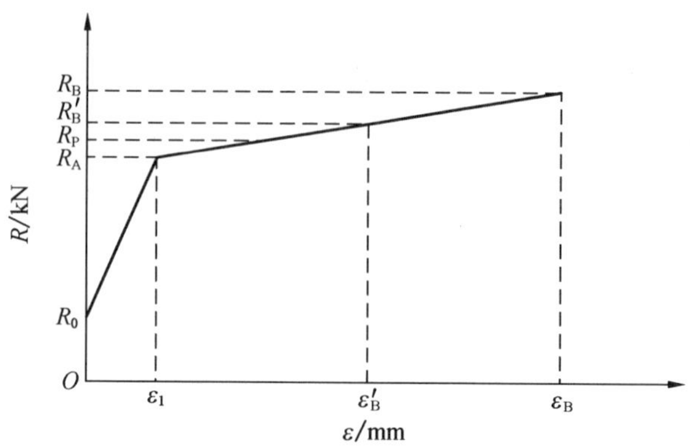

图 5-18 微增阻摩擦支柱工作特性曲线

柱回撤时活柱缩量 ε'_B（顶板比较破碎、易离层，或来压有动压冲击现象时取来压前夕的值，否则取来压时的值），可确定 R'_B。

当支柱支设在假底上或底板上有浮矸、浮煤时，支柱会发生钻底，影响支柱实际支撑能力发挥。此时，ε'_B 的表达式为

$$\varepsilon'_B = \Delta h - \varepsilon_d - \varepsilon_f \tag{5-32}$$

式中 Δh——顶板下沉量，mm；

ε_d——支柱钻底量，mm；

ε_f——背板等辅助结构压缩量，mm。

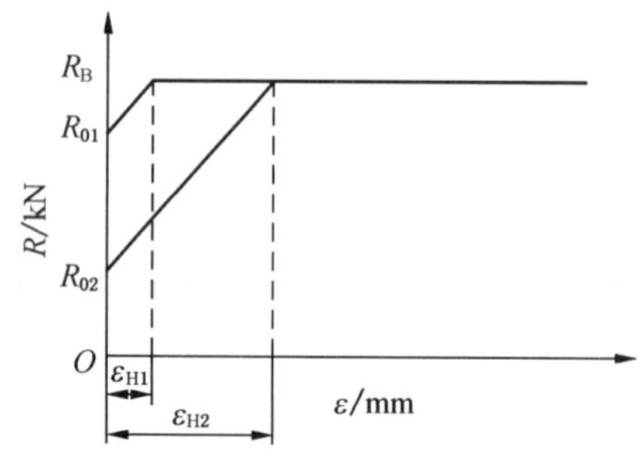

R_{01}—高初撑力；R_{02}—低初撑力

图 5-19 液压支架特性曲线

（二）液压支架实际支撑能力

液压支架在井下使用过程中，受直接顶与底板的稳定情况、升架质量以及液压支架本身对顶板的支护特性等多种主观和客观因素影响，使支撑能力得不到充分发挥。液压支架升架质量，直接影响到支架对顶板的初撑力，也影响到支架由初撑状态进入到恒阻状态所需的时间（即该段活柱缩量大小），如图 5-19 所示。

支架在井下工作过程中，由于受邻近支架卸载移架和顶底板中裂隙扩展或浮矸浮煤压缩的影响，多数是处在增阻状态下工作，如图 5-20 所示，整个支护循环中的平均阻力小于终工作阻力，更小于额定工作阻力。

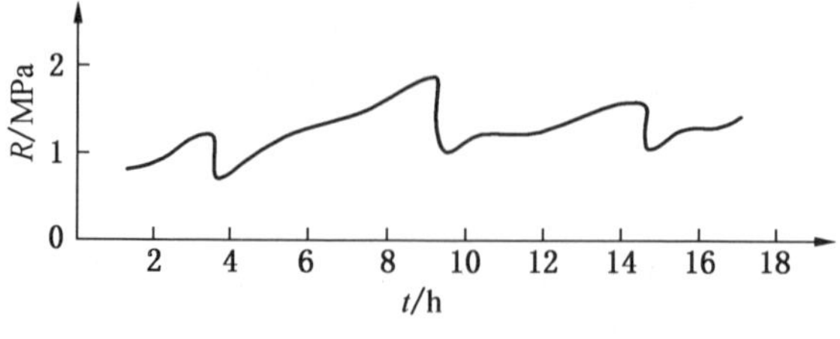

图 5-20 实测支架循环工况

液压支架对顶板的支护特性与单体支柱不同，随着工作面的推进，存在着支架反复卸载、前移、再支撑的过程。在支架卸载前移过程中，卸载支架对顶板的支撑力几乎消失，使邻近的未移支架所受压力升高，沿工作面煤壁方向出现支架受载明显不均匀现象，如图5-21所示。支架对顶板的实际支撑力应当是沿工作面煤壁方向整个支架控顶范围内的阻力平均值。

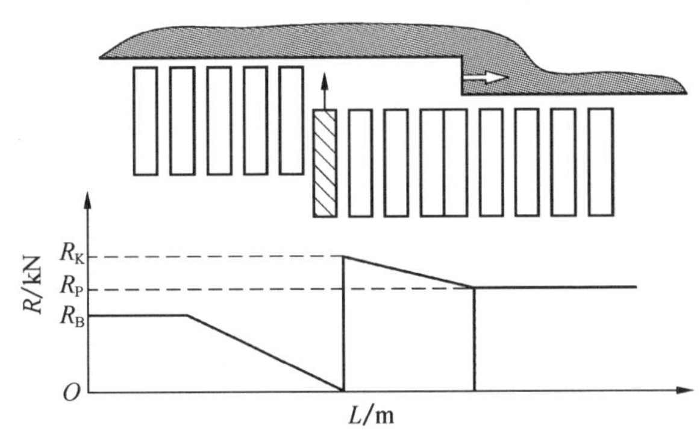

图5-21 沿煤壁方向支架受力分布

由于存在上述几方面因素影响，则液压支架对顶板的实际支撑能力的计算式为

$$R_T = K_{YB}K_{YZ}R_B \tag{5-33}$$

式中 R_T——液压支架的实际支撑能力，kN/架；

K_{YB}——液压支架承载不均匀系数；

K_{YZ}——液压支架增阻系数；

R_B——液压支架额定工作阻力，kN/架。

第四节 顶板控制设计

根据回采工作面支架类型的不同，回采工作面控制设计有单体支柱工作面支护设计、综采工作面支护设计。

一、单体支柱工作面支护设计

虽然综采工艺在我国已经普遍应用，但是由于我国煤层赋存条件多种多样，在较复杂的条件下或单产要求较低时，普采和炮采仍然有很强适应性，而后两种工艺采用的多为单体支柱支护。由于单体支柱性能相对较差，更容易发生顶板事故，所以要求支护设计具有更高的针对性和可靠性。

（一）合理支护方式的选择

支护方式一般分为基本支护和特种支护两类。基本支护要求支架在顶板不发生特殊情况时，能支护住顶板。特种支护要求支架在顶板出现悬顶、滑动、冲击等威胁时，能防止顶板事故的发生。两种支护的作用是相辅相成的。

1. 基本支护方式的确定

在单体支柱工作面，基本支护方式一般分为点柱支护和棚子支护两类。影响支护方式的因素主要有下位直接顶的完整性、成组节理裂隙的方向、倾角和顶板压力等。

1）点柱支护

点柱支护是指工作面采用单体支柱并戴柱帽的支护方式，一般用于下位直接顶坚硬完整的回采工作面，为了防止柱帽在顶板接触点处滑动，一般在柱帽上垫厚度小于 5 cm 的木帽。先是根据进尺确定点柱支护的排距，再根据所需的回采工作面支柱密度推算柱距。支柱的支设方向由回柱时水平楔或三用阀卸载口的方向决定。

2）棚子支护

棚子支护是指工作面采用单体支柱加上铰接顶梁的支护方式，其基本内容有挂梁方向、挂梁方式、护顶方式。

（1）挂梁方向。影响挂梁方向的主要因素有：成组节理裂隙的方向与间距、煤层倾角、顶板的完整性、基本顶的来压强度等。挂梁方向有沿走向和沿倾向两种，一般情况下采用沿走向挂梁。

（2）挂梁方式。挂梁方式是指齐梁、错梁，正悬臂梁、倒悬臂梁，单梁、双梁等挂梁方式，一般顶板条件下，采用齐梁、正悬臂、单梁的挂梁方式，如图 5－22 所示。错梁方式一般在顶板较碎的机采工作面使用，目的是为了紧随机组及时支护顶板，如图 5－23 所示。

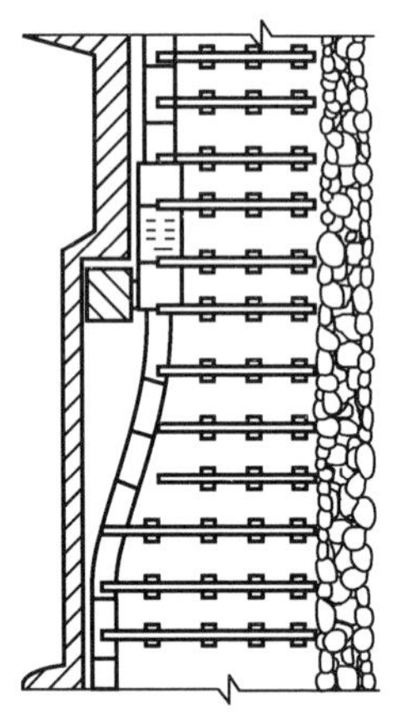
图 5－22　齐梁正悬臂单梁示意图

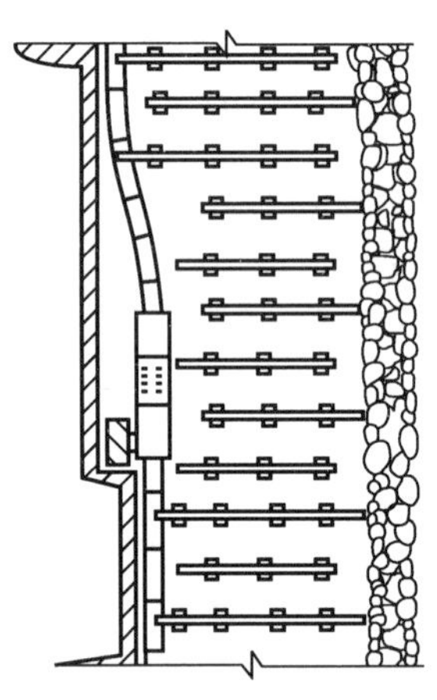
图 5－23　错梁方式示意图

（3）护顶方式。护顶方式由下位直接顶（煤层上 0.5 m 左右厚的岩层）的完整性决定。护顶方式主要有柱帽、顶梁、背板、金属网等。

在金属网人工顶板工作面，根据铺网层数、网的质量，可确定是否在顶梁上铺板皮以及确定最大柱距。在顶板凹凸不平的回采工作面，顶梁挂不住时，可采用戴帽点柱的支护方式。

2. 特种支护的选择

特种支护主要用来防止顶板事故，它是基本支护的“加强”和“补充”。特种支护一般用于事故多发地段，即放顶线、端头、煤壁处及局部构造地段。特种支护的密度由顶板控制参数和特种支架的性能决定。

1）放顶线的特种支护

放顶线的顶板事故一般有推垮、压垮和冲矸三类，相应的特种支护主要有戗棚（柱）、密集、墩柱、木垛、丛柱和挡矸帘。

（1）防推垮的特种支护。防止倾斜推垮的特种支护可选用迎山戗棚（采高小时用戗柱）作特种支护，在回采工作面内部如已出现漏冒空穴，则应先堵好空穴，并在空穴附近加强支护。同时，要尽可能加大支柱的初撑力。

防止向采空区推垮的特种支护可选用戗柱（倾向煤壁），大块游离岩块要单独处理。复合顶坚硬时，也可用密集作特种支护，将悬顶有效切断，防止悬顶产生的附加力拉倒支架。

防止向煤壁推垮的特种支护可选用向采空区方向的戗棚（或戗柱）。

（2）防压垮特种支护的选择。压垮型事故一般发生在坚硬顶板回采工作面，切顶线的特种支架常选用液压墩柱、密集或丛柱。液压墩柱一般用于倾角小于15°的回采工作面，大倾角工作面可用密集或丛柱。

（3）防冲矸的特种支护。冲矸一般发生在大倾角长壁工作面和大采高松软直接顶工作面，特种支护一般采用密集或挡矸帘（或木板）挡矸。在急倾斜工作面，也可采用走向分段密集的方法挡矸。

2）端头特种支护

端头是事故多发地段，也是支护的重点。端头特种支护要求整体性强，抗压性能好。目前，用得比较好的主要有四对八根长梁（双楔铰接顶梁）、十字顶梁支架。

（1）四对八根长梁端头支护。在回采工作面上下端头10 m范围内，用2～3 m长的Π型长钢梁成对地布置在基本支护之间，两梁交替迈步前进，成对钢梁的控顶长度与基本支护相同，如图5－24所示。

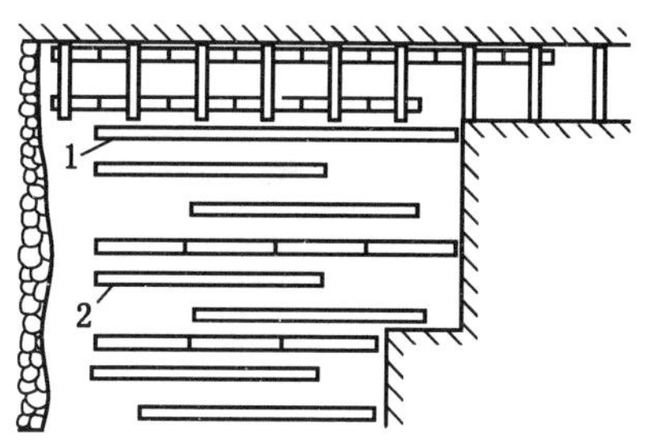

1—基本支护；2—四对八根长梁

图5－24　长钢梁端头支护

（2）十字顶梁端头支护。在回采工作面端头采用单体支柱加十字铰接顶梁的支护方式，如图5－25、图5－26所示。

3）煤壁处的特种支护

煤壁处的特种支护主要有打贴帮柱（防止破碎顶板在机道处垮落）、背帮（防止大采高松软煤层煤壁片帮）、锚杆加固煤壁以及注浆固结煤壁或顶板（用得较少）等方式。

（二）回采工作面控顶距的选择

1. 控顶距和控顶方式

（1）控顶距。从煤壁到最后一排支柱（或放顶柱）的距离叫回采工作面的控顶距。随支柱和回柱工序的进行，控顶距不断发生变化。根据安全生产的基本要求，回采工作面至少有3硐，分别供运煤、行人和堆料用。

控顶距一般用下式来表示：

$$L_K = 机(炮)道宽度 + n \times 硐宽 \tag{5-34}$$

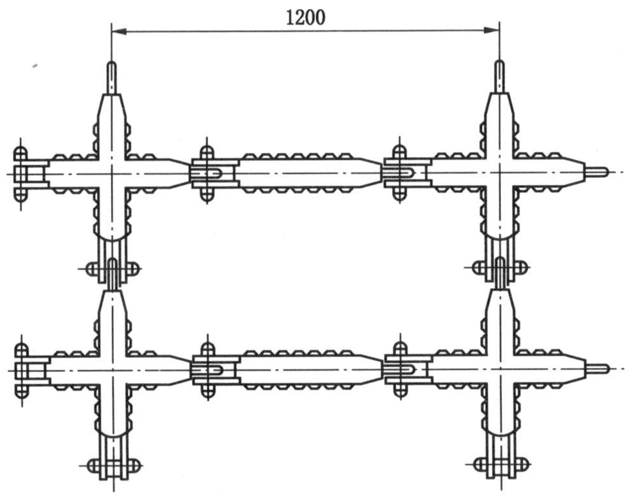

图 5-25　十字顶梁结构

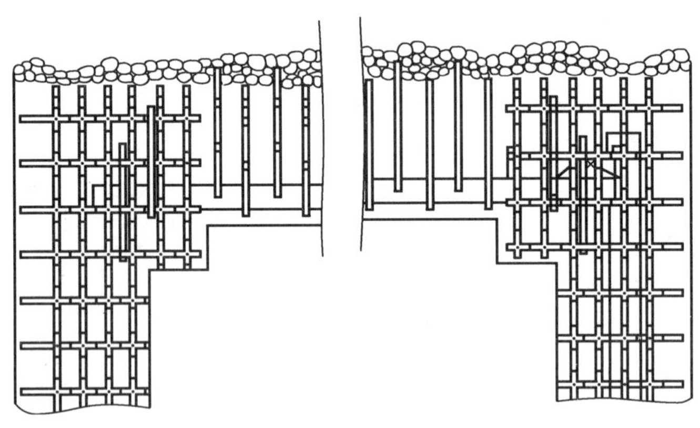

图 5-26　十字顶梁端头支护

式中，机（炮）道宽度一般控制在 0.2～0.3 m；n 为硐数；每硐净宽度一般大于 0.5 m，在走向挂梁时，硐宽一般由顶梁长度决定，在倾向挂梁时，硐宽一般由采煤进尺决定。

（2）控顶方式。常用的控顶方式有两种，一是 3～4 硐控顶，即“见四回一”，控顶距最大为 4 硐，最小为 3 硐；二是 3～5 硐控顶，即“见五回二”，最大控顶距为 5 硐，最小为 3 硐。

一般顶板条件下，都选用 3～4 硐控顶。当顶梁长为 1 m 时，最小、最大控顶距分别为 3.2 m 和 4.2 m。当回采工作面条件特殊时，要改变控顶距和控顶方式，以适应顶板的变化。

2. 影响控顶距的因素

影响控顶距的因素很多，主要有顶板组成、局部地质构造、直接顶的完整性、基本顶的冲击程度、支架性能、采煤工艺（如顶梁长度、进尺、放顶距等）、瓦斯、采高和倾角等。

3. 合理控顶距的确定

根据支架－围岩关系理论，当需要限制基本顶位态时，适当增加控顶距比增加支柱实际支撑能力更为有效，但要防止支柱在末排被压死。若支架采取给定变形工作方案，则控顶距就不宜过大，所选控顶距要用来压结束时刻回采工作面顶板下沉量 Δh_A 来检验。下面将结合支架－围岩关系理论和事故分析结论，给出不同条件下的合理控顶距的确定方法。

（1）一般条件下的控顶距。当回采工作面各方面条件无特殊变化和特殊要求时，一般选用 3～4 硐控顶，控顶距按 L_K 的表达式计算。

（2）复合顶初次垮落期间的控顶距。在复合顶板初次垮落期间曾发生过多起恶性顶板事故，原因是基本顶尚未运动，复合顶与基本顶间极易离层，控顶区支柱阻力上不去，极易发生向采空区方向的推垮事故。为了增加控顶区支架的稳定性，根据现场经验，此阶段一般采用 4～5 硐控顶，尤其在下位直接顶厚度 1.5 m 以下且比较坚硬的回采工作面。

（3）松软顶板的控顶距。松软顶板垮落的一个特点是冒入控顶区，即超前垮落，如图 5－27 所示。结果造成了后排支柱“支空”，稍受扰动，支柱将被推倒。在这种回采工作面，控顶距确定的原则是，煤壁到顶板超前垮落起始点之间，至少有 2 硐的安全空间，考虑到一次回一硐的作业方式，最大控顶距为

$$L_K = 3 \times \text{硐宽} + M\cot\theta \qquad (5-35)$$

式中　M——松软顶板厚度；

θ——超前垮落角，在放顶煤（顶煤松软）及厚煤层下分层回采工作面，$\theta = 40° \sim 50°$。

如果松软顶板厚度超过 4 m，采空区垮落严实，或松软顶板上不存在中等稳定以上的顶板，则不必按照式（5－35）确定控顶距。

（4）仰采时的控顶距。仰采时顶板始终有一个向采空区方向滑动的分力 F（$F = Q\sin\alpha$），而且支柱本身也有向采空区滑动的趋势。此时，除了支柱要有一定的迎山角外，适当扩大控顶距也是防止事故的有效方法，如图 5－28 所示。此时若顶板为复合顶，可在原控顶距的基础上扩大 1 硐。

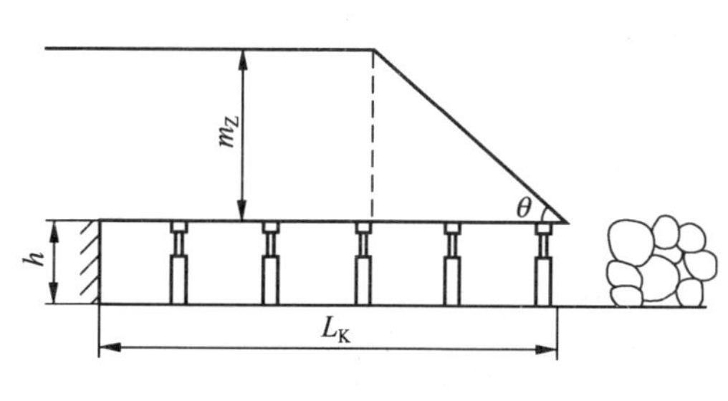

图 5－27　特破碎顶板下的控顶距

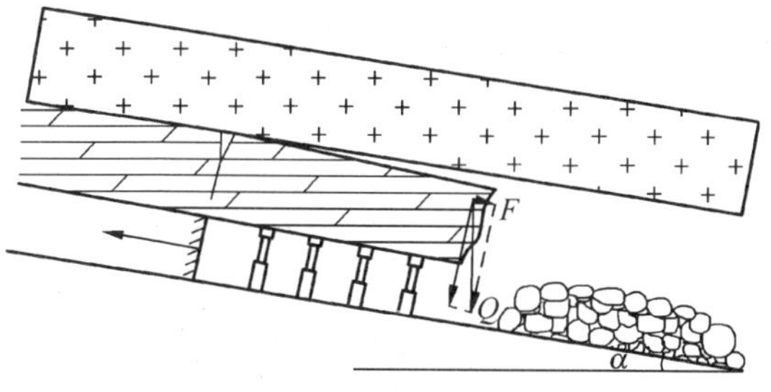

图 5－28　仰采时的控顶距

（5）坚硬直接顶回采工作面的控顶距。当坚硬直接顶断缝位于放顶线附近时，若控顶距太小，垮落的大块矸石极易冲至煤壁而发生事故。因此，这种回采工作面控顶距确定的原则是，回柱前，煤壁到断裂线之间必须有 2～3 硐的安全空间，否则不准回柱，如图

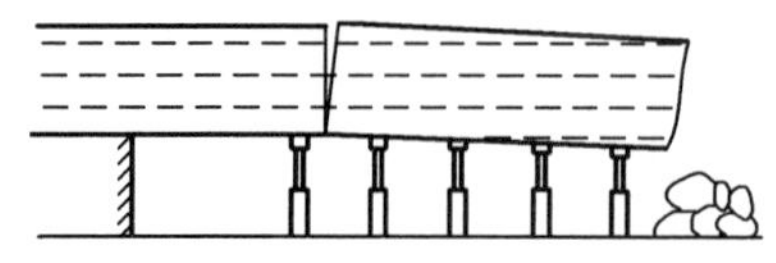

图 5－29　坚硬顶板下的控顶距

5－29 所示。控顶距的具体大小视顶板断裂块度决定。另外，回柱时，先加强断缝至采空区一侧的支护，然后用替柱、戗棚等方法回出基本支柱。

（6）极软底板的控顶距。在遇水膨胀底板及厚煤层下分层特别松软底板的工作面，“穿铁鞋”支护效果也不好，此时一般采用铺底梁或铺一次性荆笆鞋、料石鞋的措施。由于一次性柱鞋极易压偏或压裂，质量不易保证，如控顶距过大，顶板来压时支柱易压入底板而压垮工作面，此类回采工作面应尽可能缩小控顶距，但应以增强基本支柱的稳定及满足支护强度的要求为前提。在条件许可时，缩小硐宽可达到缩小控顶距的目的。

（7）复合顶板（包括“夹心”顶板）回采工作面调面时的控顶距。当复合顶板（包括“夹心”顶板）回采工作面的走向发生变化时，煤壁将走扇形的路线。此时回采工作面上部顶板稳定性较差，故应在回采工作面上部扩大控顶距，扩大的程度视采空区充填程度及拐弯程度而定，如图 5－30 所示。这种情况在“夹心”顶板回采工作面应引起高度重视。“夹心”顶板指下位直接顶薄而碎，上位直接顶坚硬呈大块断裂，因上位坚硬直接顶看不见，所以容易忽视它的危险性。

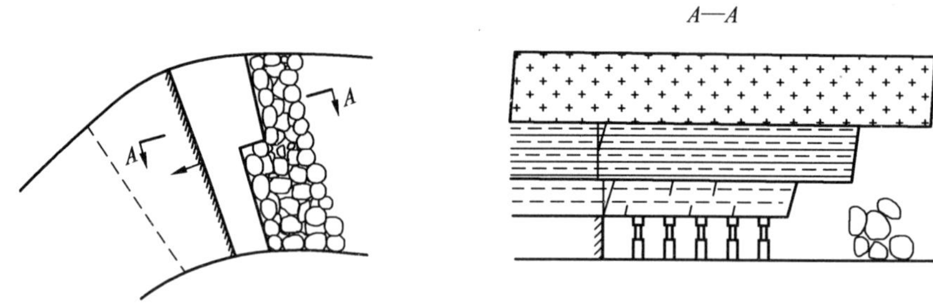

图 5－30　调面时的控顶距

（8）团块状顶板下的控顶距。当回采工作面直接顶为中等稳定以下的砾岩或泥质胶结的砂岩时，或者当直接顶出现尖灭线、冲刷带等情况时，顶板可能呈团块状垮落。此时，回柱前要保证煤壁到断裂线之间有 2～3 硐的安全空间，并在团块状顶板下方打上四角有劲的木垛，在断线的煤壁侧打上戗棚，如图 5－31 所示。

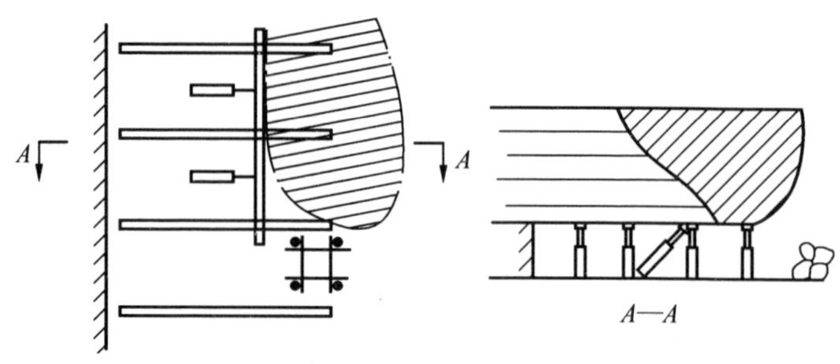

图 5－31　团块状顶板下的控顶距

（三）合理支柱密度计算

1. 顶板“支”和“护”的关系

顶板支护包括“支”和“护”两个方面。“支”的对象，重点是基本顶和坚硬直接顶；“护”的对象，主要是煤层上 0.5 m 范围内的直接顶或伪顶。因此，合理的支护设计应遵循这样的“支”“护”关系：在给定支护装备（包括护顶材料）的前提下，支护设计应既能保证“支”住顶板压力，又能保证“护”住下位直接顶的“棚间”破碎岩体，即合理的支柱密度应该取支密度和护密度中的最大值。

2. 合理支柱密度的计算

1）支密度的计算

基本支柱的支密度 n_1 为

$$n_1 = \frac{p_T}{R_T} \tag{5-36}$$

式中 n_1——支密度，根/m^2；

p_T——回采工作面各推进阶段的顶板压力，kPa；

R_T——支柱实际支撑能力，kN/根。

2）护密度的确定

护密度主要由直接顶（包括伪顶）的完整性指数和护顶材料的强度决定，由于不同材料的强度差别很大，因此，同样顶板条件的回采工作面，护密度可能因护顶材料的不同而不同。

护顶的准则：所选棚距应保证不因护顶材料强度不足而发生冒顶事故及金属网下不出现网兜。其力学保证条件是，护顶材料能托住两棚间破碎岩体的重量。

二、综采工作面支护设计

综合机械化是煤矿现代化的主要标志，我国综合机械化采煤（简称综采）发展迅速，目前已经广泛应用，回采工作面的安全条件大有改观。综采的效率与安全很大程度上取决于液压支架与地质条件的适应状况。也就是说，在给定具体矿井地质条件和技术条件下，解决综采工作面液压支架架型和工作阻力等参数的合理选择问题，是保证综合机械化采煤高效与安全的关键。

（一）综采工作面支架选型

1. 液压支架选型的内容和要求

液压支架架型选择是指针对具体顶板类型和顶板岩层组成情况选择不同的支架类型。它不仅包括支架的架型及额定工作阻力、支护强度等参数，而且涉及顶梁、护帮、底座、侧推机构及阀组等主要部件的选型及其参数的决定。液压支架选型必须与开采地质条件相适应，在支架选型前应该掌握相关地质资料以及类似条件下的矿山压力监测资料。

2. 液压支架选型步骤

（1）根据直接顶岩石力学性质、厚度及岩层结构及弱面发育程度确定直接顶类型。

（2）根据基本顶岩石力学特性及矿压显现特征确定基本顶级别。

（3）根据底板岩性及底板抗压入强度及刚度测定结果，确定底板类型。

（4）根据矿压实测数据计算额定工作阻力或根据采高、控顶宽度及周期来压步距，估算支架必需的支护强度和每米阻力。

（5）根据顶底板类型、级别及采高，初选必需的额定支护强度，初选支架形式。

（6）考虑工作面风量、行人断面及煤层倾角，修正架型及参数。

（7）考虑采高、煤壁片帮（煤层硬度和节理）的倾向性及端面顶板垮落度，确定顶梁及护帮结构。

（8）考虑煤层倾角及工作面推进方向，确定侧护结构及参数。

（9）根据底板抗压入强度，确定支架底座结构参数及对架型参数的要求。

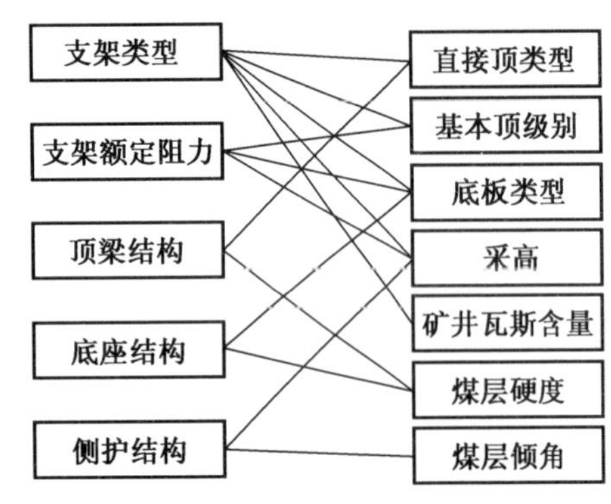

图 5－32　支架选型顺序

（10）利用支架参数优化程序（考虑结构受力最小），使支架结构优化。

此外，还要考虑巷道及运输对支架选型的影响。上述选型顺序和相互关系，如图 5－32 所示。其中，最重要的是初选额定支护强度及初选架型。

3. 液压支架选型方法

液压支架选型常用方法为系统分析比较法，它是根据矿山地质条件分析、比较、决定支架各部分的类型及参数的方法。其原则如下：

（1）主要根据直接顶、基本顶的厚度、物理性质、层理和裂隙发育情况及类级，结合采高、开采方法等因素确定支架的额定工作阻力、初撑力、几何形状、立柱数量及位置、移架方式、顶板覆盖率。下位顶板的稳定性对液压支架选型尤为重要。例如，经分析认为，目前适用最广的架型为两柱支顶式掩护支架及支撑掩护式支架，而前者可适用于基本顶Ⅰ～Ⅱ级，动压系数为1.2～1.5，直接顶较稳定，采高小于5 m 的煤层；后者主要适用于Ⅱ级以上基本顶，动压系数约 1.5 以上，直接顶中等稳定以上的煤层。

（2）对“三软”煤层，目前采取的架型有两种两柱掩护支架。一种是短顶梁的支掩式托梁掩护支架，为了缩小控顶距可采用插底式支架；另一种是采取对顶板全封闭方式的支顶式掩护支架，可采用长侧护板的整体顶梁加伸缩梁，加大立柱的倾斜以增大支架指向煤壁的水平支撑能力。

（3）根据煤厚、变化范围及其规则程度，确定支架最大和最小高度、活柱伸缩段数、加高装置。结合煤层的强度和节理发育程度确定是否采用护帮装置，以及装置的形式和尺寸。煤层厚度小于 2.7 m 时，一般不使用护帮装置。

（4）煤层倾角数据主要用于确定支架稳定性，如防倒、防滑装置、锚固站及调架装置。

（5）底板抗压入强度及平整程度用于确定底座类型是整体刚性底座或弹性连接的分底座；根据底板载荷集度分布确定底座面积，在软底时采用减少底座端部载荷集度峰值的架型、采用插底式或设置抬底座装置。

（6）依据煤层的瓦斯含量及释放方式确定支架的最小通风断面是否能满足通风要求。

（7）根据全矿井内地质构造情况，特别是断层的落差、影响范围，陷落柱的范围和规律，选择相适应的液压支架架型，特别是应选对地质构造变化适应能力强的架型。在综采区段布置时尽量避开地质构造复杂区域，宜用于断层落差小于 1 m、最大不超过煤厚

1/2的稳定煤层。

根据以上几个原则，提出可供选择的支架架型及各部件的多个方案，然后进行比较分析，确定最优的架型和参数。

（二）液压支架合理工作阻力的确定方法

在液压支架合理工作阻力的确定方面，根据不同的回采工作面条件及对顶板控制的不同认识而存在多种计算方法，下面主要介绍载荷估算法、理论分析法及实测统计法。

1. 岩石自重法

此种方法根据顶板运动的特点，采用采高的倍数和岩石重力密度的乘积来计算支护强度，计算式为

$$p = k\gamma h \tag{5-37}$$

式中 p——液压支架支护强度，kPa；

k——煤层赋存条件决定的系数，一般取4～8；

h——采高，m；

γ——岩石重力密度，kN/m^3。

众所周知，垮落带和裂隙带的增长率不与采高成正比关系，而液压支架工作阻力多以采高为自变量，随着采高增大线性增加。显然，采高越大，液压支架工作阻力越高，而与实际值偏离越多，即采高越大，液压支架工作阻力越偏大。

2. 载荷估算法

载荷估算法认为支架合理工作面阻力 P 应能承受控顶区内以及悬顶部分的全部直接顶岩重 Q_1，还要承受当基本顶来压时形成的附加载荷 Q_2，如图5-33所示，则

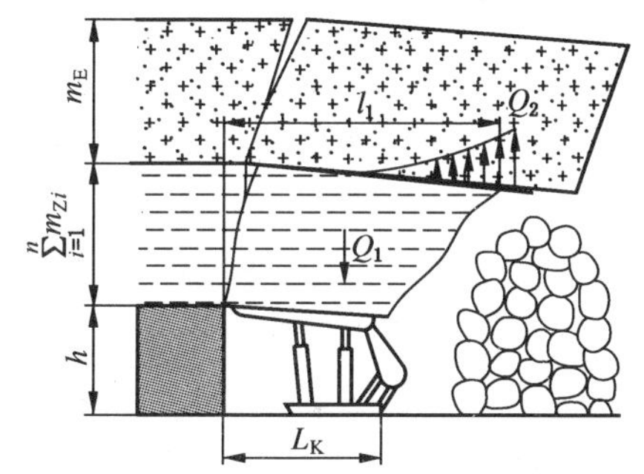

图5-33 支架受力图

$$P = Q_1 + Q_2 = \sum_{i=1}^{n} m_{Zi} l_i \gamma_i + Q_2 \tag{5-38}$$

式中 m_{Zi}、l_i、γ_i——第 i 层直接顶的厚度、悬顶距及重力密度；

n——直接顶共有 n 层。

当直接顶随回采而垮落时，l_i 等于控顶距 L_K，则合理支护强度 p 为

$$p = \gamma_Z m_Z + \frac{Q_2}{L_K} \tag{5-39}$$

式中 m_Z——直接顶厚度，m；

γ_Z——直接顶重力密度，kN/m^3。

由于载荷 Q_2 难于精确地计算，故认为不来压时的支架载荷仅是直接顶的作用力，以此再乘以来压时动压系数 n，得

$$p = n\gamma m_Z \tag{5-40}$$

若考虑直接顶的初始碎胀系数为1.25～1.5，动压系数一般不超过2，则 $p=(4\sim8)\gamma h$，h 为采高。

显然，在顶板条件较好，周期来压不明显时可取低倍数，而周期来压比较剧烈时则可

用高倍数。

3. 理论分析法

“以上覆岩层运动为中心”理论认为，在既定采高下，岩层组成及其各部分运动规律不随所用支护手段的改变而发生明显的质的变化。在同一顶板条件下，不管是采用单体支柱支护，还是用液压支架支护，顶板控制设计的基本要求和所需支护强度的计算方法是相同的。因此，综采工作面控顶所用的支护强度可以直接利用前面介绍的位态方程法计算，在此基础上对液压支架额定工作面阻力进行设计、选择或校验，这里不再赘述。

4. 煤炭行业标准中的综采工作面液压支架的工作阻力计算

我国煤炭行业标准中的综采工作面液压支架的工作阻力计算，是根据多年大量的实测数据统计得到的，具体计算方法如下所述。

1）Ⅰ~Ⅲ级基本顶额定支护强度 p_H

$$p_H = 72.3m + 4.5c + 78.9L_K + 10.24N - 62.1 \tag{5-41}$$

式中 p_H——合理支护强度，kPa；

m——采高，m；

c——基本顶周期来压步距，m；

N——直接顶厚度和采高之比。

2）Ⅳ级基本顶沿米支护阻力下限 R_H

$$R_H = KL_K(241\ln c_0 + 52.6m - 15.5N - 455) \tag{5-42}$$

式中 R_H——沿米支护阻力，kN/m；

c_0——基本顶初次来压步距，m；

K——备用系数，Ⅳa 级为 1.2~1.3，Ⅳb 级为 1.4~1.6。

根据式（5-41）、式（5-42）的计算结果，结合实测结果，得到各级基本顶必需的支护强度和沿米支护阻力下限表，见表 5-7。

表 5-7 各级基本顶必需的支护强度和沿米支护阻力下限

项目		额定支护强度 p_H/kPa					沿米支护阻力/(kN·m^{-1})	
基本顶级别		Ⅰ	Ⅱ	Ⅲ	Ⅳa	Ⅳb	Ⅳa	Ⅳb
采高/m	1	390	420	470	610	750	2745	3375
	2	440	490	530	720	800	3240	3600
	3	500	550	580	830	970	3735	4365
	4	570	680	680	935	1050	4200	4810

3）支架额定工作阻力 p_s

已知支护强度，支架必需的额定工作阻力可表示为

$$p_s = \frac{p_T L_K S_c}{\eta} \tag{5-43}$$

式中 S_c——支架中心距，m；

η——支架支撑效率，一般情况下，支撑式支架取 0.9~0.95，纯掩式支架取 0.65~0.75，掩护支撑式支架取 0.8~0.9，支撑掩护式支架取 0.8~0.95。

（三）液压支架初撑力的确定方法

液压支架初撑力是指支架架设时对顶板岩层的支撑力。其作用在于压缩顶梁和底座下浮煤、浮矸等中间介质，增加支架与围岩力学系统中的总体刚度，使支架设计支撑能力尽快发挥作用，并能改善直接顶岩层内的应力分布状态和提高稳定性，抑制直接顶悬露后的挠曲离层。液压支架初撑力是提高中等稳定以下顶板控制效果的关键参数之一，其确定方法主要有两种。

1. 按防止直接顶与基本顶之间离层的要求确定初撑力

此时，初撑力应当能承受住直接顶的重量，即

$$p_{0H}=\frac{m_Z\gamma_Z}{q\eta} \tag{5-44}$$

式中　p_{0H}——支架初撑力，MPa；

q——工作压力损失系数，取 0.8 左右；

η——支架支撑效率；

其他符号意义同前。

由上式计算出初撑力值是控制直接顶所必需的最低限，从维护直接顶稳定和完整的角度，还应考虑一个安全系数。

2. 依据 p_{0H} 与 p_H 的合理比值确定支架初撑力

在进行支架设计时，目前多从寻求支架初撑力与额定工作阻力间合理比值的角度来确定初撑力。根据 44 个综采工作面统计，实测初撑力和额定初撑力之比为 0.714，均方差为 0.11。因此，设计时应考虑初撑力的利用率，一般设计初撑力高一些较好。

根据实测结果，为了使支架发挥较高的支撑水平，又考虑到支柱安全阀开启压力通常要低于额定压力的 10%，p_{0H}/p_H 合理值宜取 60% ~85%。对于 1、2 类直接顶，p_{0H}/p_H 宜取 75% ~85%；对于 2、3 类直接顶，p_{0H}/p_H 值取 60% ~75% 为宜。

第五节　顶板日常控制

在结合具体顶底板条件制定出顶板控制设计方案之后，做好日常顶板控制工作，提高工程质量，是实现对顶板科学控制的保证。随着工作面推进，顶底板情况产生相应的变化。因此，在摸清顶板岩层运动发展变化规律的基础上，及时对直接顶的稳定情况、基本顶岩梁的运动状态和变化趋势作出比较准确的判断和预测预报，并按照控顶要求，对工序安排、支护方式和支护密度等进行适当调整，注意提高支架支设质量和稳定性，合理安排综采工作面采煤与移架间的间距，完全可以实现对顶板的有效控制和科学管理。由此可知，日常顶板控制中主要应抓好这几项工作：预测预报工作面来压及顶底板情况，提出改进措施。

一、工作面来压及顶底板情况预测预报

做好工作面来压及顶底板情况预测预报工作是顶板控制设计的基础，又是实现对顶板有效控制和安全生产的保证。其主要内容包括以下几方面：

（1）预计明显影响工作面矿压显现的岩层范围（包括直接顶厚度、基本顶岩梁数目

及各岩梁厚度)。

(2) 对直接顶垮落步距及基本顶中各岩梁裂断步距等参数进行估算。

(3) 预测预报工作面推进过程中直接顶的稳定情况以及基本顶大面积来压的位置和时间,以及坚硬顶板条件下运动形式的预测。

近几年来,我国许多矿区顶板控制实践成功的经验已充分证明,在用力学方法对顶板活动规律(运动步距)进行预计的基础上,根据工作面矿压显现与上覆岩层运动间关系方面的理论,采用井下岩层动态预测研究方法,可以比较准确地实现工作面来压和顶底板情况的预测预报。

(一) 直接顶破碎情况预测

直接顶的稳定状况是由其自身强度条件和受力状态决定的。除非强度本来就很低(直接顶中等稳定以下,工作面推进过程中破碎度一直比较高),直接顶的破碎规律与顶板岩层的发展变化密切相关。

在岩层运动处于相对稳定阶段时,直接顶尽管受到超前支承压力作用,由于有侧向约束限制,其中不会产生许多次生裂隙,直接顶近似以煤壁为支点弯曲下沉,工作面内靠采空区侧下沉速度高于煤壁侧。岩梁端部断裂后,在断裂线附近支承压力明显集中,而且岩梁沉降致使断裂线附近直接顶侧向应力明显减小。因此,对于中等稳定以下的直接顶,在断裂线附近将出现一定范围的剪切破坏区域,岩梁周期性裂断,破坏区也将周期性出现,工作面支架反力对缩小破坏区的作用很小。视直接顶岩性和分层厚度不同,破坏区域内再生裂隙方向变化于65°~80°,最大能达90°。直接顶分层厚度越小,越容易被原生和次生裂隙切割成块。

受裂隙切割后,强度明显被削弱的直接顶出露后,如果得不到及时支护,或是在液压支架反复卸载、支撑过程中,容易出现自行挠曲和离层。如直接顶自行挠曲得不到及时抑制,很容易使顶板破碎加剧,并发展到局部冒顶。在做好顶板活动和来压预测的基础上,对直接顶底板情况也进行预测,根据工作面内动态变化(直接顶自行挠曲时,靠煤壁侧下层速度高于靠采空区侧下层速度)预测预报直接顶超前破碎带出现的时间和范围,注意及时护顶,提高端部支撑力,液压支架可以考虑带压移架和交错移架方案,不盲目快推进,可以有效地抑制直接顶出露后挠曲和离层的发展,避免工作面在过破碎带时发生局部冒顶事故。

(二) 受断层切割的顶板活动情况预报

工作面顶板受断层切割后连续性遭受破坏,由两端嵌固状态变为一端嵌固、一端近似自由状态,其运动规律随之发生变化。按悬臂梁受力条件,可事先对这类顶板活动规律近似预报,其极限跨度为

$$L_0 = \sqrt{\frac{m[\sigma]}{3\gamma}} \tag{5-45}$$

如果$L < L_0$,工作面推进至断层部位时顶板运动状态不会发生变化,仍处于悬臂状态。若$L \geqslant L_0$,工作面推进接近断层时,梁右端因拉应力超限发生断裂。此时,梁转化成两端简支状态。如果梁中部开裂速度低于右端部,在右端出现裂断而梁中部还未发展到触矸的程度时,容易发生沿煤壁处切顶事故。因此,如果工作面推进至断层部位而超前巷道内动态仪无明显变化时,说明岩梁未发生回转,应注意加强支护防止切顶。在地质勘探或

巷道掘进已揭露处工作面顶板受断层切割时，开切眼位置应尽量按 $L<L_0$ 选择，以防工作面推到断层处发生危险。

二、来压前后的顶板控制

沿工作面推进方向，基本顶内每一组“传递岩梁”的运动变化于“相对稳定”和“显著运动”两种状态之间。不同状态下，顶板运动对工作面威胁程度截然不同。对于来压明显的工作面，要求来压前后对顶板采取不同的控制与管理方法。

（一）单体支柱工作面的管理

单体支柱工作面实现来压前后对顶板分别控制是通过调整控顶距、支护方式及工艺安排等来实现的。

1. 支护形式的调整

支护形式（包括控顶距大小和支护方式）应当根据工作面来压明显程度及来压前后顶板稳定情况的变化进行适当调整。

对于周期来压不明显的工作面，来压前后无须分别管理。尤其是在直接顶本身很松软或开采厚煤层下分层时，关键是尽量缩小控顶距和提高护顶效果，无须增设特种支护。

对于周期来压明显，特别是直接顶岩性强度比较高的顶板，来压前后应分别管理。来压前，应按照控顶距要求加大控顶距和放顶步距，在放顶排要增设密集或斜撑、戗柱等。来压强度比较大，并有动压冲击危险时，通过增设木垛、丛柱等来提高支架整体稳定性。超前支承压力作用比较明显，底板强度又比较低时，为防止支柱钻底，来压前应给支柱“穿鞋”，减小支柱对底板的比压和钻底量。基本顶显著运动后，直接底在超前支承压力作用下强度有所降低，沿推进方向出现一段破碎带。此时，应适当缩小控顶距和放顶距，注意及时支护。

2. 落煤与控、放顶间的时空关系安排

工作面落煤与架设临时支柱及基本支柱，以及落煤与回柱放顶间的时空关系同样必须依据上覆岩层运动和来压前后直接顶的完整情况具体安排。

对周期来压不明显的工作面，特别是在直接顶本身岩性强度不高的情况下，关键是注意及时支护，并可以采取落煤、控顶平行作业，尽可能缩短落煤、回柱放顶操作间的距离，以加快工作面的推进速度。炮采时宜采用小范围爆破来降低对顶板的震动，及时护顶。

对周期来压明显、来压强度比较大的工作面，来压前夕要尽可能避免在工作面全长范围内同时进行落煤和放顶工作。否则，会因顶板平衡条件和支护稳定性的明显改变，在基本顶强烈活动时受到动压冲击，严重时会出现切顶事故。相反，在基本顶显著运动基本结束趋于稳定后，在推进方向上，因直接顶出现一段破碎带，为避免大范围空顶时局部冒顶，一般应放慢采煤机平均工作速度。为了争取采煤机工作时间，可以采用采煤、放顶保持最小错距的平行作业方式。必要时可在来压刚结束的几个推进步距范围内，采用不考虑错距平行作业或者提前回撤部分支柱的方案（因为这时工作面内支柱仅承受直接顶的作用力）。

3. 单体支护工作面顶板控制注意事项

（1）工作面端头支护形式、材料、规格必须在作业规程中明确规定，总的要求应该

是加强支护且有长梁抬棚，抬棚梁的长度应能保证在移动输送机机头、机尾且替换支柱时不松动顶板，一般长度应为最大控顶距加循环进度，通常为 2.4 m 的 Π 型钢梁或工字钢梁。

（2）支架排柱距符合《煤矿安全规程》要求，误差不大于 ±0.1 m，支架必须坚固完好，迎山有力，不准有缺梁缺柱或折损弯曲和松动空顶的“等劲柱”。

（3）应提倡和推广交错支设方式，交错长度应为 0.6 m，齐头梁不利于对顶板的有效支护，因此应避免齐头梁，如果作业规程规定交错布置，则应杜绝齐头梁现象。

（4）回柱放顶应有明确规定和安全措施。

（5）整个回柱工作必须在有经验的老工人指挥下进行，并且要清理好安全退路，一旦顶板发生险情，能立即撤离险区。采空区要每隔一段距离留有信号柱子。

（6）采煤机割煤时，应追机支设临时贴帮点柱。

（二）综采工作面的管理

在做好工作面来压和顶底板情况预测的基础上，抓好来压前后顶板控制与管理工作的中心内容，主要有以下两方面：

（1）合理选择采煤机平均工作速度和移架最大滞后距离。在“相对稳定”阶段顶板比较稳定的情况下，应提高采煤机运行速度，适当扩大移架滞后距离。来压期间及来压后的一段推进距离内，应放慢采煤机运行速度，并及时移架，及时支护已受裂隙切割的顶板。

（2）正确选择移步方案。在来压前，由于直接顶比较完整，可以采用连续顺序移步方案，以争取采煤机有更多的工作时间。在接近来压前夕，要注意保证升架质量。升正支架压实浮矸，提高支架稳定性，防止端部顶板破碎和煤壁片帮。来压期间以及来压后的一段距离内，为了防止动压冲击和直接顶挠曲，应考虑采用带压移架或交错移步方案。

综采工作面顶板控制注意事项：

（1）必须根据矿井各个生产环节、煤层地质条件、煤层厚度、煤层倾角、瓦斯涌出量、自然发火倾向和矿山压力等因素，编制设计（包括设备选型、选点）。

（2）运送、安装和拆除液压支架时，必须有安全措施，明确规定运送方式、安装质量、拆装工艺和控制顶板的措施。

（3）工作面煤壁、刮板输送机和支架都必须保持直线。

（4）液压支架必须接顶。顶板破碎时必须超前支护。在处理液压支架上方冒顶时，必须制定安全措施。

（5）采煤机采煤时必须及时移架。采煤与移架之间的悬顶距离，应根据顶板的具体情况在作业规程中明确规定；超过规定距离或发生冒顶、片帮时，必须停止采煤。

（6）严格控制采高，严禁采高大于支架的最大支护高度。当煤层变薄时，采高不得小于支架的最小支护高度。

（7）当采高超过 3 m 或片帮严重时，液压支架必须有护帮板，防止片帮伤人。

（8）工作面两端必须使用端头支架或增设其他形式的支护。

（9）工作面转载机安有破碎机时，必须有安全防护装置。

（10）处理倒架、歪架、压架以及更换支架和拆修顶梁、支柱、底座等大型部件时，必须有安全措施。

思考与练习题

（1）简述回采工作面顶板控制设计的步骤。

（2）简述回采工作面基本顶的分级方案。

（3）简述Ⅰ、Ⅱ类基本顶的矿压显现特点和控制要求。

（4）如何确定回采工作面合理的支护强度？

（5）回采工作面单体支柱的特性有几种？试比较其优缺点。

（6）何谓控顶距？如何选择？

（7）如何计算采煤工作面支架的实际支撑能力？

（8）简述液压支架的类型及其各自特点和适用条件。如何进行综采工作面液压支架的选型？

（9）何谓支架的初撑力？何谓支架的工作阻力？如何计算液压支架的合理工作阻力？

（10）简述来压前后的单体支柱工作面的顶板控制措施。

（11）某普采工作面煤层倾角13°，采高2.4 m，控顶距4.0 m，直接顶厚度4.8 m、初次垮落步距14 m、悬顶距1.0 m，基本顶厚度6.2 m、初次来压步距27 m、周期来压步距11 m，工作面支护为单体支柱加铰接顶梁支护方式，支柱实际支撑能力为243 kN/根。试按照给定变形理论计算工作面正常推进期间的支护强度（直接顶、基本顶的重力密度均为25 kN/m^3），计算支护密度和单体支柱的柱距（排距为1.0 m）。

第六章　典型采煤工作面矿压控制

【本章教学目的与要求】

- 了解各种典型采煤工作面的矿压显现特征
- 理解放顶煤工作面、大采高工作面和急倾斜煤层工作面的顶板结构形式及支架－围岩关系
- 掌握放顶煤工作面、大采高、急倾斜工作面的顶板控制方法，了解其他典型工作面的顶板控制方法
- 了解采煤工作面常见的顶板灾害及防治方法

【本章概述】

针对典型条件（厚煤层放顶煤、厚煤层大采高、急倾斜煤层、浅部煤层、房柱式开采）的采煤工作面围岩进行控制，预防顶板灾害，是实现回采工作面安全生产的保障。

本章主要介绍综采放顶煤工作面矿压控制、大采高工作面矿压控制、浅埋长壁工作面矿压控制、急倾斜采煤工作面矿压控制、房柱式采煤工作面矿压控制以及采煤工作面顶板灾害的防治方法。

【本章重点与难点】

本章的重点是理解并掌握放顶煤工作面、大采高工作面及急倾斜工作面的顶板结构形式、支架－围岩关系及支护设计方法，其中急倾斜煤层支架－围岩关系式是本章的难点。

第一节　综采放顶煤工作面矿压控制

放顶煤开采由来已久，法国等国家于20世纪40年代末50年代初开始应用放顶煤开采法。1957年苏联研制出KTY型放顶煤支架，1963年法国研制出“香蕉”形放顶煤支架，并于1964年用于法国布朗齐矿区。之后，英国、德国等都相继引进了这一技术。我国于1982年引进了综采放顶煤技术，并于1984年开始工业性试验。30多年来，综放技术在我国得到了迅速发展，目前综放工作面年产已超10 Mt，处于世界领先水平。

综采放顶煤采煤工艺的实质是在开采煤层的底部（或在煤层中某一高度范围的底部）布置一个采煤工作面，用机械化方法回采底煤，工作面上方的顶煤则利用矿山压力作用或辅以人工松动方法使其破碎，并随工作面推进在后方放出。目前，主要产煤国家已普遍认为它是开采厚度5～20 m的厚煤层最好的工艺方法之一。

根据放顶煤工作面所用的支架类型，放顶煤采煤法可分以下3种：

（1）综采放顶煤。采用综采放顶煤支架进行放顶煤开采，简称综放。

（2）轻型综采放顶煤。轻型综采放顶煤是在综采放顶煤的基础上，将综采放顶煤支架改造，使支架结构简单，骨架变小，从而使支架重量大幅度降低，成为轻型结构，利用放煤机构实现放煤，简称轻放。

（3）悬移支架放顶煤。悬移支架是一种无底座，由顶梁与双作用（支、移）液压支柱等组成的，可提腿迈步前移的支架，支架靠两个相邻的顶梁交错向前移动来前移。由于支架一般没有放煤机构，一般靠人工方式放煤，简称简放。

一、顶煤破碎机理与运移规律

放顶煤开采成功的关键在于顶煤能够自行破碎和垮落，且自行流动和放出，而顶煤的开采主要是依靠矿山压力的作用完成的。顶煤作为支架与顶板相互作用的媒介，其变形与破碎是一个十分复杂的过程。

（一）顶煤的变形与位移

顶煤累计位移量往往反映顶煤的破碎程度和块度。位移量大，说明顶煤破碎充分，破碎的块度小，具有很好的流动性，易于放出。反之，顶煤破碎不充分。

图6－1所示是典型的顶煤位移观测曲线，其中横坐标0点为工作面煤壁位置，h为测点距煤层底板的距离。观测的煤层厚度平均为9.1 m，割煤高度2.2 m，煤层硬度系数$f=0.3$，属于极软煤层。

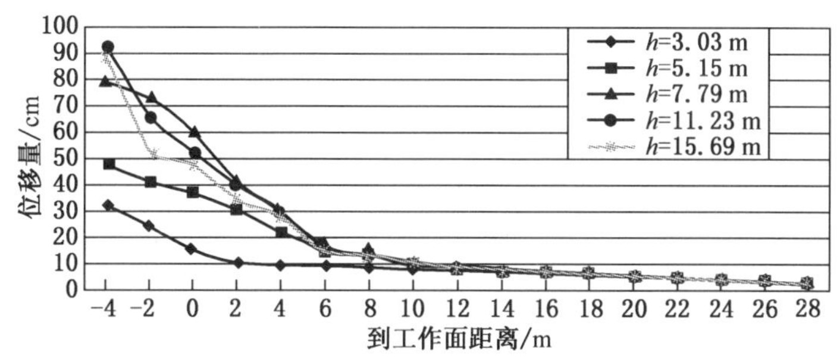

图6－1　顶煤、顶板位移量与到煤壁距离的关系

观测结果表明，在工作面前方15 m处顶煤开始发生移动，并且随着到工作面距离减小，累计位移量迅速增加，上位顶煤的累计位移量明显大于下位顶煤。对于不同的顶煤，其移动特征如下：

（1）煤体的硬度系数不同，顶煤开始移动的位置不同。如同为厚度6～8 m的煤层，在$h=6$ m处，软煤层（$f=0.3\sim0.5$）、中硬煤层（$f=2\sim3$）和硬煤层（$f\geqslant3.5$）的顶煤始动点超前工作面的距离分别为15 m、10 m、5 m左右。煤层的硬度系数越低，顶煤始动点超前工作面的距离越大，累计位移量越大，顶煤破碎的越充分。

（2）不同高度顶煤始动点的位置不同，无论是软煤、中硬煤或是硬煤，顶煤位置越高，其始动点超前工作面距离越远，累计的位移量越大。

（3）在顶煤移动初期，以水平移动为主，随着工作面推进，垂直位移逐渐增大，在工作面支架上方垂直位移量超过水平位移量，具体位置根据煤层的硬度系数不同而变化，软煤在煤壁前方附近，而硬煤在煤壁后方0.5～1 m处。

（二）顶煤的破坏过程描述与分区

顶煤从开始移动、破裂到垮落是一个连续的、渐进的破坏过程，随着工作面推进，这一过程也自然动态地向前推移。为了对顶煤破坏过程有一清晰认识，可将顶煤自原始状态至垮落这一连续渐进破坏过程进行人为划分。这一划分称为对顶煤的分区，即根据顶煤裂隙发育和破坏程度，沿工作面推进方向，将顶煤进行分区。一般来说，可以划分为 4 个区，如图 6－2 所示。

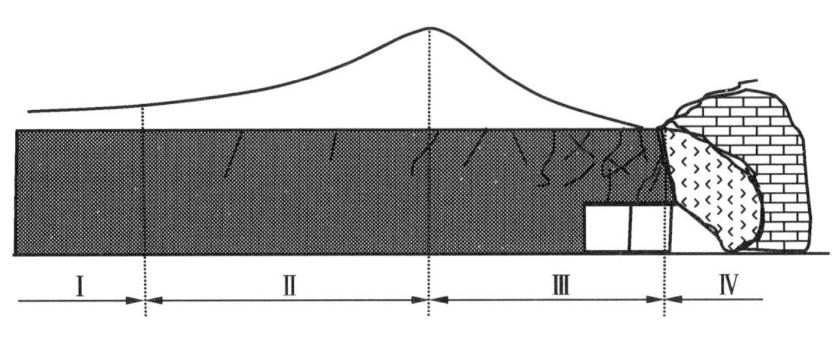

图 6－2　顶煤分区图

1. 原始状态区（Ⅰ）

顶煤进入支承压力区以前未受到采动应力场的影响，处于原岩应力状态，其内部只包含一些成煤及构造等作用形成的裂隙和层理等地质弱面。

2. 压缩变形区（Ⅱ）

顶煤进入支承压力区以后，煤体处于加载阶段，煤体内原有裂隙和空隙受压闭合，体积收缩，顶煤开始发生小量的变形移动。随着工作面继续推进，顶煤继续受压变形，但处于弹性阶段，符合广义胡克定律，整体体积仍然处于收缩阶段，但收缩的速率逐渐减小。

3. 拉剪破裂区（Ⅲ）

随着工作面继续推进，煤体发生拉伸和剪切破坏，煤体中原有裂隙逐渐张开，随着上部岩层压力作用和侧向约束逐渐减弱，煤体中也会产生一些纵向拉伸裂隙和剪切裂隙，在原有裂隙和新产生裂隙的尖端会出现拉应力集中，导致这些裂隙扩展、张开和贯通，顶煤的整体强度逐渐失效。

4. 散体冒放区（Ⅳ）

在支架顶梁尾部，顶煤开始垮落，以散体形态堆积在支架掩护梁上。在顶煤位移观测中，由于顶煤的垮落或观测基点的失效或以散体形态的大位移流动，所以难以观测到此阶段的顶煤移动量。

二、综采放顶煤工作面矿压显现基本规律

放顶煤工作面也具有单一煤层采煤工作面的一般矿压显现规律，如初次来压、周期来压等。但由于一次采高增大，采煤对直接顶岩层和基本顶的扰动范围增大，加之直接顶力学特性的变化，势必引起采煤工作面矿压显现出现新的变化。为此我国进行了大量的现场观测与理论研究，基本结论如下：

（1）支承压力分布。我国关于综放工作面的支承压力分布规律进行了许多观测与研究，所得到的基本结论是与单一煤层相比，在顶板以及煤层条件、力学性质相同情况下，

综放开采的支承压力分布范围大，峰值点前移。支承压力集中系数没有显著变化。由于顶煤强度低，因此在直接顶与基本顶载荷作用下，靠近工作面的顶煤首先发生破坏，进入塑性区，破坏的顶煤刚度迅速降低，顶煤变成塑性介质，当载荷继续增加，大于顶煤残余强度时，顶煤不再具有抗载能力，致使顶板载荷向远处逐渐转移，煤体内形成塑性区的范围大，载荷向前方转移的距离较远。煤层强度越低，转移的距离越大，所以支承压力峰值处越远离工作面。

（2）实测资料表明，工作面支架载荷不大，说明离工作面不远的高处就形成平衡结构。支架受载并不因采高加大而增加，仅和煤的强度有关。煤的强度大，则顶煤的完整性越好，支架载荷稍大。放顶煤工作面仍有周期来压现象，但不明显，初次来压强度也不大，这是由于破断基本顶顶板离工作面较高。在正常回采阶段，采空区已由垮落矸石充满。上覆岩层规则垮落带中形成的岩梁平衡结构，离采场较远，不规则垮落带悬梁周期性垮落以及采空区内矸石对悬岩侧向挤压形成的拱结构，在跨度增加时也要失稳而引起小规模的压力波动。

（3）放顶煤工作面的煤壁及端面顶板的维护十分重要。因为顶煤容易破碎，尤其当煤壁片帮、顶煤节理和裂隙发育，遇有局部断层、褶曲构造，基本顶来压时，加上放顶煤工作面推进速度较慢，容易产生端部冒顶。因此，改善支架端部结构，加大支架的实际端面初撑支护强度十分重要。

（4）放顶煤工作面，端头压力和工作面两端平巷压力并不大，虽然由于一次采高增加引起支承压力增加，但由于是一次采全厚，故回采巷道的矿压显现较分层多次开采缓和，在兖州、郑州及潞安等集团的观测结果均是这样。

（5）支架前柱的工作阻力大于后柱工作阻力。放顶煤工作面综放支架前柱的工作阻力普遍大于后柱，一般为10%～15%，最高的可达到37%。受放煤工序的影响，支架后立柱在放煤后有相当比例的阻力下降，甚至降为零，造成支架支护强度下降，稳定性降低。支护强度具体情况与顶煤的硬度和垮落形态有关。对于软煤而言，顶煤破碎和放出较充分，支架顶梁后部上方的顶煤较少，不利于传递上覆岩层的作用，因此相对硬煤而言，支架前柱工作阻力大于后柱工作阻力这一特点表现得更加明显。同时，支架承受垮落煤矸冲击造成的动载荷影响明显。

三、综采放顶煤采煤工作面顶板结构及“支架－围岩”关系

确定放顶煤采煤工作面的顶板结构形式及“支架－围岩”关系，是科学进行采煤工作面支护设计和提高放顶煤开采综合效益的前提。

（一）综放工作面需控岩层范围

一般而言，由于顶煤的存在，基本顶的运动效应将被顶煤“弱化”，变为次要的控制对象（仅对采煤工作面内部的顶板控制而言），其运动引起的矿压是通过直接顶及顶煤介质传递到工作面煤壁及支架，大多数采煤工作面基本顶运动在工作面的矿压显现并不十分明显。因此，放顶煤采煤工作面的需控岩层，主要指直接顶和顶煤，这里重点讨论直接顶厚度与放出率、采高、煤岩破碎后的碎胀状况的关系。

根据现场实践及模拟研究结果得到放顶煤工作面直接顶厚度情况，见表6－1，由此可看出：

表6-1 我国部分综放工作面直接顶垮落高度的模拟和实测结果

工作面	煤层厚度	直接顶垮落高度		不规则垮落高度		规则垮落高度	
	M/m	高度 H/m	H/M	高度 H_1/m	H_1/M	高度 H_2/m	H_2/M
徐州三河尖矿7131	9.00	20.32	2.26	10.49	1.17	9.83	1.09
徐州三河尖矿7121	6.50	13.34	2.05	6.53	1.00	6.81	1.05
徐州旗山矿3119	4.50	10.50	2.33	4.50	1.00	6.00	1.33
大屯徐庄矿综放工作面	5.50	15.13	2.75	5.95	1.08	9.18	1.67
潞安王庄矿4369	7.02	14.20	2.02	7.60	1.08	6.60	0.94
阳泉一矿8603	6.38	13.20	2.07	7.80	1.22	5.4	0.85
鹤壁六矿2503-2	5.20	10.79	2.08	6.26	1.20	4.53	0.87
扎局灵北矿综放工作面	12.00	22.00	1.83	12.00	1.00	10.00	0.83
扎局11号井综放工作面	12.00	32.00	2.67	11.90	0.99	20.10	1.68
兖州兴隆庄矿5306工作面	7.88	17.56	2.23	11.40	1.45	6.16	0.78
平　均			2.23		1.12		1.11

（1）直接顶的厚度在不同的开采阶段有变化，基本顶初次来压前直接顶厚度较小，正常推进阶段直接顶厚度增大到一个基本稳定值，为2倍左右煤层厚度。

（2）稳定的直接顶可按运动特性分为上位直接顶 m_{Z2} 及下位直接顶 m_{Z1} 两部分。其中下位直接顶（1.0~1.2倍煤层厚度）由于断裂后回转空间大，垮落后为不规则垮落带，而其上位直接顶岩层断裂后回转空间小，垮落后为规则垮落带。

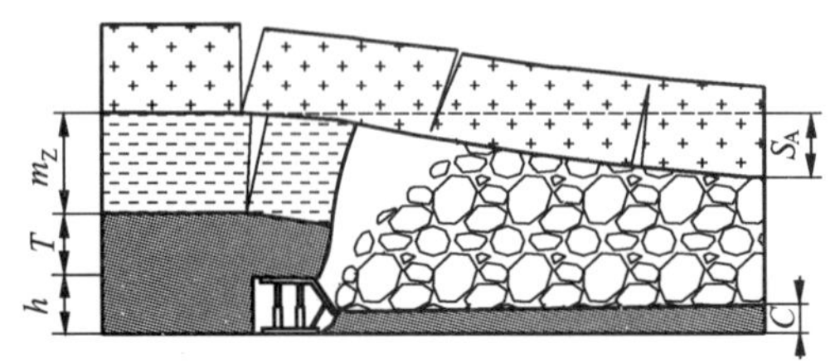

图6-3 直接顶厚度计算图

现场观测和实验模拟结果还表明，只有当采空区被煤和矸石充填满后，覆岩的不规则垮落才停止。

在放顶煤采煤工作面，由于顶煤从垮落到放完是一个动态过程，显然，此过程中直接顶的厚度是变化的，亦即基本顶的厚度与位态也是变化的。因此，直接顶厚度计算图如图6-3所示，厚度表达式为

$$m_Z = \frac{h + T - S_A - C}{K_p - 1} \tag{6-1}$$

式中 m_Z——直接顶厚度，m；

h——采高，m；

T——顶煤厚度，m；

C——残煤厚度，m；

S_A——基本顶在触矸处的沉降量，m。

根据有关研究结果，$S_A = (0.15 \sim 0.25)h'$，在放顶煤采煤工作面，$h' = h + \eta T$（η 为顶煤放出率）；在一般顶板的采煤工作面，$S_A = 0.2\,h$。放出率 η 与 C 的关系是 $\eta = 1 - \dfrac{C}{TK_m}$（$K_m$ 为顶煤垮落后的碎胀系数）。

（二）放顶煤采煤工作面的顶板结构

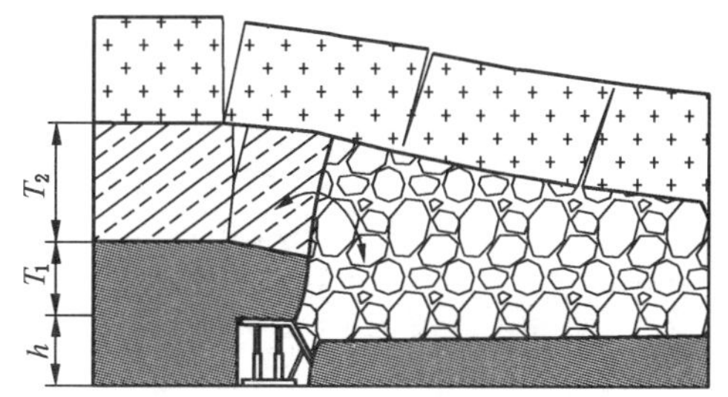

图6-4　“煤-煤”结构示意图

在不同的煤层和顶板厚度、结构及物理力学性质下，放顶煤采煤工作面所形成的顶板结构也不同。下面，从煤层往上依次分析可能形成的顶板结构。

1.“煤-煤”结构

在顶煤较厚、煤层结构复杂的情况下，很可能出现支架上方未冒顶煤（T_2）与采空区已冒顶煤之间的拱式平衡结构，且这个结构不易被人为破坏，称之为“煤-煤”结构，其状态如图6-4所示。

容易出现“煤-煤”结构的采煤工作面条件：

（1）顶煤中存在较厚、较硬的夹矸，大块夹矸形成“煤-煤”结构的基底岩层。

（2）上部顶煤坚硬，呈大块状垮落，或煤中含有黏土成分，呈团块状垮落。

在这种结构下，由于下部顶煤已放出，在采空区内形成空洞，空洞上方是“煤-煤”结构，尽管在采空区侧能看到它，但很难破坏它。因此，在这类采煤工作面，不宜采用放顶煤开采。若用放顶煤开采，应在开采前用软化（如注水、松动爆破）方法对顶煤进行预处理。

2.“岩-矸”结构

“岩-矸”结构是指未垮落岩层与已垮落矸石挤压而形成的半拱结构，这种结构最为常见。为了能说明“岩-矸”结构的形成及变化过程，假定在上一放煤循环中垮落的顶煤已全部放出，且空穴被矸石全部充满，此时采空区内煤岩的状态如图6-5所示，下位岩层呈不规则垮落，上位岩层呈大块状较规则地垮落。

移架后，顶煤和直接顶垮落充满采空区。随着放煤的进行，矸石上表面高度逐渐下降，上位大块矸石下降、再破碎，导致拱结构上移，图6-6所示为当放出率为η时的岩层状态。图6-5所示是图6-6的极限状态，即图6-5所示的是最高拱结构位置。

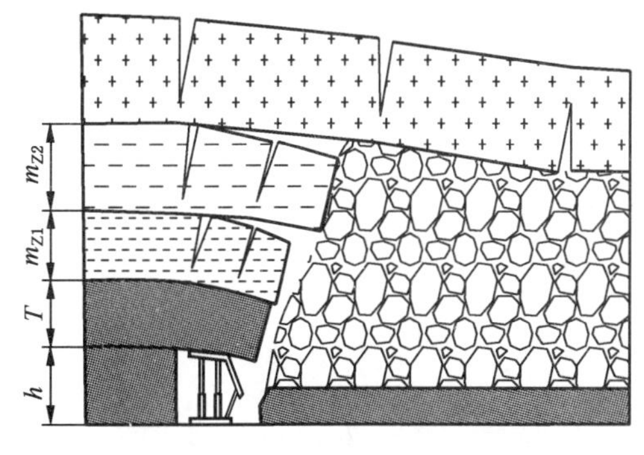

图6-5　“岩-矸”结构示意图

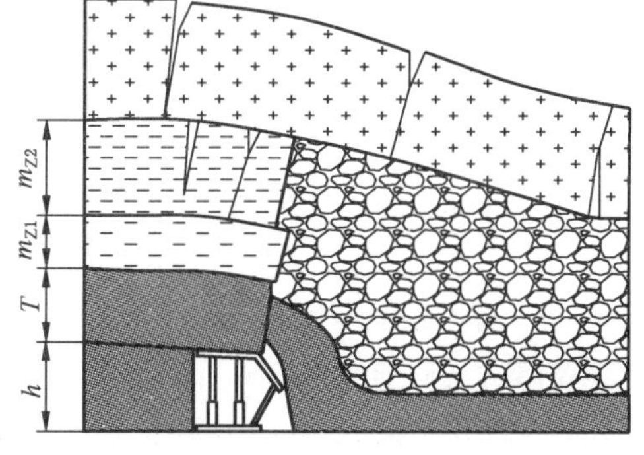

图6-6　放出率为η时的“岩-矸”结构状态

3. 岩梁结构

当煤层上存在大厚度坚硬岩层且直接顶厚度较小、顶煤较薄时，可能存在如图6-7

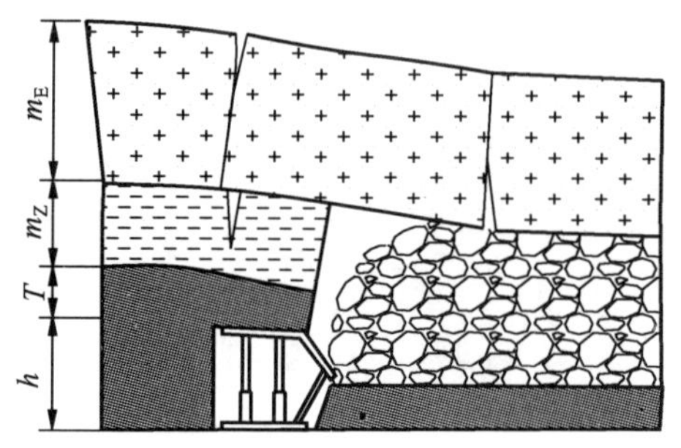

图6-7 岩梁结构示意图

所示的岩梁结构，且岩梁的断裂长度为基本顶周期来压步距。

岩梁结构能否存在的近似判别依据为

$$M > h + T + m_Z(1 - K_p) - c \qquad (6-2)$$

式中 M——坚硬岩层厚度（一次同时运动的岩层厚度，有时不是岩层的总厚度）；

其他符号含义同前。

由式（6-2）可知，顶煤放出率对基本顶和直接顶的相互转化起控制作用，亦即顶煤放出率不同，采煤工作面支架的载荷也不同。

（三）放顶煤采煤工作面的“支架-围岩”关系

1.“煤-煤”结构下的支架-围岩关系

根据实测，该结构下工作面不来压时，支架仅支住下位顶煤的作用力即可保证采煤工作面安全。来压时，还需同时支住上位顶煤的作用力。支护设计时，应考虑到最危险的状态，并有一定的安全系数。因此，对照图6-4，支架应能同时承担下位和上位顶煤的作用力，并同时考虑基本顶的作用，此种结构下支架-围岩关系为

$$p_T = (T_2 + T_1)\gamma_t + p_c \qquad (6-3)$$

式中 p_T——支护设计时支架的合理支护强度，Pa；

γ_t——顶煤平均重力密度，N/m³；

p_c——直接顶和基本顶间的接触应力，Pa；

T_1、T_2——分别为下位和上位顶煤厚度，m。

2.“岩-矸”结构下的支架-围岩关系

与图6-5对应的支架-围岩关系为

$$p_T = T\gamma_t + m_{Z1}\gamma_z + p_c \qquad (6-4)$$

式中 m_{Z1}——下位直接顶厚度（该厚度随着顶煤放出率而变化），m；

其他符号含义同前。

在现场实测中，如测得来压后的最小支架载荷 p_T，则根据式（6-4），令 $p_c \approx 0$，近似地反推下位直接顶的厚度 m_{Z1}，以此确定“岩-矸”结构的位置。

3. 岩梁结构下的支架-围岩关系

与上述过程相类似，与图6-7对应的支架-围岩关系可用下式表示：

$$p_T = T\gamma_t + m_Z\gamma_z + p_c \qquad (6-5)$$

式中 m_Z——直接顶的厚度，m；

其他符号含义同前。

上述3种结构下的 p_c 值均为基本顶与直接顶间的接触应力。大量的实测表明，基本顶的运动引起的工作面矿压显现差异较大，其动载系数一般在1.05~1.8之间，由于岩梁结构运动时压力显现明显，因此，选择基本顶来压时的动载系数时应比其他两种结构下的大，以避免基本顶来压时对支架产生大的冲击。由于各矿煤层及顶底板情况差异较大，因此选择基本顶来压时的动载系数宜通过矿压观测来定。

四、综采放顶煤支架类型及选择

(一) 综采放顶煤支架类型及特性

综采放顶煤支架(简称综放支架)是在普通综采液压支架的基础上增设了放煤机构。综放支架按照放煤位置的不同一般分为高位放顶煤支架、中位放顶煤支架和低位放顶煤支架3种;按支架重量及其生产能力可分为普通放顶煤支架和轻型放顶煤支架。

1. 单输送机高位放顶煤支架

此类支架形式,如图6-8所示,其结构特点是短托梁加内伸缩梁及护帮板,立柱共4根,其中2根用于支撑,2根用于控制放煤槽。该类支架在掩护梁上开天窗,用于放煤。放煤时天窗向下转动,形成放煤溜槽。放顶煤和采煤机割煤共用一部输送机。这类支架的优点是,单输送机系统简单,维护工作量小;短顶梁加伸缩梁,对支架端面顶板维护好,插腿式底座,支架稳定性好。缺点是,放煤点位置高,放煤时粉尘大,支架通风断面小,放煤时工作面行人受阻;顶煤破碎不充分,顶煤下降距离小,大块煤可能堵住放煤窗口;放煤口至底板距离大,放煤损失大,顶煤采出率较低;受输送机能力限制,采煤和放煤不能平行作业;插腿式底座,使输送机运转不便,装煤困难。经过不断改进,采取底座取消插腿,加大天窗尺寸等措施,提高了使用效果。但是因放煤粉尘大等问题,总的趋势是高位放顶煤支架逐渐被中、低位放顶煤支架所取代。它主要适用于急倾斜特厚煤层和缓倾斜软煤层。

2. 双输送机中位放顶煤支架

双输送机中位放顶煤支架形式如图6-9所示,它是顶梁较长、掩护梁上开天窗的四柱支撑掩护式支架。这种类型支架是当前应用较多、分布较广的一种放顶煤支架,是我国综放高产架型之一。按底座与掩护梁连接方式分单铰接及四连杆两种。支架顶梁较长,可配有伸缩梁或铰接前探梁,能够及时支护,同时对顶煤也有较大的破坏作用。掩护梁上的放煤机构由放煤千斤顶和小插板组成,放煤板可以伸缩,也可上下摆动,有利于松动顶煤和破碎大块煤。由于掩护梁与底座铰连,因此支架受力状态好,稳定性高,抗扭能力强。缺点是,后部空间小,输送机配套困难;后部输送机放在机架底座上,浮煤不易清理;放煤粉尘和顶煤损失仍然较大。

3. 双输送机低位放顶煤支架

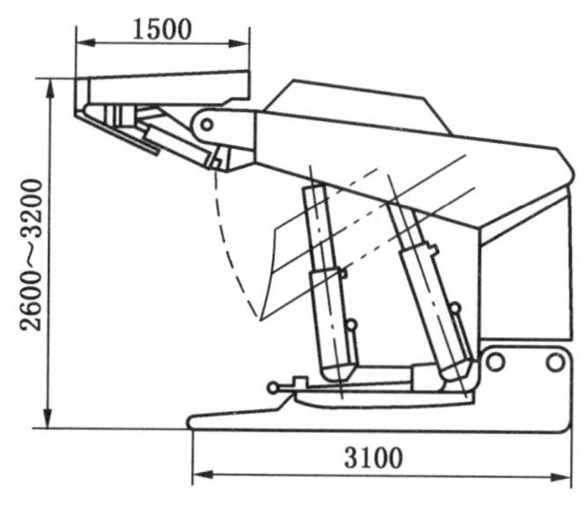

图6-8 单输送机高位放顶煤支架

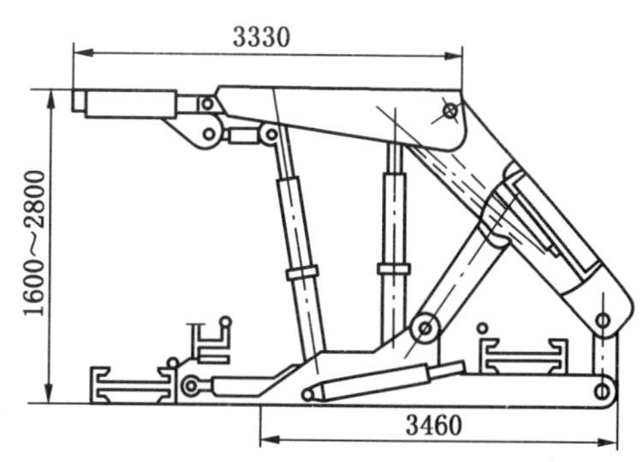

图6-9 双输送机中位放顶煤支架

低位放顶煤支架是顶梁较长，放煤机构设在掩护梁底部的四柱支撑掩护式支架，如图6－10所示。该类支架顶梁较长，一般有铰接前梁与手套式伸缩梁两种类型。由于顶梁较长，支架会有多次反复卸载，这可以使得顶煤在矿压作用下预先断裂，有利于放煤，放煤效果好，顶煤采出率高；放煤粉尘也最小；支架后部空间大，便于检修，输送机放在底板上，浮煤易于排出。缺点是，稳定性差，单向四连杆机构抗扭及承受侧向力能力差。经不断实践改进，采用双四连杆或反四连杆机构，提高了支架的抗偏载能力和整体稳定性。低位放顶煤支架也是我国综放高产架型之一，它适用于急斜特厚煤层和缓斜中硬煤层开采。

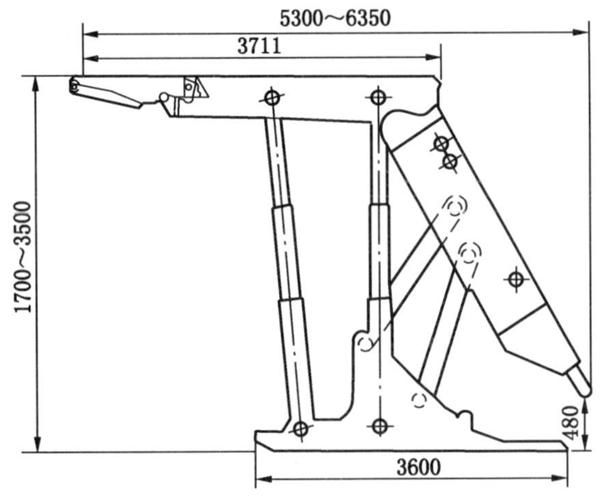

图6－10 双输送机低位放顶煤支架

4. 轻型放顶煤支架

轻型放顶煤支架一般采用单摆杆机构，将摆杆布置在两后立柱之间，充分利用空间，结构紧凑，既改善了支架的受力状态，又减小了支架外形尺寸。根据结构形式，轻型放顶煤支架分为单摆杆式和单铰接式两种，如图6－11所示。

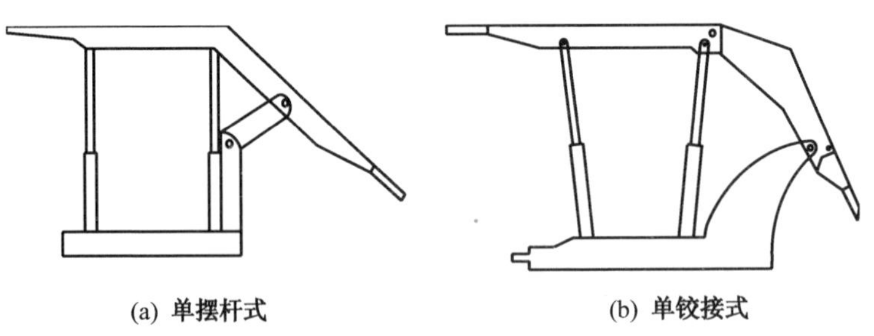

图6－11 轻型放顶煤支架示意图

支架采用低位放煤方式，支架尾部设有可以摆动和伸缩的放煤机构。根据煤层条件可选用小尾梁，小插板或大尾梁、大插板形式。轻型放顶煤支架体积小、重量轻（每架支架重量6～8 t）、运输方便、操作简单，每套支架价格较普通放顶煤支架低45%～60%。

轻型放顶煤支架主要适用于中小型矿井以及回采边角煤和小块段煤柱，具体有煤层普氏系数$f<2.5$，来压强度不大，煤层厚度3~8 m，煤层倾角<25°；工作面尺寸较小，断层较多，地质条件较为复杂的工作面；边角煤或煤柱的开采，厚度不稳定的煤层及较薄厚煤层。今后轻型放顶煤支架将会得到进一步的发展。

（二）综采放顶煤工作面支架选型

在进行放顶煤工作面的支架选型时，首先要研究放顶煤工作面上覆岩层结构及支架-围岩关系，计算出支架的合理支护强度。在支架设计工作阻力满足工作面支护强度的前提下，还应根据工作面具体地质条件选择合理支架类型，以期达到既经济又安全的目的。影响放顶煤支架选择的因素很多，但最主要的是煤体强度和煤层倾角。

1. 根据煤体强度选择支架架型

煤体强度的大小是影响放顶煤开采效果的最主要因素。实践表明，放顶煤开采比较适宜的煤体强度为$1\leqslant f\leqslant 3$。在这个强度范围内，顶煤不需要采取人为松动或软化措施，在矿山压力作用下即能自行垮落，且块度适宜，即使有个别大块煤产生，依靠支架本身的二次破碎功能，也能实现顶煤的顺利放出。如阳泉矿煤层$f=2\sim2.7$，梅河矿煤层$f=1\sim1.2$，窑街矿煤层$f=1.2\sim1.9$，这些条件下的放顶煤开采均取得了较好的效果。如果煤体强度$f<1$，煤壁易于片帮，顶煤在支架的反复作用下超前垮落，不但工作面机道上方难维护，而且支架受力状态也不合理，出现“前重后轻”，支架不能实现良好的支护作用，如郑州米村矿$f=0.3\sim1.0$就是这样。煤体强度$f>3$时，主要问题是移架后，顶煤形成一定长度的悬顶不能自行垮落，同时在垮落过程中块度过大，靠支架本身的二次破碎能力也难以破碎，因此在放煤时必须采取人为放煤措施，使放煤工序复杂化。

因此，选择支架的原则是，对于较软煤层，应选用短顶梁支架，减少对顶煤的反复支撑次数，增加支架前方支护能力，以维护机道上方顶煤不垮落，宜选用掩护式放顶煤支架；对于强度较大不易垮落的煤层，应选用长顶梁支架，增加支架对顶煤的反复支撑次数，宜选用支撑掩护式支架。支架顶梁长度大于3 m，顶煤经受支架5~6次的反复支撑，之后基本都能在支架顶梁与掩护梁铰接点前后顺利垮落。同时，放煤口到顶梁的距离比较大，使顶煤在垮落过程中有较大的运动空间，达到充分破碎而又不产生大煤块。

2. 根据煤层倾角选择支架架型

急倾斜放顶煤工作面均采用水平分段布置，支架受力以静压为主，侧压力较小；倾斜煤层放顶煤工作面不但要随时受到基本顶断裂时产生的冲击载荷，而且支架是沿着煤层倾角坡度方向排列，还要受到较大的侧向力作用。因此选择架型的大体原则是，在急倾斜煤层内尽量选用掩护梁插板式放顶煤支架。这种类型支架的主要特点是，后部输送机置于底板或底板托架上，放煤口低，煤尘量少，丢煤少，掩护梁既可伸缩又可以摆动，放煤口大，放煤速度快；支架二次破碎顶煤能力大。在倾斜煤层内，选用底座与掩护梁连接式（单铰接或四连杆式）支架。这类支架的主要优点是整体稳定性好，强度大。

第二节 大采高采煤工作面矿压控制

大采高综采是指对大于3.5 m厚的煤层采用一次采全高方式，工作面使用大功率刮板输送机出煤，双滚筒采煤机割煤至采煤厚度，用液压支架控制顶板的综采技术。与放顶煤采煤法相比，大采高综采具有煤炭资源采出率高、采出的煤炭含矸率低、采煤工作面煤尘少、不易自然发火和瓦斯涌出量小等优点；与分层综采相比，具有采煤工作面生产能力大和巷道布置简化、回采工效和煤炭资源采出率高、设备搬家倒面次数少和节约材料等优点。大采高综采技术自 1978 年引进我国以来，伴随大采高综采开采装备能力的提高，近年来，在神东、晋城、大同等矿区开采 6 m 左右的厚煤层取得了成功，其效益已达到国际先进水平，大采高综采已成为我国厚煤层高效开采的重要发展趋势。

一、大采高综采工作面的矿压显现特征

大采高采场“直接顶”厚度增大，开采后的垮落带和断裂带的范围远大于同厚煤层分层开采相应的范围，因此大采高综采工作面在采场压力显现规律上与普通采高综采工作面相比有其特殊性，主要特征如下：

（1）大采高综采工作面支护强度高，动载系数小，支架阻力主要以静载荷为主并呈正态分布。表 6－2 所列为我国部分矿井采用大采高的工作面支护强度统计情况，由表 6－2 可知，大采高工作面支护强度平均达 832 kPa，较我国顶板分类所要求的支护强度高 10%～30%。同时，可发现动载系数差别不大，一般为 1.1～1.3，均较普通综采的动载系数小，说明大采高开采基本顶周期来压期间覆岩的垮落运动对支架载荷的影响较普通采高时要小。

表 6－2　大采高工作面支护强度统计

矿井名称	工作面	采高/m	最大平均支护强度 Q_d/kPa	顶板分类支护强度 Q_p/kPa	Q_d/Q_p
大柳塔	1203	4.0	780	715	1.09
大柳塔	20604	4.3	833	715	1.11
活鸡兔	12205	3.5	727	660	1.10
沙曲	24101	4.0	846	798	1.06
康家滩	88101	4.5	857	715	1.20
寺河	2302	5.5	930	715	1.30
寺河	2301	4.5	858	715	1.20

（2）周期来压步距与普通采高综采工作面差别不大。纵向比较，如大柳塔 20604 工作面的周期来压步距为 14.6 m，和大柳塔以往的工作面周期来压步距基本相同。再如，羊场湾 110206 工作面的周期来压步距为 13.8 m，而之前的 110201 工作面（采高 4.2 m）的周期来压步距为 16.5 m，两者相差不大。这说明周期来压步距主要是决定于顶板的结构和岩性，而和采高的关系不大。

（3）随着采高的加大，采场上覆岩层的垮落高度有所增加，这是由于采高的加大使采空区空间有了较大幅度增加，只有更高的垮落带才能维系整个采场围岩的平衡；垮落带和裂隙带高度增大并呈台阶状向上发展，每一级台阶表示一层硬厚关键层断裂导致的周期来压的作用；裂隙带离层的发展始终高于垮落带高度。随着工作面向前推进，采空区上方覆岩的下沉运动逐渐趋于稳定，裂隙带和垮落带的范围随工作面的推进向前发展。

（4）大采高综采采场支承压力范围与峰值明显加大，煤壁极易发生片帮冒顶。

总体而言，大采高综采工作面虽然基本顶来压明显，但矿压显现的程度并不强烈。

二、大采高工作面支架－围岩关系特点

大采高工作面的支架－围岩关系和普通综采工作面的不同，其特点主要有：

（1）大采高支架载荷和现行顶板类别关系不明显。根据我国现行的顶板分类，顶板支护强度随基本顶级别增大呈线性增大，这是因为采场来压强度与顶板岩体结构失稳和来压步距大小直接相关，对于大采高综采，这一关系不明显。如表6－2中大柳塔矿1203工作面直接顶为厚5 m的泥岩、砂质泥岩，基本顶为16 m厚的砂岩层，在普通综采条件下为Ⅱ级顶板，支护强度不超过715 kPa，但实际上达到780 kPa。

（2）支架初撑力与工作阻力呈线性关系。根据寺河矿、康家滩矿、沙曲矿及大柳塔矿的初撑力与工作阻力关系曲线表明，初撑力及工作阻力曲线为线性关系，这一关系显示了其以静载为主的特性，岩体结构的失稳对采场支架无明显影响。

（3）支架受力以围岩静载为主，且承受较大的顶板压力。由于控制的顶板层位高，其上部岩体结构失稳的动载对支架本身影响不大，即使有较大的动载荷，由于厚的破碎矸石做垫层，也很难传递给支架。因此虽然载荷大，但动载系数很小，所以静载，即顶板加在支架上的重力，可近似用4倍采高的岩柱重量来估算支架的载荷。

三、大采高采场顶板控制力学模型

（一）大采高直接顶分类

随着工作面采高的加大，覆岩中能形成平衡的结构岩层上移，在普通采高工作面中能形成铰接平衡结构的岩层，在大采高情况下破断，垮落进入采空区。直接顶厚度一般为采高的2～4倍，因此大采高直接顶不仅仅为随采随冒的易垮落岩层，也包括普通采高下视为基本顶的岩层。

据此计算，采高5.0 m时，直接顶厚度为10～20 m，采高6.0 m时，直接顶厚度为12～24 m。显然，大采场高采场直接顶的构成发生了变化，必然影响到直接顶作为载荷及力的传递方式变化，有必要分类研究。根据岩层组合结构，将大采高直接顶分为3类（图6－12）。

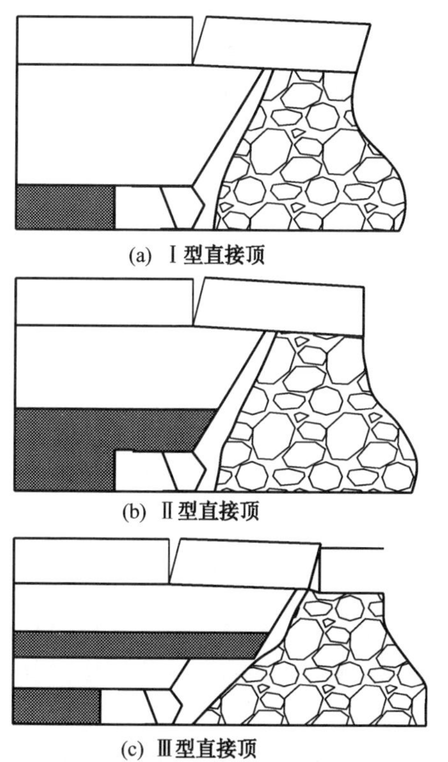
(a) Ⅰ型直接顶
(b) Ⅱ型直接顶
(c) Ⅲ型直接顶

图6－12　大采高直接顶分类

（1）Ⅰ型直接顶（图6－12a），其特点是煤层上方直接顶由同一岩性或不同岩性但力学差异较小的岩层组成，Ⅰ型直接顶顶板压力可按照给定载荷法及采高倍数法计算，Ⅰ型直接顶在我国煤矿占有较大比例，这是我国采用大采高开采技术的有利条件。

（2）Ⅱ型直接顶（图6－12b），其特点是煤

层上方有一层较厚的、裂隙发育的软岩，与上覆较硬岩层共同组成直接顶。由于大采高支架高度大，处理端面漏冒极为困难，因此该类条件不宜采用大采高工艺。

(3) Ⅲ型直接顶（图6-12c），其特点是在直接顶中赋存有一层或两层强度高、裂隙不发育的厚层岩层，在普通采高时，此岩层相当于“基本顶”，大采高时则作为直接顶，Ⅲ型直接顶顶板控制应主要考虑直接顶中坚硬岩层的厚度、层位及工程力学特征，当直接顶中坚硬岩层距离支架较近时，必须考虑冲击载荷影响。

（二） Ⅰ型直接顶变形破坏规律及工作阻力的确定

相关研究结果表明，大采高采场Ⅰ型直接顶的破坏是由于上位的拉断，下位端面距部位的压剪破坏所引起的，增大初撑力可以直接减小顶板的初始下沉量，同时改变下位直接顶端面距部分的应力状态，因而快速达到较高的初撑力具有重要意义。

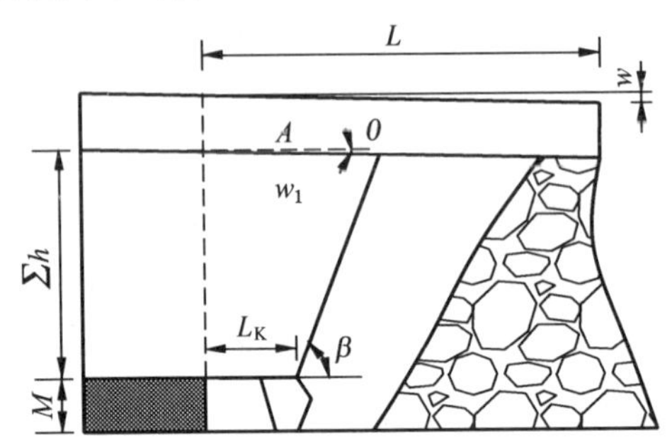

图6-13 Ⅰ型顶板控制力学模型

尽管理论分析认为基本顶形成了平衡结构，但由于基本顶岩性、厚度、上覆载荷层以及厚度的变化，加之地质构造的影响，该构造并不总是能够形成，如现场周期来压步距有时变化范围较大，说明基本顶岩块并不总是以固定长度断裂，而是有一个范围。这样，支架工作阻力可按给定载荷的方法估算。顶板控制力学模型如图6-13所示，基本顶以载荷形式给予支架P_1力。基本顶失稳瞬间时，其全部重力均由支架承担，则有

$$P_1 = LBh\gamma_1 \tag{6-6}$$

式中 h——基本顶及上覆承载层厚度，m；

γ_1——基本顶岩石重力密度，kN/m³；

B——支架宽度，m；

L——基本顶断裂长度，m。

支架支护阻力P可表示为

$$P = \gamma B \sum h\left(L_K + \frac{1}{2}\sum h\cot\beta\right) + P_1 \tag{6-7}$$

式中 L_K——控顶距，m；

γ——直接顶岩石重力密度，kN/m³；

$\sum h$——直接顶厚度，m；

β——断裂角，(°)。

下面以寺河矿2301工作面为例进行验证。该工作面主要参数为$L=14.2$ m，$B=1.75$ m，$h=5$ m，$\sum h=15$ m，$L_K=5.145$ m，$\beta=75°$。经计算，支护阻力为7962 kN/架，实测来压时最大平均载荷为7574 kN/架，基本对应，说明用给定载荷估算Ⅰ型直接顶的工作阻力基本可行。

（三） Ⅲ型直接顶变形破坏规律及工作阻力的确定

Ⅲ型直接顶的基本特点是直接顶中含一层或几层厚硬岩层，这些岩层在普通采高时即

为基本顶，能形成铰接平衡结构，而在大采高时，无法形成平衡结构而垮落于采空区中。Ⅲ型直接顶结构参数如图 6－14 所示。

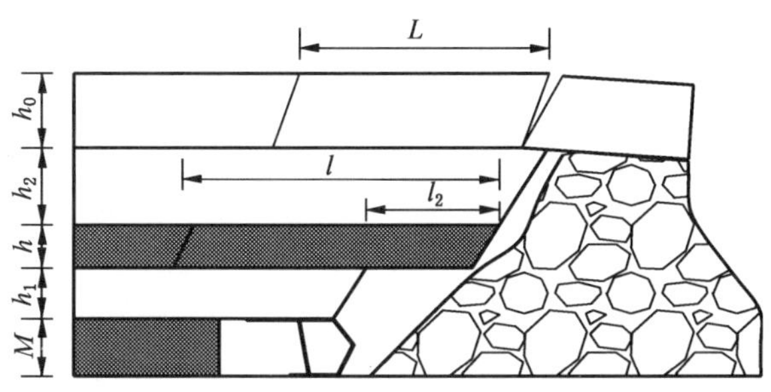

图 6－14　Ⅲ型顶板控制力学模型

显然，Ⅲ型直接顶与Ⅰ型直接顶的变形破坏规律不同，主要特点是增加了“悬顶”（图 6－14）。由于直接顶中坚硬岩层的控制作用，可能出现图 6－14 所示的悬顶情况，悬顶长度为 l_2，如果存在下位直接顶中坚硬岩层，可以在采煤工作面观察到悬顶的存在。

Ⅲ型直接顶顶板压力及载荷估算如下：当采煤工作面推进至直接顶中坚硬岩层断裂线上方时，其载荷计算情况如图 6－15 所示。此时，直接顶中坚硬岩层以断裂线为支点，将产生向采空区旋转的趋势，使直接顶中坚硬岩层产生旋转运动的外力是直接顶中坚硬岩层的自重 Q_0、悬顶部分承担的上位直接顶载荷 Q_1 以及基本顶的附加力 P'；阻止其发生旋转运动的是下位直接顶给予直接顶中坚硬岩层的阻力 P_0。直接顶中坚硬岩层旋转时，其上层面在点 A 处向煤壁方向产生离层，同时在断裂线附近受到上位直接顶及前方未断裂直接顶中坚硬岩层的附加力 Q_2，直接顶中坚硬岩层的旋转，将导致下位直接顶变形、下沉。因此，支架阻力应在断裂线刚进入煤壁上方时阻止其大幅度旋转造成的破坏，同时要防止直接顶中坚硬岩层在断裂线处的滑落而造成工作面的台阶下沉，不考虑 P' 时，有

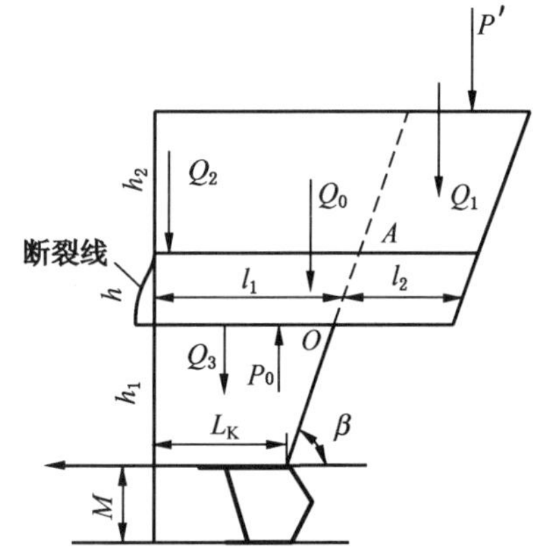

图 6－15　直接顶中部存在坚硬岩层载荷计算图

$$P_0 = Q_0 + Q_1 + Q_2 \tag{6-8}$$

将 P_0 简化为集中力，根据力矩的平衡，可以得到

$$P_0 = hl\gamma + h_2 l_2 \gamma + \left\{ hl\gamma\left(\frac{l}{2L_K} - 1\right) + h_2 l_2 \gamma \left[\frac{l + l_1 + (h + h_2)\cot\beta}{2L_K} - 1\right]\right\} \tag{6-9}$$

式中　l——周期来压步距。

P_0 由支架及下位直接顶共同提供，当下位直接顶有自承能力时，$P = P_0 - P_{自}$，$P_{自}$ 为直接顶自承能力，即直接顶可以对直接顶中坚硬岩层提供的力，在极限情况下，直接顶无自承能力，则 P_0 需要由支架全部承担，同时需要承担下位直接顶的重力 Q_3 $\left(Q_3 = \gamma h_1 L_K + \frac{1}{2}\gamma h_1^2 \cot\beta\right)$，因此有：

$$P = P_0 + Q_3 = Q_0 + Q_1 + Q_2 + Q_3 \tag{6-10}$$

可见，支架的最大载荷由两部分组成：一部分由下位直接顶的自重 Q_3、直接顶中坚硬岩层重力 Q_0 以及直接顶中坚硬岩层悬顶部分承担的上位直接顶重力 Q_1 组成；另一部分由直接顶中坚硬岩层旋转形成的附加力 Q_2 组成。

当 $h_2 = (1.0 \sim 2.3)h$ 时，有

$$Q_0 + Q_1 + Q_3 \approx \frac{1}{2}\gamma \sum h \left(2L_K + \sum h\cot\beta\right) \tag{6-11}$$

$$Q_2 = (0 \sim 0.5)Q_0 + (0.9 \sim 1.8)Q_1 \tag{6-12}$$

将式（6-11）、式（6-12）代入式（6-10），可得

$$P = \frac{1}{2}\gamma \sum h \left(2L_K + \sum h\cot\beta\right) + (0 \sim 0.5)Q_0 + (0.9 \sim 1.8)Q_1 \tag{6-13}$$

式（6-13）的意义是，Ⅲ型直接顶支架载荷可按不包括悬顶在内的直接顶重力、部分直接顶中坚硬岩层重力以及悬顶部分承担的上位直接顶重力之和来估算。

在上述计算过程中，未考虑基本顶的附加载荷 P'，事实上，P'由于悬顶的存在，不直接对控顶区上方的下位直接顶起作用，而是通过直接顶中坚硬岩层起作用，P'的作用可以折算到周期来压步距 l 中考虑。

下面以大柳塔 20604 工作面为例进行验证。该工作面顶板岩层结构符合Ⅲ型直接顶特征，经计算，其支护强度为 889 kPa，实测来压时最大平均支护强度为 833 kPa，满足支护要求。

必须指出，Ⅲ型直接顶的特例是当直接顶中坚硬岩层直接位于支架上方或距离支架很近，在普通采高时，基本顶可能形成平衡结构，缓解来压显现，尽管如此，基本顶的来压显现仍然很强烈。大采高由于采高加大，顶板不能形成平衡结构，顶板以悬臂梁断裂为主，断裂线处于煤壁上方时，顶板旋转造成的来压显现必然比普通采高强烈，坚硬顶板在垮落时形成冲击载荷，垮落后顶板在采空区的反向旋转运动可形成将支架推向煤壁的冲击载荷，也可能砸坏支架。

图 6-16　两柱掩护式大采高液压支架

四、大采高支架及失稳控制

目前，大采高综采液压支架只有两种：四柱支撑掩护式液压支架和两柱掩护式液压支架（图 6-16）。与四柱支撑掩护式液压支架相比，两柱掩护式液压支架具有以下优点：

（1）支护能力强，顶梁相对较短，支护面积小，在相同工作阻力条件下支护强度高。

（2）采用整体顶梁，结构简单可靠，顶梁前段支撑力大，有利于保持端面顶板的完整性，减少超前支承压力作用造成的片帮和冒顶概率。

（3）两柱受力均衡，支架的支撑能力能充分发挥，避免支撑掩护式液压支架前后排立柱受力不均衡现象的产生。

（4）支架质量相对较轻，操作单排立柱，移架速度快。

（5）平衡千斤顶具有调节支架顶梁合力作用点的功能，对顶板的适应性强。

（6）采用提底座装置，克服支架易扎底问题，实现顺利移架。

（7）两柱支架支撑顶板时具有指向煤壁方向的水平力，有利于保持顶板的稳定，控制顶板的断裂和垮落，防止煤壁片帮和端面冒顶。

（8）支架的稳定性优于支撑掩护式液压支架，支架的结构稳定性是由四连杆机构（支架的稳定机构）保证的，支架的横向稳定性取决于四连杆机构参数和销孔间隙，由于掩护式液压支架尺寸紧凑，因此稳定性优于四柱支撑掩护式液压支架。

鉴于两柱掩护式液压支架的上述优点，我国神东、塔山、晋城、兖州、开滦、阳泉等一些大型现代化安全高效矿井，全部采用两柱掩护式液压支架。一些传统上采用四柱支撑掩护式液压支架的矿区也开始进行架型改革，如大同、晋城、两淮和西山等矿区已大量采用两柱掩护式液压支架。

由于大采高支架结构高度大、侧面空间活动性大、设备重、自身稳定性差及调架难度大的特点，大采高综采工作面易发生支架稳定性事故，且当倾角较大时，大采高综采支架易出现下滑、倾倒、尾部受扭等现象。支架稳定性的有效控制，应是在支架合理选型的基础上，通过提高采煤机截割质量、严格控制采高、适当提高推进速度、带压移架、遇断层超前支护等工艺上进行调控，避免倒架、挤架、压架以及支架下滑等现象的发生，实现工作面的安全高效生产。

五、大采高综采工作面煤壁片帮及防治

煤壁稳定性差是大采高综采采场区别于一般综采或综放采场的显著特征。煤体在未开采前，处于原始应力条件下，应力保持相对平衡，煤体呈现一定的相对连续性，当煤体开采后，煤壁附近煤体应力平衡遭到破坏，水平应力迅速减小，由于开采引起的支承压力的作用垂直应力迅速增大，使煤体产生新的节理、裂隙，即开采引起的次生裂隙发育，煤壁处于不稳定状态。随着基本顶的周期性断裂来压，煤壁会在节理裂隙最发育的地方最先受到破坏，当支承压力达到一定值后，煤体加剧破坏，从而造成煤壁片帮，使煤体失去支撑能力，顶板压力向支架上方转移进而使支架受力不均，产生歪倒、翘顶现象，失去对顶板的控制，严重时将导致顶板事故。

工程上可采取以下技术措施：

（1）支架选型时，尽可能选择初撑力高、护帮长度大、能力强的二级或三级护帮板的支架。高初撑力限制支架上方岩层的层间离层量，减少顶板的回转下沉量，从而降低超前支承压力集中程度，减轻煤壁压力；支架护帮板的水平作用力对限制煤壁的片帮具有重要作用。

（2）加固煤壁。在软煤带、煤层裂隙发育区、顶板破碎带、构造区等特殊条件下，可通过注浆等措施，改变煤体性质，提高煤壁稳定性。

（3）控制端面冒顶。工作面“煤壁－顶板－底板”是一个有机系统，在大采高综采条件下，片帮、冒顶的联动性强，控制冒顶，可提高煤壁稳定性。

（4）适当提高工作面推进速度。提高工作面推进速度，可减少煤壁暴露时间、减少超前支承压力的影响范围、减少支承压力对煤体的作用时间、降低煤壁损伤程度，从而可

以减少煤壁片帮程度。

（5）规范移架等工序操作。尽量减小移架滞后采煤机割煤距离，及时带压移架，移架后及时打开护帮板，控制煤壁片帮。

第三节　浅埋煤层采煤工作面矿压控制

一、浅埋煤层覆岩破坏及运动特点

在我国西部矿区赋存有大量埋深在150 m以内的浅部煤田，如神府、东胜、灵武、黄陵等，以神府－东胜煤田为例，开采区域大部分集中于埋深在100～150 m以内的浅部，煤层的典型赋存特点是埋深浅、基岩顶板比较薄、表土覆盖层比较厚。由于此类煤层的矿压显现规律具有明显的特点，为了区别于其他煤层，通常将具有浅埋深、基岩薄、上覆厚松散层赋存特征的煤层称为典型浅埋煤层。实际上，西部矿区还存在着基岩厚度比较大、松散载荷层厚度比较小的浅埋煤层，其顶板破坏及运动规律介于普通埋深工作面与典型浅埋煤层工作面之间，称之为近浅埋煤层。本节只介绍典型浅埋煤层的矿压显现及控制。

浅埋煤层的开采实践表明，煤层埋藏浅并不一定矿压小，浅埋煤层长壁工作面普遍出现台阶下沉现象，支架部分损坏甚至压死，矿压显现剧烈，顶板控制具有特殊性。因此，掌握浅埋煤层工作面矿压显现规律和上覆岩层的运动特点，是进行浅埋煤层顶板控制的基础。

（一）工作面矿压显现特征与规律

下面以具有代表性的神府矿区工作面矿压实测结果为例，说明浅埋煤层工作面矿压显现的基本特征和规律。

大柳塔煤矿1203工作面开采1^{-2}煤层，地质构造简单，倾角3°，厚度6 m，埋深50～65 m；覆岩上部为15～30 m风积沙松散层，其下为约3 m风化基岩；顶板基岩厚度为15～40 m；直接顶为泥岩互层。基本顶主要为砂岩，岩层完整。工作面长度150 m，采高4 m，循环进尺0.8 m，日进2.4 m。顶板支护采用YZ3500－23/45型掩护式液压支架，初撑力2700 kN/架，工作阻力3500 kN/架。

实测表明，综采工作面来压主要特征如下：

（1）初次来压步距27 m。来压的主要特征是工作面中部约91 m范围顶板沿煤壁切落，形成台阶下沉。来压猛烈，造成部分支架损坏。

（2）周期来压步距9.4～15.0 m，平均12 m。来压历时较短，支架动载明显。支架初撑力为额定阻力的74%，初撑力正常。支架工作阻力为额定工作阻力的80%。支架平时的工作阻力不大，只有来压时才超过额定值，支架动载明显。

（3）工作面顶板破断运动直接波及地表。初次来压时在对应煤壁的地表出现了高差约20 cm的地堑，表明覆岩破断是贯通地表的。工作面周期来压时上覆岩层也发生了类似的破断（图6－17），工作面台阶下沉是顶板基岩沿全厚切落的结果。

（4）根据地表岩移观测，基岩顶板破断失稳表现出单组关键层结构特征，工作面覆岩将不存在“三带”，基本上为垮落带和裂隙带“两带”（图6－18）。

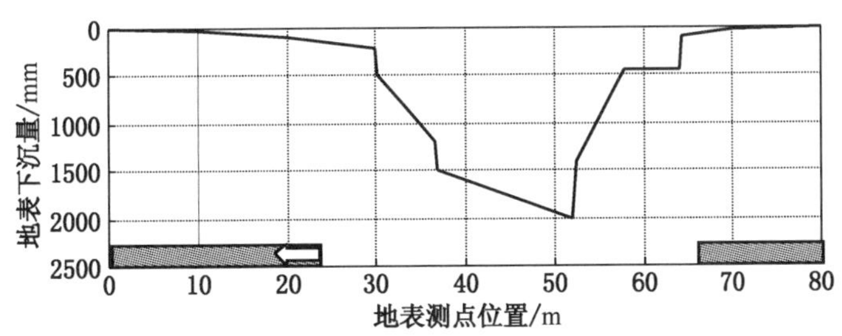

图 6-17　1203 工作面第一个周期来压地表下沉剖面

（二）浅埋煤层上覆岩层运动特征

浅埋煤层工作面上覆岩层运动有如下主要特征：

（1）顶板基岩沿全厚切落，基岩破断角较大，破断直接波及地表。来压期间有明显的顶板台阶下沉和动载现象。工作面覆岩基本上分垮落带和裂隙带“两带”。

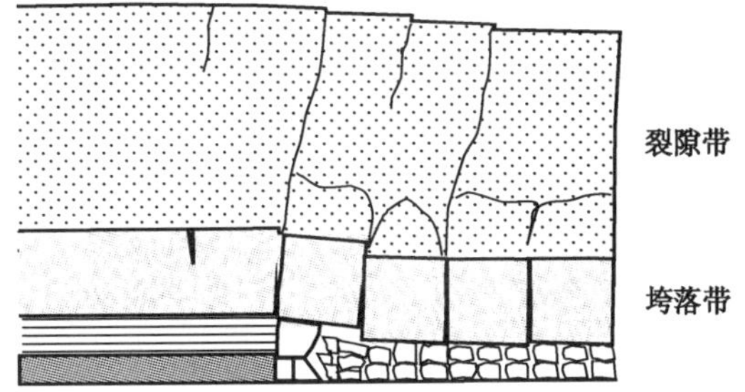

图 6-18　工作面上覆岩层整体切落与台阶下沉

（2）浅埋煤层顶板一般为单一关键层类型，基本顶岩块不易形成稳定的砌体梁结构。基岩厚度比较大时，会出现两个关键层组，形成大小周期来压现象，其矿压显现特征介于浅埋煤层采场和普通采场之间。

（3）基岩与载荷层厚度之比 J_z（简称基载比），对来压显现有重要影响。当 $J_z<0.8$ 时，工作面都出现了顶板沿煤壁台阶下沉，而当 $J_z>0.8$ 时，一般不出现顶板台阶下沉。

总之，浅埋煤层工作面的主要矿压特征是顶板破断运动表现为整体切落，易于出现台阶下沉；基本顶破断运动直接波及地表，顶板不易形成稳定的结构，来压存在明显动载现象，支架处于给定失稳载荷状态。

二、浅埋煤层基本顶梁式结构及稳定性分析

浅埋煤层长壁工作面在开采过程中，顶板关键层（俗称基本顶）将产生周期性破断，破断后形成的岩块也将相互铰接形成砌体梁结构。由于浅埋煤层顶板单一关键层的特点，其顶板砌体梁结构也将呈现新的形态。根据顶板岩块的几何特征和铰接形态，浅埋煤层工作面顶板主要形成“短砌体梁”和“台阶岩梁”两种结构。

（一）基本顶的“短砌体梁”结构分析

1. 基本顶“短砌体梁”结构模型

根据现场实测分析和模拟研究，浅埋煤层工作面顶板关键层周期性破断后，形成的岩块比较短，岩块的块度 i（岩块厚度与长度之比）接近于 1，形成的铰接岩梁可以形象地称为“短砌体梁”结构。按照砌体梁结构关键块分析方法，建立基本顶“短砌体梁”结构关键块模型如图 6-19 所示。

图 6-19 中 θ_2 很小，Ⅰ岩块在采空区的下沉量 W_1 与直接顶厚度 $\sum h$、采高 m 及岩石碎胀系数 K_p 有如下关系：

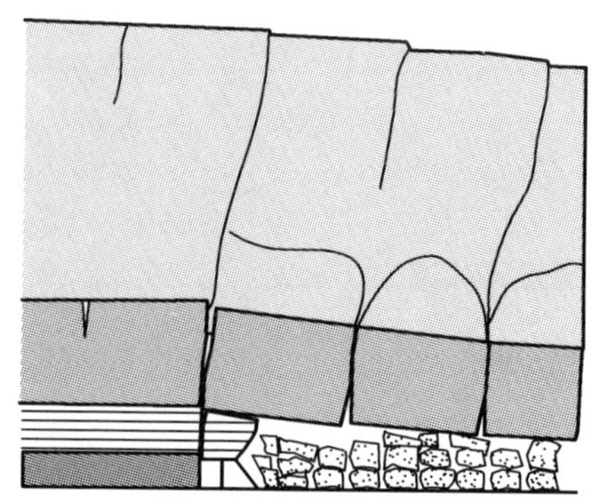

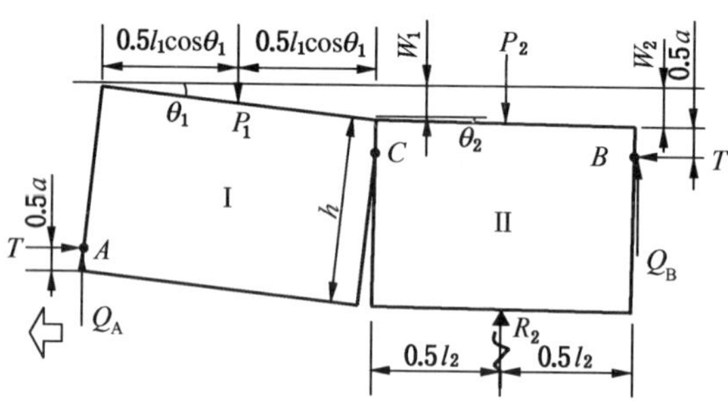

P_1、P_2—块体承受的载荷；R_2—Ⅱ块体的支承反力；θ_1、θ_2—Ⅰ、Ⅱ块体的转角；a—接触面高度；Q_A、Q_B—A、B 接触铰上的剪力；l_1、l_2—Ⅰ、Ⅱ岩块长度

图 6－19 “短砌体梁”结构关键块的受力（变为短砌体梁）

$$W_1 = m - (K_p - 1)\sum h \tag{6-14}$$

根据岩块回转的几何接触关系，岩块端角挤压接触面高度近似为

$$a = \frac{1}{2}(h - l_1\sin\theta_1) \tag{6-15}$$

2. “短砌体梁”结构关键块的受力

由于基本顶周期性破断的受力条件基本一致，可认为 $l_1 = l_2 = l$。在图 6－19 中取 $\sum M_A = 0$ 并近似认为 $R_2 = P_2$ 可得

$$Q_B(l\cos\theta_1 + h\sin\theta_1 + l_1) - P_1(0.5l\cos\theta_1 + h\sin\theta_1) + T(h - a - W_2) = 0 \tag{6-16}$$

同理对Ⅱ岩块取 $\sum M_C = 0, \sum F_y = 0$ 可得

$$Q_B = T\sin\theta_2 \tag{6-17}$$

$$Q_A + Q_B = P_1 \tag{6-18}$$

由几何关系，$W_1 = l\sin\theta_1$，$W_2 = l(\sin\theta_1 + \sin\theta_2)$。根据文献，$\sin\theta_2 \approx \frac{1}{4}\sin\theta_1$，令基本顶岩块的块度 $i = \frac{h}{l}$，由式（6－16）、式（6－17）、式（6－18）求出：

$$T = \frac{4i\sin\theta_1 + 2\cos\theta_1}{2i + \sin\theta_1(\cos\theta_1 - 2)}P_1 \tag{6-19}$$

$$Q_A = \frac{4i - 3\sin\theta_1}{4i + 2\sin\theta_1(\cos\theta_1 - 2)}P_1 \tag{6-20}$$

Q_A 为基本顶岩块与前方岩层间的剪力，顶板稳定性取决于 Q_A 与水平力 T 的大小。浅埋煤层工作面顶板周期破断的块度比较大，水平力 T 随块度 i 的增大而减小，随回转角 θ_1 的增大而减小。当 $i=1.0\sim1.4$ 时，剪力 $Q_A=(0.93\sim1)P_1$，工作面上方岩块的剪力几乎全部由煤壁之上的前支点承担，这是“短砌体梁”结构的一个突出特点。

3.“短砌体梁”结构的稳定性分析

周期来压期间，顶板结构失稳一般有两种形式——滑落失稳和回转变形失稳。下面分析“短砌体梁”结构关键块的稳定性，探讨浅埋煤层工作面顶板台阶下沉的机理。

1）回转变形失稳分析

顶板结构不发生回转变形失稳的条件为

$$T \geqslant a\eta\sigma_c^* \tag{6-21}$$

式中　$\eta\sigma_c^*$——基本顶岩块端角挤压强度；

T/a——接触面上的平均挤压应力。

根据实验测定 $\eta=0.4$，令 h_1 为载荷层作用于基本顶岩块的等效岩柱厚度，并将 $P_1=\rho g(h+h_1)l$、$a=\frac{1}{2}(h-l_1\sin\theta_1)$ 及有关参数代入式（6-21）可得

$$h+h_1 \leqslant \frac{[2i+\sin\theta_1(\cos\theta_1-2)](i-\sin\theta_1)\sigma_c^*}{5\rho g(4i\sin\theta_1+2\cos\theta_1)} \tag{6-22}$$

根据计算，只要载荷层厚度小于 180 m 都不会出现回转失稳。显然，基本顶“短砌体梁”结构难以发生回转变形失稳。

2）滑落失稳分析

防止结构在 A 点发生滑落失稳，必须满足条件：

$$T\tan\varphi \geqslant Q_A \tag{6-23}$$

式中　$\tan\varphi$——岩块间的摩擦系数，由实验确定为 0.5。

将式（6-19）、式（6-20）代入式（6-23）可得

$$i \leqslant \frac{2\cos\theta_1+3\sin\theta_1}{4(1-\sin\theta_1)} \tag{6-24}$$

根据上式计算，可知 i 在 0.9 以上将出现滑落失稳。浅埋煤层工作面周期来压期间 i 一般在 1.0 以上，顶板易于出现滑落失稳。

（二）基本顶的“台阶岩梁”结构模型及其稳定性分析

根据浅埋煤层工作面现场实测和模拟实验，开采过程中顶板存在架后切落（滑落失稳）现象。基本顶架后切落形成的结构形态如图 6-20 所示，可以形象地称为“台阶岩梁”结构。结构中 N 岩块完全落在垮落岩石上，M 岩块随工作面推进回转受到 N 岩块在 C 点的支撑。此时 N 岩块基本上处于压实状态，可取 $R_2=P_2$。N 岩块的下沉量为

$$W=m-(K_p-1)\sum h \tag{6-25}$$

式中　$\sum h$——直接顶厚度；

m——采高；

K_p——岩石碎胀系数，可取 1.3。

取 $\sum M_B=0$、$\sum M_A=0$，并代入 $Q_A+Q_B=P_1$ 可得

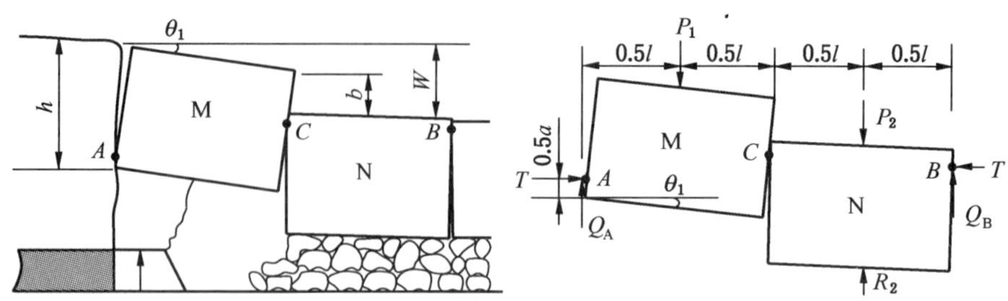

P_1、P_2—块体承受的载荷；R_2—N 块体的支承反力；θ_1—M 块体的转角；a—接触面高度；Q_A、Q_B—A、B 接触铰上的剪力；l—岩块长度

图 6-20　基本顶“台阶岩梁”结构模型

$$Q_A \approx P_1$$

$$T = \frac{lP_1}{2(h-a-W)} \tag{6-26}$$

从图 6-20 可知，M 岩块达到最大回转角时：

$$\sin\theta_{1\max} = \frac{W}{l} \tag{6-27}$$

则有：

$$T = \frac{P_1}{i - 2\sin\theta_{1\max} + \sin\theta_1} \tag{6-28}$$

分别取 $\theta_{1\max}$ 为 8°和 12°，可得到水平力与块度及回转角的关系。其中，水平力随回转角 θ_1 的增大而减小，随块度 i 的增大明显下降，随最大回转角的增大而增大。

将式（6-25）、式（6-27）及 $\tan\varphi = 0.5$ 代入式（6-23），可得“台阶岩梁”结构不发生滑落失稳的条件为

$$i \leqslant 0.5 + 2\sin\theta_{1\max} - \sin\theta_1 \tag{6-29}$$

按照浅埋煤层工作面一般条件，取 $\theta_{1\max} = 8° \sim 12°$，只有在块度 $i < 0.9$ 时才不出现滑落失稳。浅埋煤层基本顶周期破断块度 i 一般在 1.0 以上，所以“台阶岩梁”也容易出现滑落失稳。

（三）控制基本顶结构滑落失稳的支护力确定

根据浅埋煤层“短砌体梁”和“台阶岩梁”结构分析，两种结构形态都难以保持自身稳定而出现滑落失稳，这是浅埋煤层工作面顶板来压强烈和存在顶板台阶下沉现象的根本原因。

浅埋煤层基本顶周期来压控制的基本任务是控制顶板滑落失稳，必须对顶板结构提供一定的支护力 R 才能控制滑落失稳。确定维持顶板结构稳定的合理支护力条件为

$$T\tan\varphi + R \geqslant Q_A \tag{6-30}$$

1. 控制“短砌体梁”结构滑落失稳的支护力

将式（6-19）、式（6-20）代入式（6-30），取 $\tan\varphi = 0.5$ 可得

$$R \geqslant \frac{4i(1-\sin\theta_1) - 3\sin\theta_1 - 2\cos\theta_1}{4i + 2i\sin\theta_1(\cos\theta_1 - 2)} P_1 \tag{6-31}$$

由图 6-19 可知，回转角 θ_1 由下式确定：

$$\sin\theta_1 = \frac{m-(K_p-1)\sum h}{l} \tag{6-32}$$

由上述公式可知，控制“短砌体梁”结构滑落失稳的支护力随基本顶块度 i 的增大而增大，随回转角 θ_1 的增大而减小。

2. 控制“台阶岩梁”结构滑落失稳的支护力确定

将式（6-26）、式（6-28）代入式（6-30），取 $\tan\varphi=0.5$ 可得

$$R_t \geqslant \frac{i-\sin\theta_{1\max}+\sin\theta_1-0.5}{i-2i\sin\theta_{1\max}+\sin\theta_1}P_1 \tag{6-33}$$

因此，支护力随基本顶块度 i 的增大而增大，随回转角 $\theta_{1\max}$ 的增大而减小。

一般条件下，浅埋煤层顶板结构 $i=1.0\sim1.4$，$\theta_{1\max}=8°\sim12°$，θ_1 一般为 $4°\sim6°$，控制“台阶岩梁”滑落失稳的支护力 $R_t=(0.23\sim0.59)P_1$，控制“短砌体梁”结构滑落失稳的支护力一般为 $R=(0.2\sim0.5)P_1$。

这两类结构所需的支护力都随基本顶块度的增大而增大，“短砌体梁”结构所需的支护力随回转角的增大而减小，而“台阶岩梁”结构则相反。总体上，“台阶岩梁”的顶板压力比较大。为了确保工作面安全，确定顶板支护力时应当分别按两种结构情况考虑，取其最大值作为控制滑落失稳的支护力。

三、浅埋煤层采煤工作面顶板支护

（一）浅埋煤层采场的支架-围岩作用关系

根据浅埋煤层采场周期来压的结构分析，顶板主要有“短砌体梁”和“台阶岩梁”两种结构形状。两种结构都属于滑落失稳类型，支架主要承受结构失稳形成的压力，最危险状态的载荷可以说是“给定”的，支架工作处于“给定载荷”状态。必须提供必要的支护力才能维持顶板结构稳定，即由支架和顶板结构共同作用来平衡顶板的滑落失稳力、维持顶板结构的稳定性。

虽然浅埋煤层工作面支架处于“给定载荷”状态，但控制顶板结构稳定所需的支护阻力不是恒定值，而是随岩块的回转运动而变化的。此外，在顶板切落运动过程中，关键块上的载荷不是上方岩柱的静态重量，存在载荷传递效应。

因此，必须提供足够的支护阻力控制顶板的初始切落运动，才能防止顶板结构的进一步恶化所引起的失稳载荷增大，达到以最小的支护阻力控制顶板的目的，这就是浅埋煤层周期来压期间的“支架-围岩”动态作用关系。

（二）合理支护阻力的确定

下面首先以“短砌体梁”结构为例，说明支护阻力的确定方法。

浅埋煤层工作面周期来压时顶板最危险的状态如图6-21所示，工作面支架的支护阻力 P_m 由直接顶岩柱重量和基本顶滑落失稳所传递的压力 R_D 组成：

$$P_m = W + R_D = L_K B\sum h\gamma g + R_D \tag{6-34}$$

基本顶结构滑落失稳作用于支架的压力为

$$R_D = bR \tag{6-35}$$

代入式（6-31）可得

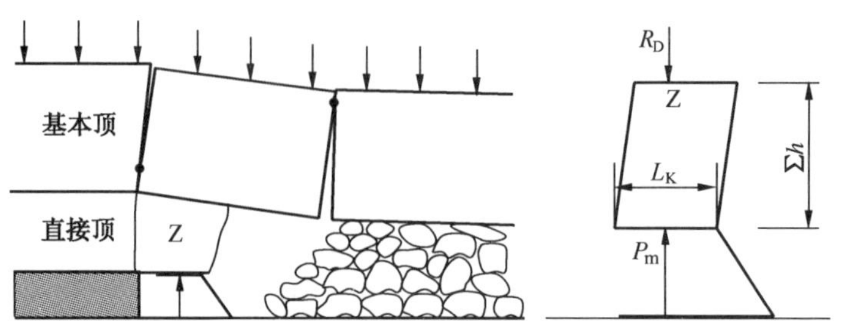

图6-21 “短砌体梁”结构的支架-围岩关系

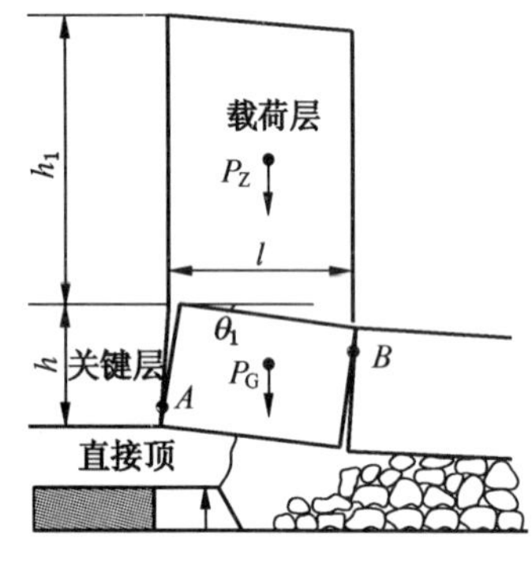

图6-22 周期来压顶板载荷

$$R_D \geqslant \frac{4i(1-\sin\theta_1)-3\sin\theta_1-2\cos\theta_1}{4i+2i\sin\theta_1(\cos\theta_1-2)}bP_1 \qquad (6-36)$$

周期来压期间基本顶关键块上载荷层的计算借鉴太沙基土压力计算原理，顶板载荷 P_1 的构成如图6-22所示。

基本顶关键块上的载荷层处于采场上覆岩层的离层区，该区的载荷层处于非压实状态。实测神府1203工作面地表最大下沉速度点滞后采场约30 m，表明浅埋煤层工作面关键块上的载荷也不是载荷层的全部重量，存在载荷传递效应。载荷传递系数 K_G（≤1）可以表示为

$$K_G = K_r K_t \qquad (6-37)$$

式中 K_r——载荷传递的岩性因子；

K_t——载荷传递的时间因子。

由图6-22可知，基本顶关键块的载荷 P_1 由基本顶关键层重量 P_G 和载荷层传递的重量 P_Z 组成：

$$P_1 = P_G + P_Z \qquad (6-38)$$

$$P_G = \gamma h l \qquad (6-39)$$

$$P_Z = K_G h_1 l \gamma_1 \qquad (6-40)$$

式中 h——基本顶关键层厚度；

l——关键块长度（周期来压步距）；

γ——基岩重力密度；

h_1——载荷层厚度；

γ_1——载荷层平均重力密度；

K_G——载荷传递系数，$K_G \leqslant 1$。

由于载荷层厚度大，按太沙基土压力计算原理近似估算载荷传递系数。作用于基本顶岩块的载荷为

$$P_Z = \frac{\gamma_1 l^2}{2\lambda\tan\varphi} \qquad h_1 \geqslant (1.5 \sim 2.5)l \qquad (6-41)$$

式中 φ——载荷层的内摩擦角；

λ——载荷层侧应力系数。

在长时间状态下取 $K_t=1$，联立式（6-40）和式（6-41）可得周期来压时载荷传递

岩性因子：

$$K_r = \frac{l}{2h_1 \lambda \tan\varphi} \tag{6-42}$$

由此可得周期来压时的载荷传递系数为

$$K_G = \frac{l}{2h_1 \lambda \tan\varphi} K_t \tag{6-43}$$

K_t 将随工作面推进速度的增大而减小，当推进速度慢到一定速度时 $K_t = 1$。

由式（6－38）、式（6－39）、式（6－40）可得作用于关键块的载荷为

$$P_1 = hl\gamma + K_G h_1 l \gamma_1 \qquad h_1 \geqslant (1.5 \sim 2.5) l \tag{6-44}$$

由式（6－32）、式（6－33）可得，控制顶板所需的支护阻力为

$$P_m \geqslant l_K b \sum h\gamma + \frac{4i(1-\sin\theta_1) - 3\sin\theta_1 - 2\cos\theta_1}{4i + 2i\sin\theta_1(\cos\theta_1 - 2)} bP_1 \tag{6-45}$$

按与“短砌体梁”结构支护阻力计算相同的方法，可以求得“台阶岩梁”结构条件下的控制顶板所需的支护阻力为

$$P_m \geqslant l_K b \sum h\gamma + \frac{i - 2\sin\theta_{1max} + \sin\theta_1 - 0.5}{i - 2\sin\theta_{1max} + \sin\theta_1} bP_1 \tag{6-46}$$

考虑支架的支护效率，工作面支架的工作阻力为

$$P_G = \frac{P_m}{\mu} \tag{6-47}$$

式中 μ——支架的支护效率。

（三）浅埋煤层工作面顶板支护设计

为了说明支护阻力确定的方法，针对几个工作面实际参数给出实例进行说明，在此基础上总结出了浅埋煤层的支护设计基本方法。

1. 支护阻力确定的实例分析

以神府煤田东胜补连塔矿 2211 工作面为例，验证周期来压工作阻力计算公式的可靠性和准确性。该工作面基本顶关键层厚度 $h = 14$ m，基岩重力密度 $\gamma = 24$ kN/m^3，工作面中测区周期来压步距平均为 $l = 9.2$ m。载荷层厚度 $h_1 = 40$ m，载荷层平均重力密度 $\gamma = 18$ kN/m^3，直接顶厚度 $\sum h = 5.8$ m，采高 $m = 4.5$ m。采用国产 ZY6000－25/50 型液压支架支护，支架宽度为 $b = 1.5$ m，两柱掩护式支架支护效率 $\mu = 0.9$，控顶距 $l_K = 2.2$ m，确定控制顶板所需的支架工作阻力。

1）按“短砌体梁”结构进行计算

岩块回转角 $\theta_1 = \arcsin \frac{W_1}{l} = 17.5°$；岩块块度为 $i = \frac{h}{l} = 1.52$。

根据东胜补连塔矿 2211 工作面载荷层条件，取沙土层平均参数 $\varphi = 27°$，$\lambda = 1 - \sin\varphi = 0.55$，采用式（6－43）得 $K_G = 0.41K_t$。取 $K_t = 0.85$，求得 $K_G = 0.35$。

将相关参数代入式（6－45）可得周期来压期间的支护阻力为 $P_m \geqslant 2745.12$ kN/架。

由式（6－47）求得控制顶板所需的支架工作阻力为 $P_G \geqslant 3050.134$ kN/架。

2）按“台阶岩梁”结构进行计算

由式（6－27）可得 $\theta_{1max} = 17.5°$。

取回转角 $\theta_1=6°$，将 $\theta_{1max}=17.5°$ 及相关参数代入式（6－46）可得周期来压期间的合理支护阻力为 $P_m\geqslant5246.66$ kN/架。

由式（6－47）求得控制顶板所需的支架工作阻力为 $P_G\geqslant5829.63$ kN/架。

根据“短砌体梁”和“台阶岩梁”两种结构的计算结果分别为2764 kN/架和5717 kN/架，差别比较大。

2211工作面采用的支架额定工作阻力为6000 kN/架，顶板没有出现台阶下沉现象。实测4次周期来压时中测站支架最大工作阻力为5581～5941 kN/架，平均5798 kN/架，来压期间各测站总平均工作阻力5330 kN/架，可见，“台阶岩梁”计算结果与实测情况比较吻合。

2. 工作面顶板控制设计

通过工作面的实例分析，说明周期来压一般以“台阶岩梁”结构进行计算比较安全。实例分析又从另一个侧面说明，顶板结构模型基本上能够反映支架与围岩的关系，应用顶板结构理论可以实现顶板控制的定量化分析。

实践证明，浅埋煤层工作面顶板的台阶下沉是可以控制的。在神府浅埋煤层条件下，顶板台阶下沉可在支架工作阻力为7000 kN/架（架宽1.5 m）左右时得到控制。

根据顶板结构理论和生产实践，工作面一般采用高强度、高支护阻力的支架。鉴于顶板切落靠近煤壁，大多选用顶梁比较短的重型支顶式掩护支架。

顶板支护设计的基本方法如下：①判断基本顶岩梁的位置和厚度；②确定基本顶的初次来压和周期来压步距，可采用公式计算，室内试验以及现场实测等方法确定；③分别计算初次来压和周期来压的工作阻力，取其最大者作为工作面支护设计的依据；④支架选型。

第四节　急倾斜煤层采煤工作面矿压控制

一、概述

我国急倾斜煤层（倾角在45°以上）储量占我国煤炭总储量的约4%，特别是在我国南部一些矿区，急倾斜煤层较多，另外，在京西煤田，急倾斜煤层的储量也比较大。在煤层形成之初，煤层是水平或缓倾斜的，后期由于受强烈的构造运动影响，煤层及其围岩的完整性和稳定性遭到较为严重的破坏，节理裂隙发育，倾角和厚度变化不一，断层较多，煤层比较破碎。另外，由于浅部煤层更易受到构造运动变形破坏的影响，所以急倾斜煤层一般出现在煤田的浅部。在断层和褶皱发育的附近区域，往往也有局部的急倾斜煤层出现，且变质程度较高。由于这些特点，急倾斜煤层开采难度大，产量小，机械化水平低，而且采煤方法繁多，矿压控制也比较复杂。在采场矿压方面，急倾斜煤层和缓倾斜煤层有着明显的区别。

（1）由于工作面倾角较大，顶板破断垮落岩块将沿底板向工作面下部采空区滑落，走向长壁开采时在工作面倾斜方向形成不均匀充填特征，导致工作面不同区域矿压显现不同，如图6－23所示。

（2）因煤层倾角大，故顶板压力沿倾斜方向的分力大，所受垂直层面方向的分力小，顶、底板都可能沿倾斜方向滑动导致护巷煤柱的片帮与塌落。这不仅增加了采场支护的复杂性，而且巷道中的支架因受到较大的侧压力，以至常出现顶梁未损而支柱先折断的现象。

（3）急倾斜煤层综采增加了对支护系统稳定性的要求。随着煤层倾角的逐渐增大，围岩对支护系统的这种作用特征变得更加明显。所以在整个支护系统的布置上，既要考虑其支护阻力的大小，更要注意其整体稳定性控制。

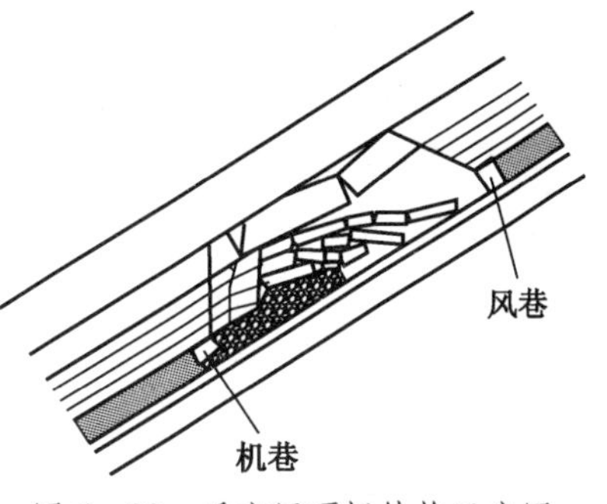

图 6-23 采空区顶板结构示意图

（4）因开采急倾斜煤层时，不仅采空区的顶板会垮落，而且当煤层倾角大于底板岩石移动角时，底板岩石也会发生移动。

由于急倾斜采煤方法众多，其矿压显现与控制技术也各不相同，限于篇幅，本节只针对急倾斜走向长壁开采方法的矿压显现规律及控制进行介绍。

二、急倾斜煤层工作面矿压显现特征及顶板结构

（一）矿压显现特征

（1）急倾斜煤层走向长壁工作面开采如同缓倾斜煤层一样，工作面也具有初次来压和周期来压现象；在顶板条件相同时，急倾斜煤层基本顶来压的步距较大，持续时间较长，但来压强度较同样岩性及生产技术条件下的缓倾斜煤层要小。

（2）急倾斜煤层回采时，沿煤层倾斜方向上的矿压显现一般为中部偏上最大，上部次之，下部较小。由于大倾角工作面冒矸形成上虚下实的状态，因而对顶板的支撑作用下方大于上方，使周期来压步距沿工作面倾斜方向有明显的分段特征，表现为工作面中部来压步距最小，动载系数最大，两侧顶板来压步距较大，动载系数较小。

（3）急倾斜煤层采场顶板岩层的运动决定了采场矿压显现的特点，倾角决定了上覆岩层在运动中更易形成倾斜的梁结构。结构中“关键块”位于采场倾斜上段，“关键块”的位置及其随采场推进而下沉运动使结构平衡破坏，并决定了采场顶板来压的特征。

（4）在岩层断裂和运移方面，沿工作面倾斜方向垮落矸石的不均匀充填导致了工作面顶、底板破断下沉和支承压力分布呈非对称状态，顶板破断、垮落和底板破坏、滑移具有“时序性”，围岩运移较缓倾斜煤层更复杂。

（5）急倾斜煤层开采时，工作面煤壁容易片帮、端面容易冒顶，支架容易滑动、倾倒，整个工作面支架-围岩系统的稳定性较差。

（二）顶板结构及运动规律

在开采急倾斜煤层时，覆岩破坏的范围主要在采空区的中上部。在自重的作用下，直接顶岩层在产生法向弯曲的同时，易受到沿层理面法向分力的作用而产生沿层理面向采空区方向的移动和滑落。同时直接顶上端易被拉断或剪断，在采空区的上端易形成一个梁结构支撑其正上方的覆岩，在直接顶的中段易形成悬臂的板，其中下部由于垮落矸石的充填，对顶板形成支撑作用。整个采场覆岩形成不同形态类似抛物线拱的平衡力学支撑结构。

1. 直接顶运动规律

急倾斜煤层开采后，直接顶岩层运动以破断、垮落为主。沿采场倾斜方向，垮落直接顶下滑充填对顶板岩层支撑作用不同。采场下段采空区后方垮落矸石能较早地起到支撑作用，在垮落矸石和上覆岩层的作用下，采场下段的直接顶也比上段能较早的处于稳定。采场上段的直接顶岩层能全部垮落，一般块度大小不一致，排列杂乱无章，垮落后沿倾斜下滑，以充填采空区；采场中段直接顶岩层下分层垮落一般没有规律，块度不一，上分层垮落块度较大，排列较整齐，再上面的直接顶岩层沿走向将有可能形成“砌体拱”小结构，其上部岩层将发生变形和位移。垮落矸石下滑充填，使采场倾斜下段的直接顶不能充分向下运动，通常只有最大分层及其附近的岩层垮落，其上各分层均以各自岩性的允许块度断裂并整齐排列，较上部的分层在走向上具有一定跨度的“砌体拱”小结构；采场下段由于受到较好的矸石充填作用，这些“砌体拱”对上覆岩层的大结构有一定的支撑作用，从而使其失稳，对采场造成的影响也较采场上、中段小。当垮落带上方的岩层，由于岩层的尺寸大于下落空间，这部分岩块会整体平稳下沉。直接顶中的这些“砌体拱”小结构是大变形区域，可称为“下位岩层”，这些结构的稳定可以阻止覆岩的变形向上覆岩层扩展。急倾斜煤层直接顶岩层在采场中、下段采空区后方形成的“砌体拱”结构模型如图 6-24 所示。

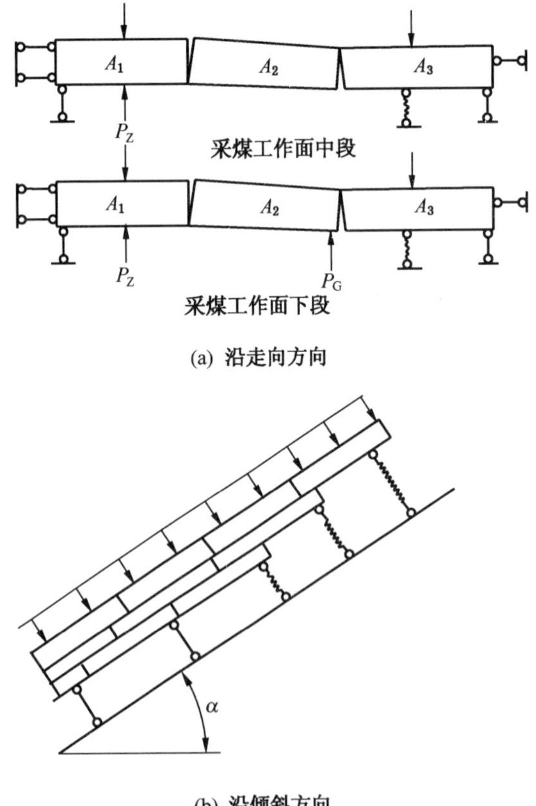

图 6-24 急倾斜煤层采场直接顶“砌体拱”的力学模型

为减小直接顶“小结构”失稳对工作面支架的冲击，支架应具有足够的工作阻力，充分利用后方矸石的充填作用，使铰接点处有较大向上的支反力，同时，采场支架提供足够的支撑力，有助于防止和尽量减小直接顶离层，使直接顶上位岩层在放顶线后方采空区处断裂，减小结构失稳对回采空间的冲击作用。直接顶“砌体拱”结构的力学特性、稳定条件、砌块运动规律及其影响因素等直接影响采场“顶板－支架－底板”支护体系的构成和稳定。

2. 基本顶运动规律

由于上覆岩层在倾斜方向上受到的支撑作用不同，从而导致直接顶上覆岩层运动在该方向呈现时空上的差异。由于组成岩层的岩石是脆性材料，容易被沿法线方向剪断或拉断，当采场形成一定的空间后，直接顶上段的岩层受自重力的影响而发生垮落，并逐步向上位岩层扩展，采场正上方未垮落的岩层形成支撑横梁结构。基本顶覆岩受自重力的作用向采空区内弯曲，底部受矸石支撑，因而基本顶岩板两端受支撑作用而形成一个类似“厂”型弯曲的岩层移动结构，急倾斜煤层采场覆岩的移动结构模式称为“厂”型移动拱。

随着工作面的不断推进，倾斜岩层达到极限跨距时，形成破断板块继续向采空区垮落，岩块在开采区形成垮落带，可称为“下位岩层”，同时“厂”型移动拱结构不断向上在基本顶内扩展，在拱型内的岩板受到水平横梁的约束而成为四边固支板，拱型外的上覆岩层则是三边固支板。而“厂”型移动拱左侧的倾斜岩层，在水平横梁支撑和基本顶自重力的作用下形成整体弯曲移动带，被称为“上位岩层”。上位岩层易产生变形和整体弯曲，但同下位岩层相比，岩层的变形程度明显要小，属于小变形区，上位岩层的分层特征和整体性保持完好。层与层之间的力学性质又各不相同，且属于小变形区，各分层可看成小扰度板的“叠合”，如图 6－25 所示。

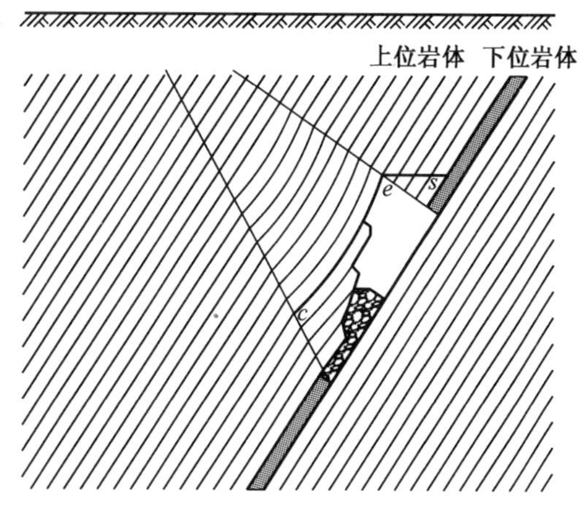

图 6－25　急倾斜煤层开采岩层“厂”型移动拱形态图

“厂”型移动拱的左拱为采场的顶板，如图 6－25 中的 ec 段，左拱岩板受到自重力的分力作用而向采空区弯曲。“厂”型移动拱上端的支撑是水平横梁，如图 6－25 中的 es 段，水平横梁由未垮落的下位岩层构成，主要受到左拱上端的压力而保持稳定，同时也对左拱的上端起支撑作用。在采空区顶部水平横梁的下方有“砌体拱”小结构，“砌体拱”小结构对水平横梁下部岩体的垮落起控制作用，防止采空区顶部岩体继续向上垮落，影响水平支撑横梁的稳定。

急倾斜煤层顶板岩层中易形成基本顶岩层“大结构”和直接顶部分岩层的“小结构”。“大结构”关键块在采场上段，其下无直接顶“小结构”，中、下段处的“大结构”则在下部直接顶岩层的支撑和结构自身的稳定下保持平衡，在非来压期间还保护“小结构”。“小结构”的破坏、失稳必然引起对“大结构”的扰动。在非来压期间，这种扰动对相应位置处“大结构”的支撑条件造成一定影响，但不致引起“大结构”的失稳。而在“大结构”失稳过程中，这种扰动必然会对“大结构”的失稳起到加速作用，同时，必然会引起采场支架与围岩关系在一定程度和范围内重新调整，从而引起采场矿压显现的变化。

三、急倾斜煤层采场矿压控制

（一）支架与围岩的关系

通常所说的采场“支架－围岩”相互作用体系即“基本顶－直接顶－支架－底板”系统。在这个系统中，支架与围岩是相互作用相互影响的，围岩的运动状态影响支架的工作状况和承载特性，而支架的工作状况又反过来影响到围岩稳定性的控制效果。因此把“支架－围岩”看做是一个相互作用和共同承载的力学体系，合理调节和处理“支架－围岩”相互作用关系，是急倾斜煤层综采取得成功的关键。在工作面整个支护系统中，液压支架是维护采场安全生产的结构物，是控制围岩稳定的主要手段。

就采场支护系统而言，工作面支护的直接对象是直接顶岩层，通过直接顶间接地对基本顶的活动起一定的控制作用。在整个支护系统中，支架并不是孤立存在的，而是处在一个由围岩组成的支护体系之中，因此该支护体系的整体稳定性与工作面顶底板的运移、破坏规律及支架固有的结构与参数有密切关系，沿工作面倾向取长为 L 的一段作为研究单元，受力分析如图 6－26 所示。

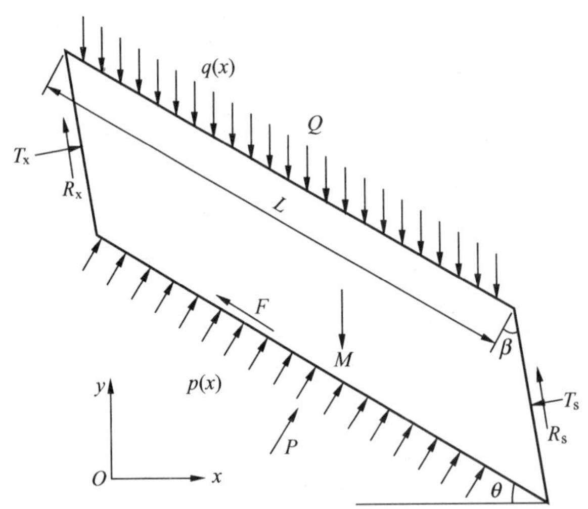

Q—上覆岩层载荷，$Q=\int_0^L q(x)\,dx$；P—支护阻力，$P=\int_0^L p(x)\,dx$；T_x、T_s—相邻单元挤靠推力；R_x、R_s—相邻单元挤靠剪力；M—单元内岩层重力；L—单元沿工作面倾向长度；$F(fp)$—阻止下滑摩擦力；β—岩层破断角；θ—煤层倾角；f—支架与顶板间的摩擦系数

图 6－26　急倾斜煤层走向长壁工作面支架－围岩作用模型

利用结构分析法，可得

$$fP+(T_x-T_s)\cos\beta+(R_x+R_s)\sin\beta=(Q+M)\sin\theta \tag{6-48}$$

$$P+(T_x-T_s)\cos\beta+(R_x+R_s)\cos\beta=(Q+M)\cos\theta \tag{6-49}$$

式（6－48）本质上是所分析的单元沿岩层层面的平衡条件，式（6－49）为所分析的单元沿垂直岩层层面的平衡条件，由这两个公式可以看出：

（1）单元稳定性与其内在特征（β、θ、M）和外载 Q 及支护阻力 P 有关。单元沿岩层层面的下滑力随着 θ、Q、M 的增大而增大。当单元的基本参数确定后，沿岩层层面方向的稳定条件为

$$F+(T_x-T_s)\cos\beta+(R_x+R_s)\sin\beta\geqslant(Q+M)\sin\theta \tag{6-50}$$

单元能够自稳的最大倾角为

$$[\theta]=\arcsin\left\{\frac{1}{Q+M}[F+(T_x-T_s)\cos\beta+(R_x+R_s)\sin\beta]\right\} \tag{6-51}$$

当 $\theta>[\theta]$ 时，仅依靠单元本身已不能使其保持平衡，需采取外部措施，使支架－围岩系统得以稳定。

（2）单元所需支护阻力同样与其内在特征（β、θ、M）和外载有关，当单元的基本参数确定后，支护阻力随着岩层倾角的增大而减小。保持系统平衡所需最小支护阻力为

$$P\geqslant(Q+M)\cos\theta-(T_x-T_s)\sin\beta-(R_x+R_s)\cos\beta \tag{6-52}$$

（3）单元与相邻单元间的接触条件（单元间相互挤靠）决定了单元约束反力（T_x、T_s、R_x、R_s），从而影响整个系统沿层面的稳定性。

（二）顶板稳定性控制

急倾斜煤层采场围岩控制原则包括：①采场支架的支撑力要能支撑垮落带岩层的重量；②采场支架的可缩量要能适应裂隙带岩层的下沉；③保证工作面设备的抗滑抗倒能力；④控制好冒顶和煤壁片帮问题。

基本顶岩层对工作面顶板压力的影响主要取决于直接顶的厚度，也就是说基本顶离煤层越远，即直接顶厚度越大，破断后形成的缓慢下沉式平衡的可能性也越大。随着工作面的推进，顶板来压时，破断岩块的重量与支架的稳定性成反比例关系，即直接顶跨落岩块的范围越大，施加于支架上的载荷越大，整个支护系统的稳定性也就越差。现场可采取的控制措施：顶板来压期间，应增大支架的初撑力和工作阻力，确保支护到位；支架基本垂直顶底板支设，迎山角不超过3°～5°，不得有退山现象，要确保与顶板接触严密，不允许空顶，不出现“线接触”；移架必须一次到位，避免反复支撑顶板。

（三）支架稳定性分析

在急倾斜煤层工作面上，由于支架自身的重量、顶板压力、初撑力、底板反力以及相邻支架间的挤压力等力的作用下处于平衡状态。对于急倾斜煤层支架重心已经作用在支架下边缘外侧，倾斜顶板也是沿一条接近重力方向的曲线移动，也作用在支架下边缘外侧，支架在工作过程中必然会出现沿倾斜方向的下滑或者倾倒现象。基于以上分析，略去工作面输送机、采煤机的影响，建立支架在工作面上下滑、倾倒的力学模型，如图6－27所示。

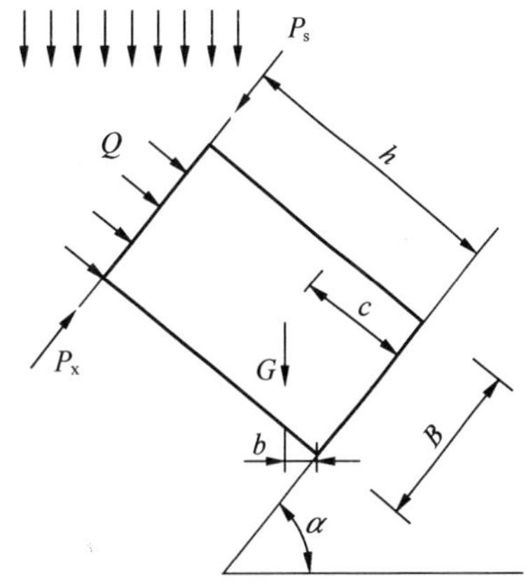

图6－27　支架力学模型

1. 支架防滑稳定性分析

对于急倾斜煤层特殊的地质条件，支架在工作面受到的重力可分解为垂直支架顶梁的法向分力。其中法向分力挤压支架，有利于支架的稳定，切向分力推动支架沿煤层向下滑动和翻倒，不利于支架稳定。随着工作面倾角的增大，法向分力减小，切向分力增大，支架的稳定性不好。当倾角达到一定值后，支架将失稳，难以控制，这个倾角就是综采的极限倾角。倾角增大，支架所受的切向分力增大，法向分力减小，从而使工作面支护系统所受的有效载荷变小，而引起支护系统失稳的外载荷增大，工作面支架下滑、倾倒及架间挤、咬现象加剧。同时随着煤层倾角的增大，工作面矿压显现变化也很大。随着倾角的增大，煤层顶、底板移近量逐渐变小，上覆岩层重力沿层面法向减小，切向下滑力增大，从而加大了支架倾向载荷。这样倾角越大，支架的倾向挤压、倒滑问题就越突出，所以合适的支架选型和保证支护系统稳定性是保证急倾斜煤层综采机械化开采成功的关键。

1）顶板未来压时支架最小支撑力计算

支架在自身的重力、顶底板压力的作用下，有沿倾斜方向下滑的趋势。根据力的平衡条件，其保持稳定的条件为

$$Qf_1+(Q+G\cos\alpha)f_2\geqslant G\sin\alpha+(P_s-P_x)+P_D \tag{6-53}$$

式中 Q——支架的支撑力；

G——支架的自重；

P_D——底板下滑力，取 $P_D=0$；

P_s——上邻架附加力；

P_x——下邻架附加力；

f_1、f_2——支架与顶、底板岩层间摩擦系数。

支架处顶板未来压时，对于支架的防滑力来说，只要支架的初撑力和支架中产生的摩擦力大于支架产生的下滑力，支架就会处于自稳状态而不下滑。

$$Q\geqslant\frac{G\sin\alpha-f_2G\cos\alpha+(P_s-P_x)}{f_1+f_2} \tag{6-54}$$

2）顶板来压时支架最小初撑力计算

支架在自身的重力、顶底板压力的作用下，有沿倾斜方向下滑的趋势。根据力的平衡条件，其保持稳定的条件为

$$Qf_1+[Q+(G+P)\cos\alpha]f_2\geqslant(G+P)\sin\alpha+(P_s-P_x)+P_D \tag{6-55}$$

式中 P——顶板压力。

当 $P_D=0$ 时，由式（6-55），可求得

$$Q\geqslant\frac{(G+P)(\sin\alpha-f_2\cos\alpha)+P_s-P_x}{f_1+f_2} \tag{6-56}$$

因此，在煤层倾角 α 及其他条件不变的条件下，要使支架不下滑的支架初撑力（顶板压力）应满足的临界条件为

$$Q=\frac{(G+P)(\sin\alpha-f_2\cos\alpha)+P_s-P_x}{f_1+f_2} \tag{6-57}$$

2. 支架防倒稳定性分析

煤层倾角较小时，支架在顶板压力、支架自重，初撑力、底板反作用力及上下临架挤

压力作用下能处于平衡状态。

支架在充分接顶时，顶板沿一条近似方向的曲线移动，因此，在顶板压力不断增大，支架达到额定载荷，支柱的支撑力表现为顶板压力的分力，支架所受合力作用点偏出支架下边缘，导致支架倾覆。

支架倾倒力矩为 $M_q = Ph\sin\alpha + h(P_s - P_x)$，支架抗倒力矩为 $M_k = \frac{PB}{2}\cos\alpha + Gb$；在力矩极限平衡时有，$M_q = M_k$，即

$$Ph\sin\alpha + h(P_s - P_x) = \frac{PB}{2}\cos\alpha + Gb \tag{6-58}$$

$$b = \frac{B}{2}\cos\alpha - c\sin\alpha \tag{6-59}$$

式中　b——支架重心与支架底座下端的水平距离；

c——支架重心距支架底座高度。

当支架底座越宽、支架重心越低、支架使用高度越低，支架越稳定，适应的倾角与来压强度将越大。

在不加防倒、防滑装置时，$Ph\sin\alpha - Gb + h(P_s - P_x) > \frac{PB}{2}\cos\alpha$，单个支架是不能够满足急倾斜煤层的稳定要求的，为提高支架的整体稳定性，将支架两个一组设置水平横拉架防倒、防滑千斤顶连接，顶梁上安装一组，底座上前后各安装一组，这样就使支架重心往支架的中心移动，以适应更大的煤层倾角。

3. 底板稳定性控制

急倾斜煤层开采后不仅引起工作面顶板岩层的移动和破坏，也将导致底板岩层沿工作面倾斜方向向下滑移。底板的这种滑移使大部分支架失去了理想的支撑基础，降低了支护体系刚度，增强了支架失稳破坏的趋势。影响底板破坏的因素主要有煤层倾角、支架与底板岩层间的摩擦系数等。

（1）煤层倾角。工作面煤层倾角大，增强了底板失稳、滑移、破坏的趋势。

（2）底板摩擦系数。底板摩擦系数越大，支架需要的抗滑力就会越小。为提高底板摩擦系数，现场可采取以下措施：采煤机割煤后应及时清理工作面浮煤，避免因浮煤引起底板与支架底座之间摩擦系数的减小；及时处理顶板淋水，并定期检查支架乳化液管路及各部位密封情况，以防因水的原因而降低了底板摩擦系数。

煤层本身的倾角已经无法改变，不论支护系统处于何种状态，倾角对其稳定性均有影响，倾角越大，稳定性越差。但为了减缓工作面倾角对稳定性的影响，可沿走向使工作面成伪仰斜布置，沿垂直于伪仰斜方向推进，即沿走向方向工作面下端头超前上端头一定距离。这样布置一方面可以减小工作面倾角，另一方面多次推移输送机拉架后，在推移输送机时，可以给输送机一个向上的作用力，输送机和支架可明显上窜，使得输送机下滑量与推移输送机产生的上窜量抵消一部分，从而加强整个工作面系统的稳定性。

第五节　房柱式采煤工作面矿压控制

房柱式采煤法是指在煤层内开掘一系列宽为 5 ~ 7 m 的煤房，煤房间用联络巷相连，形成近似于长条形的煤柱，煤柱宽度由数米至十多米不等。回采在煤房中进行。煤柱可根

据条件留下不采，或在煤房采完后，再将煤柱按要求尽可能采出。其主要特点为，采用短工作面推进，将煤柱作为暂时或永久的支撑物，开采时的矿山压力显现及规律与壁式体系长壁采煤法相比存在着差异。随着工作面（房）推进，可只用较简单的支架（锚杆）支撑顶板，用于防止碎块岩石冒落。由于采用锚杆支护，增大了工作面空间，又为机械化采煤创造了有利条件。此外，由于采用同类机械先后回采煤房（巷）与煤柱，采掘基本合一，大大提高了采煤的灵活性。由于篇幅限制，本节只探讨留设煤柱支撑顶板时的房柱式采煤方法。房柱式采煤法主要适用在埋深较浅的水平和缓倾斜煤层。

房柱式采煤法留设的煤柱能够有效地控制近场地层，防止地表塌陷，满足环境保护的要求。在采煤实践中为了取得对煤层最大限度的、安全的和经济的开采，要对煤柱支撑顶板时的房柱式采煤法的岩层控制问题进行研究。本章主要内容包括煤柱支护结构组成、煤柱支护能力分析方法、煤房—煤柱布置设计和煤柱支护条件下顶底板的稳定性分析。

一、煤柱支护结构组成

以煤柱为基础支护的采煤方法，在采煤过程中要控制整个采煤影响区域内的岩体位移，就意味着要维持单个采场围岩的局部稳定性和对矿井近场区域内位移进行控制。采场的局部稳定性和近场地层的控制可以作为独立的设计问题来考虑。如图 6－28 所示，在生产采场之间设置承载物或煤柱，可以控制近场地层。煤柱支护体系是否处于有效工作性状与单个煤柱的大小及它在煤层中的位置有关。这些因素又直接与煤柱的承载力和煤柱所支护的岩体对煤柱施加的载荷有关。

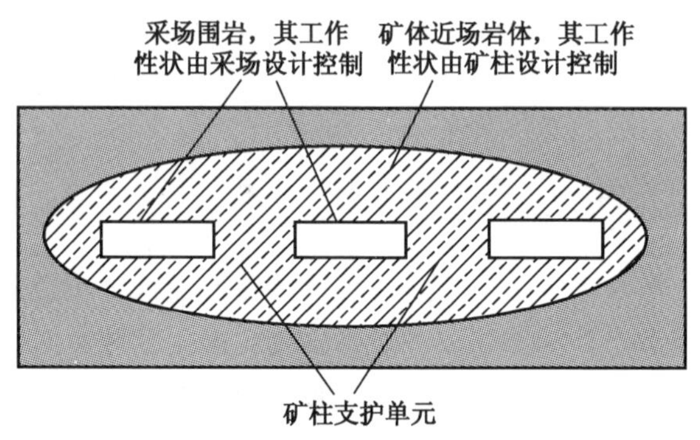

图 6－28　采场近场围岩及局部稳定性控制

另外，在煤层中留设煤柱将导致煤炭资源的临时性积压或永久性浪费。一个经济的支护体系设计，要求煤柱所占用的资源量最少而又能满足矿井结构整体稳定性的要求。因此，在采煤实践中为了取得对煤层的最大限度的、安全的和经济的开采，有必要对岩体性质、单个煤柱和煤柱体系的工作状态进行讨论。

从图 6－29 中可以看出，煤柱承受围岩施加的应力而引起的破坏将导致近场岩体大范围的垮落。如果未充填的采空区的面积很大，则这种垮落将有沿煤柱结构传播的危险。一个煤层如果在二维方向上很大，则通过设置边界煤柱把煤层划分为几个区段，就可以排除这种垮落的可能性。这样设计的间隔煤柱实际上是不可毁坏的，因此每个区段可以看做是一个独立采煤区域。这样，任何垮落的最大范围也只限于在那个区段内。很明显，由于区段内部煤柱与边界煤柱工作特点不同，则适用于它们的设计原则相应有所不同。

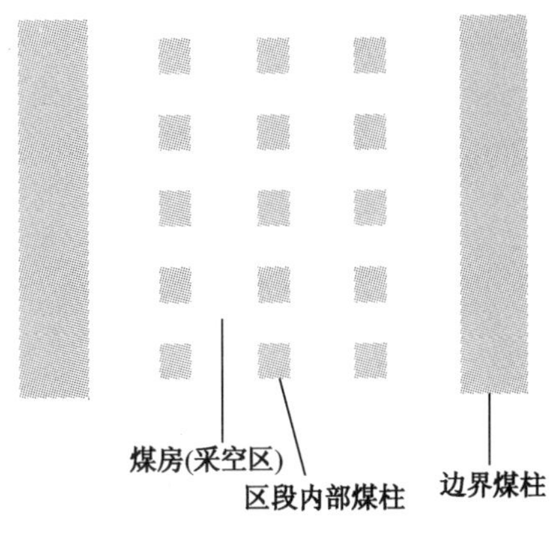

图 6－29　房柱式开采布置

二、煤柱支护能力分析方法

在对矿井支护结构中的一组煤柱工作状态进行分析和预测时，可以使用岩石力学中的多种计算方法来确定整个岩体中的应力状态。然而，通过以静力平衡为基础的简单分析，可以得到有关煤柱体系工作特性的一些有益的认识。应用它可以建立支护单元中的平均应力，然后将这个平均应力与岩体的平均强度相比较，从而确定煤柱的稳定性。

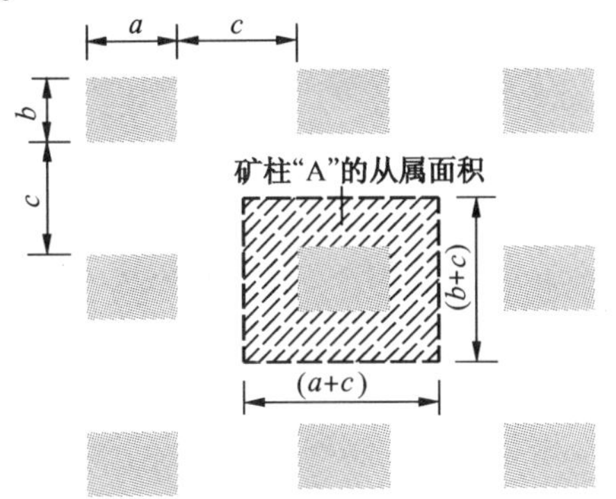

图 6－30　煤柱从属面积分析法的几何要素

（一）煤柱平均应力的从属面积分析法

从属面积理论认为，在大面积开采和煤层为水平埋藏的情况下，当煤柱的形状都相同时，每一个煤柱将均匀地承受煤柱上方及煤柱周围1/2跨度范围内的上覆岩层的重量。

图 6－30 所示的采煤平面布置为，煤柱长度为 a，宽度为 b，煤房跨度为 c。

典型煤柱的从属面积具有平面尺寸（$a+c$）、（$b+c$）。因此，为满足垂直方向上的静力平衡条件，要求：

$$\sigma_{\mathrm{p}} ab = p_{zz}(a+c)(b+c) \quad 或 \quad \sigma_{\mathrm{p}} = p_{zz}\frac{(a+c)(b+c)}{ab} \tag{6-60}$$

式中　σ_{p}——煤柱平均轴向应力；

p_{zz}——作用在垂直于煤柱平面方向上的场应力分量。

面积采出比为

$$\gamma = \frac{(a+c)(b+c)-ab}{(a+c)(b+c)} \tag{6-61}$$

对式（6－60）作简单的处理得到下式：

$$\sigma_{\mathrm{p}} = p_{zz}\left(\frac{1}{1-\gamma}\right) \tag{6-62}$$

对于平面尺寸为 $W_{\mathrm{p}} \times W_{\mathrm{p}}$ 的方形煤柱情况，煤柱被尺寸为 W_0 的煤房分开，式（6－60）可写为

$$\sigma_{\mathrm{p}} = p_{zz}\left(\frac{W_0 + W_{\mathrm{p}}}{W_{\mathrm{p}}}\right)^2 \tag{6-63}$$

式（6－60）和式（6－63）表明，在可能的煤柱布置方式中煤柱的平均轴向应力状态可以由煤房和煤柱的尺寸及采煤前的法向正应力分量直接算出。我们还可看到，对于任何几何规则的采煤布置来说，煤柱平均轴向应力直接由面积采出比确定。煤柱的应力集中

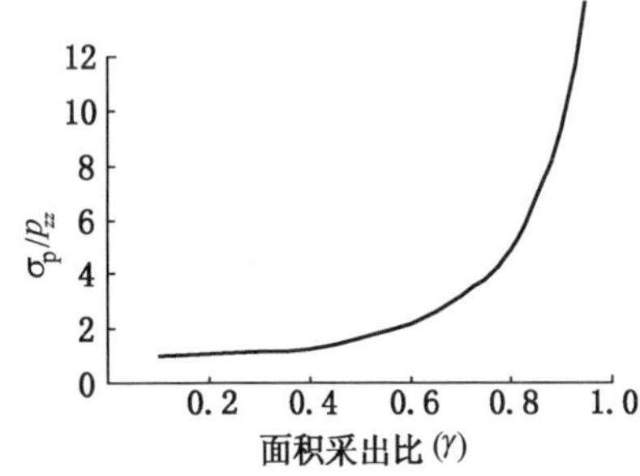

图 6－31 煤柱应力集中系数与面积采出比的关系

系数与面积采出比的关系如图 6－31 所示。从图中可以看到，当面积采出比大时，即使面积采出比有很小的增加，也将引起煤柱中应力的极大增加。例如，当 γ 从 0.90 增加到 0.91 时，煤柱的应力集中系数从 10.0 增加到 11.1。很明显，煤柱中集中应力的这个特点在煤柱设计和采煤工程中具有重大的意义。它解释了当采用天然煤柱支护法时面积采出比通常小于 0.75 的原因。当面积采出比低于 0.75 时，σ_p/p_{zz} 的变化很小；当面积采出比高于 0.75 时，σ_p/p_{zz} 的变化很大。

当利用从属面积分析法计算煤柱轴向应力时，须记住这种方法所隐含的限制。首先，煤柱轴向平均应力纯粹是表示一个煤柱有平行于其主要约束方向上的受力状态，它不能简单地或很容易地与用精确的应力分析法所确定的煤柱应力状态相联系。其次，从属面积分析法把我们的注意力限制在采煤前平行于煤柱支护体系的主轴方向的应力分量上，其中隐含假设采煤前应力场的其他应力分量对煤柱的工作状况无影响，这样会有一定误差。最后，煤柱在煤层或盘区中的位置的影响也没有考虑。

（二）煤柱强度分析法

从属面积分析法为煤柱轴向平均应力的确定提供了一个简单的方法。利用从属面积分析法估算煤柱中受到的应力进行煤柱原始工作状态的分析表明，煤柱的强度与其大小和几何形状有关。由于岩体中分布着裂隙、天然裂面和其他缺陷，煤柱大小对其强度的影响是容易理解的。形状的影响主要从 3 个方面加以考虑：相邻围岩的制约，它是由于对煤柱侧向膨胀的约束而在煤柱中产生的；煤柱体中应力场各分量不光是垂直于其轴线方向的分量；煤柱的破坏方式随纵横比（即宽与高之比）的改变而变化。事实上，上述第二个原因暴露了从属面积分析法本身的不足。

正如 Hardy 和 Agapito（1977）所指出，煤柱大小和几何形状对其强度 S 的影响通常可由一个经验指数关系表达，即

$$S = S_1 v^a \left(\frac{W_p}{h}\right)^b \tag{6-64}$$

式中 S_1——描述煤层和煤层围岩的强度参数；

v、W_p、h——煤柱体积、宽度和高度；

a、b——反映煤层的地质构造和岩石力学条件的参数。

从式（6－64）可以看出，如果对一个煤层的单位立方体试块进行强度试验，则强度参数值 $S = S_1$。事实上，这种解释是不正确的。因为式（6－64）两边的量纲不统一，正确的方法是在特定的力学环境下，对一组观察到的煤柱破坏情况进行详细分析后得出，或者是对典型煤柱进行仔细设计后，进行现场加载试验而得。Cool，N·G·W 等人（1971）描述过这种加载系统，就是在典型煤柱中部的切割槽中放入一组千斤顶并加压，由于保持了煤柱的端部自然边界条件，通过这种加载系统得出的试验结果是最为合适的。

通过把式（6－64）改写成如下形式，可以得到煤柱大小和形状对煤柱强度影响的另一表达式：

$$S = S_2 h^{\alpha} W_p^{\beta} \tag{6-65}$$

式（6－64）和式（6－65）中，基本强度参数 S_1 和 S_2 是不相等的，这是由于这两个表达式中量纲不同所致。对于横剖面为方形的煤柱，指数 α、β、a、b 是线性相关的。它们之间有如下相关性：

$$a = \frac{1}{3}(\alpha + \beta) \qquad b = \frac{1}{3}(\beta - 2\alpha) \tag{6-66}$$

Salamon 和 Munro（1967）总结了由各种渠道获得的方形截面煤柱强度指数的一些估计值，这些值列于表 6－3 中。

表 6－3　基于煤柱尺寸和形状的煤柱强度指标经验取值

来　　源	α	β	a	b	备　　注
Salamon 和 Munro（1967）	－0.66 ±0.16	0.46	－0.067 ±0.048	0.59 ±0.14	南非煤层，现场破坏
Greenwald 等（1939）	－0.83	0.50	－0.111	0.72	匹兹堡煤层，模型试验
Steart（1954）；Holland 和 Gaddy（1957）	－1.00	0.50	－0.167	0.83	西弗吉尼亚实验室试验
Skinner（1959）	—	—	－0.079	—	硬石膏实验室试验

Hardy 和 Agapito（1977）提出了煤柱强度公式的另一表达式。从对西科罗拉多油页岩煤柱工作性状的研究中推出相应的煤柱强度公式如下：

$$S = S_1 v^{-0.118} \left(\frac{W_p}{h}\right)^{0.833} \tag{6-67}$$

应用这个公式时，简便的方法是取一个比例关系，也就是确定一个已知形状和大小的试样单轴压缩强度 S_S，并从下式估算煤柱强度：

$$S_p = S_S \left(\frac{v_p}{v_s}\right)^{-0.118} \left[\left(\frac{W_p}{h_p}\right) \Big/ \left(\frac{W_s}{h_s}\right)\right]^{0.833} \tag{6-68}$$

式中，下标 p 和 s 分别表示煤柱和试样。

三、煤房—煤柱布置设计

煤柱支护采煤法布置设计应寻求获得资源最大可能的采出比，同时又能保证煤房跨度内的围岩稳定性和对近场岩体的总体控制。在涉及不规则的煤房—煤柱几何布置的设计实践中，人们通常热衷于使用岩石力学中阐述过的计算方法中的某一个。这些方法可以用来确定各种采煤方案、各种几何形状的煤房—煤柱和不同开采顺序的围岩位移分布。然而，利用从属面积分析法来研究煤房—煤柱设计和采煤布置还是有益的。

当应力分析的从属面积分析法用于平伏层状煤层的开采设计时，在设计计算中牵涉到 5 个参数：作用在垂直于煤柱平面方向上的场应力分量 p_{zz}（可以由岩石力学条件来确定），在设计过程中要确定的另外 4 个变量是开采或煤柱高度 h、煤房跨度 W_0、煤柱宽度 W_p 和防止煤柱破坏的安全系数 F。尽管下面的讨论仅考虑了边长为 W_p 的方形煤柱，但它同样适用于长形的煤柱。

如前所述，能够保证煤房房壁局部稳定性的煤房跨度可以用单个采场的设计方法来确定，也就是煤房跨度可以单独地确定而与其他设计参数无关。

（一）安全系数的选取

能保证煤柱安全合适的安全系数的选择需要基于工程经验，Salamon 在对南非煤柱进行分析时，建议安全系数的合理设计值为1.6。在其他采煤条件下，可用统计分析的方法来确定安全系数。

（二）煤房—煤柱尺寸确定

上述工程经验表明，在设计阶段剩下的待定参数是煤柱宽度 W_p 和开采高度 h。下面以具体实例来说明煤房—煤柱尺寸确定的过程。

例如，一个2.5 m厚的水平煤层位于地表下80 m深处，上覆岩体重力密度为25 kN/m³。初始采煤布置设计中煤房跨度为6 m，煤柱为边长5 m的方形，全厚度开采，其煤柱强度由下面经验公式确定：

$$S = 7.18h^{-0.66}W_p^{0.46} \tag{6-69}$$

这个布置方案的从属面积分析法分析如下：

（1）采煤前的应力：$p_{zz} = 80 \times 25(\text{kPa}) = 2.0(\text{MPa})$。

（2）煤柱平均轴向应力：$\sigma_p = 2.0 \times \left(\dfrac{6.0+5.0}{5.0}\right)^2(\text{MPa}) = 9.68(\text{MPa})$。

（3）煤柱强度：$S = 7.18 \times 2.5^{-0.66} \times 5.0^{0.46}(\text{MPa}) = 8.22(\text{MPa})$。

（4）安全系数：$F = \dfrac{8.22}{9.68} = 0.85$。

为了达到安全系数 $F=1.6$ 的基本要求，重新设计可选方案：方案一，减少煤房跨度以降低煤柱应力水平；方案二，增加煤柱宽度以提高煤柱强度；方案三，降低煤柱（或开采）高度。方案二、方案三的目的都是要提高煤柱的强度。修改这些方案，重新计算采煤几何参数，都是达到煤柱安全系数1.6的途径。对于方案一、方案三，修改后的煤房跨度和高度可以直接得到；而对于方案二，则得到一个关于 W_p 的非线性方程，它可用牛顿－拉夫森（Newton－Raphson）迭代法求解，可得到如下结果：

方案一：$W_0 = 3.0$ m，$W_p = 5.0$ m，$h = 2.5$ m。

方案二：$W_0 = 6.0$ m，$W_p = 7.75$ m，$h = 2.5$ m。

方案三：$W_0 = 6.0$ m，$W_p = 5.0$ m，$h = 0.96$ m。

由上述几何尺寸所确定的每个采煤布置都满足煤柱强度准则。然而，剩下的问题仍然是哪个布置方案可以最大限度地开采煤体。很明显，能够保证安全并从煤层中开采的矿石量最大的那个采煤布置是理想的矿井采场设计。基于充分利用资源的观点，方案三很明显是不可取的，因为它意味着在整个矿区内，在煤层的顶板上或在煤层的底板上要留下一定厚度的矿石不能开采，如图6－32c所示。从保证安全的观点来看，方案一、方案二都是允许的，如图6－32a、b所示，基于开采资源的体积采出比，可以在这两个方案中做出选择。

当然，在随后的采煤阶段中，如果煤柱要回收和在第一次采煤时不会出现严重问题的话，在这两个方案中作出选择时，还要考虑到施工和设计方面的其他问题。如果煤柱仅是部分回收，要仔细考虑煤房和煤柱的大小对于体积采出比的影响。

四、煤柱支护条件下顶底板的稳定性分析

在利用从属面积分析法讨论煤柱的设计时，由于隐含地假设了煤柱对于围岩的支护能

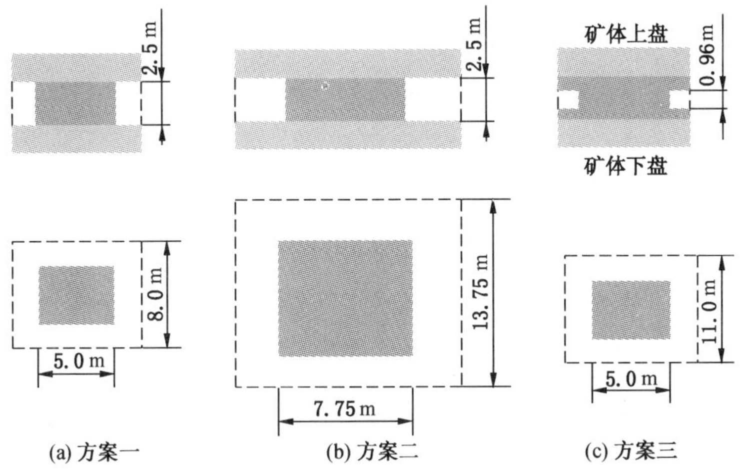

图 6-32　2.5 m 厚煤层开采设计的选择

力取决于煤柱强度，当上、下盘岩体相对于煤层来说较弱时，煤柱支护体系也许会由于煤柱挤入煤层围岩中而失效。其破坏方式类似于基础承载力丧失时的破坏方式，并可用类似的方法来分析。这种破坏方式表现为煤柱周边附近的底板岩体的隆起或顶板岩体的剥离和破裂。

在层状煤层中煤柱对上盘和下盘岩体所施加的载荷可以等价地看做是半空间体表面上作用一分布载荷的情况，如图 6-33 所示。

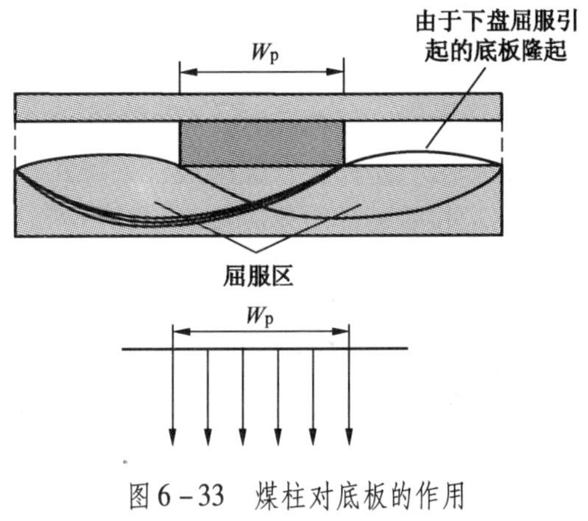

图 6-33　煤柱对底板的作用

Brinch Hansen（1970）给出了具有黏结力的摩擦型材料（如软岩）的承载力的实用计算方法。对于半空间上作用均匀带状载荷的情况，其承载力由经典的塑性分析得出：

$$q_b = \frac{1}{2}\gamma W_p N_\gamma + cN_c \tag{6-70}$$

式中　γ——介质的重力密度；

c——黏结力；

N_γ、N_c——承载力因子。

承载力因子定义为

$$N_c = (N_q - 1)\cot\phi \tag{6-71}$$

$$N_\gamma = 1.5(N_q - 1)\tan\phi \tag{6-72}$$

式中　ϕ——承载体的摩擦角。

$$N_q = e^{\pi\tan\phi}\tan^2\left(\frac{\pi}{4} + \frac{\phi}{2}\right) \tag{6-73}$$

式（6-70）表示了一条长的煤柱作用下所产生的承载力，对于长度为 L_p 的煤柱，为了反映煤柱平面形状的改变，承载力表达式修改为

$$q_{\mathrm{b}}=\frac{1}{2}\gamma W_{\mathrm{p}}N_{\gamma}S_{\gamma}+c\cot\phi N_{\mathrm{q}}S_{\mathrm{q}}-c\cot\phi \tag{6-74}$$

式中，S_{γ}、S_{q} 是由式（6－75）、式（6－76）定义的形状因子：

$$S_{\gamma}=1.0-0.4\frac{W_{\mathrm{p}}}{L_{\mathrm{p}}} \tag{6-75}$$

$$S_{\mathrm{q}}=1.0+\sin\phi\frac{W_{\mathrm{p}}}{L_{\mathrm{p}}} \tag{6-76}$$

抵抗承载力破坏的安全系数为

$$F_{\mathrm{s}}=\frac{q_{\mathrm{b}}}{\sigma_{\mathrm{p}}} \tag{6-77}$$

即将煤柱平均轴向应力等价地作为均匀分布载荷施加到相邻的围岩上。

第六节　采煤工作面顶板事故控制

一、概述

顶板事故又称顶板灾害，是指在地下采煤过程中，因为顶板意外冒落造成的人员伤亡、设备损害、生产中止等事故，是煤矿生产的主要灾害之一。顶板灾害中也包含着由于底板、帮部位置的煤岩体失稳引起的灾害，实际上是指采掘空间围岩失稳引起的灾害，习惯称为顶板灾害。在煤矿顶板灾害中，发生在采煤工作面的顶板事故占 75% ～80%，因此，对采煤工作面顶板事故的控制是煤矿安全高效开采的重要任务。

通过对采煤工作面顶板事故的初步分析，发现绝大多数采煤工作面顶板事故发生都是有条件的，也是有规律的。采煤工作面顶板事故发生的根本原因有两个：一是对工作面顶底板情况及其活动规律缺乏清晰的认识；二是没有及时采取针对性的措施。只要能用正确的理论和手段实现对顶板的监测，掌握顶底板情况及其活动规律，并提前采取针对性的控制措施，实现对顶板的科学控制，绝大部分事故是完全可以防止的。

在进行有效的顶板控制之前，必须研究采煤工作面顶板事故的科学分类。对采煤工作面顶板灾害的分类应同时考虑灾害发生的对象、力源和范围，三者都直接影响到采煤工作面顶板事故的破坏力、防治原则和支护措施。采煤工作面顶板事故通常分为小范围局部的冒顶和区域性切顶（也称大面积切顶），具体如图 6－34 所示。

二、采煤工作面区域性切冒事故及控制

区域性切冒事故是指发生突变运动的顶板范围大，一般沿工作面面长方向顶板运动范围为十几米至几十米甚至全工作面，突变运动的顶板阻塞工作面或严重影响支护装备的正常使用，一般能产生较多（3 人以上）的人员伤亡，并要花费较长的时间重新恢复工作面的正常生产。突变运动的顶板包括采煤工作面直接顶、基本顶、基本顶上方的高位覆岩及采煤工作面底板，如图 6－34 所示。

区域性切冒事故也称垮面事故，下面按照 3 种顶板对象及采煤工作面底板失稳情况，分析顶板突变运动的机理和防治措施。

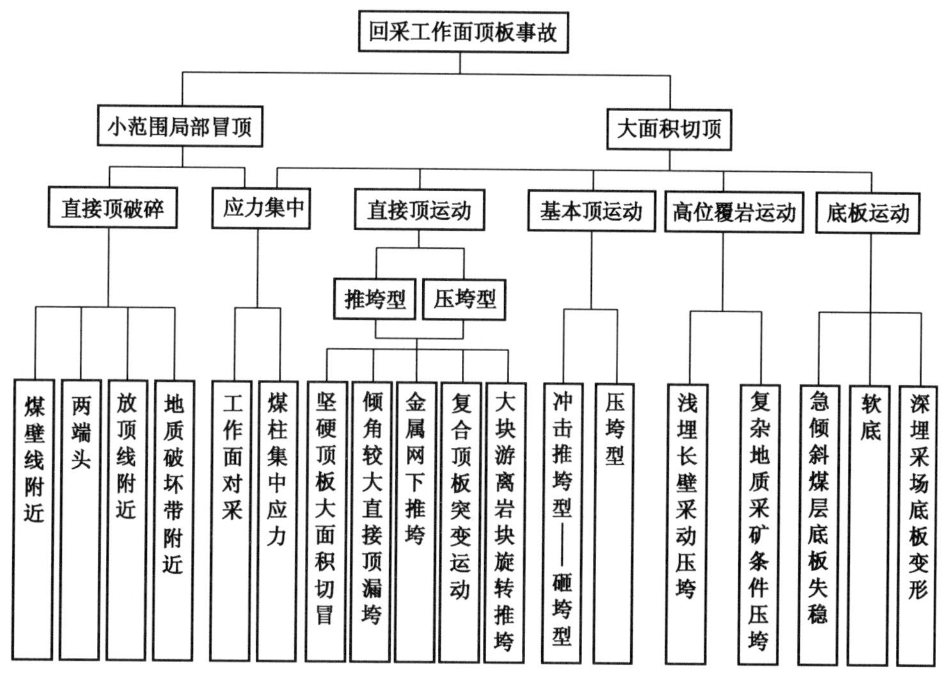

图 6－34　回采工作面常见顶板事故类型

（一）直接顶运动引发的垮面事故

由于不同采煤工作面直接顶的形式和运动特点的差异，直接顶运动引发的垮面事故是多样的，如坚硬顶板的大面积切冒、倾角较大的破碎直接顶漏垮、厚煤层分层开采金属网下推垮、复合顶板的突变运动、放顶煤工作面顶煤和直接顶的突变运动、工作面开切眼由初采期间的反向推采造成的顶板事故等。就其作用力的性质和顶板运动时的始动方向，直接顶运动引发的垮面事故可分为推垮型事故和压垮型事故两类。

1. 坚硬顶板的大面积切冒

当煤层顶板是整体厚层硬岩层（如砂岩、砂砾岩、砾岩等，其分层厚度大于 5 ~ 6 m）时，它们要悬露几千平方米、几万平方米，甚至十几万平方米才冒落。这样大面积的顶板在极短时间冒落下来，不仅由于重量的作用会产生严重的冲击破坏力，而且会把已采空间的空气瞬时挤出，形成巨大的暴风，破坏力极强。坚硬顶板的区域性切冒，不只发生在连续推进的长壁采煤工作面，留煤柱或刀柱开采的非连续采煤工作面，当煤柱力学性质改变、丧失对顶板的支撑时，也可能发生区域性切冒冲压或推垮工作面。

1）机理分析

坚硬顶板的大冒顶一般是指顶板的初次垮落，该种类型顶板事故的力学机理有两种解释：一是顶板大面积悬露后，弯拉应力超过其强度，导致顶板岩层断裂，并大面积垮落；二是顶板大面积悬露后，采空区周边煤柱上方岩层内的剪应力超过其极限强度，导致顶板岩层大面积切落。

2）顶板大面积切冒前的矿压显现

区域性切冒的预兆主要表现：①顶板断裂声响的频率和音量增大；②煤壁有明显受压

与片帮现象；③底板出现鼓起或沿煤柱附近的底板产生裂缝；④回采巷道超前压力显现较明显；⑤工作面支柱载荷和顶板下沉速度明显增大；⑥有时采空区顶板发生裂缝后淋水加大，水流变浑浊，因为断裂岩块互相间摩擦形成的岩粉与水混合在一起；⑦采空区内可见明显的顶板弯曲或下沉，内置的信号柱发生明显弯折。

3）顶板大面积切冒的预测、预报和处理方法

大面积切冒可以采用顶板动态监测法，或用微震仪、地音仪和超声波地层应力仪等进行预测。因为厚层坚硬岩层的破坏过程，时间长的在冒顶前几十天就出现声响和其他异常现象，时间短的在冒顶前几天，甚至几小时也会出现相应的矿压显现。因此，根据仪器测量的结果，结合历次冒顶预兆的特征，可以对大面积切冒进行准确的预报，包括顶板来压时间、地点和强度，避免造成灾害。

防止和减弱大面积切冒危害的原则：改变岩体的物理力学性质，以减小顶板悬露及垮落面积，减小顶板垮落高度，降低空气排放速度。具体的防治技术有下列几种：

（1）顶板高压注水。从工作面平巷向顶板打深孔，进行高压注水，注水泵最大压力达 15 MPa。顶板注水可起弱化顶板和扩大岩层中的裂隙及弱面的作用。

（2）强制放顶。所谓强制放顶，就是用爆破的方法人为地将顶板切断，使顶板垮落一定厚度形成矸石垫层。切断顶板可以控制顶板垮落时产生的冲击力；形成矸石垫层则可以缓和顶板垮落时产生的冲击波及暴风。为了形成垫层，挑顶的高度可按需要形成垫层的厚度进行计算。据大同矿区的实践经验，采空区中矸石充满程度达到采高和挑顶厚度之和的 2/3，就可以避免过大的冲击载荷和防止形成暴风。

2. 大倾角工作面的直接顶漏垮

由于煤层倾角较大、直接顶又异常破碎，采煤工作面支护系统中如果在某个地点失效发生局部漏冒，破碎顶板就可能从这个地点开始沿工作面往上全部漏空，造成支架失稳，导致工作面漏垮。

预防漏垮型冒顶的措施：①选用合适的支柱，使工作面支护系统有足够的支撑力与可缩量；②顶板必须背严实；③严禁爆破、推移刮板输送机等工序弄倒支架，防止出现局部冒顶。

3. 复合顶板的突变运动

从本质上讲，复合顶板就是离层型顶板。复合顶板由下软上硬岩层组成，采动后下部岩层因强度小或分层厚度小，其挠度比上部岩层大，引起上下岩层的下沉不同步，从而导致岩层内部或岩层之间纵向分离即为岩层之间的离层。典型的复合顶板岩层特征：①煤层顶板由下“软”上“硬”不同岩性的岩层形成；②“软”“硬”岩层间夹有煤线或薄层软弱岩层；③下部“软”岩层的厚度通常不小于 0.5 m，且不大于 3.0 m；④存在超过 0.5 m 厚的随采随冒的软弱岩层，现场往往采用“托伪顶”开采时，煤层的顶板也是复合顶板；⑤应用留煤皮方法采煤时，如果煤皮厚度大于 0.5 m，且煤皮与顶板又易分离或煤层有伪顶，这时采煤工作面也具有复合顶板的特点；⑥厚煤层倾斜分层下行垮落法开采时，第二分层及以下分层再生顶板的厚度为 0.5 ~ 3 m，其上为较硬岩层或咬合住的断裂岩块，再生顶板与它又没有多大的黏结力，则在回采第二分层及以下分层时，该分层也具有再生的复合顶板之特点。

1）复合顶板事故特点

复合顶条件下的顶板事故多为推垮型事故，顶板推垮方向可沿工作面倾斜方向、向采空区、向煤壁方向推垮，而且垮面范围较大。除此以外，复合顶推垮尚有下列矿压显现特征：①冒顶前采煤工作面顶板压力不大，支架没有变形、损坏，支柱没有明显的下缩；②多数情况下，冒顶前采煤工作面直接顶已沿煤壁断裂；③冒顶后支柱没有折损只是倾倒，多数是沿煤层倾斜方向向下倾倒，也有向采空区倾倒的；④冒顶后上部硬岩层大面积悬露不冒，个别情况是冒落几个大块；⑤冒顶在任何工序都有可能发生，但多数发生在回柱放顶工序；⑥冒顶多发生在开切眼附近；⑦多数情况冒顶前没有明显征兆，推垮发生速度快、来势猛，人力无法抗拒；有时推垮前有征兆，能发现靠采空区支柱向下倾斜，沿煤壁及采空区边顶板掉渣，因而来得及撤出人员。

2）复合顶板事故发生的机理

此类顶板发生事故时，最主要的先决条件是一定范围内的复合顶板由于离层、断裂而成为一个孤立的岩块，且有可供岩层运动的空间时便发生事故。

（1）离层。由于支柱的初撑力小，在顶板下位软岩层的自重作用下支柱下缩或下沉，而顶板上位硬岩层未下沉或下沉较慢，也就是软硬岩层下沉不同步，从而导致软岩层与其上部硬岩层离层，如图 6－35 所示。

（2）断裂岩块的产生。由于各种原因，在顶板下位软岩层中断裂出一个六面体，如图 6－35 中的 $aa'bb'cc'dd'$ 所示。

（3）断裂岩块去路和煤层倾角。当六面体周围（一般是沿倾斜下侧或采空区侧）出现一个自由空间（采空区、冒顶或复合顶尖灭）使六面体有了去路，而且六面体向去路方向又有一定的倾角时，在自重作用下，六面体就具有向去路方向的推力。

（4）岩块推力大于阻力。假设 $bb'cc'$ 下侧有自由空间，则六面体 $aa'bb'cc'dd'$ 就具有沿倾斜向下的推力，如图 6－35 所示。当相邻岩层或支护阻力不能平衡岩层推力时，便会发生推垮型冒顶。

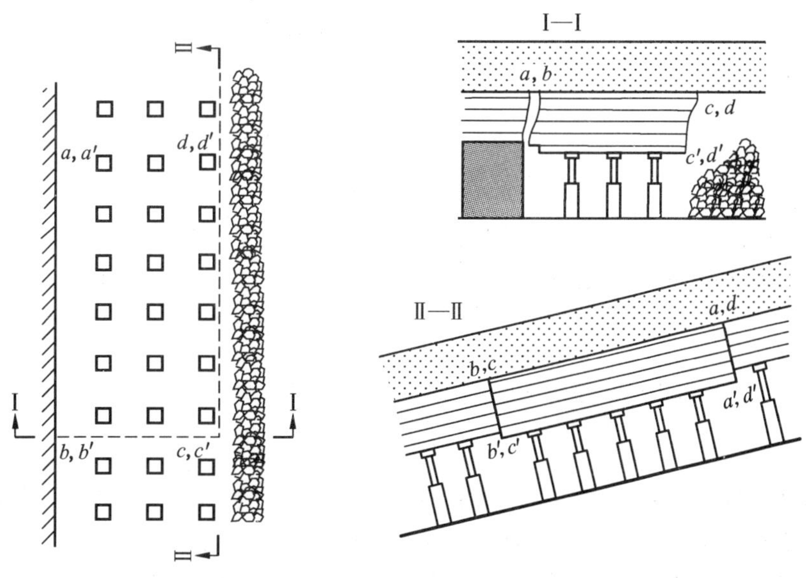

图 6－35　下位软岩层离层断裂

3）复合顶板推垮型事故的预防措施

由于我国有很多采煤工作面具有复合顶板特征，复合顶板推垮型事故威胁很大。防止复合顶板事故最直接的手段是采用综采或倾斜长壁开采，对于单体支柱工作面或走向长壁采煤工作面，从顶板事故的机理出发，以下几条措施可以有效地预防该类顶板事故。

（1）工作面伪斜布置。限定六面体只沿工作面下侧向推移，另外伪斜布置可使顶板下滑力减小。

（2）回采巷道不破顶掘进，杜绝人为提供形成六面体下滑的空间。

（3）工作面初采禁止反向推采。由于工作面在开切眼内滞留时间长，顶板离层普遍而且范围较大，反向推采煤柱使控顶区范围增大，新增设的支柱整体性较差，支护阻力较小，极易产生推垮型事故。

（4）控制采高，使垮落岩层充满采空区，抑制采动后孤立六面体自由运动，提高顶板和已冒岩石的摩擦力，阻止顶板沿层面方向运动。

（5）使用戗柱提供阻抗顶板沿层面滑移的反力。戗柱可分为向上、向前和向后戗柱3种，分别预防工作面复合顶向下、向采空区和向工作面煤壁方向的复合顶推垮。

（6）开切眼采用锚杆或锚索支护，预防顶板离层。

除上述措施外，在使用单体支柱和铰接顶梁的采煤工作面中，还有两条措施应该采用：一是采用倾向连接的“整体支护”，在易发生复合顶推垮的地点和时间，用拉钩连接单体支柱，提高支架的整体稳定性；二是提高单体支柱的初撑力和刚度，抑制顶板的早期离层。

（二）基本顶引发的垮面事故

由基本顶运动所引起的垮面事故，就其作用力的性质和始动方向不同可以分为以下几种类型。

1. 冲击推垮型

冲击推垮型，即砸垮型。这种事故发生时，基本顶首先将其作用力施加于靠近煤壁处已离层的直接顶上，造成煤壁片帮和顶板下切，紧接着高速下沉的基本顶把直接顶推垮。这类事故发生的简单过程，如图6-36所示。

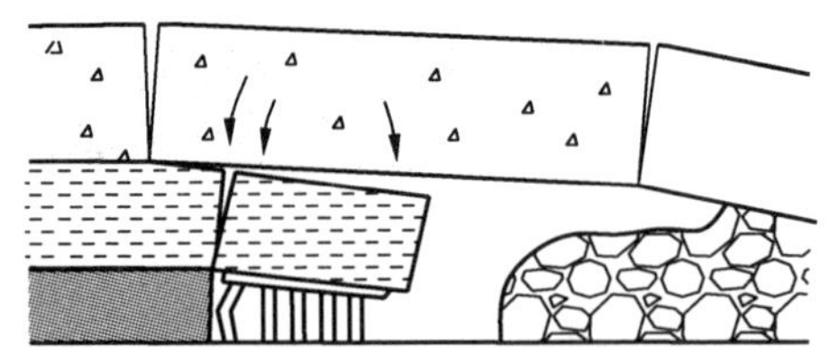
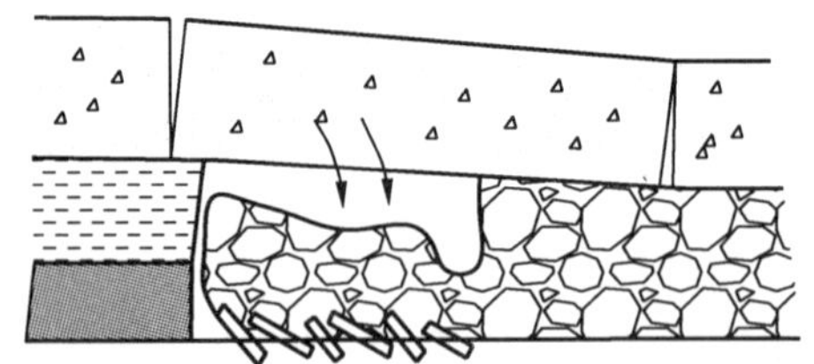

图6-36 基本顶运动引起的冲击推垮型（砸垮型）事故

2. 压垮型

这种事故多发生在木支柱支护的工作面。木支柱属于刚性支柱，破坏后强度几乎为零。由于木支柱缩量小，且全工作面支柱载荷分布不均匀，在基本顶来压过程中，集中载荷大的支柱首先被压断，使载荷转移至其他支柱上，结果依载荷大小支柱被“各个击破”，最后连直接顶也支撑不住而造成垮面事故，事故过程如图6-37所示。

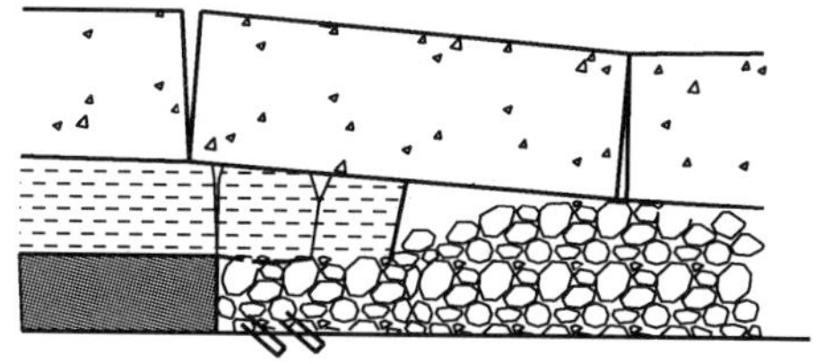

图 6－37　基本顶运动引起的压垮型事故

冲击推垮型和压垮型事故都是由于支护强度不足而导致的支架（柱）大量压坏而造成的冒顶事故。

1）发生压垮型冒顶事故的一般条件

（1）直接顶比较薄，厚度小于煤层采高的 2～3 倍，直接顶冒落后不能充满采空区。

（2）工作面有明显甚至剧烈的基本顶初次来压和周期来压显现。当支柱的初撑力较低时，基本顶往往断裂在煤壁之内。实践证明，随基本顶及其支撑条件不同，基本顶在煤壁内的断裂位置距煤壁 1～2 m 至 10 m 以上不等。当工作面推进到基本顶断裂线附近时，顶板可能出现台阶下沉，这时基本顶岩块的重量全部由工作面支架承担。

2）压垮型冒顶事故的预防

基本顶来压是这类事故的触发条件，而地质构造又能使基本顶的运动更加剧烈。因此，对该类顶板事故的预防首先要进行顶板来压的预测预报，并正确地预计顶板活动规律和顶板运动对工作面支架的作用力，具体支护要求和措施如下：①采煤工作面支架的支撑力应能平衡垮落带直接顶及基本顶岩层的重量；②采煤工作面支架的初撑力应能保证直接顶与基本顶之间不离层；③采煤工作面支架的可缩量应能满足基本顶下沉的要求；④普采工作面遇到平行工作面的断层时，在断层范围内要及时加强工作面支护，不得采用常规办法回柱；⑤工作面采用液压支架支护时，若支架的工作阻力有较大的富裕，则工作面可以正常推进；若支架的工作阻力没有太大的富裕，则应考虑使工作面与断层斜交或应用采空区挑顶的措施过断层。

（三）高位覆岩运动引起的工作面压垮事故

高位覆岩运动引起的压垮型事故，是指突变运动的岩层范围超过了采煤工作面常规的直接顶和基本顶的岩层厚度，高位岩层运动引起工作面大面积冒顶、支架被推垮或压死的现象。其生产地质条件有下述几个方面：①浅埋长壁采煤工作面；②浅部留煤柱支撑顶板开采；③复杂采煤地质条件下的采煤工作面。当基本顶以上的覆岩运动并对工作面矿压显现产生影响时，顶板运动产生的压力一般超过工作面支护强度，因而一旦发生该类顶板事故时，将对采煤工作面产生毁灭性的压垮影响，它是近年来新出现的严重顶板灾害，有时又称为矿压异常的顶板突变运动。下面以浅埋长壁采煤工作面的压垮型事故为例进行说明。

浅部缓倾斜煤层开采引起的覆岩断裂运动可能直达地表，地表非连续性破坏而出现漏斗状塌陷坑；在有含水层的松散层下采煤时，不适当地提高回采上限，工作面的覆岩断裂运动也能通达地表，并在地表引起漏斗状塌陷坑。这种情况下，由于覆岩的整体切落，采煤工作面支架承担的上覆岩层重量要超过常规的采煤工作面直接顶和基本顶岩层重量，很

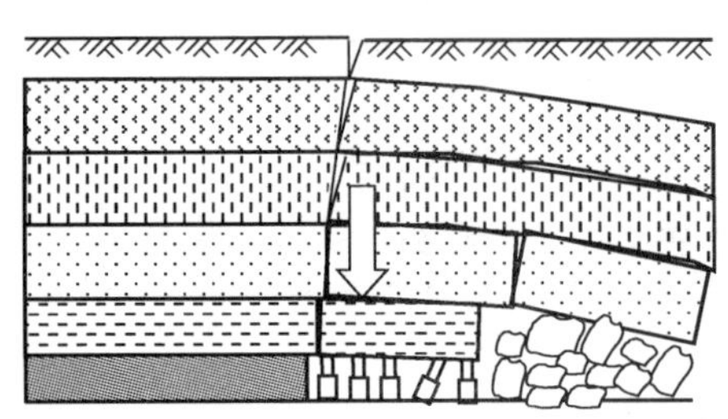

图6－38 浅埋回采工作面的压垮型事故

容易导致工作面出现压垮型冒顶事故，如图6－38所示。

对该类顶板事故的防治，主要从采煤方法上考虑避免切顶事故。

三、采煤工作面局部冒顶事故及控制

采煤工作面冒顶事故中，局部冒顶占60%～70%。这类顶板事故的特点是范围较小，很容易被忽视，甚至被认为缺乏规律性，很难避免，以至这类事故发生频率较高。就触发原因，局部冒顶事故分为两类：一类是在采煤工作（包括机采和爆破落煤）过程中发生，即在采煤过程中未能及时支护已破坏的顶板；另一类是在单体支柱工作面回柱操作过程中发生。后者在局部冒顶事故中所占比重在60%以上。按发生的地点，局部冒顶事故分为4种：①工作面煤壁线附近的局部冒顶；②两端头的局部冒顶；③放顶线附近的局部冒顶；④地质破坏带附近的局部冒顶。

（一）煤壁线附近的冒顶事故

1. 冒顶原因

此类冒顶的煤岩块属于采煤工作面伪顶、直接顶或顶煤。由于顶板中存在原生裂隙或构造断层等原因，导致刚出露煤壁的顶板形成游离的块体，如果支护不及时，这类游离岩块可能突然冒落，形成局部冒顶事故；另外，采用爆破落煤的采煤工作面，可能因爆破崩倒支柱而冒顶；再者，采煤工作面煤壁煤体较软，或受到超前支承压力作用时产生明显的片帮，扩大了无支护空间等，均有可能产生局部冒顶。

2. 单体支柱工作面预防局部冒顶的措施

（1）采用能及时支护悬露顶板的单体支架，如正悬臂交错顶梁支架、正倒悬臂错梁直线柱支架等，并使端面距不大于200 mm，同时提高支柱的初撑力。

（2）炮采时，炮眼布置及装药量应合理，尽量避免崩倒支架。

（3）尽量使工作面与煤层的主要节理方向垂直或斜交，避免煤壁片帮。煤层一旦片帮，应掏梁窝超前支护，防止冒顶。

3. 综采工作面局部冒顶事故的预防措施

综采工作面的局部冒顶，主要是发生在靠近煤壁附近的漏冒型冒顶。其预防措施：①支架设计上，采用长侧护板，整体顶梁，内伸缩式前梁，增大支架向煤壁方向的水平推力，提高支架的初撑力；②工艺操作上，采煤机过后，及时伸出伸缩梁，及时擦顶带压移架，顶梁的俯视角不超过70°；③当碎顶范围较大时（如过断层破碎带等），则应对破碎直接顶注入树脂类黏结剂等使其固化，以防冒顶。除了顶板的岩性较差易冒顶外，由于基本顶周期性运动造成的直接顶周期性破坏冒顶也是一个重要因素。此时，可采用矿压监测的方法预报顶板来压导致直接顶破碎的时间和地点，提前采取预防措施，避免回采过程中冒顶事故的发生。

（二）工作面端头的冒顶事故

工作面端头包括刮板输送机机头、机尾附近以及与工作面相连的一段巷道。在工作面机头、机尾处，顶板暴露的空间大，支承压力显现集中，巷道容易发生变形和破坏。由于经常要进行机头机尾的移置，拆除、支设支柱，破碎顶板可能进一步松动冒落。由于端头冒顶或顶板下沉量大，给端头支护操作带来了许多困难，甚至影响到工作面的正常推进。工作面端头的顶板控制已经成为许多工作面及放顶煤工作面生产的重要工作之一。

为预防工作面端头发生漏顶，可在机头、机尾处各应用四对一梁三柱的钢梁抬棚支护（即四对八梁支护），每对抬棚随机头、机尾的推移迈步前移；或在机头、机尾处采用双楔铰接顶梁支护。在工作面与巷道相连处，宜用一对抬棚，迈步前移，托住原巷道支架的棚梁。此外，在工作面端头还可以采用十字铰接顶梁支护系统以防漏冒。在超前工作面10 m以内，巷道支架应增加两排单体支柱超前支护；超前工作面10～20 m，巷道内应增加单排支柱以预防冒顶。综采时，如果没有应用端头支架，则在工作面与巷道相连处，需用一对迈步抬棚。此外，超前工作面20 m内的巷道支架也应以单体支柱加强支护。

（三）放顶线附近的局部冒顶

放顶线附近的局部冒顶主要发生在使用单体支柱的工作面。放顶线上支柱受力是不均匀的，当人工回撤“吃劲”的支柱时，往往支柱一倒下顶板就冒落，如果回柱工来不及退到安全地点，就可能出现顶板事故。

当顶板中存在被断层、裂隙、层理等切割而形成的大游离岩块时，回柱后游离岩块就会旋转，可能推倒采煤工作面支架，导致局部冒顶。此外，在金属网下回柱时，如果网上有大块游离岩块，它可能会发生旋转，从而推倒支架并引起局部冒顶。

放顶线附近局部冒顶的预防措施：①加强地质及观测工作，记录大岩块的位置及尺寸；②在大岩块范围内用木垛等加强支护；③当大岩块沿推进方向的长度超过一次放顶距时，在大岩块范围内要加大控顶距；④待大岩块全部都处在放顶线以外的采空区时，再用绞车回柱。

（四）地质破坏带附近的局部冒顶

地质破坏带及附近的顶板裂隙发育、破碎，断层面多充以粉状或泥状物，且断面较光滑、上下盘之间岩石黏聚力低，尤其是断层面成为导水裂隙时，更容易彼此分离。单体支柱工作面如果遇到垂直于工作面或斜交于工作面的断层时，在顶板活动过程中，断层附近破断岩块可能顺层面下滑，从而推倒工作面支架，造成局部冒顶。

为预防这类顶板事故，应在断层两侧加设木垛来加强维护，并迎着岩块可能滑下的方向支设戗棚戗柱。对于有些机采工作面，回采过程中煤壁前方顶板和煤层特别破碎，为保证正常割煤，不漏矸，可采用可切割锚杆锚固。当断层处的顶板特别破碎，用锚杆锚固的效果不佳时，可采用注浆法加固。另外，对于地质构造复杂、对生产影响大的重点构造，要在开采前进行详细的探测，以提前做好构造影响带顶板支护的准备工作。

思考与练习题

（1）放顶煤开采时，顶煤破坏过程是如何分区的？各有什么特点？

（2）分析放顶煤采煤工作面的几种顶板结构形式。

（3）论述放顶煤采煤工作面的支架－围岩关系。

（4）简述综放开采的矿压显现规律。

（5）大采高开采的矿压显现特征有哪些？

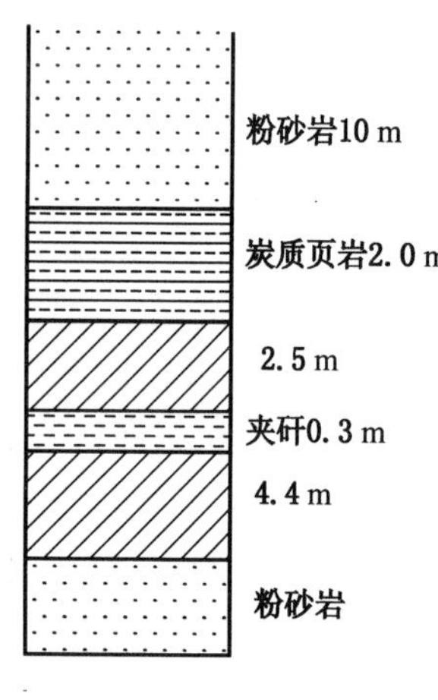

图6－39 工作面柱状图

(6) 简述大采高直接顶的类型及特点。

(7) 大采高采煤常见事故有哪些？如何处理？

(8) 简述浅埋煤层的矿山压力显现特征，试分析其形成原因。

(9) 急倾斜开采的矿压显现特点是什么？

(10) 急倾斜煤层开采顶板运动结构特征有哪些？

(11) 如何控制急倾斜煤层开采时的矿压事故？

(12) 什么是房柱式采煤法？如何确定煤柱的强度？

(13) 煤房—煤柱布置设计中的主要参数有哪些？

(14) 简述厚层坚硬顶板大面积来压的预防方法。

(15) 简述复合顶板事故的防治措施。

(16) 简述采煤工作面存在哪些顶板事故类型。

(17) 某一放顶煤采场，煤层总厚度7.2 m，采高2.2 m，煤层平均重力密度1400 kg/m^3，煤层硬度$f=2.0$，煤层柱状图如图6－39所示。煤层夹矸0.3 m厚，其重力密度2200 kg/m^3，实测基本顶来压时的动压系数为1.2，若采用综采放顶煤一次采全高，试问：

①本采场可能形成何种顶板结构形式？

②确定支架的合理支护强度。

第七章　巷道矿压显现规律与稳定性

【本章教学目的与要求】

- 理解回采巷道开掘位置和时间与支承压力分布之间的关系
- 理解工作面采动对巷道矿压显现规律的影响
- 了解软岩巷道围岩变形破坏规律
- 掌握影响巷道稳定性的因素
- 掌握巷道围岩分类与稳定性评价

【本章概述】

回采巷道是回采工作面通风、行人、运输的咽喉，又受回采工作引起的覆岩运动和支承压力的作用，其维护状况直接影响矿井正常生产和经济效益。根据矿山压力分布及其显现规律选择回采巷道的合理位置，以达到尽可能减轻采动影响，改善巷道维护状况的目的，是煤矿生产中急需解决的课题之一。国内外煤矿生产实践证明，随着开采深度增加，巷道矿压控制问题日益突出，也越来越受到人们的重视。

巷道矿压控制实践表明，要把回采巷道矿压显现控制在安全上可靠、技术上可行、经济上合理的程度，必须研究和解决一系列理论和实际问题，主要有：

（1）选择合理的巷道开掘位置和开掘时间。

（2）正确分析采动对巷道矿压显现规律的影响。

（3）确定影响巷道围岩稳定性的影响因素并掌握巷道围岩分类方法。

【本章重点与难点】

本章的重点是理解并掌握采动对回采巷道、准备巷道矿压显现规律的影响，以及软岩巷道变形破坏的规律；其中合理的巷道开掘位置与时间是本章的难点。

第一节　回采巷道开掘的位置和时间

一、再谈支承压力分布

国内外学者和现场技术人员研究表明，当煤体上支承压力高峰值超过煤体单向抗压强度时，煤体边缘进入塑性破坏状态，支承压力高峰向煤体内部转移，煤体边缘一定范围内出现卸压现象。在这种状态下，只要基本顶强度较高或厚度较大，运动时回采工作面有明显影响，端部裂断线深入煤壁前方，压力分布就会随基本顶岩层运动而明显变化，在基本顶裂断后形成内外两个应力场，即内外应力场的支承压力分布形式。但如果基本顶强度较低或厚度较小，则基本顶端部裂断线将处于煤壁上方附近，显著运动时对支承压力分布和回采工作面矿压有十分明显的影响。在我国目前的开采条件下，大部分回采工作面煤体边缘进入了塑性状态，但也有一些回采工作面的支承压力峰值小于煤体单向抗压强度，煤体边缘始终处于弹性变形状态，支承压力分布形式不随上覆岩层运动而变化，呈单调曲线，高峰在煤体边缘上。煤体边缘处于塑性状态与弹性状态下支承压力分布特征、存在条件及其判别方法，见表7-1。

表7-1 煤体力学状态与支承压力分布特征

煤体边缘力学状态		进入塑性破坏状态		处于弹性变形状态
支承压力状态		出现内应力场	不出现内应力场	不出现内应力场
支承压力分布发展规律		弹性区 塑性区 弹性区 塑性区 高峰进入煤壁前方，边缘出现卸压，压力分布随基本顶岩层运动发展而明显变化	弹性区 塑性区 高峰进入煤体内部，边缘出现卸压，压力分布是单一峰值曲线	高峰在煤体边缘，压力分布为一单调曲线，其形态不随岩层运动发展而变化
存在条件	力学特征	$K_m\gamma H>\sigma_c$（煤体单向抗压强度）	$K_m\gamma H>\sigma_c$	$K_m\gamma H\leqslant\sigma_c$
存在条件	现场特征	采深较大，冒高与采高之比较小，煤体强度较低。基本顶厚度较大或强度较高，运动对回采工作面有明显影响	采深较大，冒高与采高之比较小，煤体强度较低。基本顶厚度较小或强度较低，运动对回采工作面无十分明显的影响	采深较小，冒高与采高之比较大，煤体强度较高
判别方法	宏观现象	煤体边缘压酥，工作面煤壁片帮		煤体边缘完整
判别方法	支承压力显现特征	岩梁端部裂断深入煤体内部，支承压力显现发生明显变化，裂断线处出现反弹现象	岩梁端部裂断在煤壁上方附近，支承压力显现没有十分明显变化	岩梁端部裂断在煤壁上方附近，裂断时在煤体边缘出现反弹现象

二、煤体处于弹性状态时巷道开掘位置和时间

（一）沿空留巷方案

图7-1所示为煤体边缘处于弹性变形状态条件下支承压力分布和留巷的围岩变形状况。其特点是基本顶在煤体边缘裂断，由基本顶回转下沉造成的顶板下沉量小；煤体边缘处于弹性变形状态，由煤体变形引起的巷道顶板下沉量小、帮压小；支承压力高峰在煤体边缘，巷道底鼓量小。因此，在无内应力场条件下沿空留巷维护一般是比较容易的，特别是在有相应的支护手段时，应积极采用沿空留巷。

（二）沿空送巷方案

在煤体边缘处于弹性变形状态的条件下，工作面两侧煤体上的支承压力分布如图7-2所示，上区段工作面后方支承压力高峰在煤体边缘，下区段工作面前方叠加支承压力高峰仍在煤体边缘或进入煤体内部。

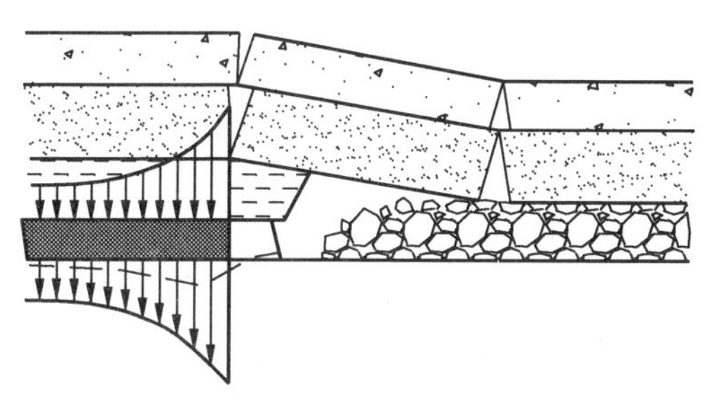

图 7-1 煤体边缘处于弹性变形状态条件下支承压力和留巷的围岩状况

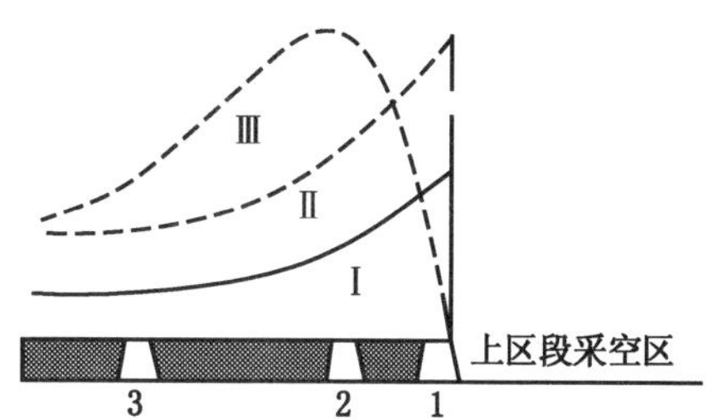

Ⅰ—上区段工作面后方侧向煤体上支承压力分布；Ⅱ—下区段工作面推进时叠加支承压力分布（高峰在煤体边缘）；Ⅲ—下区段工作面推进时叠加支承压力分布（高峰进入体内煤部）

图 7-2 煤体边缘处于弹性变形状态条件下侧向煤体上支承压力分布

在煤体边缘处于弹性变形状态条件下有 3 种可能送巷位置：沿空送巷（位置 1）、小煤柱的送巷（位置 2）和大煤柱送巷（位置 3）。实践表明，基本顶触矸后沿空送巷是比较合理的。因为煤体边缘处于弹性变形状态，故送巷引起的围岩变形较小。当受本工作面回采影响时，如果煤体边缘由于叠加支承压力的作用进入塑性破坏状态，巷道围岩变形量会急剧增加。但支承压力高峰要向煤体内部转移，位置 2 的巷道将处于叠加支承压力峰值区内，势必受到叠加压力高峰影响，巷道围岩同样会进入塑性破坏状态（巷道两帮煤体处于单向受力状态），而且小煤柱可能失去稳定性，因此位置 2 的围岩变形也会急剧增加。如果叠加支承压力峰值不足以使煤体边缘发生塑性破坏，则位置 1 的变形量不大，不必在位置 2 送巷。图 7-2 中位置 1、2 的巷道围岩变形主要是由本工作面回采时叠加支承压力作用引起的，且位置 1 优于位置 2。

巷道位置 3 在原始应力区中，只受超前支承压力作用，巷道围岩变形量最小。但煤柱损失大，且会给下部煤层开采带来不利影响，对深部开采和开采有冲击倾向性的煤层更加不利。

沿空送巷如在基本顶触矸前掘出，则巷道将由于基本顶回转来压而产生很大的顶板下沉，如图 7-3a 所示；在基本顶岩梁触矸石后掘巷，则不受顶板显著运动的影响，如图 7-3b 所示。

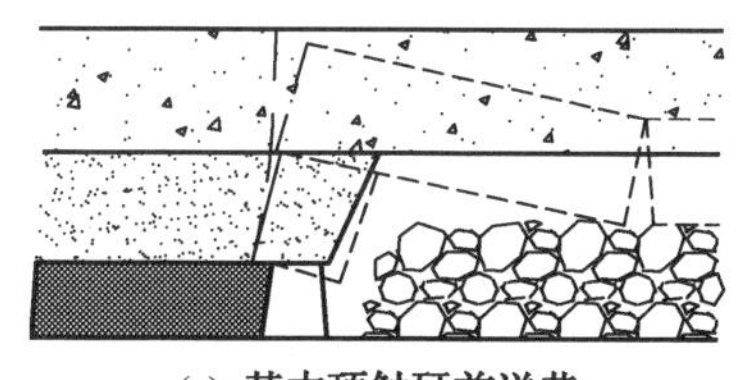

(a) 基本顶触矸前送巷

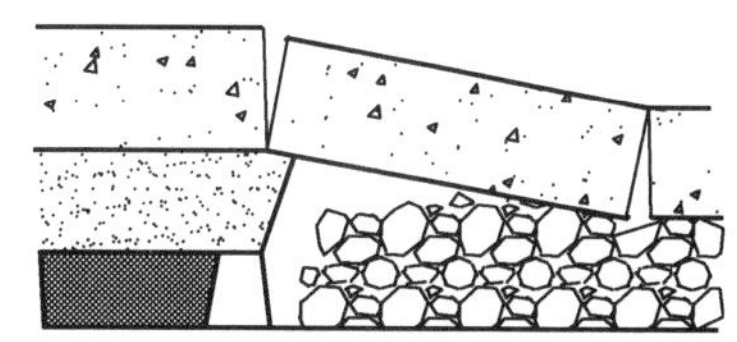

(b) 基本顶触矸后送巷

图 7-3 送巷时间对巷道顶板下沉的影响

综上所述，煤体边缘处于弹性变形状态条件下应在基本顶触矸后沿空送巷。

三、煤体边缘进入塑性状态时巷道开掘位置和时间

根据理论研究和现场实测结果，工作面后方两侧煤体上支承压力分布随覆岩运动发展

的过程如图7-4所示，包括4个阶段。该图还表明，巷道开掘的位置和时间决定着巷道受顶板活动影响和支承压力作用的过程和程度，以及巷道变形量和维护状况。

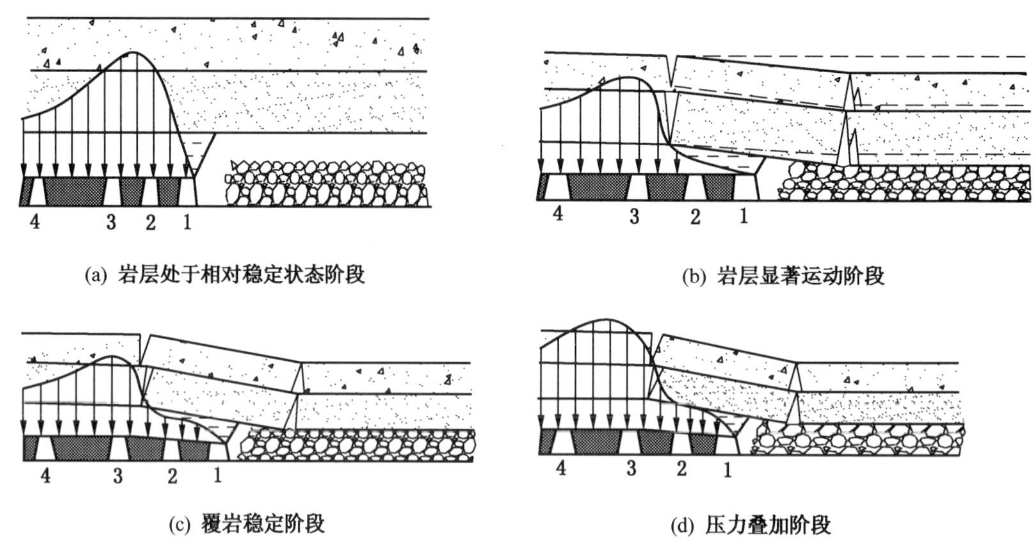

图7-4 巷道受采动影响的过程

（一）沿空留巷方案

图7-4c表明，由于煤体边缘进入塑性破坏状态，支承压力高峰进入煤体内部，基本顶岩梁从煤体内部裂断，因此，留巷的顶板下沉、底板鼓起、两帮移近都较大。沿空留巷在采空区顶板活动稳定后将长期处于采空区边缘的应力降低区，只要巷道支护类型和支护方式得当，即可达到改善巷道维护状况的目的。此外，沿空留巷有如下优点：

（1）与送巷相比可以少掘一条巷道，从而大幅度降低巷道掘进率，减少掘进工程量和掘进费用。

（2）可以避免沿空掘巷需要滞后掘进的缺点，从而保证回采工作在时间上、空间上按各区段顺序连续开采，有利于矿井集中生产，改善矿井采掘接替关系。

（3）可以避免因地质变化而造成的停采待掘现象，有利于提高工作面单产。

目前沿空留巷在薄及中厚煤层中应用效果较好，对支护要求能够基本适应，推广应用面较广；在厚煤层中已获沿空留巷经验。沿空留巷在缓倾斜和急倾斜煤层中都可以应用，但大多数矿井用于倾角小于20°左右的煤层，当倾角较大时，应采取相应的技术措施防止支架滑倒及窜矸等现象；对中等垮落性和易垮落顶板都可应用沿空留巷，但要根据具体情况选用不同的支护类型。

在适宜的支护技术水平和地质条件下应大力推广沿空留巷，但应根据围岩性质、煤层厚度、倾角等条件，选择合理的巷内支架和巷旁支护的类型及参数，对巷道进行联合支护，适当加大掘进断面使巷道留有一定的备用收缩量。另外，对沿空留巷要尽快加以复用，以改善维护状况，提高技术经济效果。

（二）沿空送巷方案

1. 顶板运动和支承压力分布对送巷位置和时间的影响

图7－4所示为内应力场条件下4种可能的送巷位置：在内应力场中的沿空送巷（位置1）、小煤柱送巷（位置2）、在外应力场中的煤柱护巷（位置3）以及原始应力区的大煤柱送巷方案（位置4）。由于内应力场中的煤体已发生塑性破坏，处于卸压状态，因此内应力场中掘巷不会引起支承压力分布和煤体力学状态的明显变化。从顶板活动和支承压力分布发展过程来看，基本顶岩梁触矸后（内应力场稳定后）在内应力场中送巷，不仅可以避免由于基本顶显著运动而产生很大的巷道顶板下沉，而且在覆岩稳定和压力叠加过程中内应力场的应力上升较少，巷道受采动影响较小。在位置3送巷后，巷道两帮煤体由三向受压状态变成单向受压状态，在支承压力峰值区的作用下，巷道两帮煤体必然要发生塑性破坏，送巷后即产生较大的围岩变形。尤其是受本工作面采动影响时处于支承压力峰值叠加区内，巷道难以维护。在位置4送巷仅受超前支承压力作用，维护状况较好，但煤柱损失大。由上述分析，基本顶触矸后在内应力场中送巷位置1和位置2是合理的。

基本顶岩梁触矸是在内应力场中送巷受力和维护状况比沿空留巷优越的先决条件。若掘巷时基本顶岩梁尚未触矸，即掘巷滞后回采工作面的距离过短，则在内应力场中送巷的受力和变形就与留巷差别不大了。可见，送巷的位置由内应力场的范围决定，送巷的时间由基本顶运动的发展过程决定。在预测岩梁运动和支承压力分布的基础上，可以确定送巷的合理位置和时间。

2. 不同送巷位置和时间的矿压显现与护巷效果

内应力场稳定后，在内应力场中送巷时，巷道围岩在应力重新分布过程中会有明显变形，但随掘出的时间延长按负指数规律衰减，一般经过10天左右变形速度就趋向稳定。

【例1】铜川李家塔煤矿五号煤层在已稳定的采空区边缘沿空掘巷，如图7－5所示，巷道刚掘出时顶底板移近速度为10 mm/d，围岩稳定后移近速度趋向零。这条巷道掘巷期间靠煤体一帮和靠采空区一帮的顶底板移近量仅为26 mm和44 mm，直到受本工作面采动影响前不需维修。舒兰、铜川、峰峰等矿区的实践表明，即使在围岩比较松软的煤层中，在内应力场送巷，巷道基本不需维修，维护也不困难。如图7－6所示，内应力场中煤柱宽度1 m的巷道，受采动影响期间（工作面前方80 m范围内）的顶底板和两帮移近量分别为190 mm和400 mm，与外应力场中巷道2相比较，围岩变形只增加25%～30%，维护状况良好。峰峰、淮北等矿区的实践表明，内应力场中的巷道受本工作面采动影响期间的变形量一般为200～400 mm，维护不困难。

【例2】潞安矿务局五阳煤矿的护巷实践证明了上述关于煤层巷道位置的分析结果。该矿通过回采工作面动态矿压观测，摸清了回采工作面基本顶沿倾向的运动特征，其运动稳定后的状况如图7－7所示。其中基本顶第一岩梁厚度4 m，裂断步距10 m，裂断线距煤壁距离（内应力场范围）4.5 m，直接顶厚度5 m，采高2 m。该矿曾先后采用不同尺寸的煤柱护巷，如图7－7中位置1、2、3所示，煤柱尺寸分别为10 m、15 m、8 m，这三个位置的巷道位于外应力场峰值区附近，均难以维护，在使用中一般需要翻修1～2次。最后留2 m小煤柱，即在内应力场中的位置4送巷效果很好。

我国一些矿区的护巷实践证明，在相邻采空区稳定后送巷，巷道位置或煤柱尺寸大小对巷道维护状况有明显影响。但这种关系并非简单的线性关系，在某一位置，随着护巷煤柱加大，巷道维护状况反而恶化；而在另一位置，继续加大煤柱尺寸，巷道维护状况会有所改善，其分界就是外应力场中高峰位置，见表7－2。

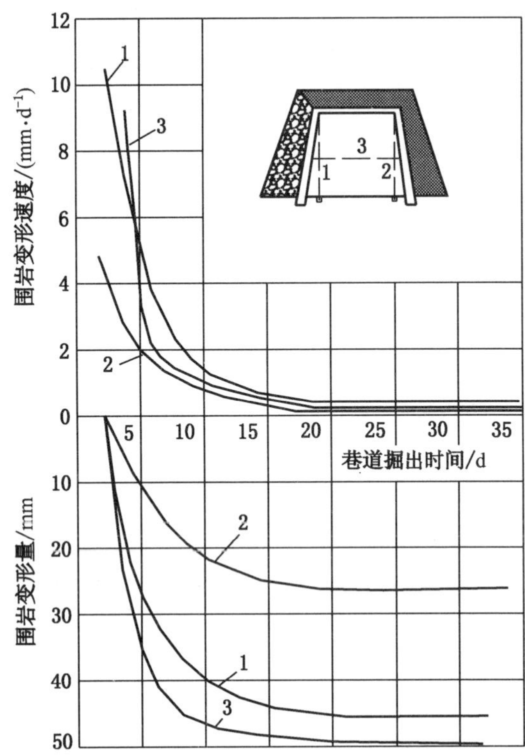

图 7-5 铜川李家塔煤矿 2410 回风平巷在内应力场中送巷的围岩变形

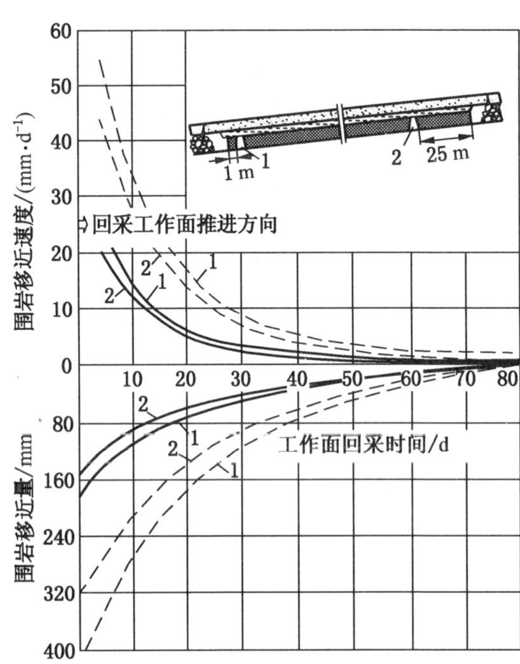

图 7-6 平顶山一矿戊 8 煤层 1100 区段平巷受回采影响的围岩变形

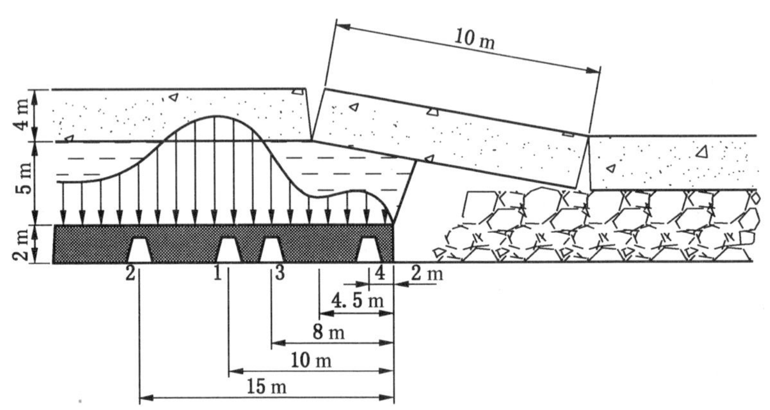

图 7-7 潞安五阳煤矿送巷的几种位置

表 7-2 送巷位置与维护状况对比

矿井	新汶禹村煤矿				平顶山六矿			铜州华山煤矿				舒兰煤矿			
巷道煤柱/m	0~3	5~15	10~20	15~22	2	5~6	15~20	2	2~4	4~15	15~20	0	4~8	15~20	21~32
显现程度	小	中	中	大	小	中	大	小	小	大	中	小	小	大	中
巷道维修情况	无维修或局部维修	翻修2次	翻修3~4次	翻修6次	采前无维修	掘后翻修1次	边掘边修	坏木棚率5%	坏木棚率20%	铁梁木腿坏棚率85%	铁梁木腿坏棚率45%	无大修	局部大修	大修2~3次	大修1~2次

【例3】铜川金华山煤矿1401区段运输平巷与1301工作面相向掘进，且巷道与煤体边缘距离（煤柱尺寸）不同，图7-8所示为掘进期间巷道维护状况与1301工作面采动影响的关系。

从图7-8可以看出，沿已稳定的采空区边缘在内应力场中沿空送巷，棚子损坏率只有5%左右；沿趋向稳定的采空区边缘在内应力场中2~4 m煤柱送巷，棚子损坏率为20%；在外应力场中留15 m煤柱送巷；棚子损坏率高达45%~85%。所以，在内应力场中送巷，无论是否留煤柱，都必须在基本顶运动稳定后进行。在内应力场中送巷的优越性，只有在采空区基本顶运动已经稳定的条件下才能充分体现出来。

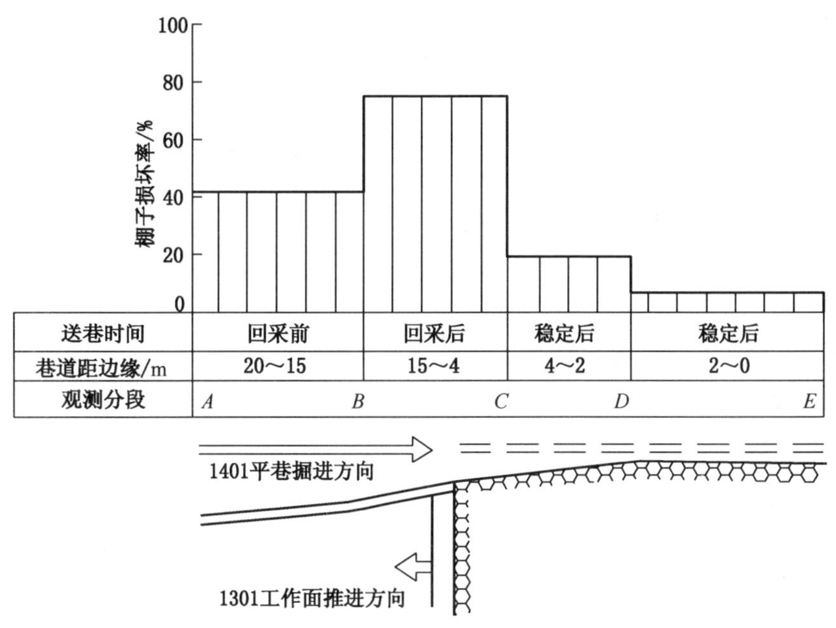

图7-8　金华山煤矿1401区段运输平巷掘进期间的棚子损坏率与相邻1301工作面采动影响的关系

内应力场中沿空送巷较有利的条件：顶板易垮落、垮高大、易胶结再生；采空区无积水或积水很少；煤层倾角不大。沿空送巷与留小煤柱送巷相比，巷道施工比较困难。

留小煤柱送巷一般用于顶板不能充分垮落，煤层倾角较大，采空区有积水等条件。利用小煤柱隔离采空区，可防止掘进时由采空区向巷道内窜矸和流入采空区积水。

四、厚煤层中、下分层巷道开掘位置和时间

（一）送巷的位置和时间

根据厚煤层分层开采时上下区段及各分层工作面之间的衔接关系，厚煤层中、下分层送巷方式主要有4种，如图7-9所示。

1. 在上分层已稳定附近无煤柱影响的采空区下方送巷

此时，巷道处于静压状态，只受本分层工作面回采时超前压力的作用。若围岩为中等稳定以上，其维护状况一般都较好。峰峰、平顶山等矿区的实践表明，这种巷道在掘进过程中引起的围岩变形一般为60 mm左右。如图7-10所示，受采动影响期间围岩变形速度

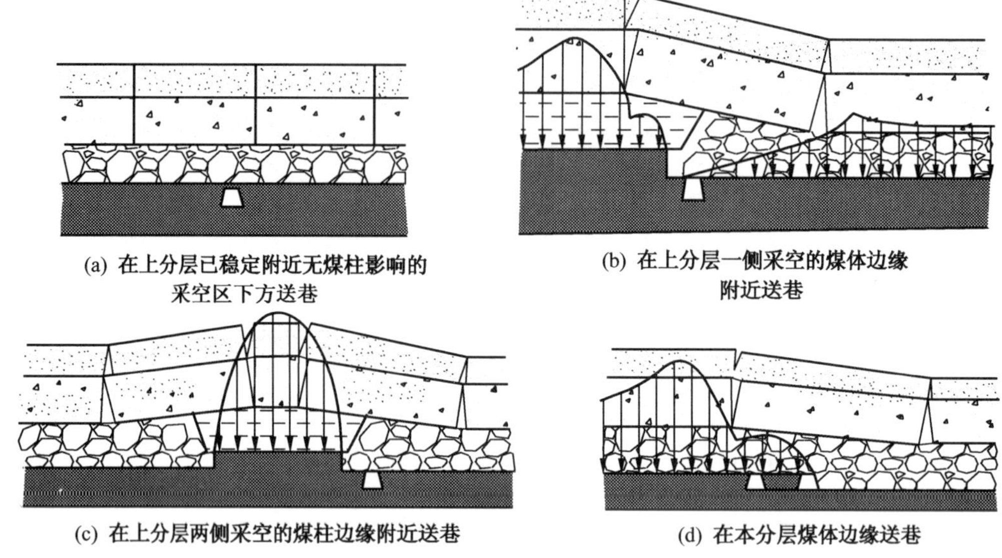
(a) 在上分层已稳定附近无煤柱影响的采空区下方送巷

(b) 在上分层一侧采空的煤体边缘附近送巷

(c) 在上分层两侧采空的煤柱边缘附近送巷

(d) 在本分层煤体边缘送巷

图 7-9 厚煤层中下分层送巷方式

一般为 0.8～1.0 mm/d，受采动影响的围岩变形量在 120 mm 左右。巷道整个服务期间的变形量一般为 200～400 mm，单位维修费为 40～60 元/(m·a)。

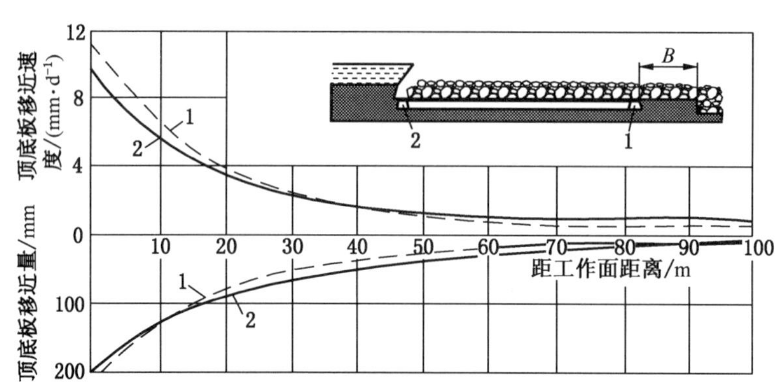

1—位于上分层已稳定的采空区下方；2—位于上分层一侧采空的煤柱边缘下方

图 7-10 厚煤层中下分层巷道围岩变形

2. 在上分层一侧采空的煤柱边缘附近送巷

图 7-9b 表明，上分层工作面基本顶显著运动结束后，上分层煤体边缘至基本顶触矸点之间的下分层煤体只受垮落矸石重量的作用，不再受顶板活动的动力作用，垂直方向和水平方向均处于卸压状态。送巷后将一直处于卸压状态，变形量较小。现场观测研究表明，下分层巷道与上分层巷道重叠布置时，受一侧采空煤柱影响不大，内错 2 m 送巷就基本上不受其影响，如图 7-11 中曲线 1 所示。如图 7-10 所示，处于上分层一侧采空已稳定的煤柱边缘的中下分层巷道，如图 7-9b 所示，其围岩变形与附近无煤柱影响的巷道相

差无几。因此，中下分层巷道可在基本顶显著运动结束后与上分层巷道重叠布置，但内错位置不能超过基本顶触矸点。

3. 上分层两侧采空的煤柱边缘附近送巷

如图 7-9c 所示，上分层两侧采空的煤柱（宽度不太大）上必然作用着较大的支承压力，受下分层回采影响后煤柱上的支承压力又会升高。由于煤柱上强大的支承压力影响，沿煤柱边缘下方掘进的下分层巷道周围煤体稳定性极差，不但具有较大的顶压，而且侧压也很大，底鼓非常严重。实测结果表明，若中下分层巷道紧靠承受强大支承压力作用的上分层两侧采空煤柱，巷道维护状况会显著恶化。据阳泉、开滦、井陉、鹤壁等煤矿厚煤层开采的观测表明，如图 7-12 所示，这类巷道受本工作面采动影响前，围岩变形速度高达 3～4 mm/d，受采动影响后增长到 10～20 mm/d。受工作面采动影响的围岩变形量高达 300～400 mm，整个服务期间的围岩变形量经常超过 1000 mm，维修费达 200 元/(m · a) 以上，比附近无上分层煤柱影响的中下分层巷道要高 2～3 倍。即使煤柱宽度达到 40～50 m，煤柱边缘附近的中下分层巷道状况也难以得到明显改善。可见，厚煤层分层开采时，上分层遗留煤

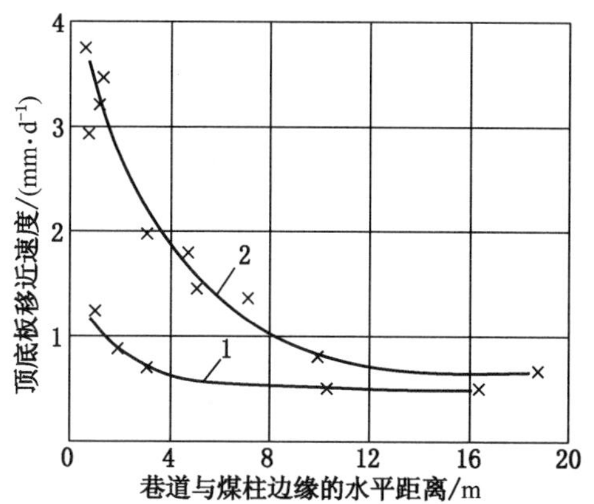

1—在一侧采空煤柱附近；2—在两侧采空煤柱(宽度在 20 m 以内)附近

图 7-11　中下分层巷道围岩变形与上分层煤柱边缘水平距离的关系

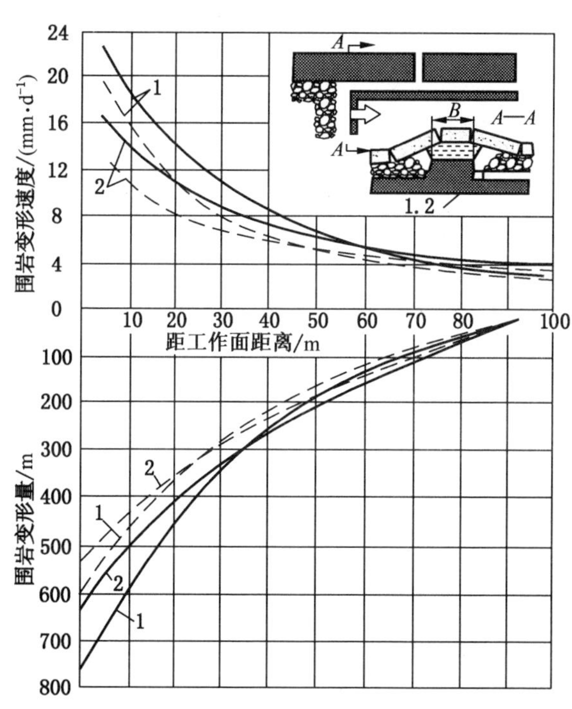

1—上分层煤柱宽度 $B=20$ m；2—$B=3\sim5$ m；
实线—顶底板相对移近；虚线—两帮相对移近

图 7-12　阳泉丈八煤中下分层巷道围岩变形

柱对中下分层巷道维护是不利的。现场观测证明，位于上分层两侧采空的煤柱附近的中下分层巷道围岩变形，与巷道和煤体边缘之间的水平距离 x 有密切关系，如图 7－11 中曲线 2 所示。紧靠上分层两侧采空的煤柱边缘时，巷道围岩变形速度最高，随着远离煤柱，变形速度按负指数衰减，x 达到 10 m 左右才不受煤柱影响。因此，为改善这种巷道的维护状况，要求巷道与上分层两侧已采煤柱之间保持 5～10 m 的水平距离。

4. 在本分层煤体边缘送巷

由于本分层（中下分层）煤体边缘受上分层工作面和本分层相邻工作面回采影响，煤体边缘处于高度卸压状态，上覆岩层显著运动后沿空掘巷应力扰动很小。峰峰、平顶山、鹤岗等矿区的实践表明，沿空掘巷维护比较容易，比上分层沿空掘巷的效果更为显著。中下分层在内应力场中留小煤柱送巷的效果不如上分层，中下分层煤体受多次采动影响，送巷后削弱了煤体的支撑能力，煤体将处于塑性流动状态，巷道围岩变形量很大，支护难以适应围岩变形，巷道支护常常在架设后不久遭到损坏。因此，建议进行沿空送巷。

（二）厚煤层中下分层沿空留巷

厚煤层特别是其中下分层沿空留巷的围岩变形量大，巷道维护困难，对支架的缩量和承载能力要求较高，国内外均处于试验研究阶段。研究表明，中分层沿空留巷的顶底板移近量能达到采高的 30%～50%，断面收缩率高达 35%～50%。兴隆庄煤矿从支护改革着手，使 3 号厚煤层上中分层留巷获得成功。随着我国沿空留巷支护技术水平的提高，厚煤层留巷将会逐步得到推广和应用。

第二节　采动对巷道矿压显现规律的影响

一、巷道位置类型

根据巷道与回采空间相对位置及采掘时间关系的不同，巷道位置可以分为以下几类：

（1）与回采空间在同一层面的巷道称为本煤层巷道，分析本煤层巷道位置时，仅考虑回采空间周围煤体上支承压力的分布规律，可作为平面问题处理。

（2）与回采空间不在同一层面，位于其下方的巷道称为底板巷道，分析其位置时，应该考虑回采空间周围底板岩层中应力分布规律，按空间问题处理。当然，位于回采空间所在层面上方的巷道称为顶板巷道。分析顶板巷道位置时，不仅要考虑回采空间周围顶板岩层中应力分布规律，还要考虑上覆岩层移动、破坏规律。

（3）厚煤层中、下分层以及相邻煤层中的煤层巷道，有可能同时受到本分层和上分层以及相邻煤层采煤工作面的采动影响。分析这类巷道位置时，依据巷道与回采空间位置和采掘时间关系，综合考虑回采空间周围煤体上支承压力和顶、底板岩层中应力的叠加影响。

二、区段巷道的位置和矿压显现规律

（一）区段巷道的位置方式

根据区段回采的准备系统，区段巷道可分成 3 种布置方式。

（1）位于未经采动的煤体内，巷道两侧均为煤体，称为煤体—煤体巷道，如图 7－13

中Ⅰ所示。薄煤层、中厚煤层和厚煤层上分层的区段运输巷一般都属于这种布置方式。

（2）巷道一侧为煤体，另一侧为保护煤柱，如果保护煤柱一侧的采煤工作面已经采完且采动影响已稳定，掘进的巷道称为煤体—煤柱（采动稳定）巷道，如图7-13中$Ⅱ_1$所示；如果与保护煤柱一侧的采煤工作面区段巷道同时掘出，或在保护煤柱一侧的采煤工作面回采过程中，掘进的巷道称为煤体—煤柱（正采动）巷道，如图7-13中$Ⅲ_1$所示。

（3）巷道一侧为煤体，另一侧为采空区，如果采空区一侧采动影响已经稳定，沿采空区边缘掘进的巷道称为煤体—无煤柱（沿空掘进）巷道，如图7-13中$Ⅱ_2$所示；如果通过加强支护或采用其他有效方法，将相邻区段巷道保留下来，作为供本区段工作面回采时使用的巷道，称为煤体—无煤柱（沿空保留）巷道，如图7-13中$Ⅲ_2$所示。

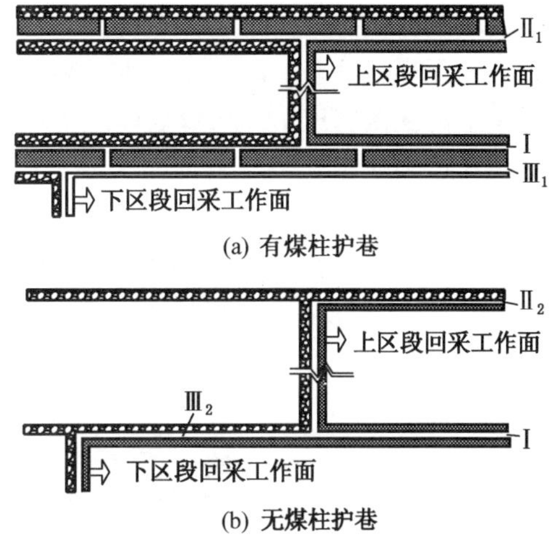

图7-13 区段巷道布置方式示意图

（二）区段巷道矿压显现规律

（1）煤体—煤体巷道服务期间内，围岩的变形将经历巷道掘进影响、掘进影响稳定和采动影响3个阶段。由于巷道在采煤工作面后方已经废弃，巷道仅经历采煤工作面前方采动影响，围岩变形量比采动影响阶段全程小得多，一般仅1/3左右。

（2）煤体—煤柱或无煤柱（采动稳定）巷道服务期间，围岩的变形同样经历巷道掘进影响、掘进影响稳定和采动影响3个阶段（工作面前方采动影响）。但是巷道在整个服务期间内，始终受相邻区段采空区残余支承压力的影响，3个影响阶段的围岩变形均大于煤体—煤体巷道。巷道的围岩变形量除了取决于开采深度、巷道围岩性质、工作面顶板结构和相邻区段采空区采动稳定程度外，与沿空护巷方式及保护煤柱宽度密切相关。

（3）煤体—煤体或无煤柱（正采动）巷道服务期间，围岩的变形将经历掘巷影响区、掘巷稳定区、回采影响区、回采稳定区、下区段回采影响区全部的5个阶段，围岩变形量远大于无采动及一侧采动稳定后巷道。这类巷道的围岩变形量除了与开采深度、巷道围岩性质、采动状况有关外，工作面顶板结构、沿空护巷方式和煤柱宽度都起决定性作用。

（三）厚煤层中、下分层区段巷道布置和矿压显现规律

厚煤层中、下分层区段巷道相对本层工作面仍然是煤体—煤体、煤体—煤柱（采动稳定、正采动）、煤体—无煤柱（采动稳定、正采动）3种布置方式，与上部分层主要有以下3种位置关系：布置在已稳定的采空区下方，附近无上分层遗留煤柱，如图7-14a所示；布置采空区下方，并在上分层护巷煤体附近，如图7-14b所示；巷道布置在上分层护巷煤柱下部，如图7-14c所示。中、下分层巷道如果位于上分层一侧已采的煤体附近，上分层煤体的支承压力，对下部分层巷道会产生一定影响。它的影响程度与巷道和上分层煤体边缘之间的水平距离有关。一般情况下，水平距离超过20 m影响已不明显。中、下分层巷道如果位于上分层两侧均已采空的煤体附近，由于受到上分层煤柱支承压力叠加的强烈影响，围岩变形显著。为了改善这种巷道的维护，要求巷道与上分层煤柱边缘保持

5～10 m 的水平距离。但这种布置方式增加了中、下分层的煤量损失。厚煤层分层开采时，实行无煤柱开采，既可以减少煤炭损失，又对改善下部分层巷道的维护十分有利。邻近煤层中的区段巷道，如果煤层间距很小，其巷道布置和围岩变形规律与厚煤层中、下分层区段巷道类似。

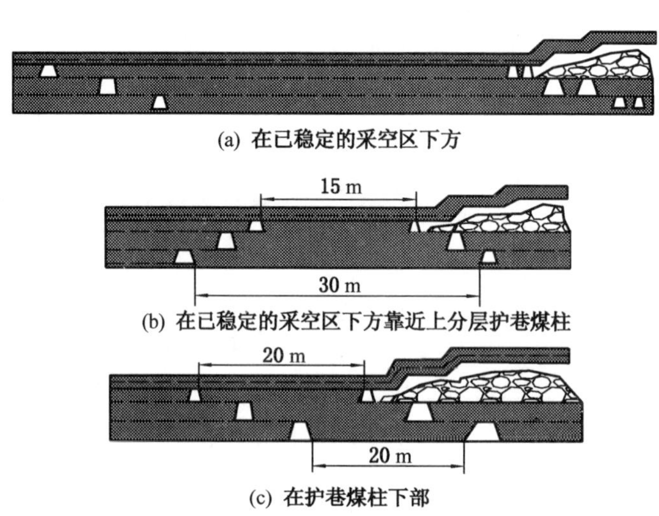

(a) 在已稳定的采空区下方

(b) 在已稳定的采空区下方靠近上分层护巷煤柱

(c) 在护巷煤柱下部

图 7－14　厚煤层中、下分层区段巷道布置方式

三、底板巷道的位置和矿压显现规律

（一）底板巷道的位置

在上部煤层回采活动影响下，底板巷道的受力状况和围岩变形有很大差别。按照巷道与上部煤层回采空间的相对位置和开采时间关系，巷道的位置可归纳为以下 3 种情况：

（1）布置在已稳定的采空区下部，在上部煤层回采空间形成的底板应力降低区内，如图 7－15 中 Ⅰ 所示，巷道整个服务期间内不受采动影响。

（2）布置在保护煤柱下部，经历保护煤柱两侧回采工作面的超前采动影响，如图 7－15 中 Ⅱ 所示。保护煤柱形成后，一直受保护煤柱支承压力的影响。当保护煤柱足够或者巷道与保护煤柱的间距足够大时，巷道可以避开采动影响，处于原岩应力场内。

（3）布置在尚未开采的工作面下部，经历上部采煤工作面的跨采影响后，位于已稳定的采空区下部应力降低区内，如图 7－15 中 Ⅲ 所示。

（二）底板巷道的矿压显现规律

底板巷道从开掘到报废，由于上部煤层的采动影响，引起围岩应力反复重新分布，围岩变形速度随之变化。巷道 Ⅰ 仅经历在应力降低区内的巷道掘进影响阶段，然后进入掘进影响稳定阶段，围岩变形趋向稳定，变形量不大。巷道 Ⅱ 围岩变形要经历掘巷期间明显变形，然后趋向稳定，保护煤柱不够宽时，受上部煤层工作面 A 回采影响期间显著变形，然后又趋向稳定；受上部煤层工作面 B 回采影响期间强烈变形，然后再次趋向以较大的变形速度持续变形，如图 7－16a 所示。巷道 Ⅲ 围岩变形要经历掘巷期间明显变形，然后趋向稳定，工作面跨越开采时引起围岩强烈变形，然后又趋向稳定，如图 7－16b 所示。

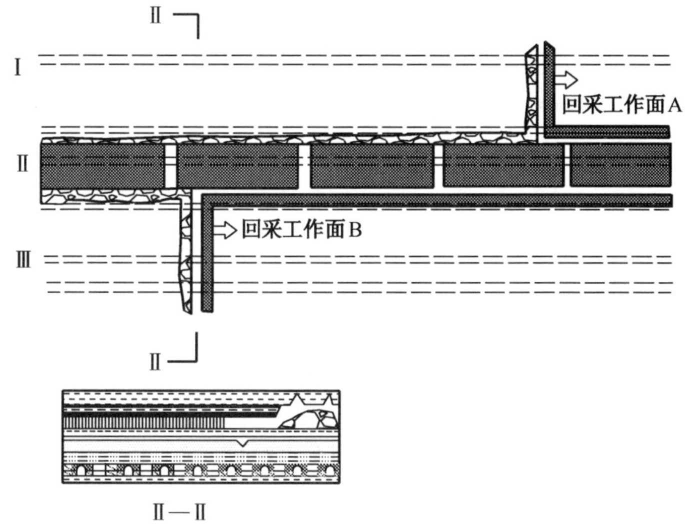

Ⅰ—在已稳定的采空区下部；Ⅱ—在保护煤柱下部；
Ⅲ—在尚未开采工作面下部，经历上部采煤工作面的跨采影响

图7-15 底板巷道位置

（三）厚煤层主要巷道的布置方式

20世纪50年代至60年代初期，我国一些开采厚煤层的矿井，曾采用在厚煤层内布置区段集中巷和上、下山甚至大巷，一般沿底板掘进，两侧留保护煤柱。对于分层开采的厚煤层，巷道要经受多次采动影响。巷道受到采动影响后，围岩变形强烈、破坏严重，还可能引起煤层自然发火。自60年代起，许多矿井改变这种巷道布置方式，代之以底板岩层巷道，以及各分层分掘分采的布置方式，为矿井安全和正常生产创造了良好条件。但是岩巷工程量大、施工期长、系统复杂，与现代化矿井高产、高效、高速的综合机械化采煤的发展不相适应。目前，随着开采技术和巷道维护技术的进步，我国一些开采厚煤层的矿井重新开始在厚煤层内布置上、下山甚至大巷，这标志着厚煤层巷道布置的重要改革，对矿井生产建设将会产生重大影响。

四、上、下山的位置和矿压显现规律

（一）上、下山巷道的位置

开采薄及中厚的单一煤层时，适用于布置煤层上、下山，用煤柱保护。位于底板岩层或邻近煤层内的上、下山，按巷道与回采空间的相对位置和回采顺序，可将上、下山的布置方式归纳为图7-17所列举的类型。

（1）位于煤层内用煤柱保护的上、下山，如图7-17a所示。

（2）位于底板岩层内上方保留煤柱的上、下山，如图7-17b所示。

（3）上、下山位于底板岩层内，上部煤层工作面跨越上、下山回采，不留护巷煤柱。如图7-17c所示，左翼工作面先回采到上、下山附近处停采，然后右翼工作面跨越上、下山回采到左翼工作面终采线附近处停采，保留停采煤柱。

（4）上、下山位于底板岩层内，上部煤层工作面跨越上、下山回采，不留护巷煤柱。如图7-17d所示，右翼工作面在左翼工作面还远离上、下山时就跨越上、下山。

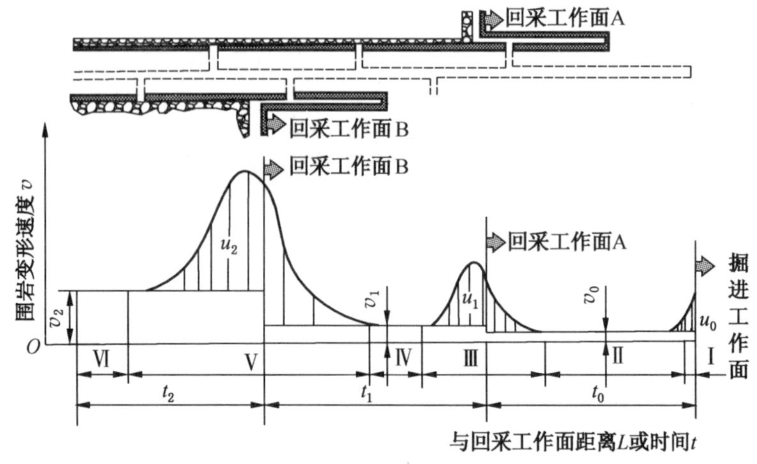

(a) 保护煤柱不够宽条件下

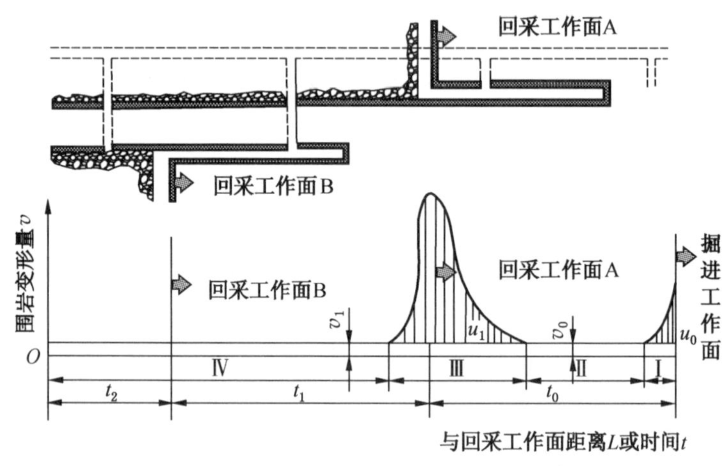

(b) 采煤工作面跨采条件

图7－16 受上部煤层采动影响底板巷道变形

随着综合机械化采煤的发展，不少矿井采用跨越底板岩层内多组上、下山连续回采，不留停采煤柱，使综采工作面连续推进长度达到2000～3000 m。布置在底板的上、下山，上部煤层工作面跨采期间，如果留有区段保护煤柱，位于区段交接部位的上、下山上部会形成两侧采空或三侧采空的区段煤柱。上部工作面跨采过后，上、下山不仅没有处于采空区的应力降低区内，反而要长期受区段煤柱上高度集中的支承压力的影响。因此底板上、下山部煤层工作面跨采时，不宜保留区段保护煤柱。

（二）上、下山巷道矿压显现规律

（1）如图7－17a、b所示，上、下山巷道围岩变形将经历掘巷期间明显变形，然后趋向稳定，一翼采动影响期间显著变形，然后又趋向稳定，另一翼采动影响期间强烈变形，最后在两侧采空引起的叠加支承压力作用下，再次趋向以较大的变形速度持续变形。这六个时期，各时期围岩变形量的大小，主要取决于护巷煤柱的宽度、巷道与上部开采空间的距离及围岩的性质。回采本煤层时，还会受到本煤层保护煤柱两侧工作面超前采动影

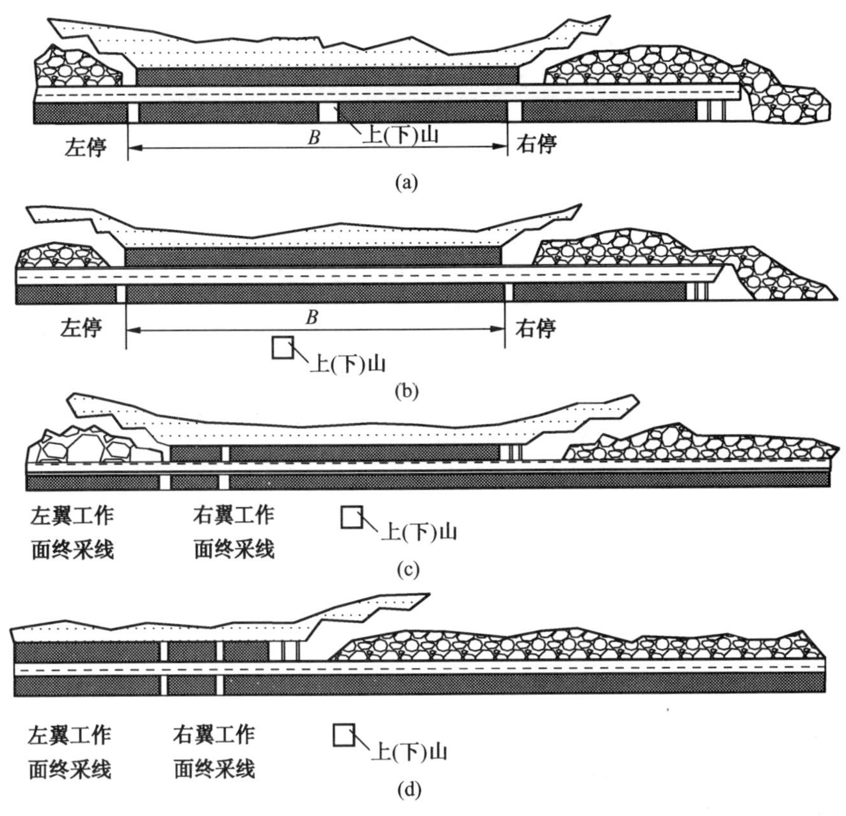

图 7－17　受采动影响的上、下山布置方式

响，有时应力增高系数可高达 5～7。

(2) 如图 7－17c 所示，上、下山巷道围岩变形在掘巷期间、掘巷影响趋向稳定期间、一翼采动影响期间、一翼采动影响趋向稳定期间与上、下山用煤柱保护时基本相同。但是，在另一翼跨采影响期间，上、下山开始受两侧采动引起的支承压力的叠加影响，随着右翼工作面推进，左右两翼工作面间的煤柱逐渐缩小，支承压力的影响急剧增加，附加围岩变形量远大于用煤柱保护时围岩附加变形量，而跨采后处于应力降低区内的围岩平均变形速度又明显小于用煤柱保护时两翼采动影响稳定时期的围岩平均变形速度。

(3) 如图 7－17d 所示，上、下山巷道的围岩变形只经过掘巷期间明显变形，然后趋向稳定，跨采引起围岩变形急剧增加，以及跨采之后围岩变形趋向稳定 4 个时期，总变形量显著减少，如图 7－18 所示。

五、综放工作面回采巷道矿压显现特点

(一) 实体煤巷道

与综采分层工作面相比，综放整层工作面超前支承压力分布范围扩大，应力高峰位置前移，导致综放整层实体煤回采巷道矿压显现与综采分层实体煤回采巷道有较大差异，一般情况下综放整层巷道各项矿压显现指标参数均高于综采分层巷道。以兖州兴隆庄煤矿综放工作面为例，综放整层与综采分层实体煤巷道相比，超前明显影响区扩大 4～22 m，支承应力高峰区扩大 1～8 m，巷道顶底板移近量增加 100～300 mm。与综采二分层、三分层

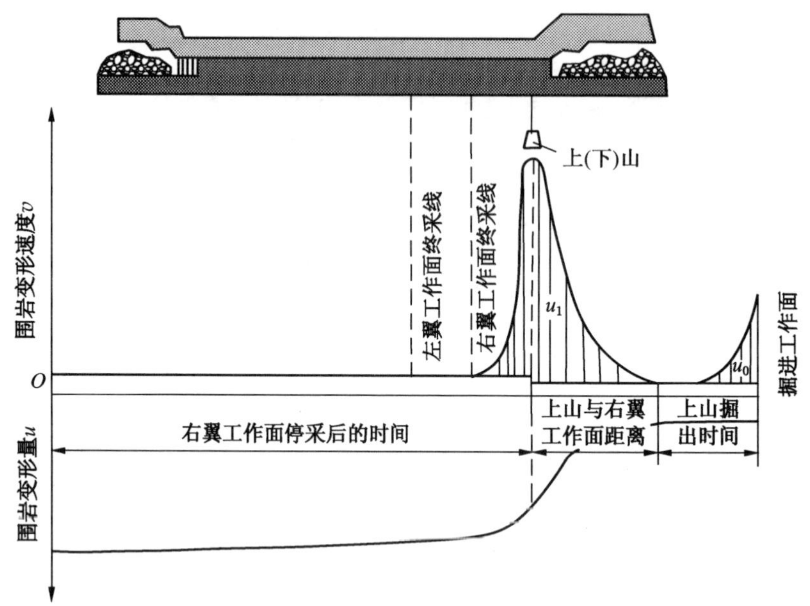

图7－18 上、下山（图7－17d）巷道围岩变形

实体煤巷道相比较，由于巷道煤层反复受到支承压力作用，超前压力影响范围基本相等，顶底板移近量增加100～200 mm，移近速度平均值增大2倍以上。

（二）沿空掘进巷道

1. 综放沿空巷道与实体煤巷道矿压显现对比分析

对于中等稳定围岩综放沿空掘巷，超前90 m左右就出现采动影响，明显变形出现在工作面前方35 m左右，分别比实体煤巷道增加近20 m。巷道剧烈变形在工作面前方0～10 m。综放工作面沿空巷道顶底板移近量比实体煤巷道增大5～10倍，两帮相对移近量增大10倍以上。回采影响期间巷道围岩移近量与掘巷影响期间相比较，沿空巷道前者是后者的5～10倍；实体煤巷道前者是后者的1.2～1.5倍。实体煤巷道的顶底板及两帮变形大体相近；沿空巷道两帮移近量大于顶底板移近量，前者是后者的2倍左右。

2. 综放沿空巷道与综采上分层沿空巷道矿压显现对比分析

以兖州兴隆庄煤矿综采放顶煤工作面为例，综放与综采一分层沿空巷道相比较，超前支承压力明显影响区扩大20 m左右；支承应力高峰区基本保持不变。顶底板平均移近量增加100～400 mm，顶底板平均移近量增加12 mm/d。综放与综采二分层、三分层沿空巷道相比较，由于分层巷道反复受到支承压力作用，超前压力影响范围有所增大，顶底板移近量增加100～300 mm，移近速度平均增大1.5倍以上。

第三节 软岩巷道围岩变形破坏规律

一、软岩的概念与基本特征

国内外关于软岩给出了多种定义。目前，软岩的划分还没有统一的标准。众多的分类方法，都有一定的局限性，或者考虑因素单一，或者现场难以应用。我国目前井巷掘进与支护领域的许多专家、学者和现场科技工作者都习惯地把松软岩层简称为软岩。为了便于理论研究和应用，将软岩分为地质软岩和工程软岩分别予以定义。人们普遍采用的软岩定义基本上可归于地质软岩的范畴，地质软岩是指强度低、孔隙率大、胶结程度差、受构造面切割及风化影响显著或含有大量膨胀性黏土矿物的松、散、软弱岩层，该类岩石多为泥岩、页岩、粉砂岩和泥质岩层，是天然形成的复杂地质介质。按地质学的岩性划分，地质软岩是指单轴抗压强度小于25 MPa的松散、破碎、软弱及风化膨胀性一类岩体的总称。国际岩石力学学会将软岩定义为单轴抗压强度在0.5~25 MPa之间的一类岩石，其分类依据基本上是强度指标。

该软岩定义用于工程实践中会出现矛盾。如巷道所处深度足够小，地应力水平足够低，则小于25 MPa的岩石也不会产生软岩的特征；相反，大于25 MPa的岩石，其工程部位足够深，地应力水平足够高，也可以产生软岩的大变形、大地压和难支护的现象。因此，地质软岩的定义不能应用于工程实践，故而提出了工程软岩的概念。

工程软岩是指在工程力作用下能产生显著塑性变形的工程岩体。工程软岩的定义不仅重视软岩的强度特性，还重视所承受的工程力载荷的大小，强调从软岩的强度和工程力载荷的对立统一关系中分析、把握软岩的相对性实质。

不同软岩状态的矿井，其软岩种类是不同的，其强度特性、泥质含量、结构面特点及其塑性变形力学特点差异很大。根据上述特性的差异及产生显著塑性变形的机理，软岩可分为四大类，即膨胀性软岩、高应力软岩、节理化软岩和复合型软岩，具体见表7-3。

所谓“三软”煤层是指煤层顶板软、底板软、煤质软。顶板软指直接顶的顶板岩层裂隙发育，破碎、抗压强度指数很低，属一类不稳定顶板，基本上是一旦暴露就很快冒落。底板软是指底板的抗压强度很低（$\sigma \leqslant 4$ MPa），容易扎底，又易遇水膨胀、变软。煤质软指煤体强度低，普氏系数$f \leqslant 1$，节理发育，煤层不稳定、易破碎。

表7-3　软　岩　分　类

软岩名称	泥质含量	σ_c/MPa	塑性变形特点
膨胀性软岩	>25%	<25	在工程力作用下，沿片架状硅酸盐黏土矿物产生滑移，遇水显著膨胀等
高应力软岩	≤25%	≥25	遇水发生少许膨胀，在高应力状态下，沿片架状黏土矿物发生滑移
节理化软岩	低~中等	少含	沿节理等结构面产生滑移、扩容等塑性变形
复合型软岩	低~高	含	具有上述某种组合的复合型机理

注：σ_c为岩石单轴抗压强度，MPa。

软岩巷道具有围岩软、强度低、膨胀性、深度大、应力水平高、无可选择性、动载荷作用、时限等特点，它们的基本特征都是松、散、软、弱，是相对于致密、坚硬、支护容易的岩体而言的。三软煤层回采巷道围岩属于差异性很大的非均质层状赋存，表现为围岩难以形成承载结构，强烈的两帮移近、片帮及围岩不均匀的整体下沉，顶板、两帮变形相互作用相互影响，一方变形失稳，必然导致另一方失稳，形成恶性循环，如图7-19、图

7－20 所示。

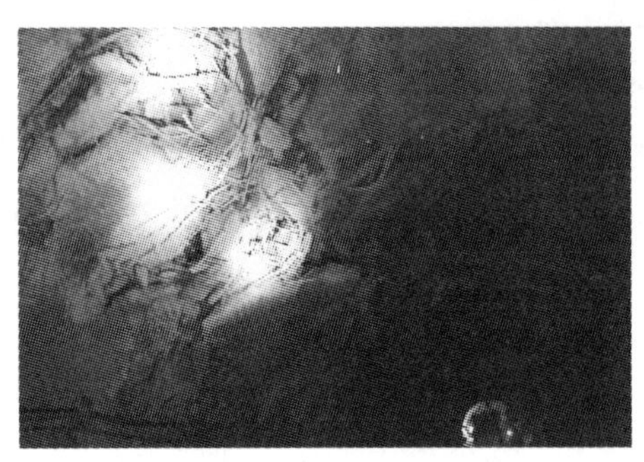

图 7－19 顶板冒落破坏

图 7－20 巷道底鼓严重

二、软岩巷道围岩变形破坏规律

巷道开挖破坏了围岩原有的应力平衡状态，致使围岩应力重新分布，软岩的力学性质与其他岩石的力学性质有很大的不同，巷道围岩变形特点主要表现为自稳时间短、围岩变形量大，巷道变形速度快、巷道围岩松动范围大等特征。

（1）软岩巷道的变形呈现蠕变变形三阶段的规律，并且具有明显的时间效应。初期来压快、变形量大，巷道自稳能力很差，如果不加以控制很快就会发生岩块冒落，直至造成巷道破坏。如果用刚性支架强行支护而不适应软岩的大变形特性，则巷道也难以维护，造成支架被压坏、巷道垮落。

（2）围岩变形量大、速度快、持续时间长。由于软岩具有显著的流变性，故其变形具有明显的时效性，大致可分为剧烈变形、缓慢变形和稳定变形 3 个阶段。一般来说，巷道掘进的第 1～2 天就开始变形，变形速度少的为 5～10 mm/d，多的达 50～100 mm/d，变形持续时间一般为 25～60 天，有的长达半年以上仍不稳定。

（3）软岩巷道变形一般随着矿井深度的加大而增大。不同矿区、不同地质条件下都存在一个软化临界深度，超过临界深度，支护的难度明显增大，且软岩巷道变形在不同的应力作用下，具有明显的方向性。

（4）软岩巷道多为环向受压，非对称，底鼓明显。在较硬岩层中，围岩对支护的压力主要来自顶板，中硬岩层围岩对支护的压力主要来自顶板和两帮，但在深部高应力软岩巷道中，中硬岩层围岩对支护的压力则是四周来压、底鼓明显。底鼓明显是高应力软岩巷道的重要特征，如果巷道底鼓或底鼓不明显，围岩就不是软岩。

第四节 影响巷道稳定性的因素

一、围岩性质

巷道围岩性质是影响巷道变形与破坏的内在因素，因此不同类型巷道岩层层位的选择是决定巷道围岩支护难易程度和支护成本多少的关键因素之一。据观测和统计分析，巷道围岩的岩性对于巷道变形量影响较大。因此，应尽量避免将巷道布置在软岩岩层中，这也是开拓布置必须考虑的问题。影响围岩岩性的另一方面为地质构造带的影响，如断层使巷道围岩整体性变差、围岩破碎、淋水等不利因素。从巷道矿压监测数据表明，断层往往会造成巷道顶板离层垮落或支架大变形等事故。

二、高地应力

高地应力作用是导致深部巷道围岩变形破坏加剧的直接因素。随着开采深度的增加，垂直及水平地应力越来越大。对统一岩性的巷道而言，在浅部容易维护，巷道变形量小；到深部以后，巷道变形明显增大，围岩破坏程度增大，易发生冒顶、片帮、底鼓等现象，造成巷道断面缩小，维护量增大，给生产使用造成困难。事实上，高地应力的影响不仅包括原岩应力（含构造应力）的影响，还包括采动引起的二次应力增量影响。就原岩应力而言，人们常常未对水平应力的影响引起足够的重视，事实上，部分巷道的破坏尤其是巷道两帮的严重收敛变形往往是水平应力直接作用的结果。

三、支护形式

支护形式对巷道围岩稳定性影响较大。支护形式的选择应考虑支护形式与围岩变形的耦合问题，要实现材料与围岩刚度、强度、变形、结构匹配，才能有效维护巷道围岩稳定。因此在巷道支护中，如出现刚度、强度、结构变形中某一方面不匹配与不耦合，就会不可避免地出现支护结构失稳。

四、施工质量

施工质量的好坏直接影响深部巷道围岩的稳定性。对于大断面开拓巷道，台阶掘进时，应确保台阶连接部位巷道成形和支护质量，减轻爆破载荷对该部位围岩的多次扰动。另外，施工过程中要防止出现锚喷巷道喷层厚度不均匀，局部过厚或过薄、金属网未连接或连接质量不合格等问题；锚杆支护过程中，要注意管缝锚杆的安装质量、锈蚀或脱落等问题；树脂锚杆的树脂药卷和托盘、锚杆安装未按质量要求等也直接影响锚杆支护效果。

五、时间因素

许多巷道围岩失稳和破坏现象往往要经历一段时间才开始显现，有时是巷道开挖后几天，有时是几个月甚至有的到几十年后才明显发生。如西欧和北美的一些地下工程是在修建了 20 年后才发现有衬砌开裂或破坏。而在我国许多矿山巷道中几个月后破坏的例子就很多了。这种现象不只在软岩中有，即使在较坚硬的围岩中也有。

当然，时间因素是否要考虑也要看巷道使用目的、要求、服务年限等。有的永久性或半永久性工程由于其中要设置大型、重要或精密的设备、仪器等，不允许巷道或衬砌有微小的变形（1 ~ 2 mm）或开裂。而另一种情况是为短期运行服务所开掘的巷道，只需维护几个月（甚至 1 ~ 2 天）以不影响运输通过为原则，可容许变形量达 20 ~ 30 cm 以上。

第五节　巷道围岩分类与稳定性评价

一、巷道围岩分类指标的确定

选取分类指标遵循的原则：分类指标应是影响巷道围岩稳定性的主要因素，能定量表示；在煤矿现场易测取，便于现场使用和分类方案的推广，因此，所选择的分类指标应具有科学性和实用性。

本分类选择了以下 7 个指标。这些指标是，表示围岩强度的指标是顶板强度 $\sigma_{顶}$、煤层强度 $\sigma_{煤}$、底板强度 $\sigma_{底}$，表示自重应力的指标是深度 H，表示岩体结构和构造（即岩体完整性指数 D）的指标是直接顶初次垮落步距 L，表示开采影响的指标是直接顶厚度与采高比值 N 以及护巷煤柱宽度 X。

分类指标取值的方法，如下：

（1）3 个围岩强度指标（$\sigma_{顶}$、$\sigma_{煤}$、$\sigma_{底}$）。围岩强度是指围岩的单向抗压强度，单位为 MPa。顶板强度取相当于 1.5 倍巷道宽度的顶板范围内的各岩层强度的加权平均值，底板强度取 1 倍巷道宽度的底板范围内各岩层强度的加权平均值。分层开采时，上分层巷道的底板强度就是煤层强度。

（2）埋藏深度 H。巷道埋藏深度是指巷道所在位置距地表的深度，单位为 m。

（3）岩体完整性指数 D。岩体完整性指数 D 以直接顶初次垮落步距 L 表示，单位为 m。

对生产矿井，L 取值可参考同一煤层其他工作面直接顶初次垮落步距值。对于未开采煤层和新建矿井，L 可按岩性与强度特征确定。

（4）直接顶厚度与采高比值 N。可以从地质柱状图中直接量取直接顶厚度，但应注意根据具体条件分析直接顶的范围。直接顶是直接位于煤层（或伪顶）之上，强度小于 60～80 MPa，一般随回柱垮落的岩层。当 $N>4$ 时，取 $N=4$，N 为无量纲。

（5）护巷煤柱宽度 X。护巷煤柱宽度 X 是指回采巷道一侧的实际煤柱宽度，单位为 m。当巷道两侧为实体煤时，取 $X=100$ m；当无煤柱护巷时，取 $X=0$ m。

二、巷道围岩分类方法

现行围岩分类方法有单指标分类方法、多指标分类方法和多因素综合单一指标分类方法等多种。典型的单指标围岩分类方法有普氏分类法、岩芯质量指标 RQD 分类法、以岩体弹性波为基础的综合分类法和岩石结构权值分类法等，它们的共同特点是未考虑原岩应力的影响，不能全面反映围岩稳定性。

国内外学者在巷道围岩分类研究方面提出了多种分类方法，归纳如下。

（一）普氏分类法

普氏分类法是典型的单指标岩石分类法，其表达式如下：

$$f=\frac{R_c}{10} \tag{7-1}$$

式中　R_c——岩石的单轴抗压强度，MPa。

普氏分类法将$f<4$的岩层划分为软岩，$f=4\sim6$为中硬岩，$f>7$为硬岩。由于该方法指标单一，能直观地反映岩石的强度特性，方法简便，20 世纪 50—70 年代曾在我国矿山开采和各种地下工程中广泛应用，至今仍然在浅埋工程中应用。

（二）岩芯质量指标 RQD 分类法

这种分类方法是以在钻探过程中长度超过 10 cm 的岩芯总长度与钻孔长度之比 RQD 作为评价岩体质量的指标。

$$\mathrm{RQD}=\frac{\sum l}{L}\times100\% \tag{7-2}$$

式中 l——岩芯单节长度，cm，只考虑长度≥10 cm 的岩芯；

L——钻孔长度，cm。

RQD 可以反映岩体节理裂隙的发育程度，对围岩物理状态的评价具有参考价值。RQD 指标在钻探过程中可顺便获得、方法简便、定量容易、应用较广。但是，RQD 值没有考虑节理的方向、密实度和充填情况，对原岩应力的影响也同样未能考虑。所以用 RQD 值单独评价围岩的支护难度存在较大误差。

（三）围岩稳定性指数分类方法

围岩稳定性指数为自重应力与岩石单轴抗压强度之比，其表达式为

$$S=\frac{\gamma H}{R_c} \tag{7-3}$$

式中 S——围岩稳定性指数；

γH——自重应力；

R_c——岩石单轴抗压强度。

$S<0.25$时为稳定围岩；$S=0.25\sim0.40$时为中等稳定围岩；$S=0.40\sim0.65$时为不稳定围岩。

围岩稳定性指数分类法考虑了自重应力和岩石强度对围岩稳定性的影响，在构造应力较小和岩体节理裂隙不发育的条件下能较好地判断围岩稳定性，对于构造应力显著、节理发育的地层并不适用。

（四）中国《工程岩体分级标准》围岩分类法

《工程岩体分级标准》是一种多因素、多指标定性与定量相结合的围岩分类方法，它分两步对围岩进行工程分类。首先根据岩石的单轴抗压强度和岩体的完整性系数对岩体进行基本质量分级（软、硬、整体、破碎等），然后根据地下水、结构面产状、初始应力状态修正岩体基本质量指标。

三、巷道稳定性评价

巷道围岩介质是经过多次的地质作用，经过变形、破坏形成的有一定的岩石成分、一定的结构、赋存于一定的地质环境中的地质体。它在几何形态上往往表现为非连续性，如多被节理、构造等所切割；在力学形态上往往表现为非均质性和各向异性。因而，按照单一连续介质的破坏判据对围岩稳定性进行判定，往往不能满足工程的要求。充分考虑围岩含有节理、裂隙或软弱夹层的特点，视围岩的不同赋存及组合属性，提出相应的判定巷道围岩失稳的复合工程判据，对于认识围岩破坏机制和提出相应的控制准则具有十分重要的

意义。

现阶段，围岩稳定性判断方法有力学法、经验法和现场实测法。每一种方法都有其最适用的范围。

（一）强度准则

强度准则又称破坏判据，它表示围岩在极限应力状态下的应力状态和岩石强度参数之间的关系。对于不含明显节理的近似均质围岩介质，稳定性的判定可以用库仑准则或 Hoek – Brown 准则。

1. 库仑准则

库仑于1773年提出的“摩擦”准则，他认为岩石的破坏主要是剪切破坏，岩石的强度等于自身抗剪切摩擦的黏结力和剪切面上法向力产生的摩擦力。

岩石要达到塑性破坏，必须在该点应力状态的应力圆与强度包络线相切，包络线可近似地简化为直线，则极限破坏条件为

$$\sin\varphi = \frac{\sigma_1 - \sigma_3}{\sigma_1 + \sigma_3 + 2c\cot\varphi} \tag{7-4}$$

式中 σ_1、σ_3——岩体破坏时的最大、最小主应力，MPa；

c——岩石的内聚力，MPa；

φ——内摩擦角。

2. Hoek – Brown 准则

1980年 Hoek 和 Brow 提出了如下的经验性岩体强度准则：

$$\sigma_1 = \sigma_3 + \sqrt{m\sigma_c\sigma_3 + s\sigma_c{}^2} \tag{7-5}$$

式中 σ_c——岩块单轴抗压强度，MPa；

m、s——经验参数。m 反映了岩石的软硬程度，其取值范围为 0.0000001 ~ 25 之间，对严重扰动岩体取 0.0000001，对完整的坚硬岩体取 25；s 反映了岩体破碎程度，其取值范围为 0 ~ 1 之间，对破碎岩体取 0，完整岩体取 1。

（二）局部稳定性近似分析法

1. 两帮失稳判断

1）均质围岩巷道失稳判据

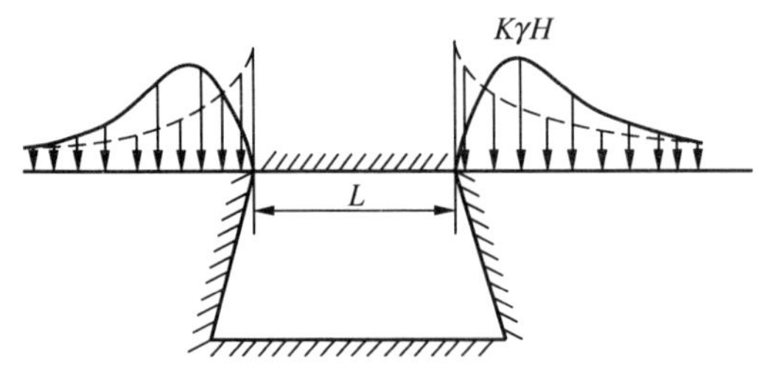

图 7 – 21 均质巷道两帮受力状态

如图 7 – 21 所示，判断巷道围岩某一点的稳定性，一般可依据摩尔 – 库仑准则、Hoek – Brown 准则等。但对某一区域的稳定性，显得难以适用，而且工程中不易操作，因此，需要探索判定围岩区域内稳定性的判据。根据波兰学者 A · 吉迪宾斯基等的研究成果，两帮破坏失稳的判据为

$$\eta = \frac{0.8\sigma_{cm}}{K\gamma H\zeta b} \tag{7-6}$$

式中 η——破坏失稳衡量指标，即稳定性系数，若 $\eta<1$，则两帮破坏，否则两帮是稳定的；

σ_{cm}——围岩岩体的单向抗压强度，$\sigma_{cm}=\xi\sigma_c$，其中 ξ 为龟裂系数，按表 7 – 4 所列的值选取，σ_c 为围岩块体单轴抗压强度，MPa；

K——应力集中系数，按表7－5所列数值选取；

γ——围岩的平均重力密度，取10^6 N/m^3；

ζ——巷道围岩的暴露系数，表示裂隙间距与巷道宽度比值，按表7－6所列数值选取；

b——巷道围岩的破坏系数，按表7－7所列数据选取。

表7－4　岩体的龟裂系数

岩体类型	龟裂系数	岩体类型	龟裂系数
完整	>0.75	碎裂状	<0.45
块状	0.45～0.75		

表7－5　应力集中系数

巷道种类及位置	应力集中系数	巷道种类及位置	应力集中系数
未被采动影响破坏的开拓巷道	1.5	受采动压力影响的平巷，$\sigma_c<25$ MPa	2.5
回采压力影响区以外的开拓巷道或采区大巷	2.0	受采动压力影响的平巷，$\sigma_c>25$ MPa	3

表7－6　暴露系数

巷道宽度 L/m	1	1.5	2	2.5	3	3.5	4	4.5	5	5.5
暴露系数	0.42	0.5	0.625	0.75	0.846	0.96	1.10	1.25	1.5	1.75

表7－7　破坏系数

巷道种类及位置	巷道破坏系数	巷道种类及位置	巷道破坏系数
未受采动影响破坏岩体中的开拓巷道	1.0	受采动影响破坏岩体中的采准巷道	1.6
受采动影响破坏岩体的开拓巷道	1.2	煤层厚度小于1.5 m的平巷	1.8
未受采动影响破坏岩体中的采准巷道	1.4	煤层厚度大于1.5 m的平巷	2.0

2）具有软弱夹层围岩的失稳判据

对于含有软弱夹层的围岩而言，如图7－22所示，首先要判定软弱夹层在既定应力环境下是否失稳；其次再按节理岩层层面滑移失稳的可能性判定。故对于该类围岩两帮满足下列复合判据，便认为失稳破坏。

该判据为

$$\frac{0.8\sigma_{cm}}{\gamma KH\zeta b}<1 \tag{7-7}$$

2. 顶板失稳判据

对于巷道顶板失稳判据，研究成果相对比较成熟，根据岩层介质的性质分为以下几种情况。

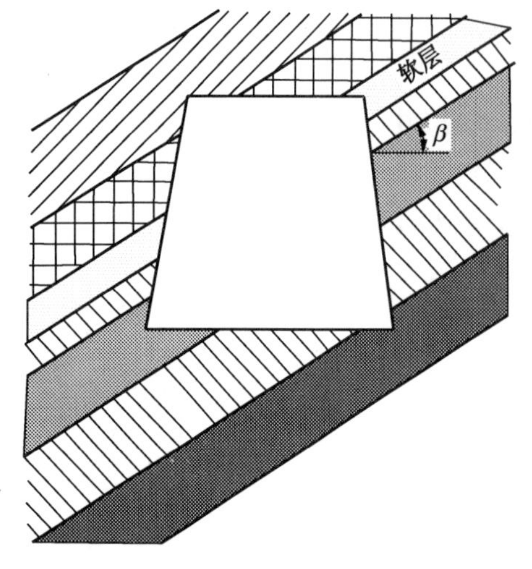

图 7－22　具有软弱夹层围岩示意图

1）完整层状顶板失稳判据

如图 7－23 所示，若顶板是层状结构，基本厚度为 m_1，其上软弱层总厚度为 $\sum m_i$，随着 m_1 一起运动。顶板的有效支护跨度为 B_z，在无支护情况下，则顶板失稳破坏的条件为端部弯拉破坏，即

$$\frac{\gamma\left(m_1 + \sum m_i\right)B_z^2}{2m_1^2} \geqslant [\sigma_t] \qquad (7-8)$$

式中　γ——顶板平均重力密度，取 10^6 N/m^3；

$[\sigma_t]$——顶板基本顶的抗拉强度（一般取顶板抗拉强度的 1/5），MPa。

2）厚软层或松散介质顶板失稳判据

对于厚软层或松散介质顶板，在无支护的情况下，将逐步垮落成拱形结构，如图 7－24 所示。如果支护反力不足以承担拱内的重量，则巷道将发生失稳垮落，即

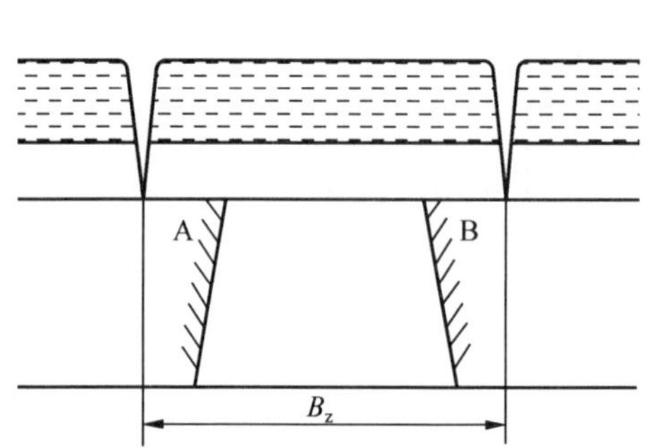

图 7－23　层状顶板结构示意图

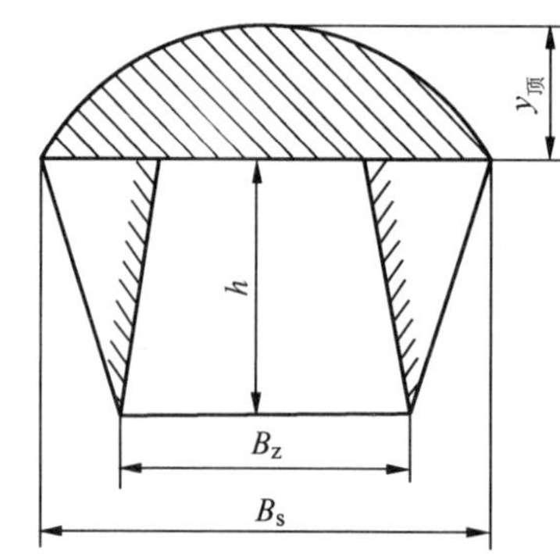

图 7－24　松散介质垮落拱示意图

$$R_T \leqslant \frac{1}{3}\gamma y_{顶} B_s = \frac{1}{3}\gamma\frac{B_s^2}{f} \qquad (7-9)$$

式中　R_T——支架对每米巷道支护反力，kN/m。

因此，对厚层软弱顶板或者松散介质（如厚煤层下分层巷道）顶板的稳定与否，主要在于支架的支护反力大小。

3. 底板失稳的判据

底板失稳的机理有屈曲、拉坏、剪张等很多种，有时这些机理共同作用，难以用某一机理解释和计算。因此，底板失稳的判据建议采用德国常用的方法。

根据国内外深部矿井巷道变形观测的统计和检验，在封闭支护系统（底板有支护）、支护结构较强的开拓和准备巷道中，巷道开掘后的变形量遵循式（7－10）表达的统计关系：

$$k = -46 + \frac{13.3p}{\sqrt{s}} \tag{7-10}$$

式中　k——巷道顶板移近量占原始高度的百分比，%；

p——由采深、采动条件决定的巷道外围压力，MPa；

s——底板强度，MPa。

由于井下条件复杂，k 值受诸多因素的影响。因此，式（7-10）只是一个估算式，误差为10% ~20% 。

由此可见，在被判断的巷道中，只要采取了合适的支护方式，控制巷道围岩变形是完全可能的，使巷道只出现10% ~20% 的弹性变形或小范围的塑性变形。但若支护强度不足时，变形量将明显增大，特别是底板无支护时尤为突出。

根据上述巷道围岩稳定性判据可以将巷道围岩分为5类：非常稳定（Ⅰ）、稳定（Ⅱ）、中等稳定（Ⅲ）、不稳定（Ⅳ）及极不稳定（Ⅴ）。为此，煤矿巷道支护应根据巷道围岩稳定性程度采用既经济又安全的支护手段。

思考与练习题

（1）简述回采巷道分别在煤体弹性状态和塑性状态时巷道开掘的位置以及时间。

（2）工作面采动对回采巷道及准备巷道矿压显现剧烈时，应采取哪些必要措施？

（3）简述软岩巷道中围岩变形破坏特征。

（4）试述影响巷道稳定性的因素。

（5）某矿回采巷道宽度为3 m，布置在均质粉砂岩之中，该粉砂岩的单轴抗压强度为33 MPa，重力密度为2470 kg/m^3，由于回采厚度为1.8 m的煤层，巷道围岩呈块状，试判断巷道两帮稳定性情况。

（6）简述巷道稳定性分类及其特点。

第八章 巷道围岩控制原理与技术

【本章教学目的与要求】

- 理解煤矿巷道支护原则
- 了解巷道外撑式支护机理并掌握外撑式支护技术
- 掌握巷道锚注支护技术和最优锚注时间
- 掌握预防巷道冒顶的措施

【本章概述】

根据矿山压力分布及其显现规律，选择合理的巷道控制方式，以达到改善巷道维护的目的，是煤矿生产中急需解决的重要问题。

本章主要讲述煤矿巷道控制原则、巷道控制技术——外撑式支护及锚注支护方法、巷道冒顶的影响因素以及在具体条件下的预防措施。

【本章重点和难点】

本章的重点是理解并掌握巷道控制原则与控制技术，包括巷道控制的外撑式支护、锚注支护以及巷道冒顶的预防措施，其中的难点是巷道锚注最优时间的确定。

第一节 巷道围岩支护原则

降低巷道围岩应力、提高围岩稳定性以及合理选择支护是巷道围岩控制的基本途径。回采引起的支承压力不仅数倍于原岩应力，而且影响范围大。巷道受到回采影响后，围岩应力、围岩变形会成倍甚至近十倍急剧增长。因此，巷道围岩控制手段的实质是如何利用煤层开采引起采场周围岩体应力重新分布的规律，正确选择巷道布置和护巷方法，使巷道位于应力降低区，从而减轻或避免回采引起的支承压力的强烈影响，控制围岩压力。

一、巷道围岩压力及影响因素

（一）围岩压力

采掘活动引起巷道围岩应力重新分布形成应力集中，使巷道周围岩体自稳能力显著降低，导致向巷道空间移动。为了防止围岩变形和破坏，需要对围岩进行支护。这种围岩变形受阻而作用在支护结构物上的挤压力或塌落岩石的重力，统称为围岩压力。根据围岩压力的成因，围岩压力可分为以下 4 种类型。

1. 松动围岩压力

由于巷道开挖而松动或塌落的岩体，以重力的形式直接作用于支护结构物上的压力，表现为松动围岩压力载荷形式。如果支护不能有效地控制围岩变形的发展，围岩松动形成垮落圈时，将导致松动围岩压力增大，通常表现为顶部矿压显现明显。

2. 变形围岩压力

支护约束围岩变形发展时，围岩位移作用在支架上而产生的压力，称为变形围岩压力，简称变形压力。在“围岩－支护”力学体系中，只要围岩与支架相互作用，围岩就会对支架施加变形压力。弹性变形压力是围岩弹性变形时作用于支架上的压力，弹性变形产生速度快，变形量小，对于围岩、支护相互作用过程而言，实际意义不大。塑性变形压力是由于围岩的塑性变形和破裂，围岩向巷道空间运动，使支护结构受到压力，是变形围岩压力的主要形式。塑性变形的大小主要取决于巷道塑性区和破裂区的范围。塑性区的扩展具有明显的时间效应，塑性区不再扩展时，围岩变形速度下降，而逐渐趋于稳定。

3. 膨胀围岩压力

围岩体积膨胀而施加于支护上的压力，称为膨胀围岩压力，简称膨胀压力。膨胀压力与变形压力的基本区别在于它是由吸水膨胀而引起的。从现象上看，属于变形压力范畴，但两者的变形机制截然不同，前者是指围岩与水发生物理化学反应，后者主要是围岩应力与结构效应。

4. 冲击和撞击围岩压力

冲击围岩压力指围岩积累了大量的弹性变形能之后，突然释放出来所产生的压力；撞击围岩压力是回采工作面上覆岩层剧烈运动时对巷道支护体所产生的压力。

（二）影响围岩压力的主要因素

影响围岩压力的因素基本上可以分为开采技术因素和地质因素两大类。开采技术因素中，影响最大的是回采工作状况，即巷道与回采工作面相对空间、时间关系。例如，巷道是处于一侧、两侧或邻近煤层采动影响条件小，是受一次还是多次采动影响，采动影响已经稳定还是正在采动过程中。其次是巷道保护方法。例如，巷道支护方法、巷道断面形状和大小、巷道掘进方法、巷道基本支护类型和参数等。地质因素主要有原岩应力状态、围岩力学性质、岩体结构、岩石的组成和胶结状态、围岩中水分的补给状况等。

二、巷道围岩控制原则

井下巷道就其地质和技术条件而言是复杂多样的。就稳定性来讲有不同的类别；就受载特点而言有受采动和不受采动影响的巷道；巷道断面面积可 4 ~ 5 m^2 甚至到 20 余平方米；巷道服务时间从几个月、几年到几十年等。巷道类别不同，选择的支护形式和参数也就不同。支护体系、支护结构和参数以及施工工艺过程应适应围岩主变形的力学状态，确保支护特性和围岩变形力学特性相适应、相匹配，以达到最大限度地发挥围岩自承能力和支护体系支承能力，以有效控制围岩变形，保证巷道围岩的稳定性。

在支架与围岩的相互作用原理的指导下，为了安全、经济地维护好巷道，在选择支护形式和参数时应遵循以下原则。

（一）辩证地解决围岩应力与围岩强度两者之间的相对关系

巷道围岩变形和塑性区范围的发展取决于围岩应力和围岩强度之间的相对关系。一般讲围岩应力低于围岩强度则巷道围岩比较稳定，相反则出现围岩塑性区扩大和维护状况急剧恶化。采取锚喷、注浆加固巷道的目的就是提高围岩的强度，减少围岩变形破坏，保持其稳定性。采取各种卸压方法和改变巷道位置，将其布置到应力降低区的目的就是减少围岩应力。采取上述两方面措施都有利于提高巷道围岩的稳定性，但究竟采取哪种措施在技术上和经济上更有利，应针对具体巷道条件分析研究围岩应力和围岩强度两者的相对关系并进行合理确定。

（二）允许围岩变形

充分利用和发挥压缩域的承载能力。压缩域可阻止深层围岩变形向巷道方向传播，对巷道围岩的稳定起到重要作用，但在长期以来的深部巷道维护中，人们没有考虑到发挥和利用压缩区域。生产实践证明，一旦利用压缩域，巷道稳定状态即会得到显著改善。

（三）根据实际情况进行一次或二次、多次支护

在巷道围岩比较稳定、围岩应力和围岩变形较小、巷道服务时间较短、支护阻力较高和支架可缩量较大能够控制和适应围岩变形的要求时，可以进行一次支护；在巷道围岩变形达到稳定之前围岩变形量较大、延续时间较长时，需要在开巷后进行一次支护，以后相隔适当的时间再进行二次或多次支护，即在围岩能量得到一定释放以后再采取加强支护的技术措施。在受采动影响的巷道中，巷道掘出后采用刚性支护或可缩性支护作为巷道基本支护，而在受采动影响期间再采用支护阻力较高、可缩量较大的加强支护。

（四）提高围岩强度

采用围岩钻孔注浆、锚杆支护、锚索支护、巷道周边喷浆、支架壁后充填、围岩疏干封闭等方法，增强围岩强度，优化围岩受力条件和赋存环境。此外，架设支架对围岩施加径向力，既支撑松动塌落岩石，又能加大巷道的围岩，保持围岩三向受力状态，提高围岩强度，限制塑性变形区和破裂区的发展。

（五）躲避矿山压力

将巷道布置在应力经重新分布后岩体已处于卸载状态的低应力区，从时间上和空间上躲开高应力的作用，可在不同程度上减轻巷道受压，有利于支护工作。

在实际工作中要注意卸压、让压、加固、监测等功能的统筹安排。对高应力区要注意适当地释放高应力；对支承压力区要注意调整应力分布；对大变形区既要允许有变形又要使变形适度；对松散破碎区要注意整体加固，提高整体强度；对以膨胀为主的压力，则首先要防止围岩脱水风干再遇水等。

（六）综合考虑可靠性、经济性和使用方便

从我国当前巷道支护的技术水平（并要注意其发展）和矿井经济条件出发，在选择巷道支护时要考虑可靠性、经济性和使用方便，有时这三者是相互矛盾的，或者有比较好的若干种方案，这时要通过技术经济比较来确定。综合考虑下述要点：

（1）三者中可靠性是首要的，任何支护系统必须能保证安全、正常地生产。当然，可靠性可以通过一次支护或者二次、多次支护来达到。

（2）支护方式的选择要考虑巷道的服务时间。支护的经济性，经济性应从巷道整个服务时期考虑，除了初期投资外，还有巷道长期的维护费用，两者的综合经济效益要好。对于服务时间长的巷道，初次投入可多一些，支护技术要求更完善，以保证可靠性。对于服务时间较短的巷道，初期投入不能太高，支护技术要比较简单，支设、回收支架比较方便。

（七）“支护－围岩”一体化原则

将支护与围岩看做一个系统来进行考虑，不能过分或偏重于某一方面，两者要相互协调、共同作用，来到达巷道安全使用的目的。

（八）设计、施工、监测一体化原则

在合理设计、施工的基础上，将监测作为调整支护的必要手段，要结合地下环境复杂性的特点对当前所采取的支护方式时时监测，并根据监测结果，采取二次或多次支护措施，以确保巷道在使用期间的安全。

第二节　外撑式支护机理与技术

一、外撑式支护机理

地下工程中围岩不仅是施载体，在一定条件下还是一种天然承载体，上覆岩层的绝大部分重量完全是由自身承担的。因此，合理的“支架－围岩”相互作用关系是充分利用围岩的这种天然的自承力和承载力。人为的支护作用是在围岩强度、结构、受力环境、位移与力的边界条件等方面创造条件，促进围岩形成自稳和承载结构。巷道支护对围岩提供支护阻力，控制围岩塑性区的持续发展，减小围岩移近量。

从工作面推进方向看，整个采煤工作面上覆岩层中邻近煤层的基本顶岩层形成的结构是由“煤壁－回采工作面支架－采空区已冒落的矸石”支撑体系所支撑；而从垂直方向看，支架与围岩相互作用体系则由基本顶－直接顶－支架－底板组成。围岩和煤壁的运动状态影响支架的工作状况和承载特性，而支架的工作状况又反过来影响到对顶板的维护效果。

（一）支架与围岩相互作用的特点

（1）支架与围岩是相互作用的一对力。在小范围内，围岩形成的顶板压力可看做是一个作用力，支架可以视为一个反力，两者应互相适应，使其大小相等，而且尽可能地作用在一个作用点上。

（2）支架受力的大小及其在回采工作面分布的规律与支架性能有关。事实证明：刚性、急增阻式、微增阻式或恒阻式支架受力在工作面的分布状态是不一致的，恒阻式支架的受力比较均匀。

（3）支架结构及尺寸对顶板的影响。实际生产中证明，在支架架型选择合适时，可以用最小的工作阻力维护好顶板。

因此，支架和围岩的关系实质上就是要分析支架性能、结构对支架受力及围岩运动的影响，以及在各种围岩状态下支架呈现什么反应，从中分析支架应具有的最合理结构及参数。

回采工作面的支架与其支撑的围岩是一对相互作用着的矛盾统一体。支架结构及性能的设计必须符合回采工作面围岩运动规律，只有这样才能使支护结构设计既经济又合理。同时也只有支架的支撑力分布合适，护顶装置可靠，才有可能维护好顶板，以保证工人的安全和生产正常进行。

（二）依据“支架－围岩”相互作用原理，在巷道支护的工程实践中发展了以下实用技术：

1. 实行二次支护

当巷道围岩达到稳定前变形量较大，延续时间较长时，需要开巷后进行一次支护。及时封闭和隔离围岩，防止围岩暴露面上个别危石掉落，同时对围岩初期移动给予一定程度的限制。一次支护允许围岩产生一定的变形，围岩变形和能量释放到一定程度后，进行二次支护。二次支护应在初次支护尚未失效，围岩移近速度已经很小的适当时刻进行。

2. 采用柔性支护

金属可缩性支架不仅对围岩的变形产生一定阻力，本身还具有可缩性，避免支架严重变形和损坏。支架在允许围岩有限变形继续释放能量的同时，仍具有足够的工作阻力，既能适应又能控制围岩的变形，充分发挥支架的支护效果。

3. 强调主动支护

采用具有一定初始工作阻力的金属支架，加大巷道围岩的围压，提高巷道围岩的强度，减轻支架承受的载荷。进行巷道支护壁后充填和喷射混凝土，可改善支架受力状态和围岩赋存环境，提高支架和围岩的承载能力。

二、不同载荷分布对支架承载能力的影响

可缩性金属支架的承载能力有极限承载能力和实际承载能力之分。前者是支架在未缩之前按刚性状态计算的最大承载能力，超过此值支架将产生塑性变形，甚至破坏而不能使用；后者是指支架在使用过程中所表现出的承载能力，它是由连接件的工作阻力和支架的工作状态等决定的。实际承载能力应小于并且接近于极限承载能力。

根据对多条巷道支架载荷观测结果的研究，支架承受的载荷可简化为沿巷道周边均匀分布、顶压大侧压小、侧压大顶压小、一侧压力大和一侧肩压大 5 种典型情况，如图 8－1 所示。对直腿式拱形支架（29U 型钢制成，净断面积 8.7 m^2）进行整架极限承载能力计算的结果如下：均布载荷时为 629 kN，顶压大侧压小时为 322 kN，侧压大顶压小时为 252 kN，一侧压力大时为 11 kN，一侧肩压大时为 44 kN。由此可见，当载荷均匀分布时支架具有最高的承载能力，当顶压大或侧压大时，支架的承载能力次之，而承受非对称载荷（一侧压力大或一侧肩压大）时，支架承载能力很低，这时需要采用非对称支架来适应非对称载荷。

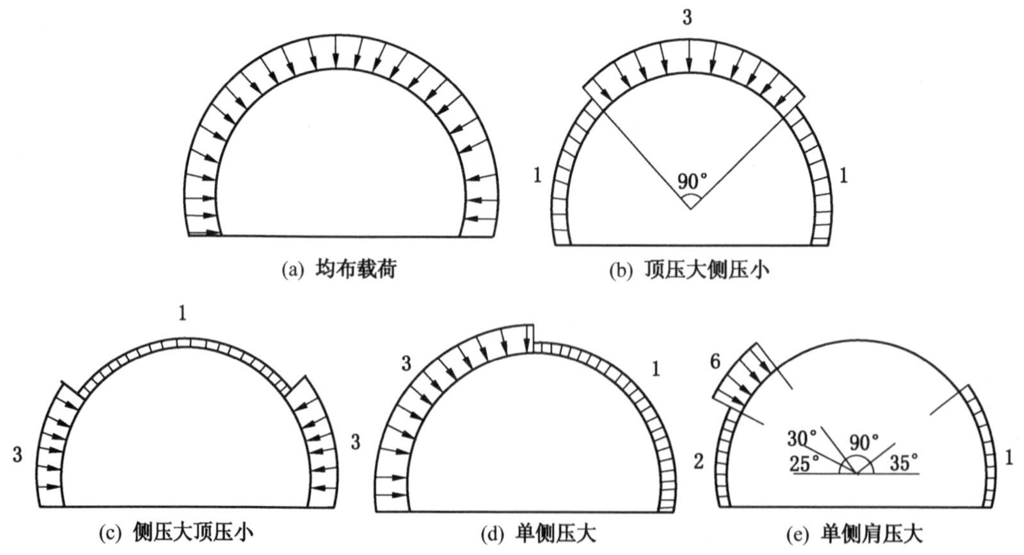

注：图中数字为载荷大小比例

图 8－1 拱形支架载荷分布的 5 种情况

三、外撑式支护技术

（一）拱形及可缩性金属支架

金属支架承载能力大，可多次重复使用，具有较大的可缩量，是受采动影响的巷道支护改革的主要方向之一。目前，拱形可缩性支架是可缩性支架中应用最广的一种形式。我国试验和推广应用的是拱形和环形金属可缩性支架，如图 8－2 所示。

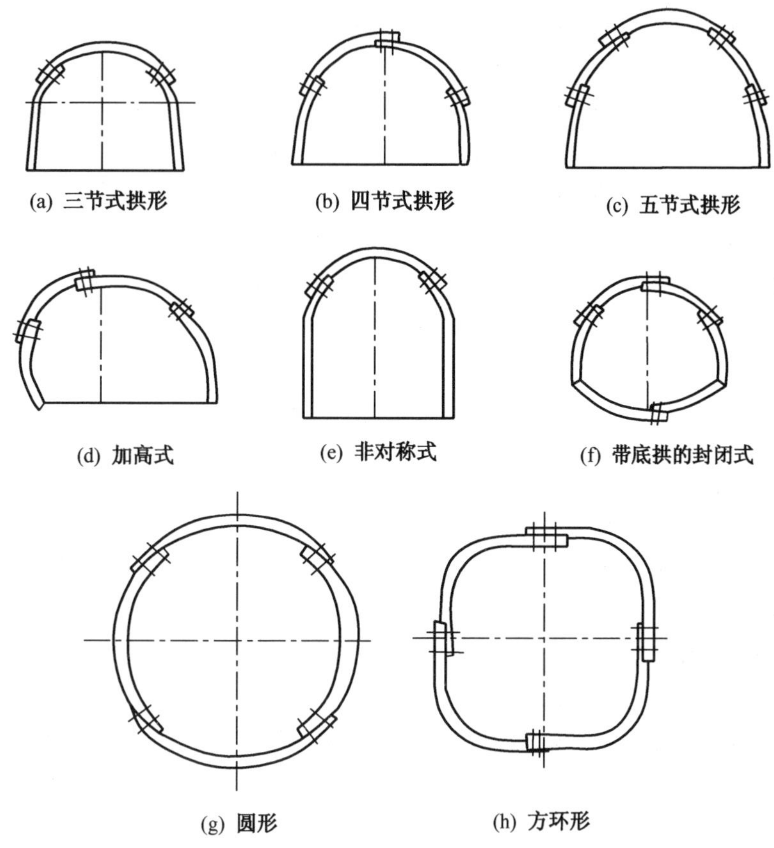

图 8－2　拱形和环形金属可缩性支架结构形式

可缩性金属支架在较低的围岩压力作用下将产生弹性变形和挠曲，由于这种变形和挠曲很小，故不会影响支架的正常使用。当外载荷继续增加，支架内力将随之增大，支架具有可缩性，就能够在一定程度上把支架的内力控制在一定的范围内，从而避免支架的严重变形和损坏。实践证明，在深部矿井，无论支架的抗压、抗拉及抗剪强度等力学性能都比较稳定，如果不能很好地适应围岩体的变形，支架一定会产生较大的变形甚至破坏。在矿山压力较大的巷道，刚性金属支架容易产生较大的变形甚至破坏，影响巷道支护效果及使用。

支架在具有可缩性的同时还要具有足够的工作阻力，这样才能既适应围岩体的变形又能在一定程度上减缓围岩体的变形，充分发挥支架的承载作用，保持巷道围岩稳定。支架的可缩性要靠装置连接件来达到，而连接件在保证支架具有一定的工作阻力方面也有重要作用，因此连接件的力学性能极其重要。可缩性金属支架的连接件一般有螺栓连接件和楔形连接件，井下常见的是螺栓连接件。可缩性金属支架由若干节构成，通过连接件连接。巷道掘进以后，围岩体变形挤压支架，支架承受载荷产生内力，其中对支架力学性能影响最大的是轴力（压力）和弯矩。轴力推动支架节间的滑动，弯矩阻止其滑动。弯矩和连接件提供的支架节与节间的预紧力形成了支架节与节之间的摩擦阻力。当轴向推力小于摩擦阻力时，支架不可缩；当轴向推力大于摩擦阻力时，支架节与节之间产生相对滑动，支架缩短。断面减小，承受的外载减小，使得轴向推力小于摩擦阻力，支架节与节之间相对稳定，支架不再缩短，与外载处于相对平衡状态，保持巷道围岩体稳定。随着支架的缩短，使得支架节与节之间的摩擦阻力增大，需要较大的轴向推力才能使支架节与节之间产生相对滑动，出现了井下支架实际工作阻力的增阻现象。

可缩性金属支架用 U 型钢制成，我国可缩性金属支架所用的 U 型钢有 U18、U25、U29、U36 四种，故可缩性金属支架也叫 U 型棚。可缩性金属支架可分为梯形可缩性金属支架、拱形可缩性金属支架和环形（封闭形）可缩性金属支架 3 种。梯形可缩性金属支架不破坏顶板，能保持顶板的完整性，当顶板比较稳定，围岩体变形量较小时，可以考虑使用；拱形可缩性金属支架具有较好的受力状况，承载能力大，能够适应围岩体的较大变形，应用较为广泛；环形（封闭形）可缩性金属支架只有当围岩体变形强烈或者巷道易发生底鼓时才使用。

在煤层厚度较小的情况下使用拱形、圆形可缩性支架时，往往需要挑顶掘进，不利于保持围岩稳定性。在非机械化掘进的条件下，拱形和圆形断面施工较困难。方环形支架断面形状适合煤层巷道，支架工作状态较好，断面利用率高。因此，要结合具体条件在技术经济合理的原则下选用。

（二）梯形金属支架

梯形金属支架有刚性和可缩性两种。刚性梯形金属支架通常为工字钢或槽钢制成，使用于围岩变形较小的巷道。为适应围岩变形较大的巷道，国内外已研制成功梯形可缩性金属支架。

U 型钢梯形可缩性金属支架在国内外都有一定的发展，苏联曾发展过多种类的梯形可缩性金属支架，并应用于实际中。近几年在我国亦受到重视，特别是我国煤矿有长期使用梯形刚性金属支架的习惯，在其基础上发展梯形可缩性金属支架是比较容易的。拱形可缩性金属支架与梯形可缩性金属支架相比，它的受力情况较好，承载能力较大；另外，拱形可缩性金属支架比较容易做到垂直和侧向可缩。但在一定条件下，梯形可缩性金属支架掘进施工简便，断面利用率高，有利于保持顶板完整性，巷道与工作面连接处支护作业简单，但支架承载能力较小。因此，梯形可缩性金属支架通常使用于开采深度不大、断面小、压力不太大的巷道。

四、拱形可缩性金属支架使用实例

我国早在 20 世纪 60 年代即已使用 U 型钢拱形可缩性金属支架，开滦矿业集团使用的 U 型钢拱形可缩性金属支架，其型钢类型有 18U、25U、29U、36U，巷道断面面积从几平方米直到 14 m^2，使用地点多数为采准巷道（主要为回采巷道），但也在一部分压力大、围岩变形严重的基本巷道中使用。支架形式一般为对称形的三心拱直腿支架，连接件有双槽形夹板式和螺杆夹板式两种。由于目前使用的这种支架具有承载能力大、整体性好、适应性强、有可缩性等优点，因而技术经济效益显著，特别是在以下条件使用更为适宜：①开采深度和围岩应力较大的巷道；②顶压较大侧压较小、倾角较小的煤层巷道；③受采动影响的大巷和石门；④有煤层自然发火的巷道。

为提高拱形支架质量，改善支护效果，应采取以下措施：①根据巷道围岩及开采条件，设计使用新型支架，煤层倾角较大的巷道，应采用非对称支架；②改善连接件的质量，保持恒阻性能，接头阻力与型钢类型、支架断面参数应相适应；③完善拉杆，改进背板，增强支架的整体稳定性；④逐步提高型钢质量，进一步增加支架的承载能力。

第三节　锚注支护机理与技术

一、锚注支护机理分析

锚注支护是兼有锚杆支护与注浆加固共同优点的一种支护方式。锚注加固是在岩体锚杆加固与注浆加固的基础上，利用特种中空锚杆兼作注浆管，对岩体实施外锚内注加固的一种巷道加固方式。

在锚喷支护基础上或在原金属支架、砌碹支护基础上，进行壁后注浆，可以增强支护结构的整体性和承载能力，保证支护结构的稳定性，既具有锚喷支护的柔性与让压作用，又具有金属支架和砌碹等支护方式的刚性支架的作用，组成联合支护体系，共同维持巷道的稳定性。其支护机理包括以下几个方面：

（1）采用注浆锚杆注浆，可以利用浆液封堵围岩的裂隙，隔绝空气，防止围岩风化，能有效防止围岩被水浸湿而降低围岩本身的强度。

（2）注浆后将松散破碎的围岩胶结成整体，提高了岩体的内聚力、内摩擦角和弹性模量，从而提高了岩体强度，可以实现利用围岩本身作为支护结构的一部分。

（3）注浆后使得喷层壁后充填密实，这样保证载荷能均匀地作用在喷层和支架上，避免出现应力集中点而首先破坏。

（4）利用注浆锚杆注浆充填围岩裂隙，配合锚喷支护，可以形成一个多层有效组合拱，形成的多层组合拱结构扩大了支护结构的有效承载范围，提高了支护结构的整体性和承载能力，如图8－3、图8－4所示。

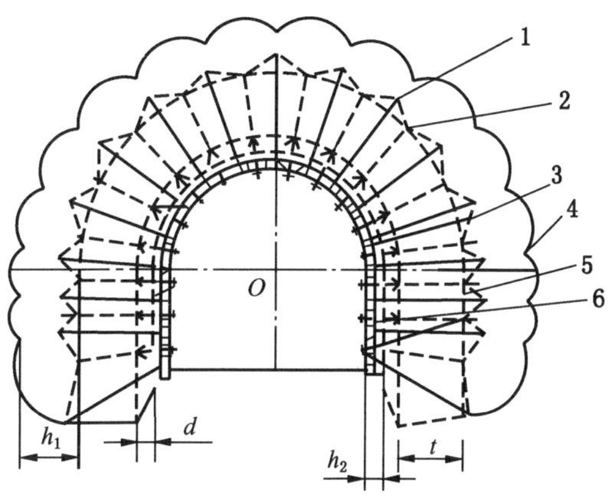

1—普通金属锚杆；2—注浆锚杆；3—金属网喷层；4—注浆扩散范围；5—锚杆作用形成的锚岩拱；6—喷网层作用形成的组合拱

图8－3　注浆加固支护机理

喷层组合拱厚度由喷层（δ）和岩石拱（h_γ）组成，即

$$h_\gamma = \frac{\delta E_0}{E_1} \tag{8-1}$$

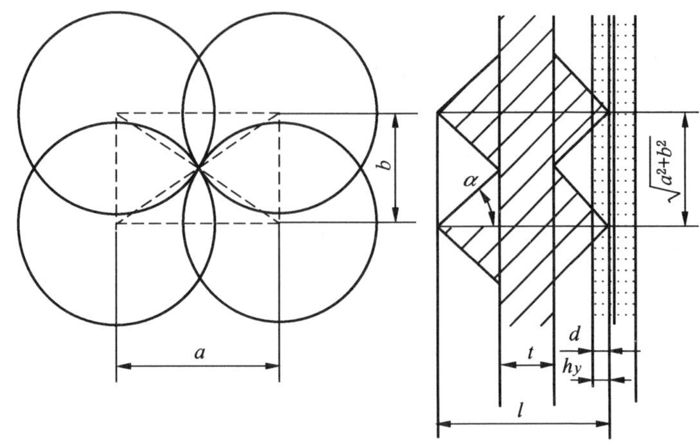

图8-4　岩石均匀压缩带

$$h_x = h_y + \delta = \frac{\delta(E_0 + E_1)}{E_1} \tag{8-2}$$

式中　E_0——喷层弹性模量；

E_1——围岩弹性模量。

岩石均匀压缩带厚度：

$$t = l - \frac{\sqrt{a^2 + b^2}}{\tan\alpha} \tag{8-3}$$

一般锚杆的间排距是相等的，即 $a = b$，且对于破裂体来说锚杆的控制角 α 可按 45°计算，偏于安全，则：

$$t = l - \sqrt{2}a \tag{8-4}$$

式中　a、b——锚杆间排距；

l——锚杆的有效长度；

α——锚杆在松散体中的控制角。

岩石均匀压缩带与喷层组合拱之间的距离可按下式计算：

$$d = \frac{\sqrt{a^2 + b^2}}{2\tan\alpha} - h_y = \frac{\sqrt{2}}{2}a - h_y \tag{8-5}$$

所以由锚喷支护形成的组合拱厚度为

$$\begin{aligned} D &= t + d + h_y + \delta \\ &= l - \frac{\sqrt{2}}{2}a + \delta \end{aligned} \tag{8-6}$$

利用注浆锚杆注浆支护后，组合拱厚度为

$$D' = D + h_j \tag{8-7}$$

式中　h_j——锚注加固拱厚度，一般取决于浆液的扩散半径和注浆锚杆的长度及孔深。

（5）注浆后使得作用在拱顶的压力能有效的传递到两墙，通过对两墙的加固，又能把载荷传递到底板。由于组合拱厚度的加大，不仅减小作用在底板上的载荷集中度而且也减小了底板岩石中的应力，减弱底板的塑性变形，减少底鼓量。

底板的稳定，有助于两墙的稳定，在底板、两墙稳定的情况下又能保持拱顶的稳定；顶板的稳定不仅仅取决于顶板载荷，在非破坏带中关键取决于底板和两墙的稳定，因此锚注支护技术的重点就是保证底板和两墙的稳定，从而保证整个支护结构的稳定。

（6）注浆锚杆本身为全长锚固的锚杆，通过注浆也使端锚的普通锚杆变成全长锚固锚杆，从而将许多层组合拱联成一个整体，共同承载，提高了支护结构的整体性。

（7）注浆使得支护结构断面尺寸加大，围岩作用在支护结构上的载荷所产生的弯矩减小，从而降低了支护结构中产生的拉应力和压应力，因此能承受更大的载荷，提高了支护结构的承载能力，扩大了支护结构的适应性。

二、锚注支护技术

锚杆支护是目前巷道支护中最先进有效的支护形式之一，但锚杆的实际锚固力和锚固效果与围岩结构和强度有很大关系，岩体完整、强度高的围岩锚固力高、锚固效果好，岩体破碎、强度低的围岩锚固力低、锚固效果差。因此，软弱破碎围岩条件下锚杆的锚固能力不能得到充分发挥，既造成材料浪费又不能有效控制围岩变形破坏，是软岩巷道锚杆及锚喷支护效果较差的主要原因之一。锚注加固技术，就是将锚杆支护与注浆加固相结合，通过注浆加固围岩提高其完整性和强度，从而既提高了围岩自身的承载能力，又提高了锚杆的锚固力和锚固效果，因而能显著提高软弱破碎围岩的稳定性和巷道维护效果，是控制软岩巷道的一项先进技术，为扩大锚杆支护和注浆加固技术的应用开辟了一条新的途径。

锚注支护机具包括锚杆钻机、锚索钻机、注浆泵、锚索张拉设备及钻头钻杆等，机具是保证锚固支护高质量、快速施工的必要条件。

（一）锚杆

1. 锚杆的分类和发展

锚杆是用于加固地下工程围岩及其结构物的构件，它包括杆体、锚固件、托板及螺母等。

按照锚杆的锚固方式可分为以下几类：

（1）机械锚固式锚杆，包括楔缝式、倒楔式及胀壳式锚杆。

（2）黏结式锚固杆，包括树脂锚杆、水泥锚杆及水泥砂浆锚杆。

（3）摩擦锚固式锚杆，包括管缝锚杆及胀管式锚杆。

（4）混合锚固式锚杆：同时使用两种或两种以上锚固方式的锚杆。

按照锚固部位的长度可划分为端部锚固、加长锚固及全长锚固式锚杆。

按照锚杆杆体的材质可划分为金属锚杆及非金属锚杆（木锚杆、竹锚杆及聚酯锚杆等）。

上述各类锚杆各有特色，适用于不同的条件。大量实践经验表明，树脂锚固式锚杆具有锚固力大、稳定可靠、安装方便、适用范围广等多种优点，在煤巷中，它是一种比较理想的锚杆种类。

2. 高强度锚杆杆体

高强度高刚度锚杆支护材料有良好的价格性能比，使锚杆支护的优越性得到充分发挥，并保证了巷道支护的可靠性。我国目前已经能够轧制无纵筋左旋螺纹钢锚杆，并采用优质钢材可经中频调质，达到高强度和超高强度级别。直径 22 mm 的杆体极限载荷高达 342 kN，比以前采用的普通杆体强度提高了 3 ~4 倍，见表 8 – 1。

表8-1 锚杆材料力学特性

锚杆材质	公称直径/mm	屈服强度/MPa	极限强度/MPa	屈服载荷/kN	极限载荷/kN	伸长率/%
Q235 圆钢	16	240	410	48	82	26
高强度螺纹钢	22	410	600	156	228	17
超高强度螺纹钢	22	650	900	247	342	17

3. 树脂锚固剂

树脂锚固剂为高分子材料。由于其黏结力强度大、固化时间快、安全可靠性高，已广泛应用于煤巷锚杆支护。只有高强度、高变形模量和高黏结力的树脂锚固剂，进行加长或全长锚固，才能保证锚杆支护系统的高强度。

我国锚固剂主要力学特性：抗压强度＞70 MPa（24 h），剪切强度 30 MPa，弹性模量 1.6×10^4 MPa，抗拉强度 11.5 MPa，容量 1.8～2.2 g/cm^3，收缩率 1.6%。

（二）注浆

注浆材料的选择与应用应根据锚注地段的地质条件、施工要求、原材料供应和成本等因素而定。目前注浆材料主要有两大类，即以水泥为主的水泥浆液和以各种化学材料为主的化学浆液。选用注浆材料应遵守两大基本原则：技术可靠性和经济合理性。具体地讲，理想的注浆材料应满足以下要求：

（1）浆液黏度低，流动性好，可注浆性好，能够进入细小空隙和粉细砂层，这样可达到最大的扩散半径取得最好的注浆效果。

（2）浆液凝固时间能够调节，并且可以准确控制，可达到定量注浆的目的。

（3）浆液的稳定性好，无毒，无臭，对环境无污染，对身体无害，非易燃易爆物。

（4）浆液对注浆设备、管路无腐蚀性，并且易清洗。

（5）浆液固化后有一定的黏性，能与岩面黏结。

（6）结石体具有一定强度，抗渗性好，且具有耐老化性。

（7）浆液的成分对围岩不起破坏作用。

（8）材料来源丰富，价格便宜。

一种材料能同时满足以上的要求比较困难，现有的注浆材料都有某些方面的缺点，实际应用中应根据具体的要求，选用一种或几种配合使用，也可以达到预期的目的。

1. 无机注浆

水泥浆液一般分为单液水泥浆和水泥－水玻璃双液浆。水泥作为注浆材料使用历史较长，在煤矿中应用也较为广泛。它具有来源丰富、价格低、结石强度高、抗渗性较好、操作简单、注浆设备品种齐全等特点。但由于其颗粒度大，可注性差从而扩散半径小，凝结时间不易控制，结石率低，所以目前采用了一些掺加剂制成水泥单液浆液。为了克服单液浆液的缺点，现在广泛采用了在水泥浆液中配合一定量的化学材料组成的双液浆。使用较广泛和成功的是水泥－水玻璃双液浆。该浆液既保持了单液浆的优点，又克服了单液水泥浆的凝结时间长，凝结时间不易控制，结石率低的缺点。但该浆液在注浆前应进行细致的实验测定，确定水灰比和水玻璃的浓度以及水泥浆与水玻璃的体积比等指标。双液浆在注浆工艺上较单液浆注浆复杂，在成本上也较单液浆高。故双液浆一般用于局部堵水和防水，而不用于大量的围岩注浆。

单液水泥浆按其所添加的掺加剂不同，可配制出多种类型的水泥浆液。

1）单液水泥浆

以水泥为主要材料添加一定量的附加剂用水配制成浆液，采用单液方式注入，这样的浆液称为单液水泥浆。水泥为颗粒性材料，最大粒径为0.085 mm，水泥浆属悬浊液，符合一般水泥浆的基本性能及其适用范围。所谓附加剂，是指水泥的速凝剂、早强剂、悬浮剂等，如水玻璃、三乙醇胺/氯化钙硅酸钠、铝酸钠、糖、铝粉和硅粉。

硅粉颗粒很细，加入水泥浆中，可减少水泥颗粒之间的摩擦力，起到活化作用，利于在岩层裂隙中扩散；硅粉含有大量活性氧化硅 SiO_2，与水混合后，立即与水泥中硅酸三钙和硅酸钙水化产生的氢氧化钙进行“二次消化”反应，生成水化硅酸凝胶，使水泥浆得到早强和高强；硅粉的细微颗粒能很好地填充在水泥颗粒之间，使注浆结石密实度大大提高，从而结石体的抗渗性得到加强。

2）单液粉煤灰水泥浆

粉煤灰掺入普通水泥中作为注浆材料使用，其主要作用在于节约水泥、降低成本和消化三废材料，突出优点还在于粉煤灰能使浆液中的酸性氧化物含量增加，它们能与水泥水化析出的部分氢氧化钙发生二次反应而生成水化硅钙和水化铝酸钙等较稳定的低钙水化物，从而使浆液结石的抗溶蚀能力和防渗帷幕的耐久性提高。

3）水泥－水玻璃浆液

水泥－水玻璃双液浆亦称CS浆液（其中C代表水泥，S代表水玻璃），是以水泥和水玻璃为主剂，两者按一定的比例采用双液方式注入，必要时加入附加剂所形成的注浆材料。水泥－水玻璃类浆液是一种用途极其广泛、使用效果良好的浆液材料。

CS双液注浆中，水泥一般采用425号或525号普通硅酸盐水泥或矿渣水泥。水泥水灰比为0.5～2.0。水玻璃与水泥的体积比为0.5∶1～1∶1。

2. 有机注浆

聚氨酯类浆液是一种防渗堵漏能力较强、固结强度较高的注浆材料，它属于聚氨基甲酸酯类的高聚物，是由多异氰酸酯和多羟基化合物反应而成。由于浆液中含有未反应的异氰酸根，遇水发生化学反应，交联生成不溶于水的聚合体，因此能起到防渗、堵漏和固结的目的。另外，反应过程中产生二氧化碳，使体积膨胀从而增加固结体积，并产生较大的膨胀压力，促使浆液二次扩散，从而加大了扩散范围。

（三）注浆参数

1. 浆液扩散半径

浆液在岩石裂隙中扩散凝结后，能起到堵水或加固作用的范围通常用扩散半径来表示。浆液在岩石裂隙中的扩散，实际上是不规则的，它随着岩层渗透系数、裂隙宽度、注浆压力、注入时间的增加而增大；随着浆液浓度和黏度的增加而减小。通常以调节注浆压力，浆液注入量和浓度等参数来控制浆液扩散范围的大小，一般要求其扩散半径在0.8～1.0 m以上。

2. 注浆压力

注浆压力是浆液扩散、充填、压实的动力，浆液在岩层裂隙中扩散、充填过程，就是克服流动阻力过程。注浆压力大，浆液扩散远，耗浆量大，会造成浪费，而且如果压力过大将引起劈裂注浆，很可能在注浆过程中导致围岩表面片帮冒顶等破坏。注浆压力小，浆液扩散近，耗浆量小，有封堵不严的可能，难以达到注浆加固的目的。因此，正确选择注浆压力及合理运用注浆压力是注浆成败的关键。内注浆锚杆为浅孔注浆，据经验初步设定注浆压力控制在 1.5 MPa 以内。

3. 浆液浓度

水泥注浆浆液浓度的使用原则，总的来说是开始注浆时，浆液较稀，注浆过程中浓度渐浓，最后封孔。试验中，通过改变水泥浆的水灰比而调节其浓度，先采用 1∶1 的稀浆注入，再用 0.7∶1 ~ 0.8∶1 水灰比的浆液注入，最后封孔时，为防止从孔口跑浆，改为 0.6∶1 的稠浆封孔。但浆液浓度增加后，易黏住龙头，泵吸浆困难。浆液水灰比采用 TBW 型泥浆泵时，以 0.8∶1 或 1∶1 为好。

4. 注浆量

由于围岩裂隙发育，松动范围的不均匀性和围岩岩性的差异，围岩吸浆量差别较大，所以本着既有效地加固围岩达到一定的扩散半径，又要节省注浆材料和注浆时间的原则，对于单孔而言，为了保证合理的注浆量，一是要控制泵压，在围岩内泵压达到 1.5 MPa 时应停止注浆；二是根据相邻钻孔跑浆量来决定，相邻钻孔一旦跑浆应停止注浆。为保证注浆质量，插孔复注是非常必要的。据近几年注浆实践，在软岩巷道中注浆，注入量每孔为 1 ~ 2 袋（每袋水泥 50 kg）。

5. 注浆时间

为了防止注浆在弱面浆液扩散较远，造成跑漏现象，在控制注浆压力和注浆量的同时，必须控制注浆时间，使注浆时间不宜过长。相反，在围岩裂隙、孔隙、层位不很发育的地方，吸浆速度较慢，浆液扩散困难，为了提高注浆效果，必须在提高注浆压力的同时适当延长注浆时间。注浆压力与注浆时间需根据实际情况灵活掌握。

（四）施工工艺及技术

1. 内注浆锚杆施工工艺

内注浆锚杆施工工艺十分简便，主要包括以下几点：

（1）钻孔。采用风钻钻孔（在煤层中采用煤电钻钻孔）。

（2）安装锚杆。将内注浆锚杆送至孔底。

（3）封孔止浆。采用软木止浆塞封孔，对于破碎围岩、钻孔孔口不规整的封孔，为防孔口漏浆，可在软木止浆塞外围缠绕 2 ~ 3 层黄麻；也可用再生橡胶塞或快硬水泥药卷等止浆。

（4）注浆。将注浆管路与内注式锚杆连接好，进行注浆作业，每孔注浆时间为 3 ~ 5 min，可多孔同时注浆。

（5）安设锚杆托盘。拆下孔口阀，安设托盘，上紧螺母。

2. 注浆施工工艺

注浆施工工艺流程主要包括 3 个方面：

（1）运料与拌浆。将水泥与水按规定水灰比拌制水泥浆，注浆实施前加入定量水玻璃，保证在注浆过程中不发生吸浆笼头堵塞等现象，并根据需要调整浆液参数。

（2）注浆泵的控制。根据巷道注浆变化情况，即时开、停注浆泵，并时刻注意观察注浆泵的注浆压力，以免发生堵塞崩管现象。

（3）孔口管路连接。应注意前方注浆情况，及时发现漏浆、堵管等事故，并掌握好注浆量及注浆压力，及时拆除和清洗注浆阀门。

3. 锚注施工技术要求及安全措施

（1）要保证注浆锚杆孔的设计间排距,并要求垂直于岩面,底脚注浆锚杆要下扎 30°~50°，要严格控制孔深，使其与锚杆长度配套。

（2）使用快硬水泥药卷应按规程作业，严格控制泡水时间，并保证砸实以满足止浆强度。

（3）浆液配比和水灰比应满足设计要求。

（4）开机前应检查喷层和管路，检查阀门是否完全开启，管路接头是否牢靠、严密、有效。

（5）注浆机械应由专人负责，有专人监督表头，注浆人员要经过培训，考核合格后才能上岗。注浆时要加强信号联系，保证注、停及时，反应快速。

（6）遇到漏浆时，可暂停注浆，采取措施封堵渗漏处，几分钟后即可再注。

（7）注浆的孔口阀应注浆后 6 h 拆除，可在第二班进行，拆下的阀门要及时清洗干净，然后抹上机油备用。

（8）注浆人员注意劳动保护，防止浆液材料烧伤眼睛或皮肤，在正注的锚杆下方或前方严禁站人。

（9）每班注浆完毕,要及时清洗注浆泵及其管路,及时维护,专人记录,填写工作日志。

（10）注浆锚杆间排距可根据实际扩散半径加以调整，如果注浆过程大面积达不到设计终压，一般为浆液沿大裂隙定向扩散所致，可加大水玻璃用量，堵塞大通道，并隔 2~7 天后，打插心注浆锚杆复注，以保证围岩浆液扩散均匀。

（五）锚注参数分析

无论是软岩还是硬岩通常都以剪切破坏为主，为此可采用摩尔强度理论对注浆加固的围岩进行分析。为简化计算，其强度曲线可采用直线型，即

$$\tau = \sigma\tan\varphi + C \tag{8-8}$$

式中　τ——岩体抗剪强度，MPa；

σ——正应力，MPa；

C——岩石内聚力，MPa；

φ——岩石的内摩擦角。

由上式可知，岩体强度大小是由 C、φ 两个指标确定的。当巷道掘进后，原岩体应力平衡状态受到破坏，致使围岩应力重新调整，其表现为巷道周边径向应力消失，切向应力增大，从而出现应力集中现象。当集中应力超过岩体的强度极限时，巷道周边岩体首先出现破坏并产生松动裂隙，致使岩体原内聚力 C 及内摩擦角 φ 下降，从而在巷道周围一定范围内形成围岩破碎带，即所谓的围岩松动圈。注浆加固就是将松动圈内的破坏岩体重新胶结起来，使之形成一个整体。

由图 8-5 可知，注浆后岩体的 C、φ 值取决于注浆材料及注浆工艺。一般情况下，注浆材料的胶结强度较高且稳定性较好，相应的 C、φ 值会增大；而注浆工艺能确保岩体裂隙充填密实，浆液与裂隙面黏结牢固，其 C、φ 值也会得到较大的提高。所以注浆后能使松动的围岩重新胶结起来，在巷道周围形成一个承载拱，以重新发挥其自承能力。

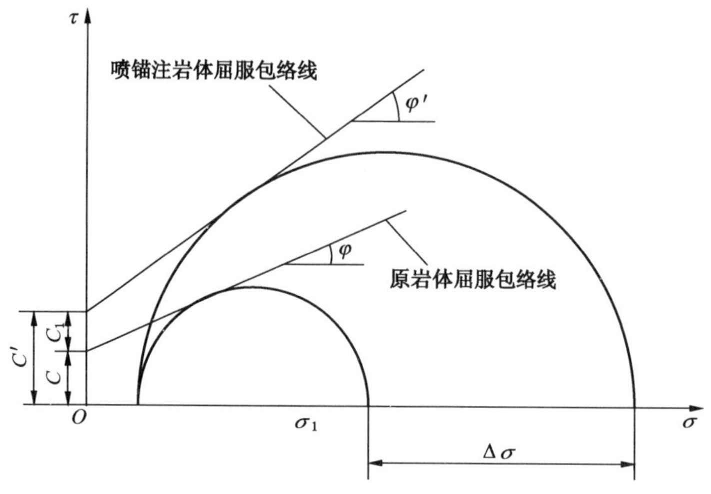

图 8-5 注浆前后岩体摩尔强度准则

三、最佳锚注支护时间的确定

锚注支护的一般过程：巷道开挖→锚网喷支护→锚注支护，从时间上来看，锚网喷支护一般在巷道开挖后较短的时间内进行，而锚注支护则要滞后 10~20 天甚至更长的时间进行。理论和实践证明，在围岩局部进入岩体的残余强度时，在该处注浆能起到较好的作用。但也不能过迟注浆。过迟注浆时，此时岩体的残余应力已经很小，支护提供的支护抗力相应也小，支护体就不能发挥应有的作用。故锚注支护时间对巷道围岩控制有着至关重要的影响。

支护根据不同的刚度可分为刚性支护和柔性支护，其特征曲线如图 8-6 所示。巷道支护应在围岩塑性充分发展时进行，并且要求支护结构要与围岩紧密接触。因此，两者之间的关系如下：

（1）一般情况下，锚注支护是在锚网喷一次支护之后进行，因此在锚注支护之前总会出现一定的位移 u_0，它依赖于围岩的塑性变形和流变特性。锚注支护之后，围岩的位移受到约束，但支护结构也受到了围岩的挤压。同时，支护引起了围岩的位移，关系如下：

$$u_i = u - u_0 \tag{8-9}$$

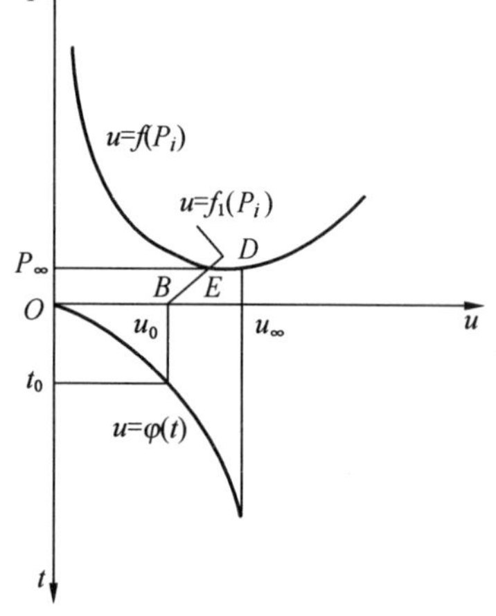

图 8-6 锚注支护最佳支护时间特征曲线

（2）围岩作用于支护结构的压力 P 等于支护阻力 P_i，也即

$$P = P_i \tag{8-10}$$

位移发生的时间可由实验公式得到，即

$$u = u_\infty [1 - \exp(-\alpha\sqrt{\sigma_c}\sqrt{t})] \tag{8-11}$$

式中 u——在时间 t 内发生的位移量；

u_∞——$t\to\infty$ 时的最终位移，mm；

α——估计时间 t 的实验系数；

σ_c——岩石单轴抗压强度，MPa。

同样 $u=\varphi(t)$，也可以通过现场测量得到。

用图8-6所示的图示方法来确定最佳支护时间。首先，绘出 $u=f(P_i)$ 和 $u=\varphi(t)$ 的曲线，那么图中的 D 点就可通过位移 u_∞ 的终值确定（例如，围岩即将冒落的临界位移）。最佳支护点（段）就可确定在紧邻 D 点处。出于安全考虑，可把 u_∞ 的90%的相应位移作为支护点 E 点。图中的 $u_1=f_1(P_i)$ 曲线可由 E 点得出，该曲线与坐标轴 u 的交点，即为支护起点，其位移为 u_0，相应支护时间为 $t_0=\varphi^{-1}(u_0)$，即为最佳锚注时间。

第四节　巷道冒顶的预防

近年来，随着采煤工作面支护技术和顶板控制水平的提高，顶板事故呈下降趋势。但随着开采深度增加，巷道断面加大，巷道矿压显现加剧，以及多年来掘进工作面缺乏有效的临时支护手段和设备，使巷道冒顶事故呈上升趋势。

一、巷道变形与破坏的地质因素

（一）岩石性质及构造特征

在巷道掘进遇到强度较低的软弱岩层时很容易发生冒顶，但一般情况下规模及强度比较小，如泥质胶结的页岩等。对于坚硬岩层，受力后不易变形和破坏，巷道掘进过程中也不易发生冒落，其规模及强度可能较大，如砂岩等。岩石的构造特征对巷道变形破坏性质和规模也有影响，如巷道顶板中有弱面（煤线、弱层理面等）时，就容易引起顶板岩层的离层甚至冒顶。

（二）地质构造因素

地质破坏带内的岩层通常是由松散的岩块所组成，在地质破坏带内开掘巷道时很容易产生巷道冒顶事故，而且冒顶规模一般较大。

（三）煤层倾角

煤层倾角不同也会使巷道的破坏形式有差异，如水平或倾斜煤层巷道中多出现顶板弯曲下沉、冒落。急斜煤层巷道多出现鼓帮、底板滑落及顶板抽条冒落等形式的破坏。

（四）开采深度

随着开采深度的增加，巷道上覆岩层重量增大，形成的支承应力较大，从而增大巷道的变形及破坏的可能性。此外，地下岩石的温度也随开采深度的增加而增高，温度升高会使围岩由脆性向塑性转化，容易使巷道产生塑性变形。

（五）矿井水的影响

矿井水容易使破碎岩块之间的摩擦系数减少，造成个别岩块滑动和冒落，也会使岩石强度降低，或促使岩层软化、膨胀，从而造成巷道围岩产生很大的变形。

（六）时间因素

各种岩石的强度都有一定的时间效应，特别是矿井巷道的围岩，在时间和其他因素的作用下，岩石的强度会因风化、地下水等作用而降低。

二、巷道变形的开采技术因素

（1）巷道与开采工作的关系。诸如巷道是受一侧采动影响还是受两侧采动的影响，是初次受采动影响还是受多次采动影响。

（2）巷旁支护的方法，如留煤柱护巷还是在巷旁浇注刚性充填护巷。

（3）巷内支护。巷内采用的支架类型及支护方式。

（4）巷道掘进方式。如在前进式开采中，工作面的上下区段平巷可以采用与工作面平行掘进、滞后掘进及超前掘进等不同方式，采用滞后掘进可以使巷道躲开采煤工作面的剧烈采动影响，避免巷道产生剧烈变形与破坏。

三、巷道冒顶的工程质量因素

（一）支架支设质量差

支架支设在浮矸上，金属可缩支架卡揽拧紧力不足（扭力矩不够），支架与围岩间没有背实，造成支架阻力未能及时发挥作用，导致围岩松动破坏圈扩大，容易发生巷道冒顶事故。例如，某矿在掘进采区运输巷道时，掘进工作面发生冒顶事故，其采深为 660 m，巷道沿煤层掘进，煤层厚为 5.33 m，倾角 16°，巷道倾角 -10°。顶板为 1.5 m 灰色砂质泥岩，裂隙发育、较破碎，其上为白色细至中粒砂岩，层理发育，有派生小断层和裂隙影响。巷道采用 U29 型钢拱形支架，宽为 4.0 m，高为 3.0 m。当爆破后，矿工进入工作面时，掘进工作面直至第四、五架支架间发生突然冒顶，其范围为 4.2 m、宽为 4.0 m、高为 1.5 m，造成危及人身安全的重大事故，如图 8-7 所示。

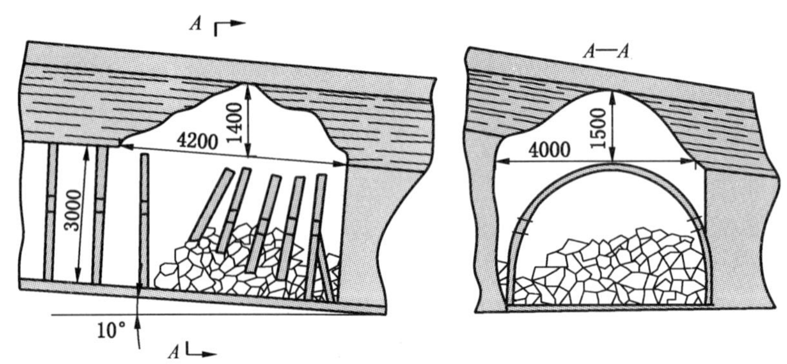

图 8-7　巷道冒顶事故之一

事故发生原因：当班发现上班支架支设歪斜，没有及时处理；爆破后没有检查支架状况，急于进入工作面；掘进工作面未使用前探梁临时支护；10 m 范围内支架间未用拉杆连接，支架间整体稳定性较差，爆破易崩斜支架；顶板有淋水，使顶板岩层弱化；柱腿也未支设在实底上，支架承载能力差。

（二）支架稳定性较差

支架间连接不好，横向稳定性差，尤其在倾斜巷道，易造成多支架倾倒的大面积冒顶事故。例如，某矿在运输下山翻改支架时发生的冒顶事故。巷道岩煤层顶板开掘，煤层厚度为 9.0 m，倾角 12°~17°，顶板为 0.4 m 黑灰色泥岩，其上为 3.5 m 灰色砂质页岩。其采深为 790 m，巷道采用 U29 型钢拱形支架，宽为 4.6 m，高为 2.7 m。在将上班翻改支架后剩余煤矸石清理时，突然一声闷响，顶板大面积冒落，将新翻改的 11 架支架推倒，冒顶范围为长 8.4 m、宽 4.8 m、高 5.3 m，造成危及人身安全的重大事故，如图 8-8 所示。

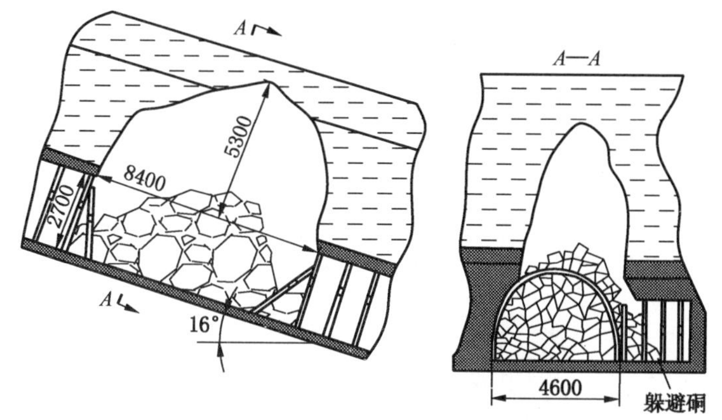

图 8 - 8　巷道冒顶事故之二

事故发生原因：前四班翻改支架时卡揽没有上紧，支架支撑力不足，稳定性较差，诱发顶板隐伏的“锅底”状结构的岩体突然冒顶。支架间又缺少拉杆连接，支架稳定性较差。再加躲避硐室处顶板悬露面积较大，稳定性极差。

（三）锚杆支护失稳

锚杆支护不适用于所选用的围岩地质条件，或锚杆参数选择不当时，使锚杆失去支护作用，造成巷道冒顶事故的发生。例如，某矿掘进采区副巷时发生大面积冒顶事故。巷道沿煤层掘进，煤层厚为 4.23 m，倾角为 3°，顶板为 0.3 m 泥质页岩，其上为 4.0 m 灰黑色砂质泥岩。巷道高为 2.7 m，宽为 3.2 m，顶板采用水泥锚杆支护，锚杆长为 1.8 m，爆破掘进。当出完煤后，在打锚杆眼时，突然顶板由外向里冒落，其范围长为 4.0 m，宽为 3.8 ~ 4.2 m，高为 0.3 ~ 0.6 m，冒顶后脱落 17 根锚杆，前两班安装 14 根，当班安装 3 根。事故发生直接危及人身安全，如图 8 - 9 所示。

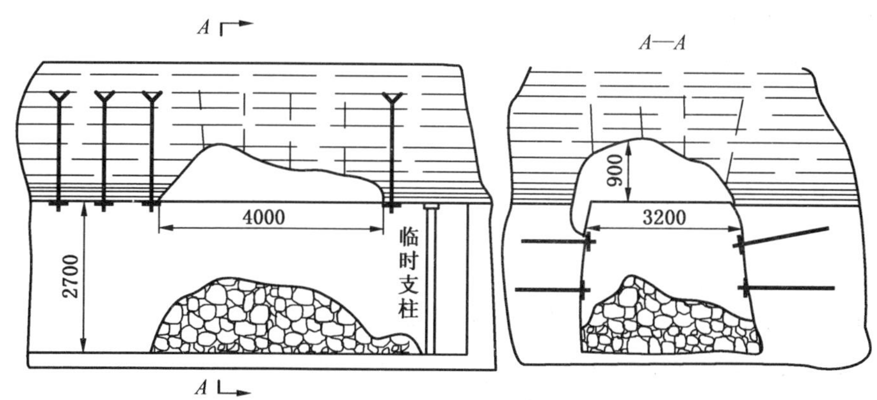

图 8 - 9　巷道冒顶事故之三

事故发生原因：锚杆的锚固力失效，对顶板未起到锚固作用，是造成顶板事故的直接原因。没有进行严格的水泥锚杆质量检查，没有进行抗拔力的试验。

（四）未严格执行顶板安全制度

在掘进过程中未按安全规程要求及时进行顶板安全检查，没有及时发现和处理掘进工作面围岩表面的活石或伞檐。对新悬露的顶板缺乏有效的临时支护设备，或虽有而未认真采用，造成工人在空顶下冒险作业等，如图 8－10 所示。

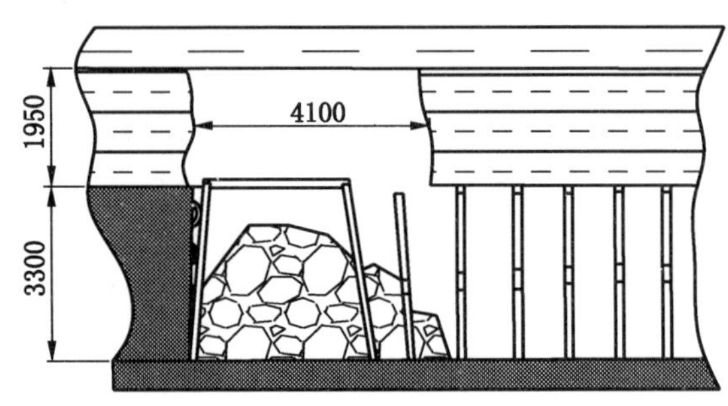

图 8－10　巷道冒顶事故之四

四、巷道冒顶的预防措施

（一）掌握地质资料与开采条件

通过地质钻孔、岩层柱状图等多种途径，摸清地质构造及顶板结构、岩性变化、水文地质情况等。在地质图上标明地质构造、裂隙发育带的位置、产状、层厚等。弄清与采煤工作面相对空间位置与时间的关系，分析受采动影响的程度，以便在掘进期间采取有效的安全技术措施。

（二）巷道掘进时的日常顶板控制工作

（1）坚持敲帮问顶。敲帮问顶应由有经验的工人操作，同时要有专人观看。

（2）检查支架架设质量。支架架设质量必须符合作业规程的要求，发现背顶封帮不严及变形损坏的支架必须先处理后施工。

（3）严格控制掘进工作面的空顶面积。当空顶面积超出规定要求或顶帮岩层比较破碎时，应及时架设支架进行支护，切忌空顶作业。

（三）加强支护质量管理

选择合理的支护技术，严格按操作规程施工以及加强支护质量管理，是防治冒顶事故的主要措施。

（1）检查支架规格尺寸：支架的架型、形状、尺寸、结构件搭接、卡揽形式等是否符合设计要求。支架间距、支架间连接是否符合作业规程要求。

（2）提高支架支设质量和保证支护阻力：巷道冒顶多发生在掘进作业面和巷道返修作业点，支架架设后的初始工作阻力极为重要。使用可缩性金属支架时，卡揽的扭紧力矩要大于 200 N・m，并要进行二次扭紧力矩检查。要严格防止支架支设在浮矸上，不见实底不能架设。

（3）搞好支架与围岩间的充填：为使支架及时发挥作用，支架与围岩间的空间必须及时填严背实，改善支架承载状态，提高其支撑能力，减少围岩变形，提高围岩的稳定性，就可减少事故的发生。

（4）提高支架的稳定性：在爆破前应加固掘进工作面支架，使掘进工作面 10～15 架支架之间用连接杆联锁稳固，增加支架的稳定性和整体性，防止爆破崩倒。对围岩裂隙较发育或较松软的地段、受采动影响强烈的区域，或掘进倾斜巷道时，应在支架间用连杆联锁稳固，预防冒顶或片帮范围的扩大，也有利于冒顶事故处理。

（5）及时支护较少空顶面积：根据作业循环和围岩条件，合理确定空顶距离，尽可能及时支护，缩小空顶作业面积与延续时间，避免或减少事故的发生。

（6）加强锚杆支护的质量检测：锚杆参数需适应顶板岩层条件，及时上紧锚杆托板或托梁，使锚杆具有一定的初期张力。严格进行水泥锚杆有效性的检查制度，按规定进行锚固拉拔力测试。

（四）对于具体条件防止冒顶措施

1. 过断层等构造变化带的安全设施

（1）加强构造变化带的地质调查工作，查清地质资料，及时制定具体的施工方法与安全措施。

（2）减小空顶距离，缩短围岩暴露时间，及时架设临时支架，尽可能快地架设永久支架。永久支架滞后距离一般不能大于 2～4 m，采用砌碹支护时，每次掘砌宽度不得超过 1 m。

（3）适当改变巷道支护方式。巷道穿过地质破碎带时，可缩小棚距或改用砌碹及 U 型可缩性金属支架支护。

（4）减少爆破装药量，降低因爆破对断层带附近破碎顶板的震动。如果爆破法难以控制顶板，可改用手镐方法掘进。

（5）不稳定顶板采用超前探梁支护，绝对禁止在空顶条件下工作。

（6）施工中严格执行操作规程、交接班和安全检查制度，随时注意围岩稳定状况的变化，发现异常要及时处理。

（7）巷道接近断层构造带时，爆破前还必须检查掘进工作面瓦斯等有害气体的积存情况，做好断层水的探查工作，有异常情况要及时处理。

2. 松软膨胀岩层或破碎煤体中掘进的安全设施

（1）在施工方法上可采用超前导硐法、短段掘砌法、撞楔法等施工方法。

（2）采用锚喷支护或锚、喷、支混合支护来减少围岩暴露时间，控制不稳定顶板。

（3）采用注浆法加固破碎岩石，即往正在掘进或已掘好的巷道围岩中加注水泥浆或水泥砂浆，使围岩胶结加固。

（4）改变巷道断面形式。在松软易膨胀岩层中，可采用受力状态好的巷道断面形式，如拱形、圆形、椭圆形等。

3. 大断面巷道施工时顶板控制措施

（1）要有专人负责检查和处理顶板，根据顶板稳定情况及时采取适当的临时支护。

（2）在施工时（特别是在交岔点施工时）及时支护暴露出来的顶板，并注意保证支护的质量。

（3）处理留下的岩柱时，应采用缩小眼距、眼深，减少装药量的爆破方法，防止震裂巷道顶板。

4. 巷道贯通时的安全措施

（1）贯通点要选在围岩条件比较好，远离交岔点与终采线、煤柱等应力集中的地方。

（2）在两巷贯通前 15 m 开始打超前钻孔进行探测，钻孔深度不得小于 3 m，并保持 1.5 m 的超前探眼。贯通时要按照爆破设计要求小剂量装药爆破，严禁过量装药。

（3）加固好贯通点前后 10 m 范围的支架。

（4）提前抽排完贯通点附近的积水，及时对有害气体进行检测处理。

思考与练习题

（1）试简述巷道围岩压力影响因素及控制原则。

（2）简述巷道外撑式支护机理。

（3）论述外撑式支护技术的优缺点。

（4）某矿中央运输石门处于弯曲转折段，该巷道所处大部分为泥岩或泥质砂岩，巷道设计净宽为 4200 mm，净高为 3800 mm，净断面面积为 19.25 m^2，支护形式为锚注支护，顶部注浆锚杆规格为 ϕ22 mm × 1800 mm，间排距为 800 mm × 800 mm，控制角为 45°，围岩的弹性模量为 22 GPa，喷层厚度为 100 mm，该弹性模量为 7 GPa，试计算锚注后巷道围岩组合拱厚度。

（5）简述影响巷道冒顶的因素，并结合生产实际分析防治巷道冒顶应采取哪些有效措施。

第九章 冲击地压防治

【本章教学目的与要求】

- 了解冲击地压特征及其分类
- 理解冲击地压发生机理及影响因素
- 理解冲击地压危险性评价方法
- 掌握冲击地压灾害的防治技术

【本章概述】

冲击地压是世界范围内煤矿开采中最严重的自然灾害之一。它以突然、急剧、猛烈的形式释放煤岩体变形能，抛出煤岩体，造成支架损坏、片帮冒顶、伤及人员。随着时间的推移和矿产资源开发向深部转移，矿井将逐步进入深部开采，冲击地压灾害问题将更加严重与突出。在我国，冲击地压作为一种特殊的矿压显现形式，已成为煤矿开采，特别是深部开采矿井的主要灾害，严重威胁煤矿的安全生产。

本章主要论述了冲击地压发生的机理、冲击地压的预测评价方法和冲击灾害的防治措施。

【本章重点与难点】

本章的重点是理解并掌握冲击地压的发生机理及影响因素，掌握冲击危险性评价方法与预测技术和相应冲击灾害防治措施。其中，冲击地压危险性评价是本章的难点之处。

第一节 冲击地压的特征及其分类

一、冲击地压的特征

冲击地压现象是矿山压力显现的一种特殊形式，可描述为矿山采动（采掘工作面）诱发高强度的煤（岩）变形能瞬时释放，在相应采动空间引起强烈围岩震动和挤出的现象。冲击地压引起人员伤亡和设备损坏，不仅发生在推进的工作面现场，而且易发生在巷道、硐室，特别是高应力集中的空间部位。

冲击地压共有的显现特征突发性、瞬时震动性及破坏性。

我国煤矿冲击地压的突出特点：多类型、条件复杂及随采深增加发展趋势严重等。

冲击地压发生前一般没有明显的宏观前兆，一般由诱发因素引起，如爆破、顶板来压期间、回柱（移架）等。对国内外大量冲击地压案例分析表明，冲击地压发生的地点及其主要特征：

（1）冲击地压的发生与地质构造有密切关系，往往发生在褶皱、断层及煤层变异性突出的部位，主要受构造应力的控制。

（2）发生冲击地压的煤层顶板往往具有坚硬的岩层，该岩层聚集高强度的变形能，是冲击地压发生的主要驱动能量。

（3）发生在超前巷道的冲击地压，以巷道两帮煤体抛出为主要特征，将巷道堵塞，甚至完全充实巷道空间。

（4）发生在工作面的冲击地压，一般表现为大面积冲击现象，冲击形成的煤体运动和冲击波将支护体推倒。

（5）在留有底煤的回采工作面，冲击地压发生时，以底鼓和煤岩压入回采工作面空间为主要显现特征。

【例1】2001年11月3日23：22，在华丰煤矿－750 m水平3407(1) 工作面发生冲击地压，震级2.4级，冲击地压发生前没有明显的前兆，突然一声巨响后，伴随连续小的爆裂声音，围岩强烈震动，煤尘飞扬，持续时间8 min，对面看不见人，并伴有强烈的冲击波，伤13人。工作面下出口50 m，巷道全部堵塞，有8～35 m的巷道上帮位移严重，支柱折损53棵，顶梁40余棵，地面有明显震感。

二、冲击地压的分类

冲击地压是一种复杂的矿山动力现象，其形成的力学环境、发生的地点、宏观和微观上的显现形态多种多样，冲击破坏强度和所造成的破坏程度也各不相同。由于冲击地压发生的机理存在不同的理论，有各自不同的发生条件和判别准则。客观上不同矿井的冲击地压的成因和显现特征也不同，即使同一矿井，由于地质构造（变化）、开采条件和开采方法的差异，也使得冲击地压的成因、性质、特征、震源部位和破坏程度不同。综上所述，冲击地压存在不同的种类，不能用同一机理去解释不同冲击地压的成因和现象，更不能用单一方法或措施去预防冲击地压，目前主要有以下几种分类方法。

（一）根据冲击地压的能量特征按冲击时释放的地震能大小分类

根据冲击地压的能量特征按冲击时释放的地震能大小分类，见表9－1。

表9－1 按冲击时释放的地震能大小分类

冲击地压级别	地震能 J	震中的地震中裂度/级
微冲击（射落、微震）	<10	<1
弱冲击	$10\sim10^2$	$1\sim2$
中等冲击	$10^2\sim10^4$	$2\sim3.5$
强烈冲击	$10^4\sim10^7$	$3.5\sim5$
灾害性冲击	$>10^7$	>5

（1）微冲击，表现为小范围的岩石抛出和矿体震动，包括射落和微震。射落是表面的局部破坏，表现为单个煤（岩）块弹出，并伴有射击的声响。微震是母体深部不产生粉碎和抛出的局部破坏，常伴有声响和岩体微震动。

（2）弱冲击，表现为少量煤（岩）抛出的局部破坏，伴有明显的声响和地震效应，但不造成严重的破坏。

（3）中等冲击，急剧的脆性破坏，抛出大量的煤（岩）体，形成气浪，造成几米长的巷道支架损坏和垮落、推移或损坏机电设备。

（4）强烈冲击，使长达几十米的巷道支架破坏和垮落，损坏机电设备，需要做大量的修复工作。

（5）灾害性冲击，使整个采区或一个水平内的巷道发生垮落。个别情况下波及全矿，造成整个矿井报废。

（二）按参与冲击的煤岩体类别分类

（1）煤层冲击。煤层冲击产生于煤体－围岩力学系统中的冲击地压，是煤矿冲击地压的主要显现形式。

（2）岩层冲击。岩层冲击是高强度脆性岩石瞬间释放弹性能，岩块从母体急剧、猛烈地抛出。对于煤体，是顶底板岩层内弹性能的突然释放，又称围岩冲击。按冲击位置又分顶板冲击和底板冲击。

（三）根据冲击力源分类

（1）重力型。重力型主要是受重力作用引发的冲击地压，没有或只有少量构造力的影响。

（2）构造型。构造型主要是受构造力引起的冲击地压。

（3）中间型。中间型是重力和构造力共同作用引发的冲击地压。

（四）按统计方法分类

原煤炭工业部于1983年9月颁布的《冲击地压煤层安全开采暂行规定》中公布了我国煤矿冲击地压两类统计分类方法。

1. 按冲击地压的破坏后果分类

（1）一般冲击地压。一般冲击地压对煤矿生产的破坏后果轻微，不需要进行修复。此类冲击地压包括地震台记录到但未能定位的各种冲击、震动现象。

（2）破坏性冲击地压。破坏性冲击地压对生产造成一定的破坏，需进行修复工作。此类冲击地压包括井下实际发生并已观测到的、达到各矿自定破坏性标准的冲击地压。

（3）冲击地压事故。冲击地压事故指由于冲击地压及其伴随现象（冒顶和瓦斯突出等）造成的人员伤亡事故，或由于井巷或回采工作面被破坏造成中断工作8 h以上的冲击地压。

2. 按显现强度分级

根据地震仪或微震监测系统记录确定的冲击地压显现强度，按里氏地震计分为6级，见表9－2。

表9－2 按显现强度分级

等 级	1	2	3	4	5	6
里氏地震级	0.5～1.0	1.1～1.5	1.6～2.0	2.1～2.5	2.6～3.0	≥3.0

第二节 冲击地压发生的机理及影响因素

一、冲击地压发生的影响因素

冲击地压是煤矿开采过程中发生的以突然、急剧、猛烈为破坏特征的一种矿山动力现象。冲击地压的发生与采动影响密切相关，但并不是只要有采动影响就会发生冲击地压。

对于同一开采深度条件下，有的矿山发生冲击地压，有的矿山则不发生；有的煤层发生冲击地压，有的煤层则不发生；有的区域发生冲击地压，有的区域则不发生。由此可以认为，引起冲击地压发生的原因是多方面的，影响因素很多。

煤岩体具有冲击倾向性，并不表明一定会发生冲击地压，即使发生冲击地压，每个矿井发生冲击地压的危险程度也不一样。冲击危险性是煤岩体可能发生冲击地压的危险程度，不仅受矿山地质因素影响，而且受矿山开采条件影响。

针对煤矿开采特点以及煤矿地质条件和开采条件，冲击地压的影响因素总的来说可以分为三类，即煤矿地质因素、开采技术条件因素和组织管理措施因素。

（一）煤矿地质因素

煤矿地质因素对冲击地压发生影响最大，最基本的因素是原岩应力，因为原岩应力决定了煤岩体中存储弹性能的能力。原岩应力主要是由岩体的自重应力和构造残余应力所组成。大量开采实践表明，冲击地压矿井的原岩应力通常较大，尤其是水平方向的构造应力，通常比理论计算值要大，有的甚至大几倍。即使是同一矿井，在断层、褶曲、煤层变化带附近，由于水平应力较大，易于发生冲击地压。同时，在一定的采深条件下，由于煤系地层中强度较高的岩层中比较易于存储弹性能，较强烈的冲击地压往往发生在具有较坚硬顶板的煤层中，特别是容易发生在顶板中有坚硬厚层砂岩的煤层中。

煤矿地质因素具体包括开采深度、煤岩体的物理力学性质及特征、地质构造因素（断层、褶曲、煤层厚度变化等），这些因素对冲击地压发生的影响最大。另外，顶板岩层的厚度、顶板来压时刻与位置及煤层的厚度等对冲击地压的发生同样具有一定影响。

我国煤矿开采实践表明，矿井不是在开始投产时就发生冲击地压，而是在开采到一定深度后才发生冲击地压。表 9－3 列出了我国部分煤矿发生冲击地压的临界开采深度。在中国煤矿的条件下，发生冲击地压的最小采深为 200～540 m，平均为 380 m。

表 9－3　我国部分煤矿发生冲击地压的临界采深

矿　井	门头沟	天池	抚顺	城子	大台	陶庄	房山	华丰	唐山	煤峪口
最小采深/m	200	240	250	370	460	480	520	380	540	280

（二）开采技术因素

冲击地压发生的前提条件是煤岩体的高度应力集中，即高应力条件，因此影响冲击地压发生的开采技术因素主要是导致煤岩体是否会发生高应力集中的采煤方法、巷道布置、采掘顺序、顶板控制方法和各种煤柱留设形式等。

（三）组织管理措施因素

对于组织管理措施因素，主要是指如何从组织管理角度采取适当的技术措施以保证将冲击地压的危害降低到最小程度，或因管理措施未认真实施而发生灾害性、破坏性冲击地压事故。对于冲击地压煤层开采而言，应按相关规定采取一系列冲击地压预测与防治措施，才能使冲击地压预测与防治工程有效地进行。如果在实际冲击地压的预测与防治实践中，没有按有关规定采取必要的措施和监测仪器进行预测，没有选择有效的冲击地压防治措施而发生冲击地压，则表明组织管理措施存在问题，直接导致了冲击地压的发生。

二、冲击地压发生理论

（一）刚度理论

刚度理论是由 Cook 等人在 20 世纪 60 年代根据刚性压力试验而得到的。该理论认为试件的刚度大于试验机构的刚度时，破坏是不稳定的，煤岩体呈现突然的脆性破坏。20 世纪 70 年代，Black 认为矿山结构的刚度大于矿山负荷系统的刚度是产生冲击地压的必要条件。这一理论简单、直观，但矿山负荷系统的划分、刚度的概念及确定矿山结构的刚度是否达到峰值强度后的刚度是一难题。该理论没有考虑到矿山结构与矿山负荷系统本身可以储存和释放能量。

（二）强度理论

强度理论提出了冲击地压发生的应力条件为

$$\sigma > \sigma^{*} \tag{9-1}$$

即矿山压力大于煤体－围岩力学系统的综合强度。

该理论认为：较坚硬的顶底板可将煤体夹紧，阻碍深部煤体自身或煤体－围岩交界处的变形，如图 9－1 所示，由于平行于层面的摩擦阻力和侧向阻力阻碍了煤体沿层面的移动，使煤体更加压实，承受更高的压力，积蓄较多的弹性能。从极限平衡和弹性能释放的意义上来看，夹持起了闭锁作用。在煤体夹持带内压力高并储存有相当高的弹性能，高压带和弹性能积聚区可位于煤壁附近。一旦高应力突然加大或系统阻力突然减小时，煤体可产生突然破坏和运动，抛向已采空间，形成冲击地压。

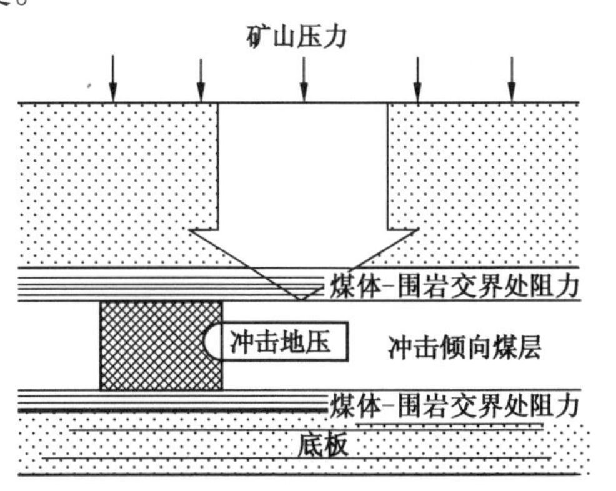

图 9－1　强度理论示意图

强度理论较好地揭示了煤体－围岩力学系统的极限平衡条件，解释了冲击地压的一些现象，并具有简单、直观和便于应用的特点，但该理论对冲击地压动力学特征的描述不够，特别是对于回采工作面周围煤岩体经常出现局部应力超过其强度极限的现象，但并没有都发生冲击地压，这说明强度理论提出的判据不够充分。

（三）能量理论

能量理论是从能量转化方面解释冲击地压的成因。该理论认为煤体－围岩系统在其力学平衡状态失稳所释放的能量大于所消耗的能量时发生冲击地压。能量理论可以解释一些现象，但它把煤岩体看成纯弹性的，不符合冲击地压是煤岩体破坏的事实。该理论没有说明平衡状态的性状及其破坏条件，特别是围岩能量释放的条件，缺乏必要的判据和条件。

（四）冲击倾向性理论

冲击倾向性理论是指煤岩体发生冲击破坏的固有能力或属性。煤岩体冲击倾向性是发生冲击地压的必要条件。冲击倾向性理论是波兰和苏联学者提出的。我国学者在这方面做了大量的工作，提出用煤样的动态破坏时间 D_t、弹性能指数 W_{ET} 及冲击能量指数 K_E 三项指标综合判别煤的冲击倾向的试验方法。提出了两个冲击倾向性指标，弹性能指数 W_{ET} 和冲击能量指数 K_E。弹性能指数计算方法是对煤层进行单轴压缩试验，达到峰值的 80% ～

90% 时再卸载，弹性能量为 Φ_{SP}，损失能量为 Φ_{ST}，则弹性能指数为

$$W_{ET}=\frac{\Phi_{SP}}{\Phi_{ST}} \tag{9-2}$$

冲击能量指数是利用煤的全过程应力－应变曲线，假设峰值之前的面积为 F_S，峰值后的面积为 F_X，则冲击能量指数为

$$K_E=\frac{F_S}{F_X} \tag{9-3}$$

认为当这两个冲击倾向性指标大于某个值时，就会发生冲击地压，这一理论称为冲击倾向性理论。至今煤炭部门还在沿用这一指标，并制定了标准，见表 9－4。

表 9－4 冲击地压危险指标

冲击危险性	无冲击危险	弱冲击危险	强冲击危险
弹性能指数	$W_{ET}<2$	$2\leqslant W_{ET}<5$	$W_{ET}\geqslant 5$
冲击能量指数	$K_E<1.5$	$1.5\leqslant K_E<5$	$K_E\geqslant 5$

显然，用一组冲击倾向性理论指标评价煤岩体本身的冲击危险具有实际的意义，并已得到了广泛的应用。然而，冲击地压的发生与采掘和地质环境有关，煤岩体的物理力学性质随地质开采条件的不同而有很大的差异，实验室测定的结果往往不能完全代表各种环境下的煤岩体性质，这也给冲击倾向性理论的应用带来了局限性。

大量的现场调查表明，具有相同冲击倾向性的煤层，甚至同一煤层，只有少数区域发生冲击地压，大多数区域不发生冲击地压。而且许多属于强冲击倾向性的煤层并不发生冲击地压，而某些冲击倾向性很弱或无冲击倾向性的煤层却发生了冲地地压，可见冲击倾向性理论的不足。

（五）三准则理论

在研究强度理论、能量理论和冲击倾向性理论所提出的冲击地压的判据基础上，我国学者李玉生等把强度理论视为煤岩体的破坏准则，作为冲击地压发生的必要条件；把能量理论和冲击倾向性理论视为煤岩突然破坏的准则，作为冲击地压发生的充要条件。认为当 3 个准则同时满足时，才是判定冲击地压发生的必要条件。

该理论没有给出 3 个准则的具体形式，且需要确定的参数较多，使用不方便。

（六）失稳理论

近年来，我国一些学者认为：根据岩石全应力－应变曲线，在上凸硬化阶段，煤、岩抗变形（包括裂纹和裂缝）的能力是增大的，介质是稳定的；在下凹软化阶段，由于外载超过其峰值强度，裂纹迅速传播和扩展，发生微裂纹密集而连通的现象，使其抗变形能力降低，介质是非稳定的。在非稳定的平衡状态中，一旦遇有外界微小扰动，则有可能失稳，从而在瞬间释放大量能量，发生急剧、猛烈的破坏，即冲击地压。由此，介质的强度和稳定性是发生冲击的重要条件之一。虽然有时外载未达到峰值强度，但由于煤岩的蠕变性质，在长期作用下其变形会随时间而增大，进入软化阶段。这种静疲劳现象，可以使介质处于不稳定状态。在失稳过程中系统所释放的能量可使煤岩从静态变为动态过程，即发生急剧、猛烈的破坏。

该理论提出了冲击地压是材料失稳的思想，但没有对冲击地压发生的条件进行具体分析。

（七）其他理论

20 世纪 70 年代末，林天键、唐春安将 Thom 创立的突变论引入岩石力学，其后，潘岳等学者建立了岩体结构失稳的突变模型，对矿山压力、刚度和煤岩体损伤扩展耗散能量进行分析，定性地解释了发生冲击地压的机理。

近年来，现代数学中的分叉理论（Bifurcation Theory）和混沌动力学（Chaotic Dynamics）应用于冲击地压的研究。冲击破坏可视为煤岩体内部微观裂纹扩展、分叉和失稳扩展的动态演化过程，裂纹分叉与失稳是紧密相关的，裂纹经过多次的分叉便导致整个系统的失稳，这种失稳可比拟为一类非线性微分方程的倍周期分叉而出现的混沌运动现象。可见，利用非线性分叉理论和混沌动力学来研究煤岩体发生冲击地压应成为今后的一个研究方向，也是预测预报冲击地压的一个新的途径。

谢和平院士提出了冲击地压的分形特征，将分形几何引入冲击地压的研究。这一理论的主要成果是使用分形的数目与半径的关系来分析微震事件的空间分布，发现微震事件具有集聚分形结构。当冲击地压发生前，微震事件的积聚程度明显增加，并出现分形维数的减少。最低的分形维数通常出现在一个主冲击地压临近发生时。分形理念用于对冲击地压发生的解释，更多的是从现象的角度给予定性描述，在定量描述冲击地压发生的原因和破坏过程方面还需要做大量的研究工作。

齐庆新等学者在研究冲击地压的发生与煤岩体摩擦滑动破坏的关系时提出了“三因素”理论。该理论将煤岩体内在因素、力源因素和结构因素作为导致冲击地压发生的最主要因素。认为煤岩体破坏是滑动破坏，其滑动形式分为稳定性滑动和黏性滑动两种。煤岩层受力过程的瞬时黏滑过程，是煤岩层满足剪切强度准则的突然滑动并在滑动过程中伴有变形能释放的动力过程。

除上述研究外，国内外学者针对不同的地质开采条件，对冲击地压进行了理论研究。

第三节 冲击地压危险性评价

目前，随着煤矿开采深度的不断增加和开采范围的日益扩大，冲击地压的危害性日趋严重。冲击地压作为一种矿井灾害，其发生危害性具有偶然性，但也有其必然性。矿井开采前，对其冲击地压危险性进行预评价，确定其发生冲击地压的可能性及冲击地压的危险程度，并以此为根据制定矿井开采时冲击地压的预防措施降低或避免灾害的发生。本节从冲击地压发生的可遇概率去评价冲击地压的潜在危险性和危害性，下面介绍 3 种冲击地压危险性安全评价方法即冲击地压危险的定性评价法、冲击地压危险综合指数法定量评价、冲击地压危险度可能性指数法。

一、冲击地压危险的定性评价

传统的对冲击地压危险性的分析，多以经验为主，着重分析其发生的直接原因并进行防治，缺乏对其发生灾害的科学本质的认识。由于对其科学认识的限制，建立在这种基础上的冲击地压防范，也只能是在一定条件下的期望。而冲击地压危险的定性评价是在对系统存在的危险因素进行全面辨识和确认的基础上，对各危险因素的严重程度进行“分级”，根据经验采用“数量”来表征“级别”，通过简单的数学运算得到一个评价结果。

二、冲击地压危险综合指数法定量评价

对冲击地压矿井进行冲击地压危险性评价，可以分析出导致冲击地压事故发生的各种可能因素以及各个因素对事故发生的影响程度，以此为基础可以设计出科学的防范措施，使事故发生可能性降到最小。在分析冲击地压影响因素的基础上，应用相关理论建立矿井冲击地压危险性评价模型，并利用评价模型对矿井区域冲击地压危险性进行评价。通过冲击地压危险性评价，在得出冲击地压危险程度的同时，明确影响冲击地压的主要因素及各影响因素的影响程度。

综合指数法是在分析已发生的各种冲击地压灾害的基础上，分析各种开采技术因素、地质因素等对冲击地压的影响，确定各种因素的影响权重，然后将其综合起来，建立冲击地压危险性评价模型并评价与预测冲击危险性的一种方法。

冲击地压危险状态可通过分析岩体内的应力、岩体特征、煤层特征等地质因素和开采技术因素来确定。危险性指数分为地质因素评价的指数和开采技术条件评价的指数，综合两者来评价区域的冲击地压危险程度。

冲击地压危险状态是随着采矿地质条件的变化而在空间和时间上发生变化的，根据国内外相关研究成果，冲击地压危险状态是由下列因素决定的：

（1）岩体应力，是由于采深、构造及开采历史造成的，其中残留煤柱和终采线上的应力集中将长期作用，而采空区卸压在一定时间后会消失。

（2）岩体特征。特别是形成高能量震动的倾向。主要来自厚层、高强度的顶板岩层。减小顶板岩层的强度，增加岩层的分层数目，特别是多次分层开采可限制大震动的发生。

（3）煤层特征。主要是在超过某个压力标准值时的动力破坏倾向性。对于所有的煤层来说，条件满足时，都会发生冲击地压。但对于弱冲击煤层来说，所要求的压力值要远远大于具有强冲击倾向性煤层。

因此，通过对煤岩体的自然条件、特征及开采历史的认识，可以近似确定冲击地压的危险状态及危险等级。

（一）影响冲击地压危险状态的地质因素及指数

影响冲击地压的主要因素有开采深度、顶板岩层坚硬程度、构造应力集中程度和煤层冲击倾向性等。表9－5列出了采掘工作面周围地质条件影响冲击地压危险状态的因素及指数。

表9－5　地质条件影响冲击地压危险状态的因素及指数

序号	因素	危险状态的影响因素	影响因素的定义	冲击地压危险指数
1	W_1	发生过冲击地压	该层未发生过冲击地压	－2
			该层发生过冲击地压	0
			采用同种作业方式在该层和煤柱中多次发生过冲击地压	3

表9-5（续）

序号	因素	危险状态的影响因素	影响因素的定义	冲击地压危险指数
2	W_2	开采深度/m	<500	0
			500~700	1
			>700	2
3	W_3	顶板硬厚岩层（$R_c \geqslant 60$ MPa）距煤层的距离/m	>100	0
			100~50	1
			<50	2
4	W_4	开采区域内的构造应力集中度	>10% 正常	1
			>20% 正常	2
			>30% 正常	3
5	W_5	顶板岩层厚度特征参数 L_{st}/m	<50	0
			≥50	2
6	W_6	煤的抗压强度/MPa	$R_c \leqslant 16$	0
			$R_c > 16$	2
7	W_7	煤的冲击能量指数 W_{ET}	$W_{ET} < 2$	0
			$2 \leqslant W_{ET} < 5$	2
			$W_{ET} \geqslant 5$	4

根据表9-5所列，用式（9-4）来确定采掘工作面周围采矿地质条件对冲击地压危险状态的影响程度以及确定冲击地压危险状态等级评定的指数 W_{t1}。

$$W_{t1} = \frac{\sum_{i=1}^{n_1} W_i}{\sum_{i=1}^{n_1} W_{i\max}} \tag{9-4}$$

式中 W_{t1}——采矿地质因素确定的冲击地压危险指数；

$W_{i\max}$——表9-5中第 i 个地质因素中的最大指数值；

W_i——采掘工作面周围第 i 个地质因素的实际指数；

n_1——地质因素的数目。

（二）影响冲击地压危险状态的开采技术因素及指数

根据开采技术条件、煤柱、终采线等这些开采历史和开采技术因素，确定相应的影响冲击地压危险状态的指数，从而为冲击地压的预测预报、危险性评价和治理提供依据。表9-6为研究采掘工作面周围的开采技术因素对冲击地压的影响程度及指数。

表9-6 开采技术条件影响冲击地压危险状态的因素及指数

序号	因素	危险状态的影响因素	影响因素的定义	冲击地压危险指数
1	W_1	工作面距残留区或终采线的垂直距离/m	>60	0
			60~30	2
			<30	3

表 9-6（续）

序号	因素	危险状态的影响因素	影响因素的定义	冲击地压危险指数
2	W_2	未卸压的煤层厚	留顶煤或底煤厚度大于 1.0 m	3
3	W_3	未卸压一次采全高的煤层厚/m	<3.0	0
			3.0~4.0	1
			>4.0	3
4	W_4	两侧采空，工作面斜长/m	>300	0
			300~150	2
			<150	4
5	W_5	沿采空区掘进巷道	无煤柱或煤柱宽小于 3 m	0
			煤柱宽 3~10 m	2
			煤柱宽 10~15 m	4
6	W_6	接近采空区的距离小于 50 m	掘进工作面	2
			采煤工作面	3
		接近煤柱的距离小于 50 m	掘进工作面	1
			采煤工作面	3
7	W_7	掘进工作面接近老巷的距离小于 50 m	老巷已充填	1
			老巷未充填	2
		采煤工作面接近老巷的距离小于 30 m	老巷已充填	1
			老巷未充填	2
		工作面接近分叉的距离小于 50 m	掘进或采煤工作面	3
8	W_8	工作面接近落差大于 3 m，断层的距离小于 50 m	接近上盘	1
			接近下盘	2
9	W_9	工作面接近煤层倾角剧烈变化的皱区距离小于 50 m	>15°	2
10	W_{10}	工作面接近煤层侵蚀或合层部分	掘进或采煤工作面	2
11	W_{11}	开采过上或下保护层，卸压程度	弱	-2
			中等	-4
			好	-8
12	W_{12}	采空区处理方式	充填法	2
			垮落法	0

根据表 9-6，用式（9-5）来确定采掘工作面周围开采技术条件对冲击地压危险状态的影响程度及冲击地压危险状态等级评定的指数 W_{t2}。

$$W_{t2} = \frac{\sum_{i=1}^{n_2} W_i}{\sum_{i=1}^{n_2} W_{i\max}} \tag{9-5}$$

式中 W_{t2}——开采技术因素确定的冲击地压危险指数；

$W_{i\max}$——表 9 - 6 中第 i 个开采技术因素的危险指数最大值；

W_i——采掘工作面周围第 i 个开采技术因素的实际危险指数；

n_2——开采技术因素的数目。

对冲击地压的危险程度按评定其等级的综合指数法可定量化分为 5 级，相应的划分标准及应采取的对策见表 9 - 7。

表 9 - 7 冲击地压危险状态分级与对策

冲击地压危险等级	冲击地压危险状态	冲击地压危险指数	采取对策
A	无冲击	<0.25	所有的采矿工作可按作业规程进行
B	弱冲击	0.25 ~ 0.5	（1）所有的采矿工作可按作业规程进行 （2）作业中加强冲击地压危险状态的观察
C	中等冲击	0.5 ~ 0.75	下一步的采矿工作应与该危险状态下的冲击地压防治措施一起进行，且通过预测预报确定冲击地压危险程度不再上升
D	强冲击	0.75 ~ 0.95	（1）应当停止采矿作业，不必要的人员撤离危险地点 （2）矿主管领导确定控制冲击地压危险的方法及措施，以及控制措施的检查方法，确定参加防治措施的人员
E	不安全	>0.95	应根据专家的意见采取特殊条件下的综合措施及方法。采取措施后，通过专家鉴定，方可进行下一步的作业。如冲击地压的危险程度没有降低，则停止进行采矿作业，该区域禁止人员通行

三、冲击地压危险度可能性指数法

冲击地压发生的可能性指数法是一种基于采动应力和冲击倾向性的冲击危险度评价方法。应用模糊数学理论，计算某一应力状态和冲击倾向性指数对“发生冲击地压”的隶属度，进而判断发生冲击地压的可能性。

应力状态对“发生冲击地压”事件的隶属度 U_{I_c}：

$$U_{I_c}=\begin{cases}0.5I_c, I_c\leqslant 1.0\\ I_c-0.5, 1.0<I_c<1.5\\ 1.0, I_c\geqslant 1.5\end{cases} \tag{9-6}$$

$$I_c=\frac{\sigma}{\sigma_c} \qquad \sigma=K\gamma H$$

式中 K——应力集中系数；

γ——覆岩平均重力密度；

H——埋深；

σ_c——煤体单轴抗压强度。

冲击倾向性指数对“发生冲击地压”事件的隶属度 $U_{W_{et}}$：

$$U_{W_{et}}=\begin{cases}0.5W_{et},W_{et}\leqslant 2.0\\0.133W_{et}+0.333,2.0<W_{et}<5.0\\1.0,W_{et}\geqslant 5.0\end{cases} \tag{9-7}$$

式中 W_{et}——冲击倾向性指数。

发生冲击地压的可能性指数 U:

$$U=\frac{U_{I_c}+U_{W_{et}}}{2} \tag{9-8}$$

根据可能性指数 U 评价冲击地压发生的可能性，评价标准见表 9－8。

表 9－8 冲击地压发生可能性的评价标准

U	0~0.6	0.6~0.8	0.8~0.9	0.9~1.0
可能性	不可能	可能	很可能	确定

冲击地压发生可能性指数诊断法的基本内容和步骤:

(1) 计算采动应力场分布规律。

(2) 测试和计算煤岩体的冲击倾向性。

(3) 计算应力和冲击倾向性各自对“发生冲击地压”事件的隶属度。

(4) 计算冲击地压发生的可能性指数。

(5) 诊断某一点冲击地压发生的可能性。

第四节 冲击地压的监测及其预测预报

一、对比法

对比法就是基于相似条件下对冲击前兆进行归类，一般应考虑下列因素：本矿和邻矿的冲击地压现状和发展趋势，本煤层或邻层、邻区已发生过的冲击地压，顶板为单轴抗压强度大于 70 MPa 的坚硬岩层，岛形或半岛形煤柱，支承压力影响区，上部或下部遗留煤柱或回采边界，煤层厚度或倾角突然变化，有褶曲或断裂构造带等。在了解上述因素后，根据已发生冲击地压的开采条件和地质构造特点，即对煤层区域的了解程度，可对煤层冲击地压前兆信息进行识别，又称为相似性识别。

用对比法进行冲击前兆信息的识别，必须了解煤岩层赋存特点和开采参数等。

(一) 煤岩层赋存特点

煤岩层赋存特点包括：煤层埋深、顶底板坚硬岩层、煤岩力学性质、断层、褶曲区域的开采冲击地压显现特征。

就整个煤矿而言，通过对地质条件和开采技术的分析，可以划定冲击地压危险区域。随着开采深度的延深，当煤岩体应力满足强度条件时就可能发生冲击地压。不同的地质构造区域，冲击地压的始发深度不一样，自始发深度起，冲击地压就有可能在煤柱、煤层凸出的部位和邻近煤柱的上下煤层区段发生。随着开采水平的延深，冲击地压发生的地点和范围也随之扩大。因此，根据相同地质条件的浅部冲击地压的前兆信息，对相似条件的深部冲击地压的前兆信息进行识别。

（二）开采参数

开采参数包括：相邻煤层中的残留煤柱和开采边界影响的范围及强度，回采工作面推进到巷道、采空区、断层、褶曲带的时间，采煤方法、顶板控制方法，冲击岩层、相邻煤层中的回采工作面相互位置，回采速度及工作面长度等。

二、钻屑法

钻屑法是通过在煤层中钻小直径钻孔（直径 42 ~ 50 mm），根据钻孔时在不同深度排出的煤粉量及其变化规律以及有关动力现象判断冲击危险的一种方法。

为了及时客观地评价采掘地点的冲击危险程度，必须适时确定支承压力带峰值大小和位置。峰值越大，距煤壁距离越近，冲击危险程度就越大。但直接测定煤层应力相当困难，一般多采用相对评价的方法。

在煤体中打钻至一定深度后，钻孔周围煤体将逐渐达到极限应力状态，如图 9 – 2 所示。孔壁部分煤体可能突然挤入孔内，并伴有不同程度的响声和微冲击；打钻过程中钻具的推进情况也会发生变化，或钻进容易，或出现卡钻甚至将钻卡死。出现这些变化的原因是钻孔周围煤体变形和脆性破碎所致。煤层中的应力越大，煤的脆性破碎越占优势。在钻孔的 B 段，孔周煤体处于极限应力状态，打钻过程中钻屑量异常增多，钻屑粒度增大，响声和微冲击强度升高，孔径扩大，这就是所谓的钻孔效应。

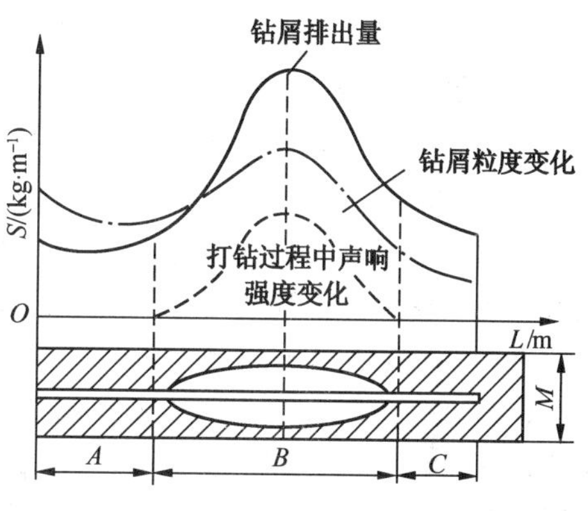

图 9 – 2　钻孔效应示意图

粒度增大和钻进容易，是因为在高应力作用下打钻几乎不需要钻头参与煤体就自动破碎，无须推力，研磨也小，造成钻屑块度变大。这种钻孔效应现象与巷道发生的冲击地压相似，只是尺寸、规模不同（缩小）而已。只要出现这种钻孔效应，就意味着应力集中带的出现。在应力集中带钻孔，钻屑量异常多，钻孔冲击更强烈，钻孔周围破碎带不断扩大。这也是钻孔卸压的根据所在。

钻屑法的原理就是通过测量钻孔煤粉量的大小以确定相应的煤体应力状态，因此，研究煤粉量与煤体应力之间的定量关系是实施这种方法的理论基础，也是近代岩体力学的一个新课题——煤体钻孔力学的主要内容。因内外不少学者进行了理论分析、室内模拟和实测试验。

此外，若将煤粉钻孔视为在冲击危险区开掘了一个微型巷道，则制造煤粉钻孔就犹如规模缩小了的冲击地压模拟试验。打钻时钻孔冲击、粒度、推进时间和推进力的变化以及钻杆被夹持等有关动力效应，也有可能成为鉴别冲击危险的依据。

（一）钻孔力学模型

采用的力学模型，如图 9 – 3 所示。假设煤体为各向同性、均匀的纯弹—塑性介质，小直径钻孔的出现仅改变钻孔周围边附近应力。

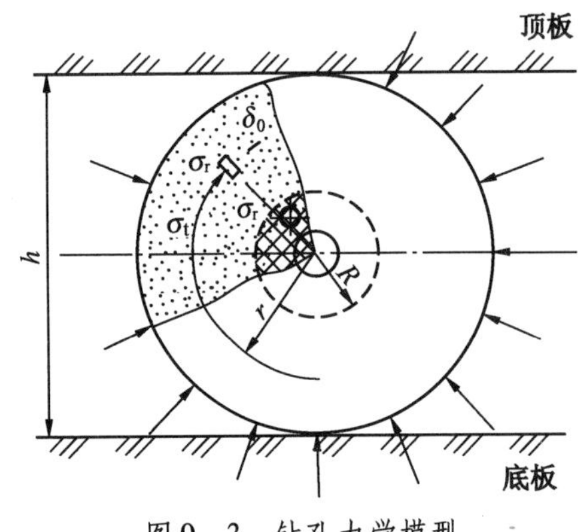

图9-3　钻孔力学模型

如图9-3所示，在以采高 h 为直径的弹性圆筒周边上作用着均布压力 p，钻孔形成后，产生半径为 R 的塑性破坏区，由于载荷均布，变形具有轴对称规律，任意半径 r 处的径向应力 σ_r 和切向应力 σ_t 为两个主应力。

根据多裂隙介质的层裂模型的理论分析可知，钻孔形成后，在开采造成的附加应力作用下，钻孔发生破坏。在层裂区，发生劈裂破坏；在塑性区，发生非稳定蠕变破坏；在弹性区，发生剪切破坏。

（二）煤粉量的组成

煤粉钻孔钻进过程所排出的煤粉量，一般认为是由4个部分组成的：

（1）钻孔实体煤芯。

（2）钻孔形成后，由于弹性卸载所形成的附加煤粉量。

（3）钻孔形成后，孔壁周围破碎带内煤体扩容所形成的附加煤粉量。

（4）破碎带形成后，在弹性区与破碎带交界处由于弹性卸载而产生的附加煤粉量。

（三）极限煤粉量

极限煤粉量指的是在极限煤体压力作用下所产生的煤粉量，是煤体-围岩力学系统达到极限的平衡条件，即有可能发生冲击地压的煤粉量，因而，所计算的极限煤粉量是鉴别和预测冲击危险的理论依据。

试验研究结果表明，钻屑量和粒度组成随压力增大而增大。在趋势上，实验室预测结果和现场测试结果一致，在数量上现场测试与试验结果相近。钻屑量的变化反映了煤壁前方应力的变化，应力大，钻屑量多。煤体过渡到极限应力状态时，钻屑量急速增多，此时钻屑量称为极限钻屑量或危险钻屑量。

极限煤粉量与距煤壁的距离有关，距离不同，极限煤粉量的数值也不同。产生极限煤粉量变化的原因是破坏的分区性造成的。

根据钻孔力学模型，劈裂破坏发生在低应力区，煤体因受拉应力作用而发生拉破坏，层裂破坏受到煤层节理分布的影响，由于该区域的煤体已卸载，因此层裂区内的钻屑量接近原始应力状态的量值；当钻孔进入塑性区，钻孔周围的煤体处于真实应力状态，该应力是煤体非稳定蠕变开始迅速发展的临界应力，此时，体积应变 $\varepsilon_v>0$，煤体内部已碎裂成微小颗粒，随着钻孔的钻进，孔径不断扩大，表现为煤粉量的突变和煤粉粒度的快速增加，煤体发生冲击破坏；钻孔进入弹性区，即超过支承压力的峰值后，煤体处在三向受力状态下，发生剪切破坏，该阶段的煤粉量低于塑性区的煤粉量，一般由4个部分组成，即钻孔实体煤粉、弹性卸载煤粉、扩容煤粉与破碎带处的弹性卸载煤粉。

三、地球物理方法

地球物理方法是利用岩体自然或人为激发的物理场监测岩体的动态变化，冲击地压的监测可以采用地球物理方法。目前采用的主要方法有微震法、AE法和电磁辐射法等。

（一）微震法

采矿微震主要是记录矿山震动，对其进行有目的的解释、分析记录的信息，达到对冲击地压进行预测和预报的目的。

1. 微震法监测冲击地压的机理

冲击地压是应力高度集中的结果。由于巷道和工作面煤体的受力由表面到煤体深部应力不断增大，利用微震信息，包括微震的类型、次数、震级等，揭示这些信息的显现规律，就可以对未来冲击地压的强度、发生地点进行预测。

2. 微震监测系统

微震监测系统的主要功能是对全矿范围进行微震监测。根据记录的时间参量及序列活动来评价冲击危险发生趋势。系统能自动记录微震活动，实时进行震源定位和微震能量计算，为评价全矿范围内的冲击危险提供数据。其原理是利用井下拾震仪站接收的直达P波起始点的时间差，在特定的波速场条件下进行二维或三维定位，以判定破坏地点，同时利用震相持续时间计算所释放的能量和震级，标注采掘工程图，并速报显示给生产指挥系统，以及时采取措施。

我国目前有WJD－1型和从波兰引进的SYLOK型微震监测系统。微震监测系统由3个部分组成，如图9－4所示。

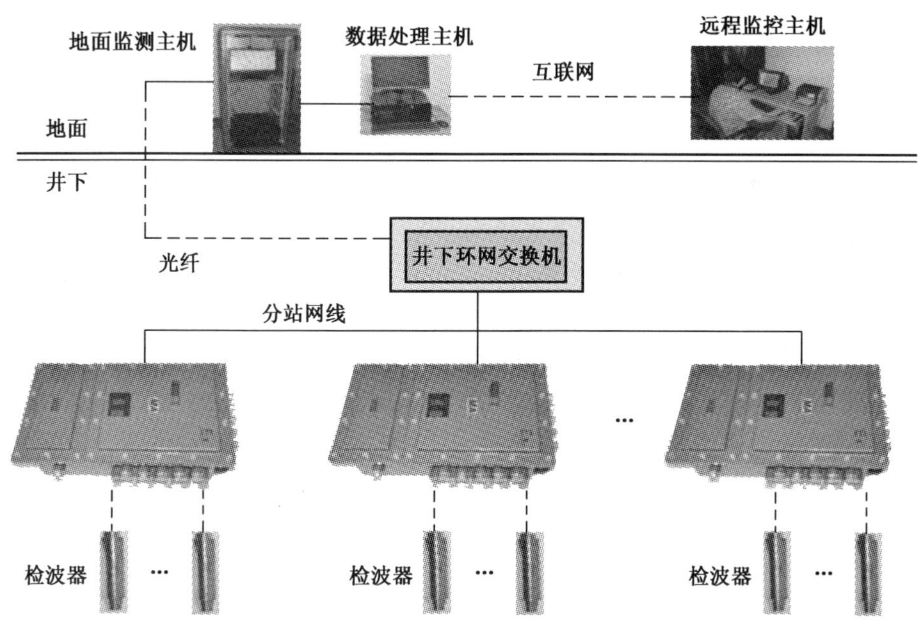

图9－4　微震监测系统

（1）信号传输系统。该系统包括拾震仪、传输电缆和接收箱，可接收传播8路微震信号。微震仪频带宽0.1～50 Hz，最大传输距离10 km。

（2）信号处理系统。在可编程序支持下，由计算机完成全部处理工作，并对全部信息进行存储，可以调出多次震动参数进行计算、机制测定和频谱分析等。

（3）模拟记录系统。实时记录8路模拟震相，可以粗略定位和确定震源性质。

3. 冲击地压发生次数与震级的关系

在地震学方面，Gutenberg 和 Richter 在 1944 年就提出了地震学基本关系的 Gutenberg－Richter 公式。国内已经有许多学者对矿震资料进行统计分析，发现冲击地压基本上也符合 Gutenberg－Richter 关系式。

地震活动的震级与频率关系式为

$$D(V)=KV^{-b} \tag{9-9}$$

式中 $D(V)$——规模大于 V 的事件出现的频率；

V——该事件的规模；

K——常数。

式（9－9）一般表示为

$$\lg D(V)=\lg K-b\lg V \tag{9-10}$$

式（9－10）简化为

$$\lg N=a-bM \tag{9-11}$$

式中 N——冲击地压的频次，大于某一冲击地压震级的次数；

M——冲击地压次数；

a、b——常数。

4. 冲击地压最大震级的预测

由于冲击地压频次与冲击地压震级有线性关系，根据这个规律，就可依据已发生的冲击地压的信息，预测未来冲击地压的最大震级。其识别方法是，对 Gutenberg－Richter 关系式取 1，即只有一次最大冲击地压，则最大震级为

$$M_{\mathrm{m}}=\frac{a}{b} \tag{9-12}$$

5. 冲击地压发生趋势的预测

如果某一阶段时间小震级的冲击地压次数较多，则直线变得陡起来，即 b 变大，直线与震级轴的截距变小，所以未来发生大震级的冲击地压可能性减小。

如果某一段时间中等以上的冲击地压次数较多，则直线变得平缓起来，即 b 变小，直线与震级轴的截距变大，所以未来发生大震级的冲击地压可能性增加。

根据式（9－11）中 b 值的变化规律，可以对冲击地压的发生趋势进行预测。如果 b 值增加，则未来冲击地压最大震级越来越小；如果 b 值减小，则未来冲击地压最大震级越来越大。

（二）AE 法

利用煤体的声发射（Acoustic Emission，简称 AE）特征进行冲击地压的预报是主要预报方法之一。AE 监测方法是在监测区内布置 AE 探头，由监测装置连续自动采集 AE 信号，经实时处理加工成报告、图表。通过对数据进行整理分析，判断监测区域的冲击危险程度。

1. AE 监测系统

图 9－5 所示为 AE 监测系统示意图，系统硬件由通用微机系统和信号采集传输系统组成。通用微机系统由计算机、打印机、模数转换装置组成；信号采集与传输由 AE 探头、发送器、信号传输电缆、接收器等组成。系统采用积木式结构，可配 1～4 个接收仪，每个接收仪可接 4 路 AE 探头，每个探头有效接收范围为 20～100 m。

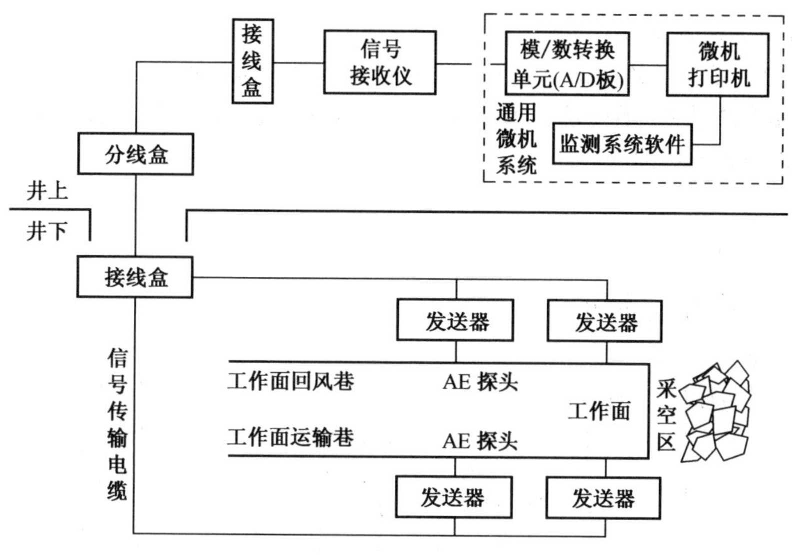

图9－5　MA0104E型AE监测系统示意图

2. AE监测系统的布置

AE探头的布置应注意待测范围不能超过其有效接收半径，根据不同生产、地质条件及监测目的布置探头。图9－6所示为工作面与巷道进行AE监测的典型布置形式。

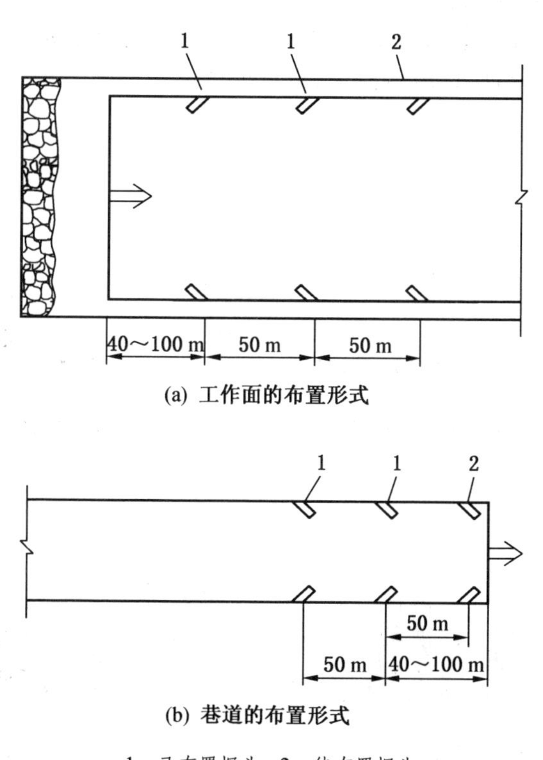

1—已布置探头；2—待布置探头

图9－6　典型的AE探头布置形式

3. AE 监测系统的应用

图 9－7 所示为门头沟煤矿 AE 监测能率变化曲线，在临近冲击前，能率出现明显上升。另外，还有流动 AE 监测法，属于非连续的监测方法，一般与煤粉钻孔法结合使用，能提高冲击地压预测的准确性。

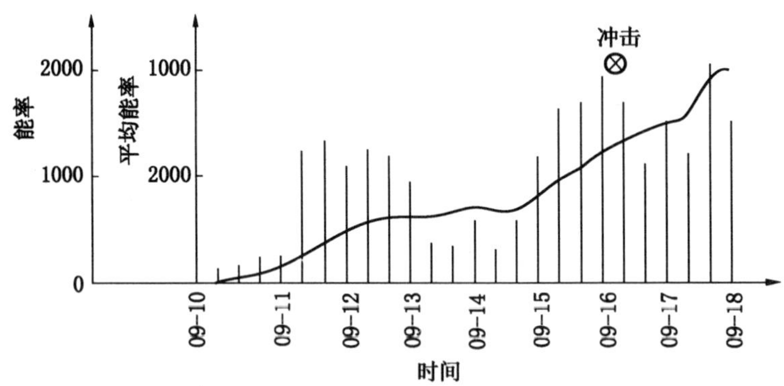

图 9－7　典型 AE 监测能率变化曲线

（三）电磁辐射法

1. 煤体破坏的电磁辐射现象

煤体破坏时将产生电磁辐射现象，图 9－8 所示为煤体典型应力－时间、电磁辐射（EME）脉冲数－时间、电磁辐射幅值－时间曲线图。

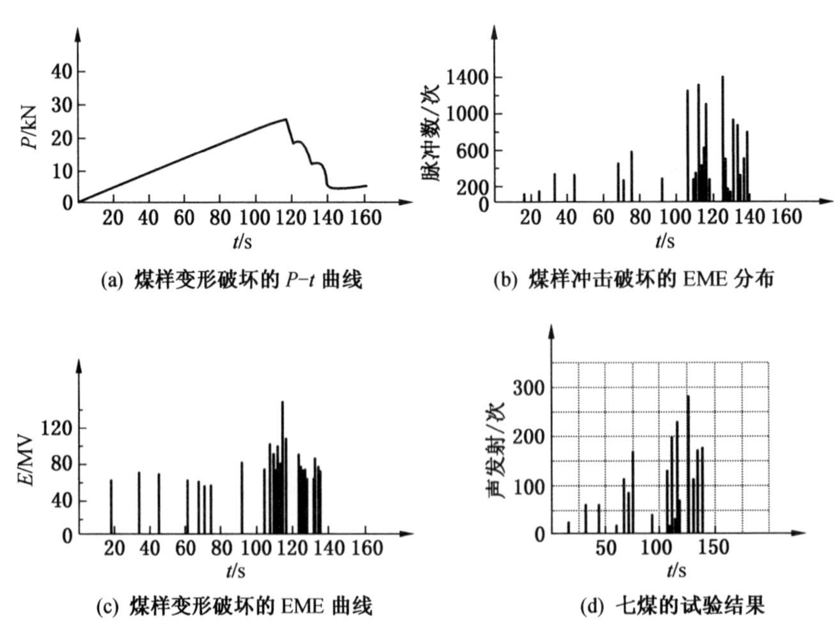

图 9－8　煤体破坏的电磁辐射图

从图 9-8 可以看出：

（1）不同类型的煤体在载荷作用下的变形及破裂过程中都有声发射和电磁辐射信号发生。在煤体的受载荷变形破裂过程中，电磁辐射基本上随着载荷的增大而增强，随着加载及变形速率的增加而增强。

（2）从煤的变形破坏试验结果来看，煤试样在发生冲击性破坏以前，电磁辐射强度较稳定，而在扩容突变阶段，电磁辐射强度出现突变。

（3）煤岩体电磁辐射的脉冲数随着扩容突变过程的增大而增大。进入扩容突变后，即煤体的变形破裂强烈，电磁辐射信号也变强。

2. 电磁辐射预测冲击地压的原理

煤体是典型的非均质材料，在外力作用下，其内部颗粒之间的强度与变形有着显著的差异，煤体内部的应力与应变的分布是不均匀的。当煤体发生不均匀应变时，会在内部发生极化现象，压缩区域的电荷密度升高，而低应力区的电荷密度降低，导致电荷由高密度区向低密度区运动。

3. 电磁辐射前兆信息识别方法

电磁辐射和煤的应力状态有关，应力高时电磁辐射信号就强，电磁辐射频率就高，应力越高，则冲击危险越大。电磁辐射强度和脉冲数两个参数综合反映了煤体前应力的集中程度的大小，因此可用电磁辐射法进行冲击地压前兆的识别。

（1）电磁辐射的临界指标法。根据实验室研究及现场测定、理论分析表明，煤岩冲击、变形破坏的变形值释放的能量与电磁辐射的幅值、脉冲数成正比。具体分析如下：

冲击地压发生之前，电磁辐射强度一般稳定在某一范围内，而在冲击地压临近发生时，电磁辐射强度出现突变。

煤岩体电磁辐射的脉冲数随变形破裂过程的增强而增大。加载速率越大，煤体的变形破裂越强烈，电磁辐射信号也越强。

冲击地压发生前的一段时间，电磁辐射值较高，之后有一段时间相对较低。电磁辐射值均达到、接近或超过临界值时，将有可能发生冲击地压。也就是说，冲击地压发生前的一段时间，电磁辐射连续增长或先增长，然后下降，之后又呈增长趋势。这说明在冲击地压发生以前，电磁辐射仪测到的脉冲数和其幅值的连续增长，反映了煤岩体扩容变化的过程。

根据上述规律，可以采用临界指标法对冲击地压的发生进行预测预报。这种方法是在没有冲击地压危险、压力比较小的地方观测 n 个班的数据，取平均值的 K 倍作为临界值。其预测公式为

$$E_{临界} = KE_{平均} \tag{9-13}$$

n 与 K 一般根据不同的煤层条件进行选取。n 一般大于 8，K 值一般为 1.4～1.5（根据大量样本统计分析而得）。

（2）电磁辐射识别临界值的确定。临界值的确定是电磁辐射识别冲击地压前兆的关键参数，其准确的确定可以采用钻孔极限煤粉量进行对比确定。在钻孔煤粉量达到极限值时，进行电磁辐射监测，获得脉冲的幅值与数量，进行多次监测，取其平均数作为临界值。其计算公式为

$$E = \frac{E_1 + E_2 + \cdots + E_n}{n} \tag{9-14}$$

华丰煤矿在开采2408(3) 工作面时，采用电磁辐射法进行冲击地压危险监测，其临界值的获得采用极限煤粉量进行对比确定。在工作面初次来压与三次周期来压期间，在回采巷道的5个点测得煤粉超限，对该5个点进行了电磁辐射定点监测。监测的脉冲数分别为58次/s、61次/s、63次/s、57次/s、60次/s，其平均值为59.8次/s，则2408（3）工作面电磁辐射的脉冲数临界值为60次/s。

（四）顶板动态法

顶板动态的前兆主要是通过监测顶板的运动状态、支承压力显现范围及峰值位置来预测冲击危险。冲击地压一般发生在坚硬的顶板条件下，坚硬顶板运动往往是诱发冲击地压的主要因素之一。顶板的急速下沉或突然断裂，会引起震动，都有可能诱发冲击地压。因此，坚硬顶板悬露的面积、断裂运动的时间是冲击地压预测的关键。

一般情况下，岩层沉降速度越小，推进的面积越大，断裂运动产生的冲击和压出煤的强度越高；下位基本顶岩梁相对稳定的步距越大，发生冲击地压的强度越高。因此，采用顶板动态法监测冲击地压是比较有效的。

1. 监测区域

（1）从工作面推进到煤壁上应力达到煤体破坏强度（开始形成内应力场）的部位起，到随工作面推进，煤层上支承压力继续增加，内应力场形成足够的缓冲带。该地段是监测的重点区域。

（2）初次来压后，工作面不断推进，上覆坚硬岩层断裂来压，在超前回采巷道发生冲击地压。这主要是由于随工作面的推进，悬露面积的增大，煤体上应力不断增大，如上位基本顶岩梁内弹性能增加。一旦基本顶岩梁断裂沉降，应力产生转移，在相关部位产生冲击地压，主要发生在超前工作面前方80 m范围内。

2. 监测过程

顶板动态法监测冲击地压的过程：坚硬顶板运动→造成应力转移（与顶板运动有关）→采用动态法预测顶板断裂的规律→预测冲击地压危险。

通常采用位移计在超前回采巷道内布置测点，监测顶板的运动规律及支承压力的分布规律。在运输巷与回风巷安装，间隔距离为5.0 m，监测区域为超前回采巷道50.0 m范围。

3. 前兆信息识别

依据顶底板移近量和移近速度的变化（包括反弹现象），判断顶底板断裂的位置，反弹或顶底板移近速度加速之时，正是冲击地压发生的前兆。

第五节 冲击地压灾害的防治

充分地研究冲击地压发生的机理，运用科学的预测预报方法，是达到对冲击地压进行有效的预防的前提。冲击地压预防技术可归纳为区域性预防和局部性预防两个方面。

一、区域性预防

（一）采用合理的开拓布置和开采方式

合理的开拓布置、开采方式，对避免形成高应力集中和能量大量积聚，以预防冲击地压的发生极为重要。综合冲击地压发生机理研究的成果，可以清楚地看到，控制冲击地压发生的应力条件是预防煤矿冲击地压发生的关键。因此，必须把采掘工作面推进过程中可能诱发释放的弹性压缩能，限制在足以导致冲击性破坏发生的范围内。为此，在考虑开采方案设计时，应当注意以下“防冲”的时空原则。

（1）杜绝在构造压缩应力带和采动应力场支承压力的高峰部位布置采煤巷道和推进工作面。

（2）最大限度地争取在采动释放应力后稳定的“内应力场”（已经历采动破坏的岩层覆盖的重力场）中掘进和维护巷道。

这就需要摸清：①经历构造运动破坏的应力场分布；②不同开采程序和开采参数条件下，支承压力分布及发展变化规律。

预防冲击地压发生，必须针对具体的煤层条件，采用理论计算和实测推断相结合的方法确定，绝对不能在不同开采条件下套用所谓的“经验数据”。

我国陶庄煤矿水采区开采方案的选择与试验是这方面较为典型的实例。该矿采区地质构造复杂，冲击危险大，针对不同地质条件采取不同的回采工作面布置形式（如水采常规布置方式、避峰跳采布置方式和多区段联合开采方式），有效地控制了冲击地压的发生。图 9－9 所示为陶庄煤矿多区段联合开采程序，这种多回采工作面交替采煤的开采程序，使采煤与掘进工作在不同区段中交替进行，能够实现沿采空区边缘（低应力区）掘进枪眼，避免了在高应力区掘进和维护枪眼。

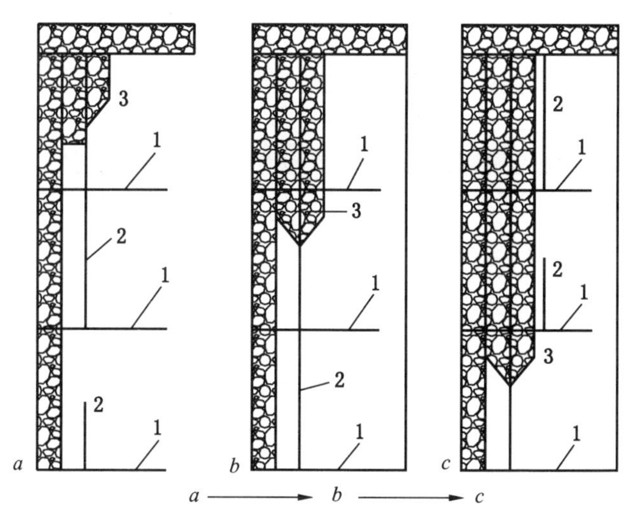

1—水道；2—枪眼；3—采空区

图 9－9　多区段联合开采程序

（二）开采保护层

在进行多煤层的井下开采时，每一层煤的开采工作都相互影响。因此，在设计阶段就要规定煤层群的协调开采，先开采没有冲击危险的煤层，解放冲击危险的煤层，达到降低冲击地压潜在的危险性。开采保护层是预防冲击地压的一项有效的带有根本性的区域性防范措施。

1. 保护范围

图 9－10 所示为开采保护层卸压带示意图。其保护范围以充分移动角为界，卸压边界线内的煤层属于被保护煤层。

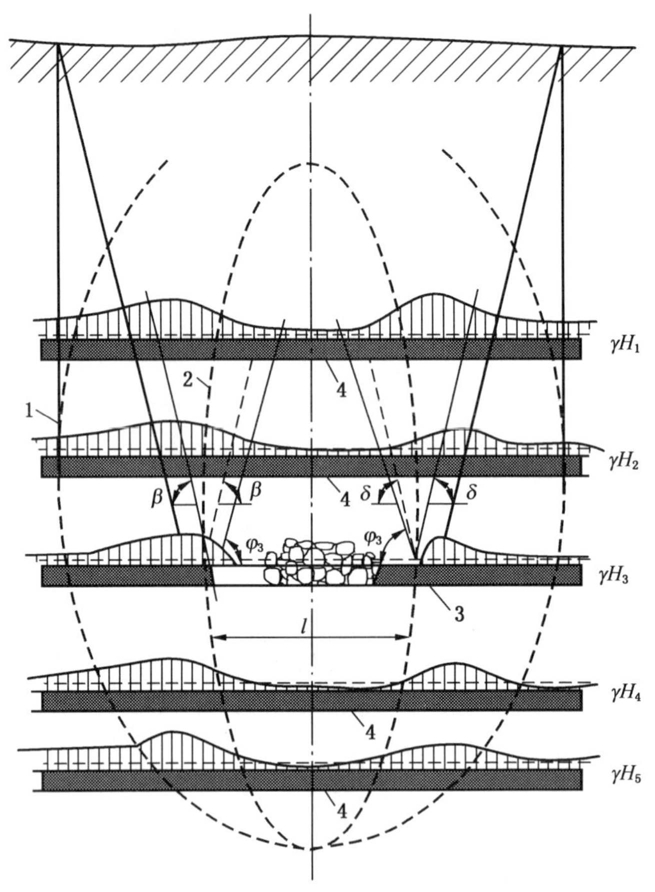

l—工作面长度；φ_3—充分移动角；δ—断裂角；β—变形滑移角；
1—升高应力区边界线；2—卸压带边界线；3—保护带；4—被保护带

图 9－10　开采保护层卸压带示意图

2. 保护层开采方案

开采保护层常用的方案，如图 9－11 所示，包括开采上保护层、开采下保护层及混合开采。在煤层间距合适的情况下，应优先考虑开采下保护层，其原则是不破坏上煤层的开采条件。

（三）煤层预注水

煤层预注水的目的是通过水的物理化学作用，改变冲击煤层的物理力学性质，降低煤层的冲击倾向性和应力状态。

1. 预防冲击地压的原理

水对煤岩的强度特性、变形特性和冲击倾向性都有重要影响。从应力－应变曲线的对比就可以分析水对冲击煤岩的力学改变作用，图 9－12 所示为煤的自然样和注水样的应力－应变曲线的变化情况。

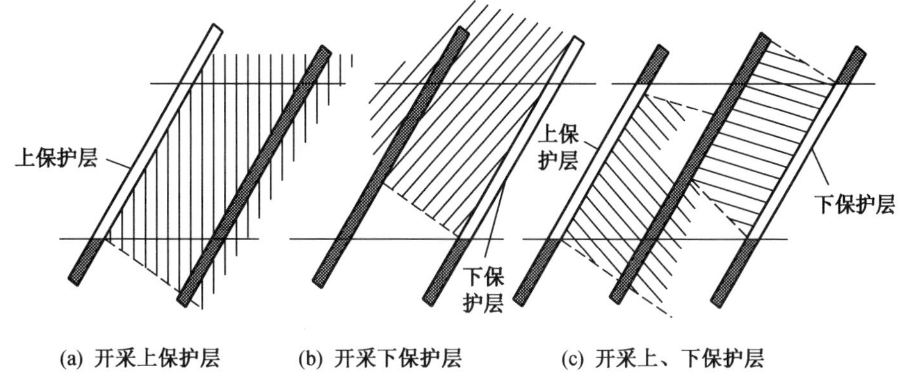

(a) 开采上保护层 (b) 开采下保护层 (c) 开采上、下保护层

图 9－11 保护层开采方案

从图 9－12 可以看出，未注水的煤样的变形曲线多呈塑—弹性型和塑—弹—塑性型两类，破坏前没有明显的永久变形，表现为突然的脆性破坏；注水后的煤样变形曲线呈现较大的压缩性能，比在同样应力下未注水的煤样变形明显“塑化”，变形呈压缩的“S”形，多为剪切破坏，表明煤的塑性变形变大，塑性增加，脆性减弱，冲击危险性降低。

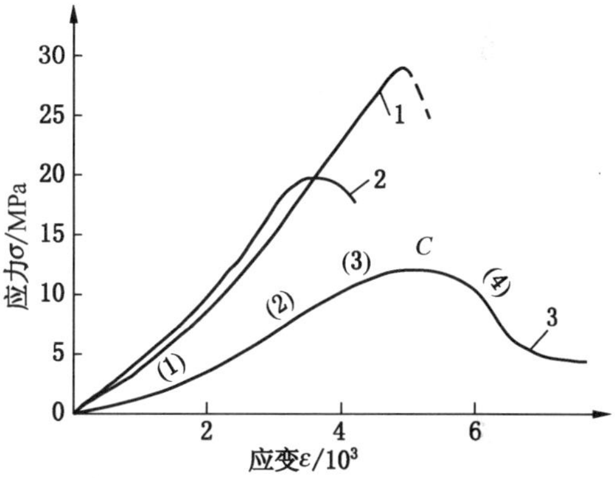

1—注水前煤样；2—干样；3—注水后煤样

图 9－12 煤样应力－应变曲线对比

2. 注水方式

常用的注水孔布置方式，如图 9－13 所示，包括走向布置、倾向下行布置、倾向上下行布置及综合布置等方式。

（四）厚层坚硬顶板预处理

厚层坚硬顶板易引起冲击地压，一是回采工作面上方厚层坚硬基本顶的大面积悬顶和垮落，会引起煤层和顶板内的应力高度集中；二是工作面和上下平巷附近直接岩石的悬露，会引起不规则垮落和周期性来压，给工作面顶板控制和巷道维护造成困难。目前较为有效地处理方法是顶板注水软化和爆破断顶。

1. 顶板注水软化

类似煤层注水，对在厚层砂岩等坚硬顶板条件下进行高压预注水，水通过岩石的孔隙、裂隙、节理、层理等弱面进入岩体内，经过物理化学作用，扩大了裂隙，溶解了部分矿物，增加了含水量，从而破坏了岩体的整体性，降低了岩体的强度，提高了岩层的垮落性，使难垮顶板转化为可垮顶板。在开采过程中，采空区上方悬顶缩短，垮落高度增加，岩体的碎胀系数增大，周期来压步距缩短，减缓或消除了区域性切冒和冲击地压的威胁。

2. 顶板爆破处理

顶板爆破处理方法包括爆破断顶、强制放顶和超前深孔预裂爆破松动顶板等。爆破断顶是在待采煤层隔离煤柱一侧的老采空区内，对采空区顶板内造成一定宽度和深度（如宽

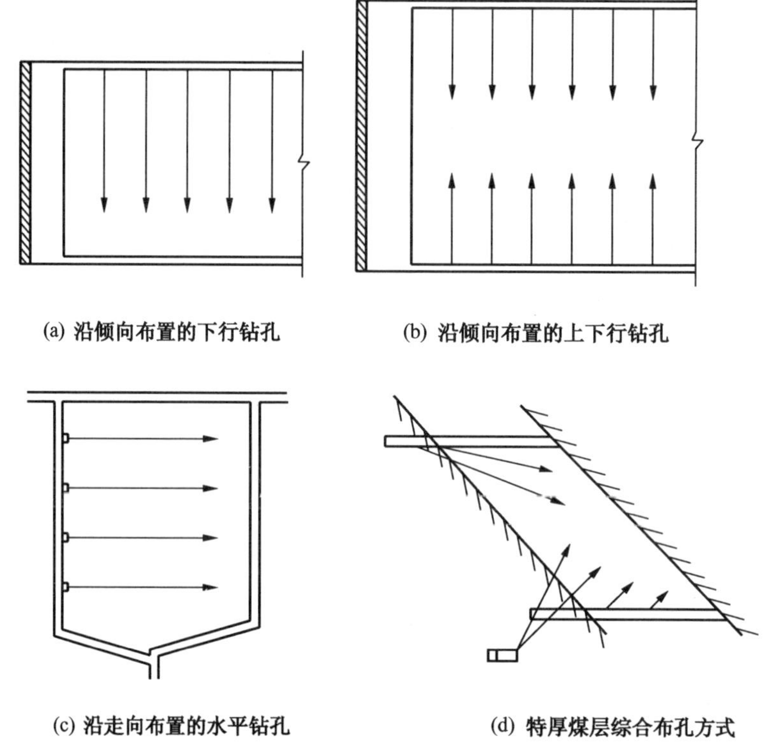

(a) 沿倾向布置的下行钻孔

(b) 沿倾向布置的上下行钻孔

(c) 沿走向布置的水平钻孔

(d) 特厚煤层综合布孔方式

图 9－13 注水孔布置方式

6 m、深 6～8 m）的断沟，用以削弱采空区与待采区之间的顶板连续性，减小待采煤层开采时的应力集中，以预防冲击地压危害。强制放顶是用爆破方法对采空区悬露顶板进行处理，破坏其整体性，使之产生规则性垮落，是预防冲击地压和区域性切冒威胁的一项措施。

二、局部性预防

（一）煤层内卸压爆破

煤层内卸压爆破是对具有冲击地压危险的局部区域，用爆破方法减缓其应力集中程度的一种解危措施。世界上几乎所有国家在开采有冲击危险的煤层时，都把卸压爆破作为主要的解危措施之一。

1. 爆破的动力作用

卸压爆破属于内部爆破，主要作用是使煤层产生大量裂隙。爆破后，冲击波首先破坏煤体，然后爆生气体进一步使煤体破裂，由于气压的作用，形成切向拉应力，产生径向拉破裂。当裂隙前端的应力强度因子小于断裂韧性时，裂隙止裂。造成煤层物理力学性质变化的主要因素是径向裂隙。裂隙的存在，导致弹性模量减小，强度降低，积聚的弹性能减少，破坏了冲击地压发生的强度条件和能量条件。

2. 卸压爆破的实施步骤

（1）煤粉钻孔检测，即采用煤粉钻孔法检测煤体的应力情况。如果煤粉量超过规定的指标，则认为该位置具有冲击危险。通过多个煤粉钻孔，圈定已形成冲击危险的区域。

（2）在确认已形成冲击危险的区域，以一定的爆破参数实施卸载爆破。

（3）在卸载爆破后，采用煤粉钻孔等方法在爆破孔周围一定区域内检测爆破的卸载效果（或事先埋设钻孔应力计）。如果煤粉量指标低于冲击危险值，即认为煤层已达到了卸载的效果，否则说明煤层仍具有冲击危险，应实施二次卸载的效果爆破。

3. 工艺过程

（1）钻孔。在待卸载区域，按事先设计的爆破方案，使用煤电钻沿垂直煤壁、平行煤层方向钻孔，使孔深达到预定的深度。

（2）装药。将炸药连同雷管或导爆索按一定的装药方式推入孔中。图 9－14 所示为煤层卸载爆破的装药结构示意图。

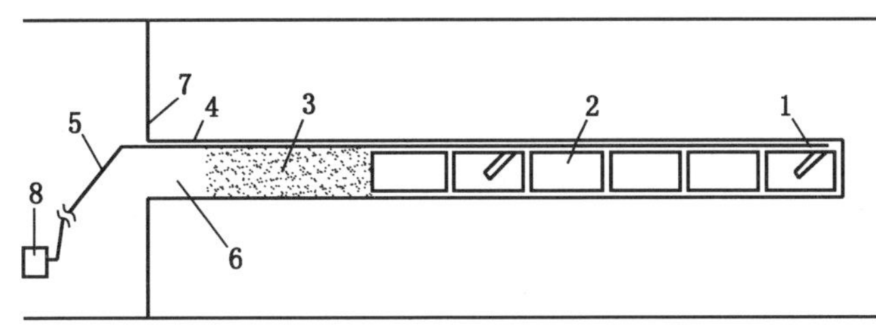

1—雷管；2—药卷；3—炮泥；4—引线；5—母线；6—钻孔；7—煤壁；8—起爆器

图 9－14 装药结构示意图

（3）封孔。用封孔材料，按一定要求填塞钻孔剩余部分的全长或一段长度。

（4）起爆。将每个待爆破孔的引线接到母线上，将母线拉到安全地点后接到起爆器上，合上起爆器开关引发爆炸。

（二）钻孔卸压

钻孔卸压是利用钻孔方法消除或减缓冲击地压危险的解危措施。此法基于施工钻屑法钻孔时产生的钻孔冲击现象。钻进越接近高应力带，由于煤体积聚能量越多，钻孔冲击频度越高，强度也越大，但钻孔冲击时煤粉量显著增多。因此，每一个钻孔周围形成一定的破碎区，当这些破碎区互相接近后，能使煤层破裂卸压。煤层支承压力的峰值部位钻孔的破裂和卸压作用，如图 9－15 所示。钻孔卸压的实质是利用高应力条件下，煤层中积聚的弹性能来破坏钻孔周围的煤体，使煤层卸压、释放能量，减缓冲击危险。

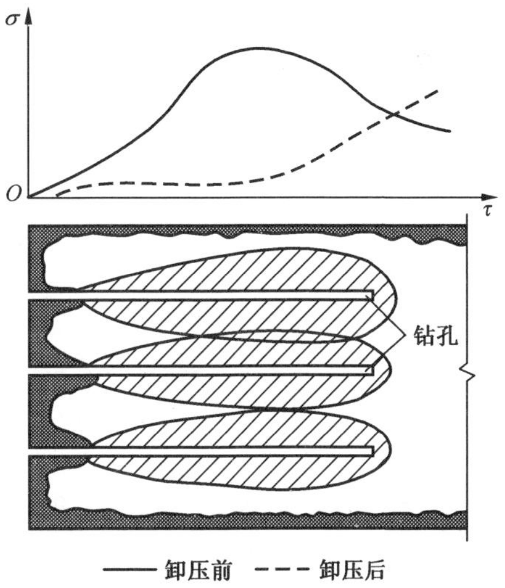

图 9－15 钻孔的卸压作用

钻孔卸压是预防冲击地压的积极措施，其钻孔的布置方式如图 9－16 所示，钻孔直径 76～500 mm。

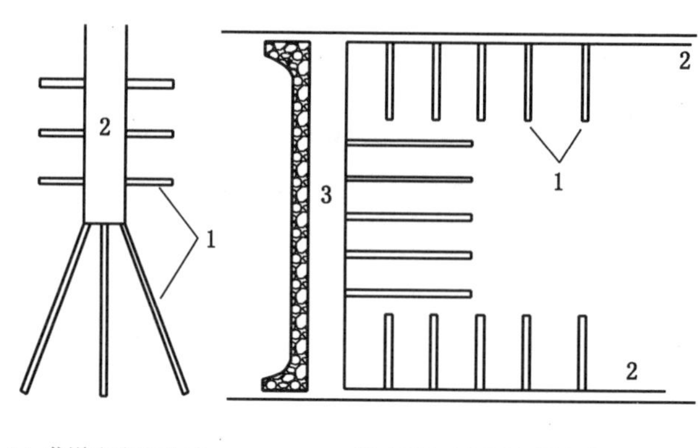

(a) 巷道内布置方式　　(b) 回采工作面布置方式

1—钻孔；2—巷道；3—工作面

图 9-16　卸压钻孔布置方式

（三）诱发爆破

诱发爆破是在监测到有冲击危险的情况下，利用较多药量进行爆破，人为的诱发冲击地压，使冲击地压发生在一定的时间和地点，从而避免更大损害的一种解危措施。

实行诱发爆破必须慎重行事。作为辅助手段，只有存在严重冲击危险的情况下，其他方法无效或无法实施时应用。一般情况下多用于煤柱回收时，并与钻屑法检测孔配合互用。孔距 2～5 m，孔深按冲击危险区范围确定。可平行走向或倾斜布置，也可混合布置。每孔装药量按 1/2～3/4 孔深计算。一般采用孔深爆破法，钻大量较长的钻孔直达高应力带，采用大药量、集中装药和同时引爆的方法，以使煤岩体强烈震动，诱发冲击地压，或造成煤体强烈卸压、释放能量，把高应力带移向煤体深部。集中爆破的药量越多，诱发冲击地压的可能性越大。

思考与练习题

(1) 冲击地压一般如何分类？

(2) 简述冲击地压的主要影响因素。

(3) 冲击地压危险性评价有哪些方法？并作简单分析。

(4) 某煤矿开采第一水平埋深为 -950 m，顶板硬厚岩层距煤层的距离为 75 m，随着工作面的推进开采区域内的构造应力集中度为 64%，具有资质的有关机构测定顶板岩层厚度特征参数 L_{st} 为 47 m，煤的抗压强度为 18 MPa，煤的冲击倾向性指数 W_{et} 为 3.8，并且该煤层发生过冲击地压。试用综合指数法判断该地质条件下冲击地压危险性指数及防治冲击地压所采取的相应措施。

(5) 某矿开采延深至第二水平，该煤层厚度为 3.7 m，采用双滚筒采煤机，直径为 1.25 m，留顶煤 1.2 m 厚，布置工作面斜长为 200 m，工作面之间预留 12 m 的煤柱，采用后退式全部垮落法进行回采，距上山 52 m 设置终采线，随着工作面推进，当工作面接近煤柱的距离为 40 m 时，采煤工作面接近已充填老巷的距离为 25 m，工作面接近落差为 3 m 断层的上盘距离为 46 m，并且工作面接近煤层侵蚀部分；而开采过上保护层的卸压程度为好。试用综合指数法判断该开采条件下冲击地压危险性指数及防治冲击地压所采取的相应措施。

(6) 冲击地压监测一般有哪些方法?

(7) 详述区域性防治和局部性防治冲击地压的方法。

第十章 采动诱发相关灾害及防治

【本章教学目的与要求】

- 理解采动诱发相关灾害的机理
- 了解煤矿开采引起的地表沉陷规律、工作面底板突水规律、煤与瓦斯突出的规律
- 理解采动诱发相关灾害的预测预报方法
- 掌握地表沉陷、底板突水、煤与瓦斯突出灾害防治技术与措施

【本章概述】

矿山开采形成了岩层移动空间，由此带来了煤岩体变形与破坏、应力场重新分布。除了常见的矿山压力显现外，由采动诱发的地表沉陷、底板突水、煤与瓦斯突出等相关问题，也属于矿山压力与岩层控制的研究范畴，其预测与防治是煤矿安全生产中的重中之重。

本章主要介绍采动引起的岩移与地表沉陷、工作面底板破坏与矿井突水、矿压诱发煤与瓦斯突出的产生机理，并介绍相应规律、灾害预报及防控技术。

【本章重点与难点】

本章的重点是理解并掌握采动诱发相关灾害的机理与防治技术，包括地表沉陷、底板突水、煤与瓦斯突出，其中工作面底板突水机理是本章的难点。

第一节 采动引起的岩移与地表沉陷

一、岩移与沉陷机理

在地下煤层开采前，岩体在地应力场作用下处于相对平衡状态。当局部煤层采出后，在地层内部形成一个采空区，导致周围岩体应力状态发生变化，从而引起应力重新分布，使岩体产生移动变形和破坏，直至达到新的平衡，随着采煤工作的进行，这一过程不断重复，这一过程和现象称为岩层移动。岩体内存在的移动破坏形式主要有弯曲、断裂、垮落、离层、底鼓、片帮、岩爆、煤爆等。

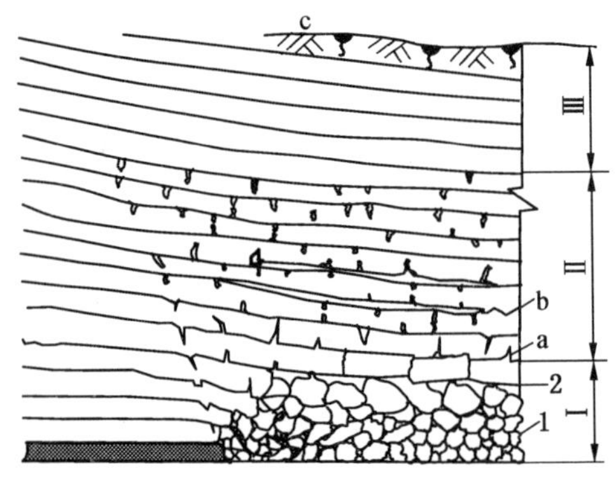

Ⅰ—垮落带；Ⅱ—裂隙带；Ⅲ—弯曲带；
a—竖向裂隙；b—离层裂隙；c—地表裂隙；
1—不规则垮落带；2—规则垮落带

图 10-1 覆岩破坏移动分带示意图

煤层开采后，其覆岩要发生破坏和位移。覆岩破坏和位移具有明显的分带性，其特征与地质、采矿等条件有关。在采用走向长壁全部垮落法开采缓倾斜中厚煤层的条件下，只要采深达到一定深度，覆岩的破坏和移动可出现 3 个具有代表性的部分，自下而上分

别称为垮落带、裂隙带和弯曲带，一般简称为“上三带”，如图 10－1 所示。

以上“三带”虽各带特征明显不同，但其界面是逐渐过渡的，有时开采浅、覆岩薄也可能“三带”不完整，具体划分时应合理掌握。

当地下煤层开采后，采空区直接顶板岩层在自重应力及上覆岩层重力的作用下，产生向下的移动和弯曲。当其内部应力超过岩层的应力强度时，直接顶板首先断裂、破碎并相继冒落，而基本顶岩层则以梁、板形式沿层面法向方向移动、弯曲，进而产生断裂、离层。随着工作面的向前推进，受采动影响的岩层范围不断扩大。当开采范围足够大时（$0.2H \sim 0.3H$，H 为采深），岩层移动发展到地表，在地表形成一个比采空区范围大得多的下沉盆地，这种现象称为地表沉陷，如图 10－2 所示。

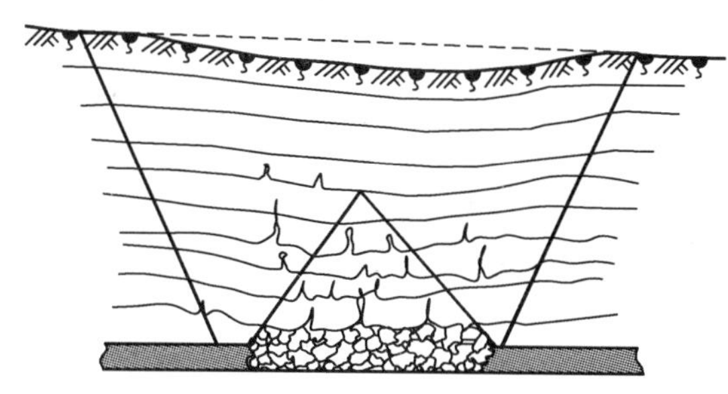

图 10－2　采空区上覆岩层移动示意图

二、开采沉陷规律

地下煤层采出后引起的地表沉陷是一个时间和空间过程。随着工作面的推进，不同时间的回采工作面与地表点的相对位置不同，开采对地表点的影响也不同。地表点的移动经历一个由开始移动到剧烈移动，最后到停止移动的全过程。开采沉陷规律是指地下开采引起的地表移动变形的大小、空间分布形态及其与地质采矿条件的关系。

采场回采工作全部结束后，覆岩破坏、移动及应力分布模式简化为图 10－3 所示模式。

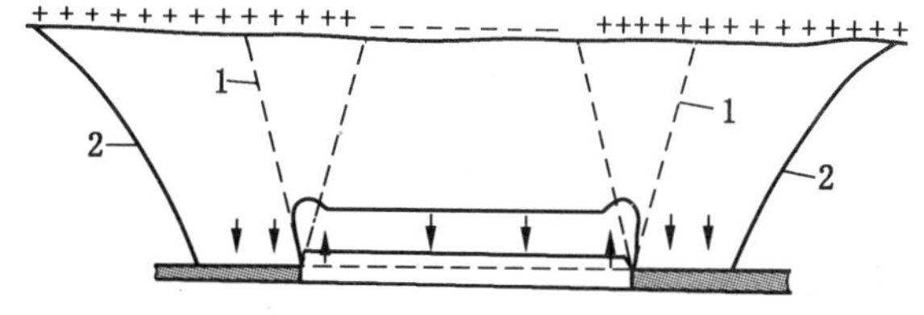

+—拉伸应力或变形；－—压缩应力或变形；↓—垂直压缩应力区；
↑—垂直拉伸应力区；1—地表移动范围；2—应力变化范围

图 10－3　覆岩移动破坏力学模式示意图

采用以上分区可以较为方便地预测岩体破坏状况。

开采岩层移动变形的影响因素：覆岩力学性质和层位、覆岩岩体结构、松散层的影响、地层倾角的影响、开采深度的影响、开采厚度和采空区面积的影响、采煤方法及顶板控制方法的影响、时间过程的影响、地质构造的影响和地下水位变动的影响。

（一）地表移动分布特征

地下煤层采出后，地表下沉值达到该地质采矿条件下应有的最大值，此时的采动为充分采动。此后开采工作面的尺寸再继续扩大时，地表的影响范围相应扩大，但地表最大下沉值不再增加，地表移动盆地将出现平底。通常把地表移动盆地内只有一个点的下沉值达到最大下沉值的采动情况称为刚达到充分采动，此时开采称为临界开采，地表移动盆地呈碗形。地表有多个点的下沉值达到最大下沉值的采动情况称为超充分采动，此时的开采称为超临界开采，地表移动盆地呈盘形。通常在采空区的长度和宽度均达到和超过 $1.2H_0 \sim 1.4H_0$ 时，地表可达到充分采动。

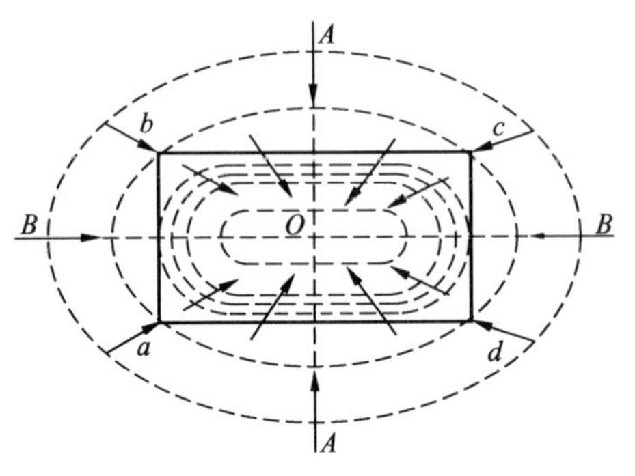

图 10－4　地表移动盆地下沉等值线图

图 10－4 所示为水平煤层开采后的地表移动盆地下沉等值线图，图中 *abcd* 为采区轮廓在地表的投影，虚线表示移动盆地内下沉等值线，箭头表示地表点移动方向在平面上的投影。由图可知，采空区中心正上方的地表下沉值最大，向四周逐渐减小，到采空区边界上方下沉值减小比较迅速，向外逐渐趋于零。地表点的水平移动大致指向采空区中心，采空区中心上方地表，最终几乎不发生水平移动。开采边界上方地表水平移动值最大，向外逐渐减小为零。

（二）工作面推进过程中地表移动和变形规律

1. 水平移动的变化规律

工作面推进过程中水平移动的曲线变化规律如图 10－5 所示。

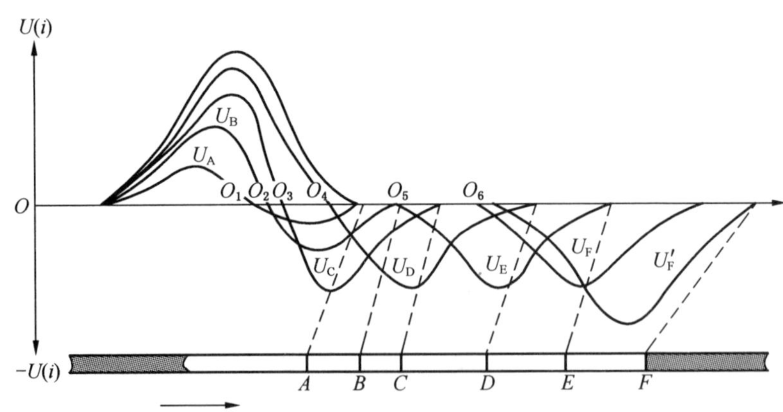

图 10－5　采动过程中地表水平移动曲线变化规律

随着工作面的推进，采空区面积不断增大，水平移动值逐渐增大，如当工作面位于 *A*、*B*、*C*、*D* 四处时，水平移动曲线分别为 U_A、U_B、U_C、U_D，水平移动值等于零的点随着工作面的推进而向前移动如 O_1、O_2、O_3、O_4。

当工作面推进至 E，固定边界上方的水平移动渐趋稳定，水平移动值等于零的点（如 O_5）不再向前移动，水平移动曲线为 U_E。

当工作面推进至 F，水平移动值等于零的区域扩大，零值区域为 $O_5 \sim O_6$，水平移动曲线为 U_F，U_F 和 U_E 曲线形状基本相似，最大水平移动值基本相等。

当工作面停采后，最大水平移动值仍继续增加，直至地表移动稳定为止。曲线 U'_F 为移动稳定后的水平移动曲线。地表稳定后的最大水平移动值比工作面推进过程中的地表最大水平移动值大。

工作面推进过程中倾斜变化规律与水平移动变化规律基本相同。

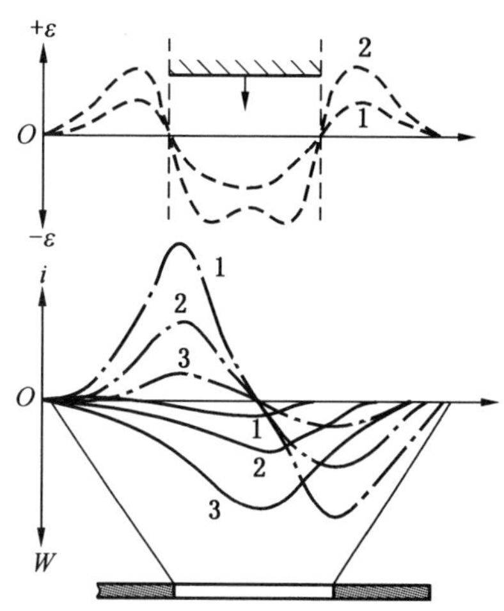

图 10－6 垂直于推进方向断面上地表移动与变形的变化规律

2. 垂直于推进方向断面上地表移动与变形的变化规律

在垂直工作面推进方向的断面上，在地表移动过程中只是移动和变形值由小到大逐渐发展。图 10－6 所示为地表下沉曲线（下沉量 W）、水平移动曲线（移动量 i）和水平变形曲线（变形量 ε）。

上述采动过程中地表移动和变形规律的各种特征，只有在地表达到超充分采动、开采深度不太大、开采厚度和煤层倾角变化比较小、工作面推进速度比较均匀的情况下才是明显的。目前对采动过程中地表移动和变形的规律研究得很不充分，尤其是对一些参数的变化规律研究得更少。

三、矿山开采沉陷的预计

开采沉陷预计是矿山开采沉陷学科的核心内容之一，它对开采沉陷的理论研究和生产实践都有重要意义。过于保守的（偏大的）预计结果，将导致花费不必要的保护费用，造成浪费；过于低估影响的（偏小的）预计结果，可能导致保护措施不足，使保护对象受到破坏，造成不必要的经济损失，甚至危及人身安全。目前，国内外广泛使用的地表移动预计的计算方法有 3 类：概率积分法、典型曲线法和剖面函数法。

典型曲线法是将同类型地质采矿条件地表下沉盆地的移动和变形分布用无因次曲线或表格表示。剖面函数法是根据地表下沉盆地剖面形状来选择描述下沉盆地剖面的相应函数，作为地表移动和变形的公式。

上述预计方法中，概率积分法目前在我国使用极为广泛，故现在“三下”采煤规程修订版仅推荐采用概率积分法。

概率积分法认为开采引起的地表移动属随机事件，且从统计观点看，认为任意开采条件下都可以把整个开采分解为许多或无限多个微小单元的开采，整个开采对地表的影响等于所有单元开采的影响总和，因而可从单元开采入手，研究下沉盆地的方程式。实验表明，下沉盆地的剖面在理想情况下，曲线呈正态分布，且与概率密度的分布一致。因此，整个开采引起的下沉盆地的剖面方程式，可表示为概率密度函数的积分公式，故称本法为概率积分法。由于这种方法的基础是随机介质理论，所以又叫随机介质理论法。

在平面问题中，所谓半无限开采是指在开采边界的一侧，在断面方向采空区为无限长；若 $S>0$ 的煤层已全厚采出、$S<0$ 的煤层全部没有开采，此种情况称为半无限开采，如图 10－7 所示。

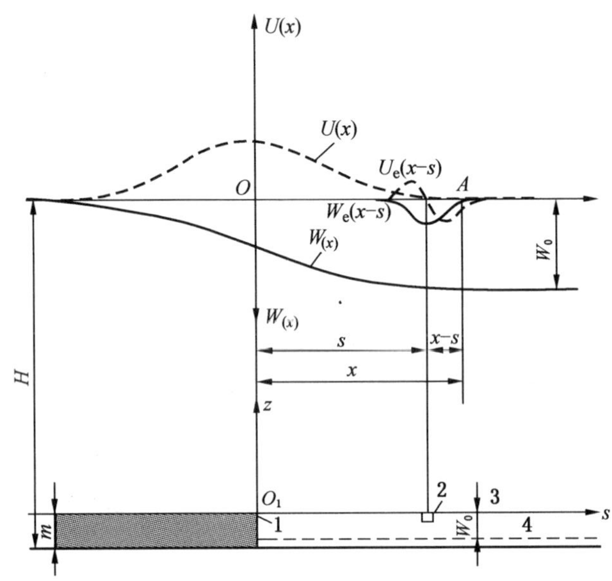

1—煤壁；2—开采单元；3—下沉前顶板原始位置；4—下沉后顶板假设位置；W_0—顶板下沉量

图 10－7 半无限开采地表的下沉和水平移动

$$\left.\begin{aligned}
&\text{下沉：} && W_{(x)}=\frac{W_{cm}}{2}\left[\operatorname{erf}\left(\frac{\sqrt{\pi}}{\gamma}x\right)+1\right]\\
&\text{倾斜：} && i_{(x)}=\frac{W_{cm}}{r}e^{-\pi\left(\frac{x}{r}\right)^2}\\
&\text{曲率：} && K_{(x)}=-\frac{2\pi}{r^2}W_{cm}\left(\frac{x}{r}\right)e^{-\pi\left(\frac{x}{r}\right)^2}\\
&\text{水平移动：} && U_{(x)}=bW_{cm}e^{-\pi\left(\frac{x}{r}\right)^2}\\
&\text{水平变形：} && \varepsilon_{(x)}=-2\pi\frac{W_{cm}}{r}\left(\frac{x}{r}\right)e^{-\pi\left(\frac{x}{r}\right)^2}
\end{aligned}\right\}\tag{10-1}$$

$$\operatorname{erf}(x)=\frac{2}{\sqrt{\pi}}\int_0^x e^{-\lambda^2}d\lambda \quad \text{或} \quad W(x)=W_{cm}\int_0^{\infty}\frac{1}{r}e^{-\pi\frac{(x-s)^2}{r^2}}ds$$

式中 W_{cm}——最大下沉值，$W_{cm}=qm\cos\alpha$；

q——下沉系数；

m——采高；

α——煤层倾角；

x、s——计算点的坐标，m；

r——主要影响半径，$r=\dfrac{H}{\tan\beta}$；

H——地面上待计算点与煤层上微元点的标高差；

β——主要影响角；

b——水平移动系数，$b=\frac{U_{cm}}{W_{cm}}$；

U_{cm}——走向主断面上地表最大水平移动值。

式中 x 为计算点的坐标，坐标原点为计算边界在地表的投影，坐标轴指向采空区方向为正，指向煤柱方向为负。

四、矿山开采沉陷的控制技术

矿山开采沉陷的控制技术可分为四类，以充填体为核心的岩层控制技术、以部分支撑煤柱为核心的开采技术、以协调开采为核心的变形控制技术和以建筑物为核心的保安煤柱设计技术。

（一）充填法沉陷控制技术

地表的移动变形值与其最大下沉值成正比，而最大下沉值与开采厚度直接相关。因此，减小煤层的开采厚度就可有效地降低地下开采对建筑物或构筑物的损害程度。充填法沉陷控制技术就是利用充填材料来充填开采生产的空间，这就相当于减小了煤层的开采厚度，它是减小地表沉陷的有效措施之一。

1. 充填法控制顶板

充填法控制顶板主要包括水砂充填法、风力充填法、矸石自溜充填法、带状充填法和边界充填法，为了最大限度地减小地表移动变形值，有时还可采用混凝土充填。

2. 冒落区充填法

工作面后方的采空区不需要保留支护，任其自由垮落。当堆积在采空区内的垮落岩块尚未被上覆岩体压实之前，利用专门的管路系统输入可胶结或不胶结材料，将垮落岩块之间的空隙填满。

3. 覆岩离层带注浆充填技术

在覆岩中往离层内注入充填材料，可形成一个或几个由充填材料组成的支撑体，对上覆岩层起到支托作用，从而形成一个稳定的平衡结构。注浆材料一般为水和电厂粉煤灰搅拌混合成混煤灰浆。

（二）煤柱法沉陷控制技术

1. 柱式体系开采法

柱式体系开采是从煤层内开挖煤房，而在各煤房之间保留部分残留煤体作为煤柱，以控制整个采矿影响区域内的岩体位移，来达到减小地表移动变形的目的，直接顶板可能不支护，或者进行人工加固或支护。

2. 条带开采法

条带开采尺寸设计首先根据条带开采的经验和矿山生产的要求，初步选取采出条带宽度和保留条带宽度，然后进行强度稳定性、抗滑稳定性和变形稳定性分析。不断调整采出条带和保留条带的宽度，直到满足稳定性要求。

（三）协调开采变形控制技术

协调开采变形控制技术就是根据不同的受护对象，通过合理布设开采工作面，如合理设计工作面之间的相对位置、回采顺序等，让各工作面开采的相互影响能够得到有利叠加，使叠加后的变形值小于受护对象的允许变形值，以达到减小开采对受护对象影响的目的。

1. 合理设计开采边界和残留煤柱

（1）全柱开采：地表不均匀下沉和地表变形主要集中在开采边界附近上方的地表处。井下每出现一个永久性的开采边界，地表就出现一个较大的地表变形区。因此，在建筑物、构筑物，甚至整个城市范围内，有效地进行大面积全柱开采，并在煤柱内不形成永久性的开采边界，可最大限度减少地下开采对受护对象的影响。为实现全柱开采，可采用长工作面开采和一层一层间歇开采。

（2）合理设计开采边界：多煤层开采时，应避免开采边界的重叠。当两个煤层的开采边界重叠时，地表变形出现最不利叠加。反之，若两煤层的开采边界之间的距离为

$$s=0.4(r_1+r_2)+s_1-s_2 \tag{10-2}$$

式中 s——两煤层的错距，m；

r_1、s_1——第一煤层主要影响半径和拐点偏移距；

r_2、s_2——第二煤层主要影响半径和拐点偏移距。

地表出现有利叠加，叠加后地表的水平变形和曲率大大减小。

（3）合理设计残留煤柱：当煤柱的宽度为 $4r\sim2s_0$ 时，地表移动变形基本不出现叠加现象。其中 r 为主要影响半径，s_0 为拐点偏移距。当煤柱宽度为 $2r\sim2s_0$ 时，地表移动变形出现叠加，但峰值为煤柱两侧各自开采的最大变形值。当煤柱的宽度减小到 $0.8r\sim2s_0$ 时，地表变形叠加后，其峰值达到煤柱两侧各自开采引起的最大变形值的两倍。当煤柱的宽度继续减小时，地表仍会出现变形叠加，但煤柱两侧各自开采的最大变形值不再叠加在一起。当煤柱的宽度小于一定尺寸时，由于应力的集中，使得煤柱完全丧失承载能力，地表下沉几乎与无煤柱开采相同。因此，在进行“三下”采煤时，应尽量干净回采，不留残柱，若因某些需要而留设残柱时，也应合理设计煤柱的尺寸。

2. 协调开采

（1）上、下煤层（或分层）的协调开采：在开采一个厚度较大的煤体时，可以同时在其上面或下面开采一个厚度较小的煤层，以便抵消一部分变形值。

（2）同一煤体（或分层）的协调开采：工作面搭配开采在开采面积较大的煤体时，采用合理布设工作面之间的相对位置和开采顺序，实行短工作面搭配开采，也可达到减小建筑物处地表变形的目的。

（3）工作面跟随开采：工作面跟随开采，即前后工作面同时开采。

3. 平行长轴开采

地下开采后，地表移动变形的主要方向总是指向采空区，即垂直于开采边界的。而建筑物的抗变形能力与其平面形状有一定的关系，矩形建筑长轴方向抗变形的能力较弱，短轴方向抗变形的能力较强；而且建筑物抵抗压缩变形的能力较强，抵抗拉伸变形的能力较弱；建筑物抵抗扭曲变形的能力最弱。因此根据此特点，在建筑物下可采用平行长轴开采。

当建筑物（如烟囱）抵抗压缩变形的能力较大，而对倾斜和拉伸变形又十分敏感，则可采用对称背向开采。

（四）保护煤柱设计技术

留设保护煤柱的实质就是根据已掌握的地表和岩层移动变形规律，在煤层面上圈出一个保护煤柱的边界，开采仅在该边界之外进行，以使开采引起的破坏性影响不波及保护范围内的建筑物和构筑物。

可用垂直剖面法、垂线法、数字标高投影法等来设计保护煤柱。采用垂直剖面法设计适用于各类建（构）筑物，但如果受护对象的边界与煤层走向斜交时，应通过式（10－3）、式（10－4）计算出β'、γ'代替移动角β、γ；垂线法适用于延伸形建（构）筑物，数字标高投影法适用于倾角变化较大的煤层。

$$\cot\beta' = \sqrt{\cot^2\beta\cos^2\theta + \cot^2\delta\sin^2\theta} \qquad (10-3)$$

$$\cot\gamma' = \sqrt{\cot^2\gamma\cos^2\theta + \cot^2\delta\sin^2\theta} \qquad (10-4)$$

式中 γ、β、δ——上山、下山和走向方向的岩层移动角；

θ——围护带过界与煤层走向线之间所夹的锐角。

以福建省永安煤业公司加福总变电所5号煤层为实例，分别采用垂直剖面法和垂线法设计保护煤柱，如图10－8所示。加福总变电所地面标高＋375 m，根据煤层底板等高线可以确定建筑物的长轴方向与煤层倾向线之间所夹的锐角θ分别为37°和52°。煤层倾角α为29°；矿区总变电所属Ⅱ级保护对象，围护带宽度取15 m；建筑物松散层厚度为10 m，含水性较强，φ取45°。永安矿区煤岩层倾角绝大部分小于50°，覆岩性质以中硬砂岩、砂质泥岩、泥岩为主，覆岩类型属中硬型，因此移动角δ、γ均取值75°。

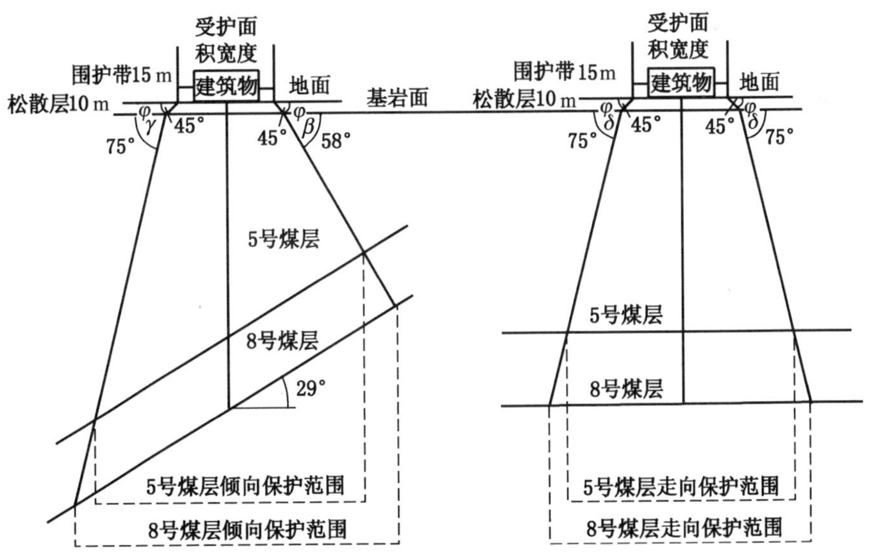

图10－8 保护煤柱留设范围剖面图

1. 采用垂直剖面法设计保护煤柱

（1）在煤层底板等高线平面图上按照矿区总变电所的总轮廓画出一个1、2、3、4四边形，在四边形各边往外侧15 m作1′、2′、3′、4′围护带，该围护带即为受护面积。然后在1′、2′、3′、4′四边形围护带各边往外侧10 m作出a、b、c、d基岩面的受护边界。

（2）根据煤层底板等高线平面图求出1′、2′、3′、4′对应的煤层埋藏深度，见表10－1。

表10－1 测 点 参 数

点　　号	1′	2′	3′	4′
煤层标高/m	13	－18	28	59
埋藏深度/m	362	393	347	316

（3）在煤层底板等高线平面图上根据1′、2′、3′、4′四边形各边与煤层倾向线之间的夹角锐角θ，按式（10－3）、式（10－4）求出各边的移动角γ'、β'，见表10－2。

表10－2 煤 柱 边 界 移 动 角

边	2′～1′	3′～4′	2′～3′	1′～4′
与煤层倾向的夹角/(°)	37	37	52	52
γ'/(°)	75	75	75	75
β'/(°)	63	63	66	66

（4）在1′、2′、3′、4′四边形的各边作煤层倾斜剖面图，在基岩面上按相应的煤层埋藏深度及γ'、β'移动角得出保护煤柱点号a_1、a_2、b_1、b_2、c_1、c_2、d_1、d_2。

（5）根据煤层倾斜剖面图上a、b、c、d四边形与对应的a_1、a_2、b_1、b_2、c_1、c_2、d_1、d_2水平距离，在煤层底板等高线平面图上作出相应的a_1、a_2、b_1、b_2、c_1、c_2、d_1、d_2点号。参照变电所的总轮廓，画出A、B、C、D四边形，该四边形即为保护煤柱边界的平面图。

2. 采用垂线法设计保护煤柱

（1）在煤层底板等高线平面图上按照矿区总变电所的总轮廓画出一个1、2、3、4四边形，在四边形各边往外侧15 m作1′、2′、3′、4′围护带，该围护带即为受护面积。在1′、2′、3′、4′四边形围护带各边往外侧10 m作出a、b、c、d基岩面的受护边界。

（2）根据煤层底板等高线平面图计算出a、b、c、d点号的煤层埋藏深度，按q、l的计算公式求出以下q、l值，见表10－3。

$$q=\frac{(H-h)\cot\beta'}{1+\cot\beta'\tan\alpha\cos\theta}$$

$$L=\frac{(H-h)\cot\gamma'}{1-\cot\gamma'\tan\alpha\cos\theta}$$

式中　H——地表各点的埋藏深度，m；

h——松散层厚度，m

α——煤层倾角；

β'——斜交剖面下山移动角，(°)；

γ'——斜交剖面上山移动角，(°)；

θ——受护面积边界与煤层走向所交的锐角，(°)。

表10－3　计算点q、l值

计算点号	a		b		c		d	
埋藏深度/m	351		390		338		298	
垂线号	11	12	13	14	15	16	17	18
q/m	148					129	114	126
l/m		100	111	114	99			

（3）根据表10－3中q、l值，在a、b、c、d点往外围做垂线，参照变电所的总轮廓，连接各垂线端点相交所形成的四边形即为保护煤柱边界的平面图。

数值标高投影法是根据地表移动角参数，采用标高投影的方法，绘制出各受护边界保护煤柱各侧平面的等高线，它与煤体底板等高线的交线，即为保护煤柱的边界。数值标高投影法对于煤体产状不规则及存在断层时比较方便，一般用于圈定延伸形建筑物或基岩面标高变化比较大时的保护煤柱。

第二节　工作面底板破坏与矿井突水

一、工作面底板破坏与突水机理

（一）工作面底板破坏机理

实际岩层中存在着呈一定分布规律的原始裂隙，当岩层应力状态发生变化时，一旦应力达到强度条件，裂隙就会扩展，使岩层的渗透性增大，岩体的破坏方式也就是内部裂隙的扩展。要计算判断裂隙的扩展就必须建立强度条件，裂隙介质岩体的强度问题有如下特点：①裂隙成组随机分布；②裂隙的扩展会相互影响；③岩体一般处于三向压应力状态；④有的裂隙中含有承压水。

采场底板岩层一般处于三向压应力状态，岩层裂隙的扩展可视为在压应力作用下，在最小主应力方向上产生张应变而引起的。最小主应力方向产生张应变的条件为

$$\varepsilon_3 = \frac{1}{E}[\sigma_3 - \mu(\sigma_1 + \sigma_2)] < 0$$

所以

$$\sigma_3 < \mu(\sigma_1 + \sigma_2) \tag{10-5}$$

室内单轴压缩试验表明，对含有裂纹的试件，裂纹面与轴向压应力方向的夹角$\beta \leqslant 60°$时才会发生裂隙扩展，否则试件破坏面方向不沿原裂隙方向，即裂纹扩展必须满足于

$$\beta \leqslant 60° \tag{10-6}$$

式（10－5）和式（10－6）就是裂隙扩展的必要条件。

（二）底板突水机理

底板突水的大量实例表明，断层采动型和底板破坏型两类突水都与采场底板的变形破坏有关。随着各矿区开采水平的延深，突水事故日趋严重，煤炭部门和煤炭科技工作者对突水机理日益重视。在大量探测观测分析和试验研究工作基础上结合岩石力学理论归纳总结出具有我国特色的突水机理新理论，主要有以下几种。

1.“零位破坏”与“原位张裂”理论

矿压、水压联合作用于工作面对煤层的影响范围可分为三段：超前压力压缩段、卸载膨胀段和采后压力压缩稳定段。该理论综合考虑了采动效应及承压水运动，阐明了底板岩体移动发生、发展、形成和变化过程。揭示了矿井突水的内在原因，对承压水上采煤实践具有重大的指导意义。

2.“岩水应力关系”理论

底板突水是岩（底板砂页岩）、水（底板承压水）、应力（采动应力和地应力）共同作用的结果。采动矿压使底板隔水层出现一定深度的导水裂隙，降低了岩体强度，削弱了隔水性能，造成了底板渗流场重新分布。当承压水沿导水破裂进一步侵入时，岩体则因受水软化而导致裂缝继续扩展，直至两者相互作用的结果增强到底板岩体的最小主应力小于承压水压时，便产生压裂扩容，发生突水。该学说综合考虑了岩石、水压及地应力的影响，揭示了突水发生的动态机理。

3.“关键层”（KS）理论

煤层底板在采动破坏带之下、含水层之上存在一层承载能力最高的岩层，称为关键层。该理论抓住了底板岩体具层状结构的特点，并注意到了底板中的强硬岩层在突水中的作用，揭示了在采动条件和承压水作用下采场底板的突水机理。

4.“下三带”理论

开采煤层底板也类似采动覆岩破坏移动存在着“三带”，即底板采动破坏带、完整岩层带（或有效保护层带）、承压水导升带（或隐伏水头带）。该理论认为，在底板采动破坏带中存在层向裂隙带和竖向裂隙带，前者是底板受矿压作用形成压缩—膨胀—压缩反向位移造成的，后者主要是剪切及层向拉力破坏所致。该带如遇隐伏导水断裂或与承压水导升带沟通，就会发生突水，并且认为底板采动破坏带的主要影响因素是工作面尺寸，其次是采深、煤层倾角、岩性强度等。

此外，还有“薄板结构”理论与“强渗通道”理论等。

二、底板突水影响因素及规律

底板突水的机理是复杂的，突水因素是多方面的，影响突水的因素主要可以从以下几个方面考虑。

（一）矿山压力

矿山压力在底板突水过程中起着极为重要的作用，除了采掘工作揭露充水或导水断层直接造成工作面突水外，大多数的采煤工作面底板突水都与矿山压力的活动有关。矿压对煤层底板突水起着触发诱导作用，尤其是当底板存在断裂构造时，这种作用更加明显。

工作面的回采是一个重复进行的过程，随着回采工作的进行及工作面的推进，位于煤壁前方的底板岩层首先受到支承压力的作用而被压缩，工作面继续向前推进，底板受压缩的那部分岩层由于采后悬顶的卸载作用，由压缩状态转为膨胀状态，到了开采后期，受顶板冒落岩石的压实作用，再次受压，这样在整个工作面的回采过程中，底板岩层受到一个“压缩—膨胀—再压缩”的重复作用过程。岩层被压缩与膨胀的结果，一方面在横向上，由于底板岩层在厚度和力学性质上的差异，而表现出不同的挠度，这样在层与层之间就产生了一些顺层裂隙，为底板承压水的流动提供了横向通道；另一方面在纵向上，使岩层原有的裂隙等构造结构面进一步扩大，同时还产生了许多新的裂隙，形成了纵向过水通道，并使底板有效隔水层的厚度减小，强度降低，为承压水的突出提供了便利条件。

矿压诱发的突水往往有以下的规律性：

（1）从时间上，突水多发生在采煤工作面初次来压时；在正常推进中，二次或周期来压以及局部控顶距过大时，也易发生突水。

（2）从位置上，多数突水点距开切眼的距离为初次来压步距或在周期来压步距附近。突水点多位于采空区周边剪切带内侧，靠近煤壁 4 ~7 m 处，或最外一排支柱的外侧。

（3）从推进过程来看，慢推进较快推进易突水，突然停止推进处也易造成突水。这是因为慢推进使剪切带有充分的时间发展、延伸，使得对底板的破坏作用加强。

（4）悬顶大易突水，小则反之。在有些采区，一定厚度的顶板随采随冒，很少悬顶，初期来压和周围来压均不明显，则矿压诱发突水的概率与其他条件相似的采煤工作面相比，相对较低。

（二）开采活动

煤层在没有被开采以前，其自身及上覆和下覆岩层均处于原始应力状态，底板各岩层及承压含水层之间处于相对平衡状态。但是随着回采工作的进行，原有的平衡状态被打破，原始地应力也发生了变化，而开采活动的影响正是体现在使原始的应力状态重新分布，顶底板岩层受到破坏。在底板隔水层中起到阻隔突水作用的只有中间部位的有效保护层带，在隔水层总厚度一定的情况下，减小采动破坏深度则可以相应增加有效保护层厚度，而开采活动又直接影响了采动破坏深度的大小。采动破坏深度主要受 3 个方面的影响，即工作面斜长、开采深度及煤层倾角，其中又以工作面斜长的影响最大。工作面斜长的变化影响着控顶面积及基本顶运动布局的变化，并由此决定矿压作用的大小。

（三）地应力

地应力作为影响底板突水的附加重要力源已逐渐被人们认识和重视，其主要作用是影响承压水压裂岩层的破裂压力的大小，其作用方式一般为持续的，有时也以突发表现，如与地震有关的突水。但目前对其定量测试并结合突水预报计算难度较大。

（四）其他因素

地质构造（主要是断裂构造）、底板承压水、底板隔水层等因素也是影响底板突水的基本因素。这些因素对煤矿底板突水所起的作用各不相同，具体到某一次突水事故，可能是单个因素起作用，也可能是几个因素综合作用的结果。具体分析每个因素对突水所起的作用及其影响方式，就可以有针对性地制定防治水措施，进行有效的预测和预防。

三、底板突水预测预报

矿井突水这一现象的发生与发展是一个逐渐变化的过程，有的表现很快（一两天或更短），有的表现较慢（采掘后半个月或数日），这与工作面具体位置、采场地质情况、水压力和矿山压力大小有关。从矿井开采工作面开始，发展到突水时间内，在工作面及其附近显示出某些异常现象，这些异常统称突水预兆。识别和掌握这些预兆，可以及时采取应急措施，撤离险区人员，防止伤人事故。一般突水预兆有：①岩壁挂红；②岩壁挂汗；③空气变冷；④发生雾气；⑤水叫；⑥底板鼓起；⑦涌水。

(一) 巷道底板突水极限值法

矿井开拓通常将开拓井巷布置在隔水围岩内，随着井巷的掘进，破坏了承压含水层的静水压力（H)、隔水层的重力（γt）及其抗张强度（K_p）间的应力平衡，在巷道底板的受力特征可看做两端固定、均布载荷梁，B·д·斯列萨列夫按梁的强度理论得出底板突水极限值理论公式：

$$H_{理} = 2K_p \frac{t^2}{L^2} + \gamma t \tag{10-7}$$

式中 $H_{理}$——巷道隔水底板安全水压值，MPa；

K_p——底板隔水层抗张强度，MPa；

γ——底板隔水层重力密度，kN/m^3；

L——巷道宽度，m；

t——底板隔水层厚度，m。

上式与巷道隔水顶底板赋存静水压力 H 比较，若 $H \leqslant H_{理}$，则静水压力小于极限平衡状态，未出现矿井突水。

由式（10－7）可知顶底板的抗静水压力最小安全厚度为

$$t_{底} = \frac{L(\sqrt{\gamma^2 L^2 + 8K_p H} - \lambda L)}{4K_p} \tag{10-8}$$

隔水层实际厚度 t 与上式 $t_{底}$ 比较，如 $t \geqslant t_{底}$，则未达极限平衡状态，不会发生突水。

(二) 巷道底板突水系数法

突水系数法是以试验为基础，并结合了岩性组合与强度等因素，可用于求突水系数和底板破坏厚度。突水系数公式为

$$T = \frac{P}{\sum h_i \alpha_i - C_p} \tag{10-9}$$

式中 T——巷道突水系数，kPa/m；

P——隔水层承受的水压力，kPa；

h_i——巷道隔水层第 i 层厚度，m；

α_i——巷道隔水层第 i 层等效厚度换算系数；

C_p——矿山压力对底板破坏厚度，m。

用突水系数评价底板稳定性的关键在于确定临界突水系数 T_s，可定义为每米隔水层厚度所能承受的最大水压。若 $T < T_s$，说明底板稳定，突水可能小；反之，$T > T_s$，则说明底板不稳定，发生底板突水的可能性大。临界突水系数是对矿区大量突水资料统计分析得出的。

突水系数是通过长期生产实践总结出的一种规律性认识，在煤矿生产实践中得到了广泛的应用，对评价与预测煤矿底板突水起到了积极的作用。

(三) “下三带”法

实测及研究表明：煤层底板在开采条件下，由于受到矿压及岩溶水的共同作用，自上而下分为 3 个带：矿压对底板的采动破坏带，具有阻隔水能力的完整岩层带和承压水导升带。矿压对底板破坏深度主要与岩石的硬度系数、工作面宽度、开采深度、煤层倾角等因素有关。“下三带”划分如图 10－9 所示。

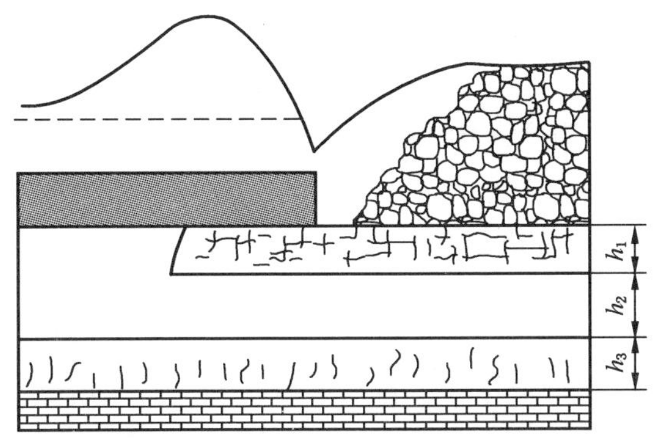

图 10-9 “下三带”示意图

(1) 底板采动破坏带。此带位于煤层底板的上部，直接邻接煤层。该破坏带是由于采动矿压的作用，底板岩层连续性遭到破坏，导水性发生明显改变的层带。底板采动破坏带包含有层向裂隙带和竖向裂隙带，它们互相穿插无明显界限。底板破坏深度的大小，与工作面长度、采煤方法、开采深度、煤层厚度、煤层倾角、顶底板岩性及结构等因素有关。

根据我国现场试验实测资料，经回归分析，已获得方便可靠的预计底板采动破坏带深度的经验公式，计算结果如下：

$$h_1 = 0.0085H + 0.1665\alpha + 0.1079L - 4.3579 \tag{10-10}$$

式中 h_1——底板导水破坏深度，m；

L——开采工作面斜长，m；

H——开采深度，m；

α——开采煤层倾角，(°)。

安全水压为

$$p = T_s(h - h_1) \tag{10-11}$$

式中 p——安全水压，MPa；

T_s——临界突水系数（受构造破坏块段不大于 0.06 MPa/m，正常块段不大于 0.1 MPa/m）；

h——隔水层厚度，m。

依据计算所得的安全水压值与现场实测的底板水压对比，若实测值大于计算值，则认为现行条件下开采是不安全的，需要采取防治方法。

(2) 完整岩层带，是指底板岩层保持采前的完整状态及阻水性能的部分。此带位于底板采动破坏带和承压水导升带之间，该带岩层虽受采动矿压作用，但其阻水能力未发生变化。由于该带是阻抗底板突水最关键的岩层带，故又称为保护层带。

“保护层”最主要的失稳形式是岩体破裂和微裂隙扩展形成贯穿型或连通型的突水通道。据水压致裂原理，岩体在水压作用下发生破裂与扩张而失稳的条件是：对完整保护层来说水压必须大于岩体的破裂压力；对已破裂或具有微裂隙的保护层来说，水压必须大于裂缝的重张压力，即

$$\left.\begin{aligned} &\text{非破裂岩体：} && p_w > p_b = 3\sigma_h - \sigma_H + T - p_o \\ &\text{已破裂岩体：} && p_w > p_r = 3\sigma_h - \sigma_H - p_o \end{aligned}\right\} \tag{10-12}$$

式中 p_w——承压水压力，MPa；

p_b——岩体破裂压力，MPa；

p_r——岩体破裂重张压力，MPa；

p_o——岩体空隙液压，MPa；

σ_h——最小水平主应力，MPa；

σ_H——最大水平主应力，MPa；

T——岩体抗张强度，MPa。

（3）承压水导升带。承压水导升带直接连接在承压含水层之上，是指含水层中的承压水沿煤层底板裂隙上升的高度，即由含水层顶面至承压水导升标高之间的部分。承压水导升带的高度取决于承压水的压力，煤层底板的岩性和裂隙发育程度以及受采动影响的剧烈程度。有的矿煤层底板内可能没有承压水导升带。

开采煤层底板在任何情况下都会产生破坏，即底板采动破坏带 h_1 是一定存在的，而其他两带可能缺一二。但其中完整岩层带对预防底板突水至关重要，其存在与否及其厚度大小（阻水性强弱）是安全开采评价的重要因素。

四、底板突水防治

（一）减弱矿压作用

（1）缩短工作面斜长。工作面斜长对底板的影响，实际上是矿压对底板的破坏深度问题。工作面斜长越大，压力越大，底板采动破坏深度增加，工作面底板越易出水。据有关资料推导，工作面斜长与底板破坏深度可用如下关系式表示：

$$H = 0.5L^{0.7} \quad (10-13)$$

式中 H——采矿底板破坏深度，m；

L——工作面斜长，m。

由上式可以看出，采矿破坏深度随工作面斜长的增加而增加，工作面斜长越大，越易出水。

（2）加强初压面管理，人工放顶。初压面顶板不易冒落，悬顶面积大，矿压对底板破坏最严重，为减少矿压对底板的破坏作用，回采前在开切眼打好放顶眼，工作面推进后，及时进行人工放顶，大大减弱了矿压对底板的破坏作用，有效地防止了初压面突水，使工作面得以安全回采，可见初压面管理的重要性。

（二）预防断裂出水

根据前面分析，断裂是造成工作面底板突水的主要因素之一，“逢突必断”已成为人们的共识。预防断裂突水是矿井防治水工作的主要内容之一。具体内容包括以下几个方面：

（1）全面分析区域构造特征，研究断裂展布规律。根据每个面的巷道揭露情况及钻探资料，查明工作面断裂分布情况，为预防断裂出水提供依据。

（2）按规定留设断层煤柱，特别对于可能导水的断层，则需按规定留足防水煤柱。

（3）分析断裂性质及力学特点，属于张性导水断裂的，在巷道穿过前，要按规定提前探查并进行注浆加固，达到预期效果，否则不能直接揭露。

（4）对断层交叉点、尖灭端、褶曲轴部等构造发育地段要重点加固防治，预防工作面在回采过程中出水。

(5) 巷道穿过断层带时，要加强支护，以防滞后出水。

(6) 认真研究滑动构造特点，滑动构造易形成“层状”充水带，对底板威胁面大。要及时分析资料，对滑动构造明显的地段要重点防治。

(三) 注浆改造

注浆工艺的应用，主要包括注浆堵截水和注浆加固改造底板。当隔水底板明显小于临界厚度值时，就必须采用注浆技术有效控制和降低水压。注浆前期应该用物探方法查明下伏含水层顶部的岩溶、裂隙的分布情况。然后选择适当的注浆工艺使其封闭，并充当隔水层的作用，进而加大了隔水底板的厚度至大于临界厚度值；对于断层较多，裂隙发育完全的碎裂底板，必须采取超前探测水，之后实施注浆，从而封闭了导水裂隙，加大了底板岩层的强度；当掘进或回采过程中遇到个别断层或陷落柱突水时，可在查明具体情况后进行局部注浆堵水，从而达到安全开采的目的。底板注浆改造加固工程如图 10－10 所示。

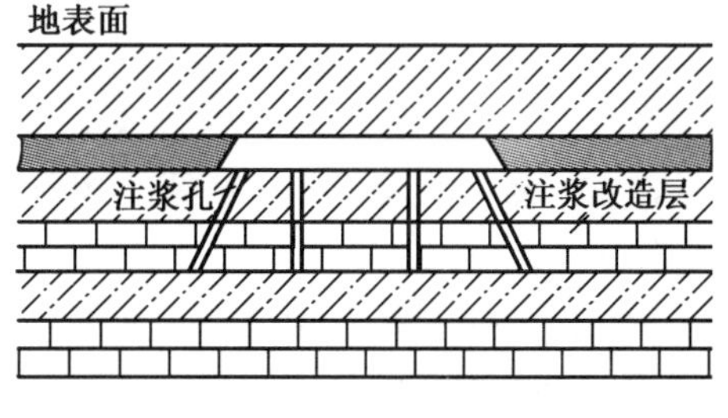

图 10－10 底板注浆改造加固工程

(四) 疏水降压

所谓疏水降压，就是对威胁煤矿安全生产的充水含水层，在人为控制下采取工程技术和相应的排水设备进行合理地疏排放，使其水位降至安全生产所需要标高之下的一种工程技术。一般适用于主要充水含水层的动态补给水量不充足的条件。例如，当底板隔水层的厚度，小于安全生产的临界厚度，但下伏含水层的规模不大，补给水量有限时，可以采取加大矿井的排水能力，进行深度强排，从而根除水患，确保安全。目前国内主要采用的疏水降压措施有疏水巷道、抽水钻孔或疏水钻孔等。然而，当底板隔水层厚度较小，下伏含水层水量丰富，分布广泛时，疏水工程的难度和耗资就会增多。这时可以充分利用地质构造，对一些封闭或基本封闭的含水层段进行逐一的疏水降压；对于未完全封闭的地方，可采用孔排注浆的方法，封堵缺口，形成防水帷幕，然后再进行疏水降压。

第三节 矿压诱发煤与瓦斯突出

一、煤与瓦斯突出机理

在极短的时间内，煤（岩）与瓦斯（二氧化碳）由煤体向巷道或采掘空间大量喷出的动力现象，叫做煤（岩）与瓦斯（二氧化碳）突出。发生煤与瓦斯突出时，在煤体中形成特殊形状的孔洞，并伴有动力效应和响声，能对井下巷道、设备、设施、生产系统造成破坏，甚至引起火灾或瓦斯爆炸。煤与瓦斯突出是一种危害很大的矿山动力灾害。

关于煤与瓦斯突出发生的机理，目前还没有一个公认的完整的确切学说，有待进一步探索与研究。虽然世界各国迄今有几十种假说，但这些假说大多是根据现场统计资料或实验室研究提出的，只能解释某些现象，各具一定的片面性、孤立性，而不能得出统一的、完整的突出理论。我国多数研究人员认为煤与瓦斯突出是由于地应力、瓦斯和煤的物理性质等“综合作用”的结果。

此种假说认为煤与瓦斯突出是地压（包括岩层静压力、地质构造力和集中应力等）、瓦斯（包括瓦斯压力、含量和吸附瓦斯瞬时解吸速度等）、重力（主要在急倾斜煤层）和煤的物理性质（包括煤的强度和破坏类型）等“综合作用”的结果。在不同条件下，必然有一种起着主导作用的主要因素。也就是说，有一些突出可能是地压起主导作用，瓦斯则是参与突出的次要因素；在另一些突出中，则可能是瓦斯起主导作用；在急倾斜煤层中，有时重力也可能起主导作用等。

二、煤与瓦斯突出条件与规律

（一）煤与瓦斯突出条件

在煤与瓦斯突出的过程中，地应力、瓦斯压力是发动和发展突出的动力，煤的结构及力学性质是阻碍突出发生的因素。煤与瓦斯突出发生的条件如下所述。

1. 地应力条件

较高的地应力是发生煤与瓦斯突出的第一个必要条件。只有当应力状态发生改变时，煤层和围岩才能释放足够的弹性变形潜能，使煤体突然产生破坏而激发突出。地应力在突出过程中的主要作用有两点：一是使煤体发生最初的变形、位移和破碎；二是影响煤体内部孔隙裂隙结构的闭合程度，控制着瓦斯的流动和解吸。当煤体突然破碎时，伴随着卸压过程，新旧裂隙连通起来并处于开放状态，顿时显现卸压增流效应，形成可以携带破碎煤的高速瓦斯流。

2. 瓦斯压力条件

煤与瓦斯突出的另一个必要条件是有足够的瓦斯流把碎煤抛出，并且突出孔道要畅通，以便在空洞壁形成较大的地应力梯度和瓦斯压力梯度，从而使煤的破碎向深部扩展。瓦斯在突出过程中的主要作用有3点：一是全面压缩煤的骨架，促使煤体中产生潜能；二是吸附在微孔表面的瓦斯分子对微孔起楔子作用，因而降低了煤的强度；三是为突出提供了主要能源，而且由于瓦斯流不断地把破碎的煤炭及时运走，从而保持着突出孔壁存在着一个较高的地应力梯度，使突出孔壁的破碎过程可能连续地向煤体深部扩展，形成强度猛烈的突出。

3. 煤的结构及力学性质条件

煤的结构和力学性质与发生突出有着很大联系，因为煤体的强度性质、透气性、瓦斯解吸和扩散能力等，都对突出的发生与发展起着重要作用。一般说来，煤越硬、裂隙越小，所需的破坏力越大，要求的地应力和瓦斯压力越高；反之亦然。因此，在地应力和瓦斯压力一定的情况下，软分层的煤容易被破坏，即突出往往只沿软分层发展。同时，由于软分层内裂隙的连通性差，因而煤的透气性也差，致使软分层容易引起较高的瓦斯压力梯度，从而又促进了突出的发生。

（二）煤与瓦斯突出规律

根据多年来对突出事件的统计与分析，煤与瓦斯突出存在以下基本规律：

（1）突出危险性随着开采深度的增加而增加。

（2）突出危险性随着煤层厚度特别是软分层厚度的增加而增加。

（3）突出的煤层中瓦斯压力越高，突出的危险性越大。

（4）突出的危险性随着煤层的倾角增大而增加。

（5）突出呈区域性分布且大多发生在地质构造带。

（6）由采掘形成的应力集中的地区，突出危险性剧增。

（7）突出与作业方式有一定关系且大多发生在爆破工序。

（8）突出与巷道类别有一定关系且大多发生在平巷掘进工作面。

（9）突出前一般有预兆，这些预兆不一定每次突出都一样，有时即使出现这些预兆也不一定发生突出。

三、煤与瓦斯突出的预测

煤与瓦斯突出危险性预测可分为区域性预测和工作面预测。前者的任务是确定矿井、煤层和煤层区域的突出危险性；后者的任务是在前者的基础上，及时预测采掘工作面的突出危险性。

（一）区域性预测

区域性预测所采用的方法有单项指标法和综合指标法。

1. 单项指标法

单项指标法的预测指标有煤的破坏类型，瓦斯放散初速度（ΔP），煤的坚固性系数（f）和煤层瓦斯压力（p），其判断煤层突出危险性的临界值应根据矿井的实测资料确定，只有全部指标达到或超过其临界值时，方可划为突出煤层。

2. 综合指标法

综合指标法既可用于石门工作面预测，也可用于区域性预测，其测定过程相同。由下式计算综合指标 D 和 K：

$$D=\left(0.0075\times\frac{H}{f}-3\right)(p-0.74) \tag{10-14}$$

$$K=\frac{\Delta P}{f} \tag{10-15}$$

式中　D、K——煤层突出危险性综合指标；

H——开采深度，m；

p——煤层瓦斯压力，取两个测压钻孔实测瓦斯压力的最大值，MPa；

ΔP——软分层煤样的瓦斯放散初速度指标；

f——软分层煤样的坚固性系数（取粒度 $\phi 10\sim15$ mm 的煤样测定，可参考有关书籍）。

综合指标 D、K 的突出临界值应根据本矿区实测数据确定。如无实测资料，可参考表10-4所列临界值来确定其煤层的突出危险性。

表10-4　确定煤层区域突出危险性的综合指标 D 和 K

煤层突出危险性综合指标 D	煤层突出危险性综合指标 K	区域突出危险性
<0.25	—	突出威胁区域
≥0.25	<15	
≥0.25	≥15	突出危险区域

注：1. 如果式（10-12）中两个括号中的计算值都为负时，则不论 D 值大小，都为突出威胁区域。

2. 地质勘探和新井建设时期预测煤层突出危险时，突出威胁即为无突出危险煤层。

（二）工作面预测

工作面预测主要是指在石门揭煤、掘进工作面和采煤工作面预测。主要有钻屑瓦斯解吸指标法、钻孔瓦斯涌出初速度法、R 指标法和钻屑指标法。

1. 钻屑瓦斯解吸指标法

钻屑瓦斯解吸指标是反应瓦斯压力、瓦斯含量和煤层特征的一个指标。但直接测定煤层这种瓦斯解吸能力又很困难。人们通过研究，采用试验模拟方法间接进行测量，提出了 Δh_2 或 K_1 的概念。

（1）Δh_2 是在固定煤炭粒度（1～3 mm）、固定煤炭质量(10 g)、固定暴露时间(3 min)和固定测量时间（2 min）的情况下，测定瓦斯解吸量。但直接测量解吸量很困难，而测定产生的瓦斯压力更容易，于是就产生了 Δh_2。

（2）K_1 是煤样从煤体脱落暴露后，第 1 分钟内每克煤的累积瓦斯解吸量。

表 10－5　钻屑瓦斯解吸指标的临界值

Δh_2/Pa	K_1/(mL·g^{-1}·min$^{-1/2}$)
干煤 200	0.5
湿煤 160	0.4

钻屑瓦斯解吸指标的突出临界值应根据实测数据确定。如无实测数据，可参照表 10－5 中所列的指标临界值预测石门前方煤层的突出危险性。

2. 钻孔瓦斯涌出初速度法

在打完钻孔后，立即封闭钻孔，在 2 min 内测得的自然涌出瓦斯流量（L/min），称为钻孔瓦斯涌出初速度，是测定钻孔自然涌出瓦斯多少的一个指标，相当于间接地表征了瓦斯含量、瓦斯压力及解吸能力等情况。

钻孔瓦斯涌出初速度法的临界值也应按照实测资料分析确定，如无实测资料时，可参照表 10－6 中的临界值 q_m。

表 10－6　判断突出危险性的钻孔瓦斯涌出初速度临界值（q_m）

煤的挥发分 V_{daf}/%	5～15	15～20	20～30	＞30
q_m/(L·min^{-1})	5.0	4.5	4.0	4.5

3. R 指标法

R 指标法是综合预测指标，反映了地应力、煤质特征及瓦斯赋存状况。

R 指标的计算公式为

$$R=(S_{max}-1.8)(q_{max}-4) \tag{10-16}$$

式中　S_{max}——每个钻孔沿孔长最大的钻屑量，L/m；

q_{max}——每个钻孔沿孔长最大的瓦斯涌出初速度，L/min。

判断煤巷掘进工作面突出危险性的突出临界值 R_m 也是根据实测资料确定；如果无实测资料，可取 $R_m=6$。

4. 钻屑指标法

钻屑指标法根据每个钻孔沿孔长每米最大的钻屑量 S_{max} 和钻屑解吸指标（K_1 或 Δh_2）来预测工作面的突出危险性。钻屑法的各项指标的突出临界值应根据现场实测数据确定，如果没有实测的临界值，可参考表 10－7 中的数据来确定。如果实测得到的任一指标 S_{max}、K_1 或 Δh_2 值大于或等于表 10－7 中的临界值，该工作面即定为突出危险工作面。

表 10－7　钻屑指标法预测煤巷掘进工作面突出危险的临界值

Δh_2/Pa	最大钻屑量 S_{max}		K_1/ (mL·g^{-1}·min$^{-1/2}$)	危险性
	kg·m^{-1}	L/m		
≥200	≥6	≥5.4	≥0.5	突出危险工作面
<200	<6	<5.4	<0.5	无突出危险工作面

上述这些突出预测方法的特点是简单易测，对于煤矿现场的防突起到了一定的指导作用。但值得指出的是，这些突出预测方法都是来自于现场经验的总结。近年来，人们开始从理论上及实践中对这些方法本身的正确性和准确性进行研究，发现这些方法在很多方面存在着不足之处，有待进一步研究和解决。

四、煤与瓦斯突出的防治

（一）煤与瓦斯突出防治措施的分类

防治煤与瓦斯突出措施按作用范围来分，有区域性措施和局部性措施；按作用效果来分，有制止突出发生的措施和突出时保证人员安全的措施；按作用的性质来分，有技术措施和组织管理措施等。综合起来可分为以下三类，即区域性防突措施、局部性防突措施和安全保护措施，各类措施中又包含不同的具体措施，如图 10－11 所示。

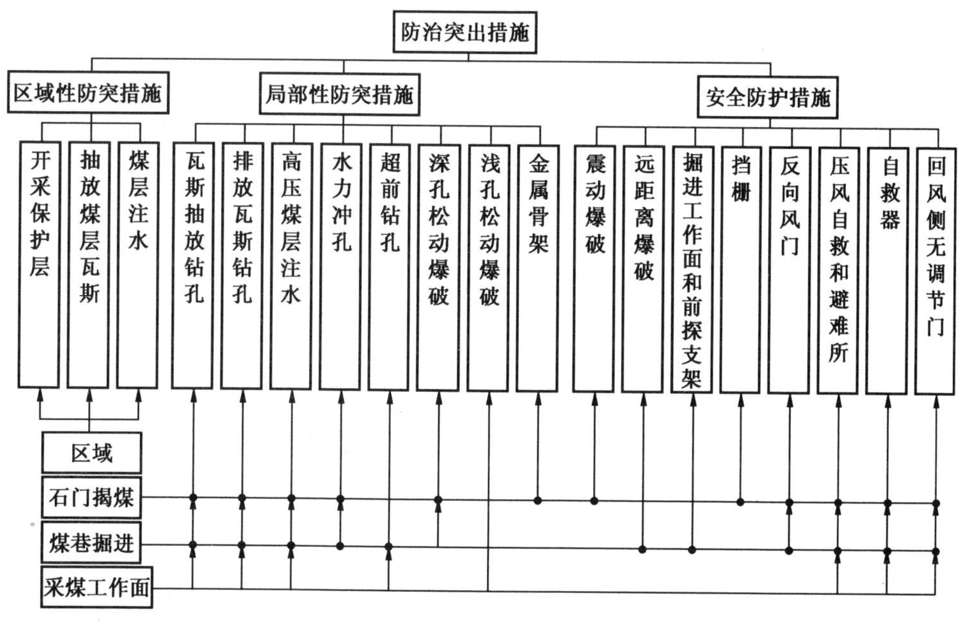

图 10－11　防突措施分类系统

区域性防突措施的目的与作用主要是消除煤层某一较大区域的突出危险性。区域性防突措施包括开采保护层、大面积抽放煤层瓦斯等。

局部性防突措施是指采取或没有采取区域性防突措施，经预测有突出危险的工作面必须采取的防治措施。局部性防突措施包括超前钻孔、松动爆破、水力冲孔及金属骨架等。

安全防护措施多属于发生突出后，为减弱突出威力、减少破坏性、保证人身安全等方面采取的措施。

（二）区域性防突措施

区域性防突措施有两种方法：一种是开采保护层，另一种是预抽煤层瓦斯。可以单独采用一种方法，但两种方法兼用时效果最好。

1. 开采保护层

开采保护层是指在突出矿井煤层群中，首先开采非突出煤层或突出强度较小的突出煤层。该煤层开采后，能使突出危险煤层丧失或降低突出危险性，从而达到防止煤与瓦斯突出的目的。首先开采的煤层称为保护层，突出危险煤层称为被保护层。

选择保护层有以下基本原则：

（1）首先选无突出危险的煤层作为保护层。煤层群中几个煤层都可作为保护层时，应根据安全、技术、经济合理等综合分析确定。

（2）煤层群中各煤层都有突出危险时，应选择突出危险程度最小的煤层作为保护层，但在此保护层中进行采掘工作时，必须采取防突措施。

（3）选择保护层时，应遵循“先上后下”原则，选择下保护层时，不得破坏被保护层的开采条件。

2. 抽放煤层瓦斯

抽放煤层瓦斯可以减少煤层瓦斯含量，降低瓦斯压力，增大煤层硬度，是防治煤与瓦斯突出的区域性措施。

抽放煤层瓦斯有效性指标如下：

（1）煤层抽放瓦斯后，被保护层残余瓦斯含量应小于该煤层始突深度的原始煤层瓦斯含量。

（2）被保护煤层瓦斯抽放率应大于25%，即

$$\text{瓦斯抽放率} = \frac{\text{抽放量} + \text{自然排放量} + \text{钻孔喷出量等}}{\text{瓦斯储量}} \times 100\% \geqslant 25\% \qquad (10-17)$$

（3）在瓦斯抽放煤层进行采掘作业时，仍要按照前述方法进行预测预报，检验抽放效果。

（4）对没有达到上述抽放指标区域进行采掘工作时，还必须采取局部性防突措施。

（三）局部性防突措施

在原始煤层中开凿巷道，会使煤体周围地应力失去平衡，地应力为了达到新平衡，必然会在巷道周围及工作面前方形成新的压力分布。一般认为掘进工作面应力分布分为三带，即卸压带、压力集中带、正常压力带，如图10－12所示。

各带宽度并非定值，它与煤的厚度、煤的强度、顶底板岩性等有关。一般规律是压力集中带在工作面前方4～6 m处。

现行的局部性防突措施的宗旨都是想把集中压力带前移到图10－12中虚线处，保证在掘进时不突出，前移距离（或向周围扩散）要保证5 m。

局部性防突措施一般分为四大类，即超前排放瓦斯（包括自然排放和机械抽放）、松动爆破、水力化措施和加强支护措施。各类措施在不同地点、不同工艺工程，采用的方法

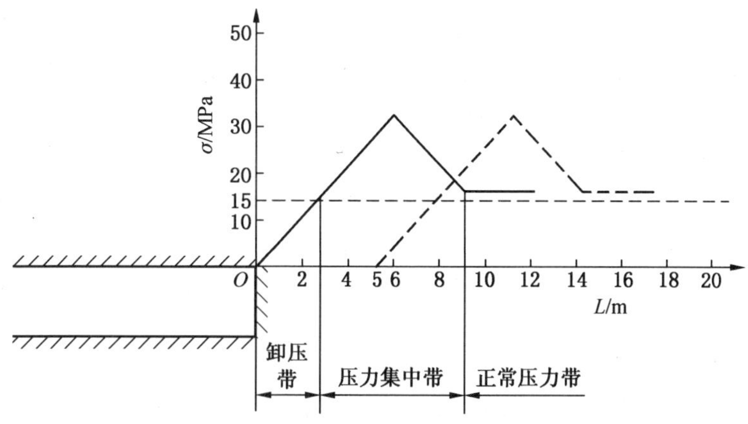

图 10－12　掘进工作面应力分布

和要求也不尽相同。

1. 超前排放瓦斯

超前排放瓦斯是在巷道、采掘工作面的不同地点、不同方位向煤层中不同位置打钻孔，然后再进行机械和自然排放煤层中瓦斯。钻孔布置在压力集中带内，可使煤体局部移动、卸压，并排出煤体中瓦斯，使压力集中带的应力缓和，压力集中带前移，加宽卸压带的宽度，达到防治突出的目的。

超前排放瓦斯可分为预抽瓦斯、排放钻孔和超前钻孔三类，分别用于不同地点和施工工艺中。

1）预抽瓦斯

预抽瓦斯是防治煤与瓦斯突出事故的治本措施，其方法很多，有本层抽放、邻近层抽放等。但作为局部性防突措施，预抽瓦斯适用于石门揭煤和采煤工作面。

2）排放钻孔

排放钻孔是石门揭煤（或其他岩石井巷揭煤）常用措施，即在石门周边外向前方煤体打若干个排放钻孔，让瓦斯自然排出，降低煤层瓦斯含量和瓦斯压力，缓和煤体内的应力紧张状态，形成卸压和排放瓦斯带。该措施适用于各种倾角、煤厚煤层，既适用于一般突出煤层，也适用于严重突出煤层。

3）超前钻孔

超前钻孔与排放钻孔作用原理相同，都是促使煤体局部移动、卸压并排除部分瓦斯，使压力集中带内的应力缓和并前移，加宽卸压带宽度。

2. 松动爆破

松动爆破是在采掘工作面向煤层中打钻孔、装药引爆，利用火药爆破威力，人为改变煤层的力学性能，增加裂隙，使应力集中带前移、卸压带扩大，防止煤与瓦斯突出。

松动爆破分两种：孔深大于 6 m 的叫深孔松动爆破；孔深小于 6 m 的叫浅孔松动爆破。浅孔松动爆破主要用于诱导突出，深孔松动爆破主要用于防治突出。

3. 水力化措施

水力化措施主要指水力冲孔、水力冲刷、水力割缝、水力挤出、水力压裂和高压注水等。

水力化措施按不同性质可分为三大类。

第一类：把水作为湿润剂，如煤层注水。通过注水，煤体湿润，瓦斯被挤出，煤的弹性能减少，集中应力带向煤体深部转移和释放，可防治突出。

第二类：把水作为动力，使煤层局部形成人工的空腔、槽缝和裂隙。如水力冲刷、水力割缝、水力压裂、水力挤出等。通过破坏煤体，使煤体产生破裂或裂缝，来改变周围应力状态，达到卸压和排放瓦斯作用，从而达到防突的效果。

第三类：用水作部分动力，激发突出潜能释放，诱导孔喷，让大量瓦斯和煤排出，保护采掘活动的安全。

1）水力冲孔

水力冲孔又叫钻冲法，分穿层冲孔和本层冲孔两种，可用在石门揭煤和煤巷掘进工作面。其做法是以岩柱或煤柱作安全屏障，向有自喷能力的突出煤层打钻，同时送入一定压力的水，通过钻头的切割和水射流的打击，部分破碎煤体，破坏煤体内的应力和瓦斯的不稳定平衡，激发潜能的释放，导致喷孔发生，并随钻孔的前进而持续发生。钻孔中的煤、水和瓦斯，经过一套包括套管、三通、射流泵、排输管组成的装置，送到远离工作面地点400～500 m以外的地方分离。钻具上设置逆止钻头，可防止煤粉和瓦斯从钻杆逆流。由于孔道断面限制和煤柱屏蔽作用，使喷孔强度受到限制，从而保证冲孔过程的安全。

2）煤层注水

煤层注水是区域性防突措施，也是局部性防突措施。通过对煤层注水，煤体湿润，弹性变形变小，塑性变形增大，应力集中被缓和；由于水占据一定的空间，游离瓦斯涌出，减少了煤层瓦斯，从而起到了防突作用。

煤层注水分为长孔注水和短孔注水，高压注水和低压注水。

长孔注水是对整个煤层注水，湿润整个煤体，钻孔长度视煤层赋存情况而定。长孔注水还可减少冲击地压和减少煤尘。

短孔注水是在采掘工作面或上下工作面巷道、回风巷打短孔进行注水，湿润有限的煤体，使其扩大卸压带，起到防突作用。

可高压注水，也可低压注水，高压可达8～20 MPa，低压可达2～4 MPa。

4. 加强支护措施

在突出煤层石门揭煤时，采掘工作面要加强支护。加强支护主要包括以下两方面内容：

（1）石门揭煤工作面、采掘工作面，在接近或在突出层中推进时，要加强前端支护，支护的腿、梁要加大、加粗、加密，加大抗压强度，帮顶要背严背实，防止煤与瓦斯倾出、压出。

（2）金属骨架是石门揭煤前，在石门巷道断面周边或顶板打钻孔，在钻孔中插入钢管或钢轨，巷道端支撑在专门支架上，使石门周边形成一个整体防护壳体，防止震动爆破时由于煤的垮塌引起煤与瓦斯突出，保证石门顺利揭煤。

思考与练习题

（1）简述地表沉陷的过程，并用图示的形式表示。

（2）介绍概率积分法预测地表沉陷的基本观点。

(3) 简述充填法控制地表沉陷的原理，并介绍几种用于工程的控制方法。
(4) 介绍关于煤层底板突水的“下三带”理论。
(5) 矿压诱发煤层底板突水的规律有哪些?
(6) 常见矿井突水灾害的宏观前兆信息有哪些?
(7) 什么是煤与瓦斯突出灾害，简述煤与瓦斯突出原理的“综合作用”假说。
(8) 煤与瓦斯突出的基本规律有哪些?
(9) 介绍几种常见的煤与瓦斯突出灾害的局部防治方法与措施。

第十一章　矿山压力监测技术与数据分析方法

【本章教学目的与要求】

- 理解矿山压力监测，支架初撑力、循环末阻力及加权平均工作阻力的定义
- 理解矿山压力监测的目的、监测步骤及数据分析方法
- 掌握采煤工作面和巷道矿山压力监测的方法
- 了解采煤工作面和巷道矿山压力监测常用仪器使用方法

【本章概述】

矿山压力监测是了解采煤工作面及巷道围岩运动规律及支护系统受力状况最常用的方法，对采煤工作面及巷道围岩控制具有重要的指导作用。

本章主要介绍矿山压力监测的任务、常用的仪器设备、采煤工作面和巷道矿山压力监测内容和方法以及矿山压力监测数据常用的分析方法。

【本章重点与难点】

本章的重点是掌握采煤工作面和巷道需进行监测的内容以及常用的监测方法，包括综采支架工作阻力监测、巷道围岩变形破坏监测方法与巷道锚杆支护托锚力监测方法等。本章的难点是矿压监测数据的分析方法，包括矿山压力监测数据的多元线性回归分析和矿压监测缺失数据的拟补方法。

第一节　概　　述

所谓矿山压力监测，就是利用矿压仪表实测采场及巷道的围岩应力分布特征，采场及巷道围岩变形、位移、顶底板破坏特征、支架受载及压缩等一系列矿山压力显现现象，并采用合理的数学方法对各种矿山压力显现监测信息进行分析，总结采场及巷道矿山压力显现规律，预报矿山压力显现的发展趋势。

由于矿山压力现场监测获得的资料是反映多种因素综合作用下的实际情况，对这些较为可靠的资料进行论证分析，即可解决具体矿井采场及巷道的具体矿压问题。

一、矿山压力监测的任务

(1) 掌握采场上覆岩层运动规律，确定需控岩层范围，建立采场支架与顶板相互关系，进行基本顶来压的监测预报。根据采场顶板来压的特点提出合理的顶板控制措施，如支护方式、支护强度、特种支护、回采工艺等，为工作面高产、高效、安全创造条件。

(2) 划分采场直接顶的类别和基本顶的级别，为支架选型和确定其合理技术参数提供依据。

(3) 对正在使用的新型支护的适应性进行考察。从矿山压力控制的角度对在既定条件下使用的支架，从形式、特性、参数和使用效果等方面进行适应性评价研究，提出合理

的支架结构、架型、工作阻力、支柱可缩量等。

（4）研究分析采场底板破坏规律。对工作面底板进行分类，并提出松软底板控制技术措施，来达到提高支护质量的目的。

（5）研究掌握采动影响和支承压力分布规律。改进相邻采区或近距离煤层的开采顺序，确定煤柱的合理位置和尺寸，确定回采巷道断面形状、规格及支架参数，确定煤壁前方巷道加强维护范围、沿空留巷和沿空送巷的支护措施、采场端头支护技术措施等，以便保证安全生产，提高资源采出率，提高技术经济效果。

（6）掌握巷道围岩活动规律，实现围岩控制的科学化。选择巷道开掘的合理位置和时间，确定围岩松动范围，研究巷道围岩变形规律，进行围岩稳定性分类，确定合理的巷道支护形式、支架参数，对巷道、硐室的稳定性进行监测预报。

（7）对采用的采掘新工艺、新技术（包括新采煤方法、新支护形式、新工艺组织等）进行资料积累，从矿山压力角度对应用效果提出评定性意见，如研究和评价厚煤层放顶煤开采的顶煤可放性等。

（8）对采掘工作面进行支护质量监测。其任务包括：监测日常生产过程中支架工作质量、围岩活动状况、安全隐患情况等与安全生产有关的技术因素，监测和评价支架的井下实际支撑能力，以达到保证采掘工作面支护质量良好，安全生产可靠的目的，在保证采掘工作面顶板安全的前提下充分发挥支架的有效工作阻力。

（9）解决矿山压力与围岩运动控制方面的难题。监测分析采场矿山压力分布和围岩运动规律、巷道大变形特性，从矿山压力与围岩控制原理出发，探讨如采场坚硬顶板和破碎顶板的控制技术、软岩和动压巷道大变形控制技术等问题。

（10）研究冲击地压等矿井动力现象的综合防治技术。包括冲击地压的监测、危险区域的划分、煤层注水和松动爆破措施的制定、开采解放层的设计等。

二、现场矿山压力监测步骤

（一）准备工作

矿山压力监测准备工作一般包括收集监测工作面内的地质资料（包括围岩性质、分层厚度及力学特征，围岩地质构造，煤层赋存情况及对开采的影响程度，围岩节理、裂隙发育情况）和生产技术资料（包括工作面或巷道技术参数，开采方法、支护形式及参数，支架形式及性能，邻近工作面开采情况，生产作业方式）；根据监测目的和任务确定监测内容、监测方案和测区布置系统，制定矿山压力监测计划；培训监测人员；准备矿压监测仪器和工具及井下监测所必需的数据记录和整理表格等。

矿山压力监测计划是现场矿山压力监测研究工作的准则，编制矿山压力监测计划是现场矿山压力监测研究的主要工作之一。矿山压力监测计划包括以下内容：监测区域的地质及生产技术条件、矿山压力监测的目的及任务、测区布置、监测内容及方法、监测效果预计、监测工作制度、监测记录表格及资料整理表格设计。回采工作面矿压监测主要指标如图 11－1 所示。

可见，采场矿山压力监测指标广泛，应根据监测目的和任务有选择地进行。

（二）日常监测预报

日常监测是根据监测计划和确定的检测指标，采用相应的检测仪器仪表对现场有关情

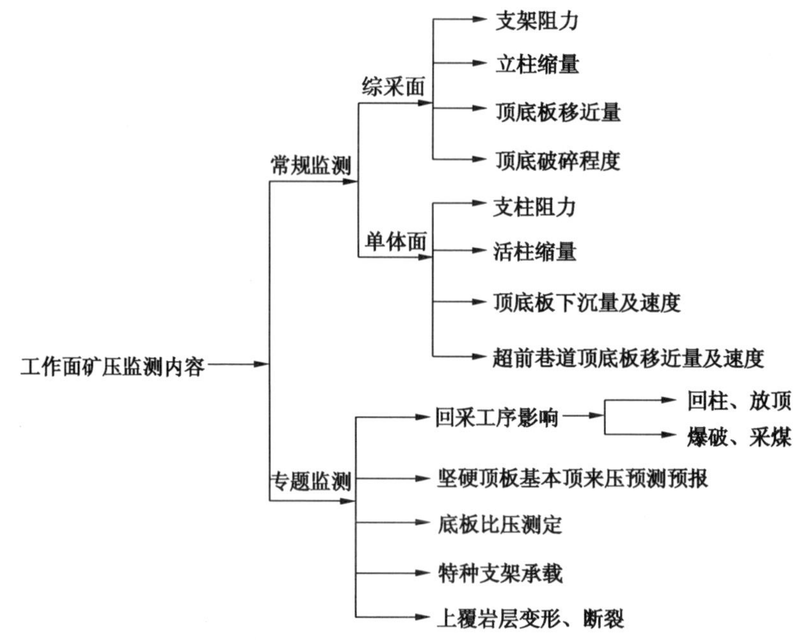

图11－1 回采工作面矿压监测主要指标

况进行监测，以指导日常生产工作。为达到预期目的和政策，要求日常监测工作必须做到以下几点。

1. 监测人员

（1）了解矿压观测工作的目的、意义和任务，掌握基本的矿山压力监测方法，具有较强的责任心，诚实、细心地测读每一个测量数据。

（2）正确使用矿压仪器仪表。仪器仪表安装、测读必须符合要求，保持监测资料的连续性和准确性。

（3）明确所监测数据的用途，测取最有代表性的观测数据，即最能为观测目的和任务服务的数据。

（4）观测数据必须在井下及时记录，对于特殊情况或变更的问题，应在备注栏内记录清楚，对典型矿山压力现象应附有现场实际素描草图。

（5）连续观测时，要严格执行井下交接班制度。本班记录交给下一班，以便连续记录。上井后将记录及时上交资料整理人员，并说明监测情况。

（6）如果在井下监测中，发现监测仪器工作不正常或顶板异常，应及时向负责人员汇报，以便及早处理。

2. 资料处理

正常的矿山压力监测阶段，要及时整理观测资料，以便检查观测中所存在或出现的问题，发现资料缺少时应及时进行补测。同时，可以及时掌握监测过程中的矿压显现和岩层运动规律，预报矿山压力显现情况。必要时，可以发出矿山压力监测简报，指导生产。特别是进行基本顶来压监测预报时，应及时分析顶板活动状态及支承压力分布情况，来压前夕发出简报，及时为生产服务。

整理资料时要实事求是，不许对原始资料进行随意涂改，以保证井下原始资料的真实性。日常资料整理一般应及时绘制各种矿山压力监测曲线图。

（三）矿压监测的技术总结

现场矿山压力监测完成一个阶段后（如完成一个采场的监测工作、一条巷道的监测工作以及某一专项监测工作），要对监测资料进行系统的整理、分析。在平时资料整理的基础上，按数理统计等方法分析规律，对监测内容按不同地质条件和生产技术条件进行对比，从中找出各矿压参数之间以及矿压参数与地质、生产技术因素之间的关系。从局部到整体，从现象到本质，阐述所监测采场或巷道的矿压规律。对所监测采场或巷道从工艺、支护、矿山压力显现规律、支架适应性等方面给予评价和建议，并依此提出围岩控制技术方案，汇编写成矿山压力监测报告。

第二节　矿山压力监测仪器

一、矿山压力检测仪器的分类

（一）按工作原理分类

矿山压力监测仪器按其工作原理，大致可分为机械式监测仪器、液压式监测仪器、电磁式监测仪器和声学式监测仪器。

1. 机械式监测仪器

机械式监测仪器的原理是基于机械传动学原理。利用金属构件受力后产生弹性变形，并通过传动系统放大，由计数装置将数值显示出来。这种仪器是以杠杆、弹簧、齿轮、量具（游标卡尺、百分尺、千分表）等为基本元件制造的，计数装置一般以位移作为量度，如测定围岩移动的动态仪等。

2. 液压式监测仪器

这种仪器是利用液体不可压缩和各向均匀传递压力的原理制造的。如测量岩土压力的液压式压力盒、测量巷道锚杆拉力的液压锚杆测力计等。

3. 电磁式监测仪器

电磁式监测仪器是根据电磁学的原理设计的。这些仪器将被测参数（如应力、应变、位移、流量等）转换成电量，以便用电测的方法来测量电量。电测仪器具有灵敏度高、响应速度快、测量范围广、能连续测量，测量信号可以远距离传输和利用计算机进行处理等特点，是矿山压力监测仪器的发展方向。

4. 声学式监测仪器

声学式仪器测试技术的实质是在被测物体中（岩体、混凝土等），利用声波或超声波的传播速度、相位、振幅、频率等的变化规律取得数据或图像，再通过计算或按事先标定的曲线求得所需的物理参数，通称声波探测法。它属于无损监测技术的一种。

（二）按被测对象分类

矿山压力监测仪器按其被测对象进行分类有采场和巷道支架（柱）工作阻力监测仪器、顶底板相对移近量和巷道围岩表面位移的监测仪器、岩体内部原始应力和附加应力监测仪器；围岩深部位移监测仪器和矿山动力现象监测仪器等。

二、载荷监测仪器

（一）金属支柱载荷监测仪器

金属支柱载荷监测仪器主要有机械式测力计（ADJ－45 型）、液压式测力计（HC 型）等。现场应用较广泛的是钢弦测力计（GH 型）。

钢弦测力计主要是 GH 系列双线圈自激型钢弦压力盒与 GSJ－1 型频率计（或 DK－1 型、DK－2 型遥测仪）配套使用的安全火花型传感器，其型号、规格及用途见表 11－1。

表 11－1 GH 系列钢弦压力盒

型号	规格	主要用途	配套接收仪表名称
GH－50	$0\sim490\times10^3$	单体支柱	GSJ－1 型频率计（DK－1 型、DK－2 型遥测仪）
GH－25	$0\sim245\times10^3$	巷道支架	
GH－10	$0\sim98\times10^3$	巷道支架、井壁	
DGH－600	0～5880	外注式单体液压支柱	
ZGH－600	0～5880	综采液压支架	

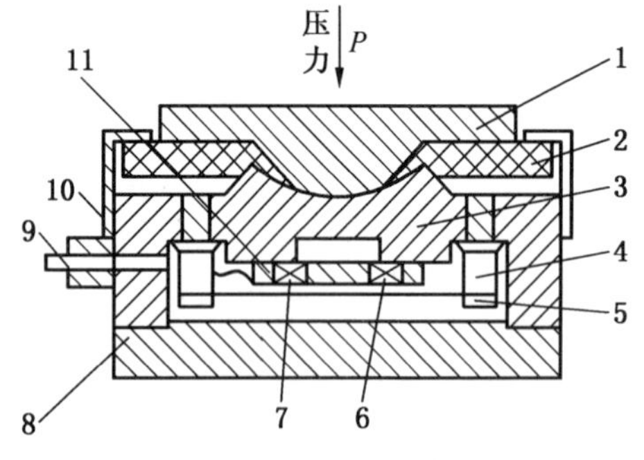

1—球面盖；2—橡胶垫；3—工作膜；4—钢弦柱；5—钢弦；6—激发磁头；7—感应磁头；8—后盖；9—电缆插头；10—护罩；11—磁头板

图 11－2 GH－50 型钢弦压力盒示意图

1. 原理及结构

以 GH－50 型钢弦压力盒为例进行说明，其结构示意图如图 11－2 所示。当支柱压力 P 通过导向球面盖作用于工作膜时，工作膜受力挠曲，两钢弦柱张紧钢弦，使弦的振动频率 f 升高，P 越大，则 f 越高。将压力盒电缆插头与 GSJ－1 型频率计（或 DK－1 型遥测仪）相接时，仪器中的激发放大器输入端与感应磁头接通，输出端与激发磁头相接。接通电源后，弦振动在感应磁头中感应的微小电压，经激发放大器放大后输出给激发磁头，使得钢弦的振幅再增大，从而在感应磁头中产生更强的电压。此电压经激发放大器放大后再输出给激发磁头，使得钢弦的振幅再增大，如此反复作用，直到最后能量平衡而达到稳定。由频率计显示振弦的频率 f，再从 P—f 标定曲线中查得 P 值。

2. 主要技术特征

测量精度（误差不超过量程的百分比）	2%
灵敏度（可分辨量程）	1/500～1000
工作频率范围	700～2300 Hz
温度系数（0～40 ℃范围）	＜0.5 Hz/℃

GSJ－1 型数字频率计是钢弦式压力盒的数字转换器，借此可以算出压力盒的压力。随着矿山压力监测要求的提高，进一步可用 DK－1、DK－2 型矿压遥测仪进行多点有效巡测，并通过矿井电话电缆送至地面接收机，由地面微机处理测得的支柱压力数据。

（二）液压支架（柱）载荷监测仪器

1. 直读式监测仪器

直读式监测仪器是利用指针或数字直接显示读数方式，SY－40B 型微表式单体液压支柱工作阻力测力计就属于直读式，其外观如图 11－3 所示。该仪器用于检测单体液压支柱初撑力及工作阻力，是单体液压支护工作面支护质量监测的主要仪器。具有体积小、便于操作（压杆式）、精度高等特点。

图 11－3　SY－40B 型微表式单体液压支柱工作阻力测力计

1）原理及结构

该测力计由阀体、锁紧装置、压力表及增压装置（SY－40B 型）等组成。阀体是整个测力计的主体，它主要保证整体无泄漏；锁紧装置使之与阀筒锁牢；压力表显示读数。测压时，压下压杆，打开三用阀的单向阀（SY－40B 型测力计是用增压装置注液逐渐增压的方式打开三用阀，不产生漏液卸载现象），高压液体流入测力计，压力表即显示压力值。测压后，将压杆复位，支柱单向阀重新关闭，取下测力计，完成测试过程。

2）主要技术特征

测量范围	0～40 MPa
精度（FS）	2.5%
显示方式	微表式
质量	1 kg

2. 自记式监测仪器

自记式是利用记录纸或电子存储的方式记录数据，并通过一定的方法采集所记录的数据。

1）圆图自记仪

圆图自记仪（图 11－4）属于自动记录的一种仪器，是综采液压支架支护质量监测的主要仪器之一，主要用于测量和记录液压支架及各种设备的液体压力。圆图自记仪数据处理系统主要可将自记仪记录的数据信息通过计算机绘出直观的受力分析图。由于其数据处理的不方便，现在应用越来越少。

（1）原理及结构。

圆图自记仪由测量和记录两部分组成。主要部件有表门、表壳、弹簧管、自记钟、传动机构和记录机构等。其工作原理如图 11－5 所示，当被测介质的压力进入测量机构的钢弹簧管 4 以后，由于张力的作用，钢弹簧管自由端产生一个微小位移，给传动机构拉杆 A 一个拉力，通过杠杆 1、2 和拉杆 B、杠杆 3，将弹性位移量进行放大并传递给记录笔 5，使其沿记录纸半径方向摆动，从而指示出压力值，并通过记录笔在记录纸上作出记载。记录纸是固定在托纸盘上，由钟表机构驱动，每 24 小时旋转一周。因此，当记录笔在记录压力值的同时，记录纸在圆图方向指示时间值。同时，任一时刻的压力值亦可在标尺上直接读出。

圆图自记仪数据处理系统主要由数字化仪、计算机等组成。利用计算机图形处理设备，先将圆图自记仪记录的压力—时间曲线圆图纸平放在数字化仪上，通过扫描笔将圆图纸上的压力—时间曲线上的特征点，扫描输入计算机处理系统，处理系统对扫描信息进行数学、力学统计分析，最终输出直角坐标系下的支柱受力状态图。

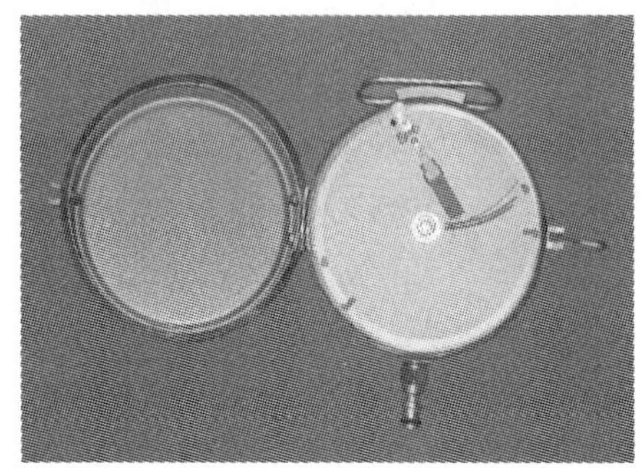

图 11-4 YTL-130 型圆图自记仪

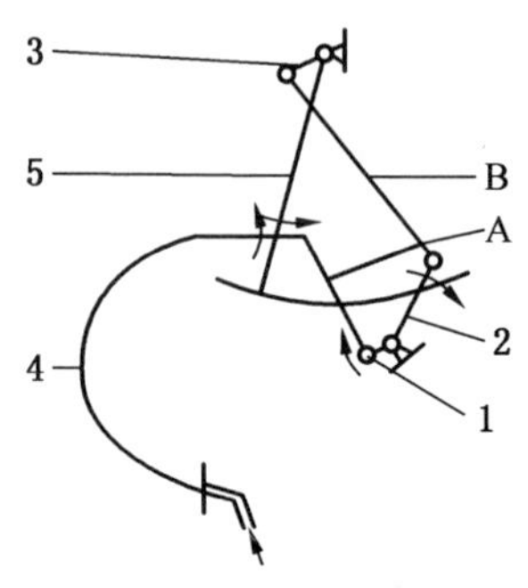

1、2、3—杠杆；4—弹簧管；5—记录笔；A、B—拉杆

图 11-5 圆图自记仪工作原理图

（2）主要技术特征。

精度等级	1.5 级；2.5 级
测量范围	0~60 MPa；0~100 MPa
连续记录时间	不小于 24 h
记录纸速度	1 r/24 h
外形尺寸	ϕ272 mm×118 mm
质量	约 6 kg

2）液压支架（柱）数字压力计

此类仪器主要采用数字存储的方式，同时也可以数字直接显示，并且具有数据处理系统，可以对记录的数据进行分析，主要用于煤矿井下支护工作阻力巡回检测。该仪器采用了微型计算机控制，具有检测压力（MPa）/工作阻力(kN）数字显示，数据存储、查询，红外无线数据通信，存储容量大，数据掉线不丢失，自动校零等功能。配套的数据分析软件具有多种分析和处理功能。

（1）系统结构。

液压支架（柱）数字压力计采用了一体化设计，由计算机控制自动采集压力数据，并记录在存储器中，每个数据采集器可采集 1~20 个检测仪的数据，数据采集器携带至井上后通过无线通信适配器将数据自动地传送到计算机处理。

系统分井下、井上两大部分。系统组成结构如图 11-6 所示。

井下部分包括：压力分机、红外数据采集器，采集的数据存储在采集器。井上部分包括：通信适配器、计算机、打印机等。采集器通过通信适配器实现与计算机的数据通信。

（2）主要技术特征。

量程	0~60 MPa（过载 50%）
精度	1%
测量通道	1
显示方式	LCD16×2（LED 背光）
数据格式	压力（MPa）/工作阻力(kN）同步显示
电源	DC 6V（连续记录方式 1000 h）

防爆形式	本质安全型 Exib Ⅰ
检测方式	巡回记录
通信接口	RS－232

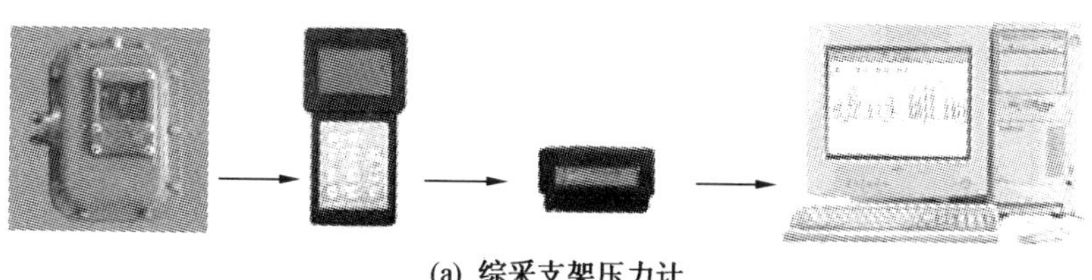

(a) 综采支架压力计

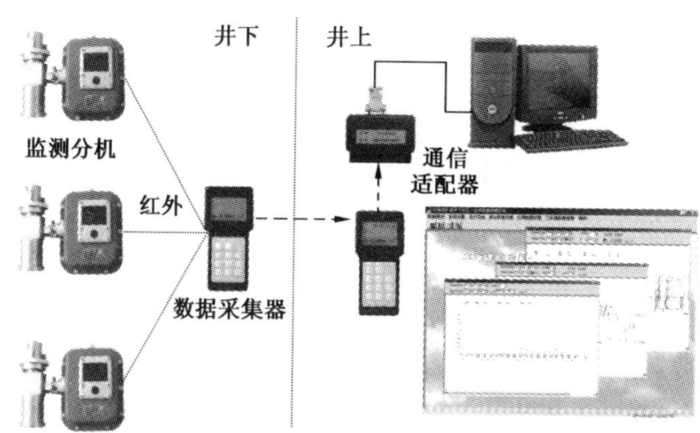

(b) 单体液压支柱压力计

图11－6　液压支架（柱）数字压力计

3. 在线监测

在线监测就是将井下各种监测信息利用电缆或光纤传输技术传输到地面计算机，通过计算机实时监测与处理所获得的数据，并实时显示或打印相关信息，从而实现监测、传输、处理等工作的实时进行。下面以 KJ216 型综采支架压力计算机监测系统为例介绍。

1）系统结构

KJ216 型系统分井下、井上两大部分，系统组成结构如图 11－7 所示。井下部分包括工作面压力分机、通信分机、本安电源、通信电缆等，工作面内最多可连接 46 个压力分机，分机之间有专用电缆串联至通信分机，通信分机的输出数据信号通过电话通信线路发送至井上。井上部分包括接收机、计算机、打印机等。接收机内置数据收发单元完成数据存储和与 PC 的数据通信，接收机输出信号与 PC 的 RS－232 接口连接。

2）技术指标

巡测周期	≤5 s
通信方式	异步串行通信，1200 bps
系统分机容量	1～32（0～128 个测点）
通信距离	＜10 km
巡测精度	2.5%
传感器量程	0～60 MPa

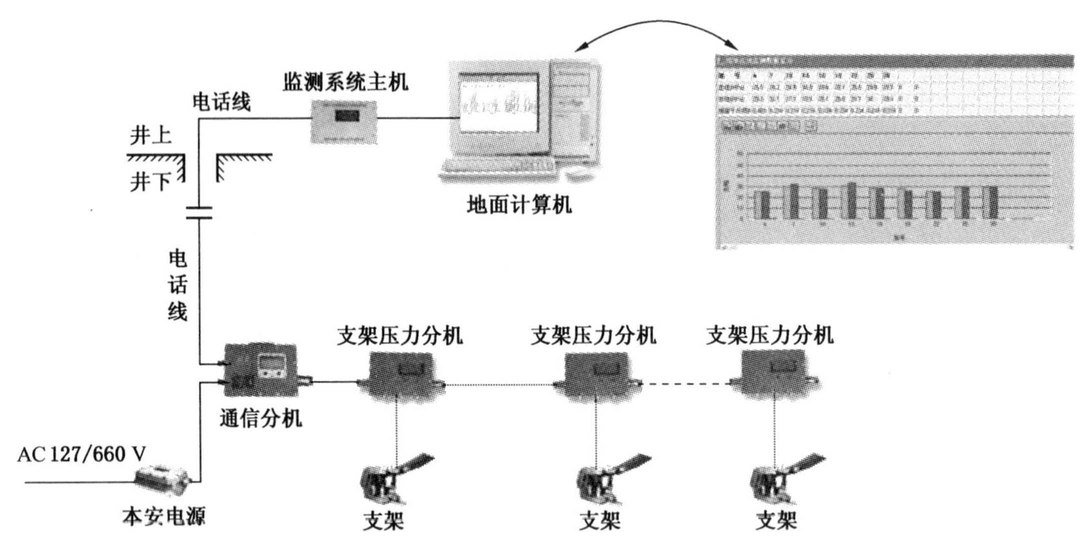

图 11－7　KJ216 型综采支架压力计算机监测系统

三、位移监测仪器

（一）围岩相对移近量监测仪器

围岩相对移近量监测仪器主要有测杆（图 11－8）、测枪（图 11－9）、顶板下沉速度报警仪及顶板动态仪等。下面重点介绍在煤矿现场广泛应用的顶板动态仪，并以 KY－82 型顶板动态仪为代表进行介绍。

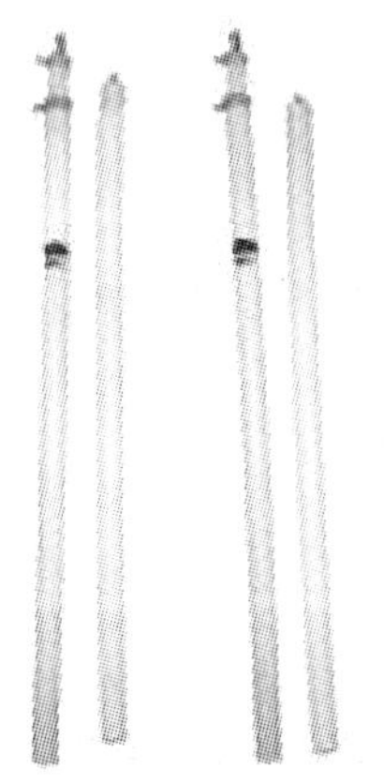

图 11－8　DDS－2.5 型测杆

图 11－9　BHS－10 型测枪

KY－82 型顶板动态仪是一种普及型机械式高灵敏度、大量程位移计，主要用来监测顶底板相对移近量、移近速度，是监测巷道和硐室稳定性、研究顶板活动规律、支承压力分布规律以及进行采场来压预测预报的常用仪器。

1. 原理及结构

仪器结构如图 11－10 所示。主要部件是齿条、指针与指针轴啮合的齿轮、微读数刻线盘、粗读数指针（齿条下端的游标）和粗读数刻度套管。使用时动态仪安装在顶底板之间，依靠压力弹簧固定。粗读数或大数由游标指示，从刻度套管上读出，每小格 2 mm；微读数或小数由指针指示，从刻线盘上读出（刻线盘上每小格为 0.01 mm，共 200 小格，对应 2 mm）。经过一定时间（如 2 h）后，由于顶底板相对移近，作用力通过压杆 3 压缩压力弹簧 5 并推动齿条 7，齿条再推动齿轮带动指针顺时针方向转动，得到一读数，将后次读数减前次读数，即得这段时间内的顶底板移近量 s，并可得出此段时间的平均移近速度，即 $V=s/t$，单位为 mm/h。

2. 主要技术特征

分辨率	0.01 mm
精度	粗读数误差<1%，微读数误差<2.5%
量程	200 mm
使用高度	1～3 m
总质量	7 kg

由于 KY－82 型顶板动态仪需要观测人员在现场测读，工作量较大，研究单位相继开发了 RD1501 型数显式动态仪，DD－1A 型电脑动态仪及 DCC－2 型顶板动态遥测仪。这些仪器读数误差得到有效清除，并可自动储存和分析测读数据。

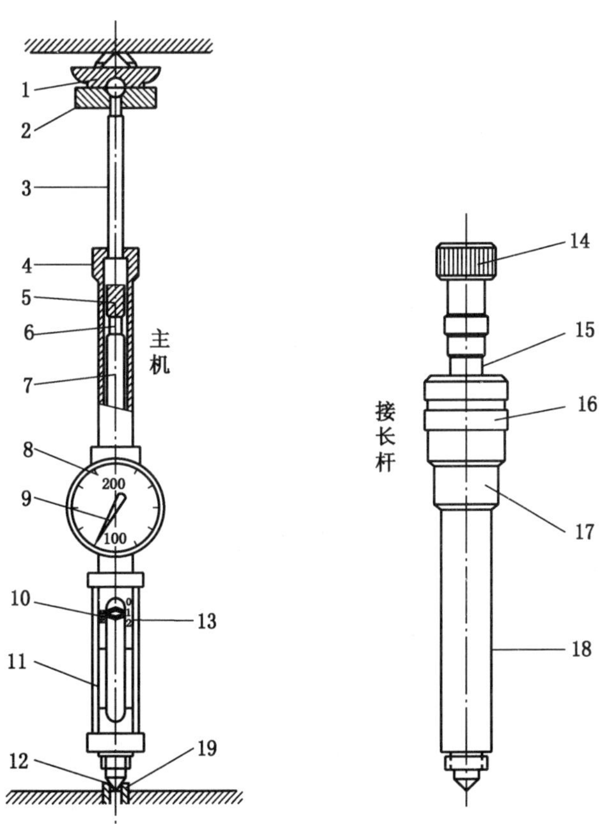

1—顶盖；2、6—万向接头；3—压杆；4—密封盖；5—压力弹簧；7—齿条；8—微读数刻线盘；9—指针；10—刻度套管；11—有机玻璃罩管；12—底链；13—粗读数游标；14—连接螺母；15—内管；16—卡夹管；17—卡夹；18—外管；19—带孔铁钎

图 11－10 KY－82 型顶板动态仪结构示意图

（二）岩体内钻孔位移监测仪器

为了深入研究支架与围岩的相互作用，合理选择维护措施，我们必须在围岩内打观测钻孔，在孔内布设（固定）若干测点，利用测试仪器和机具在孔内测定不同深度测点的位移情况。由于必须依靠钻孔才能测量岩体内部位移，所以我们把岩体内部位移亦称钻孔位移，而测量钻孔位移的仪表及测点构造和测点布置等则统称为钻孔位移计，如图 11-11 所示。

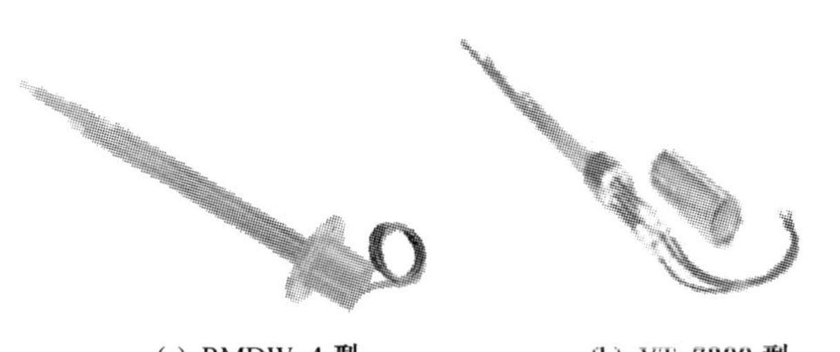

(a) RMDW-4 型　　(b) YT-7300 型

(c) 煤矿多点位移计

图 11-11　钻孔位移计

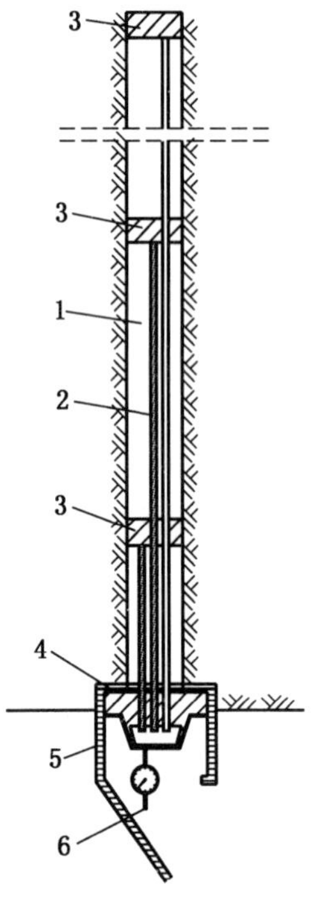

1—钻孔；2—连接件；3—测点锚固器；4—测量头；5—保护盖；6—测量计

图 11-12　钻孔位移计结构

1. 基本原理

在进行钻孔位移监测时，一般都以钻孔底的最深测点为基准点，来测定其他各测点（包括孔口表面点）与孔底点的相对位移。如果钻孔有相当的深度，孔底基准点处于采动圈以外，则可认为它是不动点，那么相对于此不动点所测得位移就是绝对位移。若钻孔深度不够，孔底基准点处于采动圈以内，则可认为所测得的位移是相对位移。测量时，通常先量测各测点对应于钻孔口附近固定点间的径向相对位移。然后经过计算获得各测点的位移。

2. 钻孔位移计的结构

在钻孔内安装一个测点的称为单点位移计，安装两个或多个测点的称为两点或多点位移计。钻孔位移计的结构如图 11-12 所示。主要由连接件、测点锚固器、测量头、测量计等组成。

连接件为岩体位移的传递元件，将位移正确地传递到孔口测量头处，以便进行测量。连接件主要有钢丝连接件（也称导丝，常用的有铟钢丝和镍铬合金钢丝，丝径为 0.5～1 mm）和杆式连接件（也称导杆，一般用直径 8～12 mm 的圆钢或小钢管制作）。

钻孔位移观测中常用的锚固器有木锚固器、注浆式锚固器（注入水泥砂浆或混凝土以固定测点）、机械式锚固器（如弹簧式、楔胀式、支撑式等）、混合式锚固器。

测量头是在孔口监测钻孔内各个测点位移的装置。测得各点的位移量是钻孔口至各测点的相对位移，是以孔口固定板为基准的，所以测量头必须牢固可靠地固定在孔口处。位移的测量是在测量头安装相应的测量计来实现的。测出各测点对于孔口的相对位移后，可换算出各点对于孔底固定点的相对位移或绝对位移。

第三节　采煤工作面矿压监测

一、综采工作面支护质量监测指标

回采工作面使用液压支架后控顶能力大为加强，但采场的直接顶板在经受超前支承压力作用后，又要受到液压支架的反复支撑，其完整性和受力状态都在发生变化，而支架对基本顶的控制是通过直接顶来实现的。当基本顶在煤壁前方断裂后开始回转，将导致直接顶上部产生多条纵向裂隙，从而形成拉断区。随着工作面的推进，基本顶岩块的回转角继续增大，此时将形成端面顶板的压缩变形区，而且随基本顶回转角的加大而扩大，同时有可能在端面出现不同程度的冒顶现象。若拉断区与压缩变形区贯通，则有可能导致贯穿式的端面冒落。因此，实行工作面支护质量监控，保证支架处于良好的工作状态，防止直接顶提前垮落或与基本顶离层，对避免产生支架歪倒、压死、煤壁片帮等事故具有重大意义。

综采工作面支护质量标准主要有以下几个方面：

（1）初撑力不低于规定值的 80%（立柱和平衡千斤顶有表显示）。

（2）支架要排成一条直线，其偏差不得超过 ±50 mm；中心距按作业规程要求，偏差不超过 ±100 mm。

（3）支架顶梁与顶板平行支设，其最大仰俯角<7°。

（4）相邻支架间不能有明显错差（不超过顶梁侧护板高的 2/3）；支架不挤、不咬，架间孔隙不超过规定（<200 mm）。

二、综采支架工作阻力监测与分析

（一）仪器选择及测区布置

1. 仪器选择及安装

液压支架的工作阻力由每根立柱柱腔液体压力来反映。因此，通常通过监测立柱内压力来计算支架的工作阻力。柱腔液体压力的测量一般采用综采支架工作阻力在线监测系统，如图 11－7 所示。

由综采支架工作阻力在线监测系统监测到液压支柱的支护阻力，并可得到支柱初撑力、最大阻力、循环经历时间以及支架运转特性（p—t）曲线。

2. 测区布置

在综采工作面支护阻力的监测中，在工作面上端头、中部及下端头各选 3～5 个支架，具体布置如图 11－13 所示。

（二）数据分析与整理方法

综采支架工作阻力在线监测系统记录的 p—t 曲线包含了很丰富的内容。但直接看记录曲线很不直观，必须加以整理和计算才能成为研究分析支架阻力变化规律的有用资料。

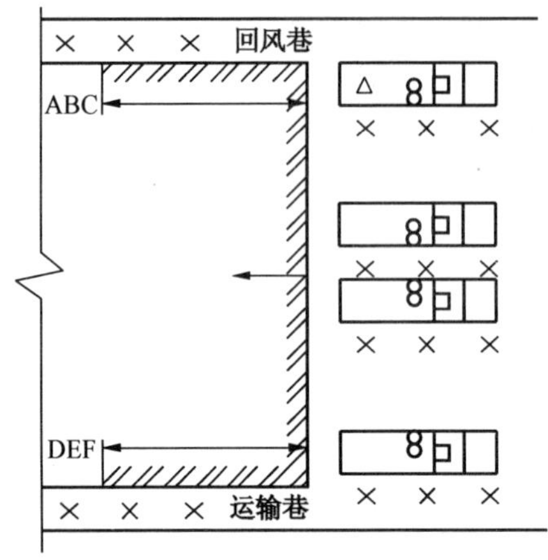

图 11－13　综采工作面测站布置图

一般需根据记录曲线及时整理以下内容。

1. 初撑力（p_0）

初撑力指移架后的支架初始阻力，其大小取决于泵站的工作压力，并受管路损失和操作等因素的影响。支架立柱总初撑力可由下式（用于 4 个立柱的液压支架）计算，即

$$p_0 = \frac{\pi D^2 \sum_{i=1}^{z} Q_{oi}}{4 \times 10} \tag{11-1}$$

式中　Q_{oi}——实测初撑时各立柱液压缸内的压力，MPa；

D——立柱内径，cm；

z——每架支架的立柱数。

2. 循环末阻力（p_m）

循环末阻力指循环末支架移架前的工作阻力。在正常情况下，循环末阻力为循环内的最大工作阻力。它是反映矿压显现强弱，评价支架额定工作阻力是否富裕的重要指标。支架立柱循环末阻力由下式（用于 4 个立柱的液压支架）计算，即

$$p_m = \frac{\pi D^2 \sum_{i=1}^{z} Q_{mi}}{4 \times 10} \tag{11-2}$$

式中　Q_{mi}——实测循环末时各立柱液压缸内的压力，MPa。

由于支架阻力是随时间不断变化的，所以仅以循环末阻力还不足以反映支架的全面受力情况。例如，两个不同循环支架立柱的末阻力可能相近或相等，但在循环内支架立柱的受力差别可能很大（图 11－14）。

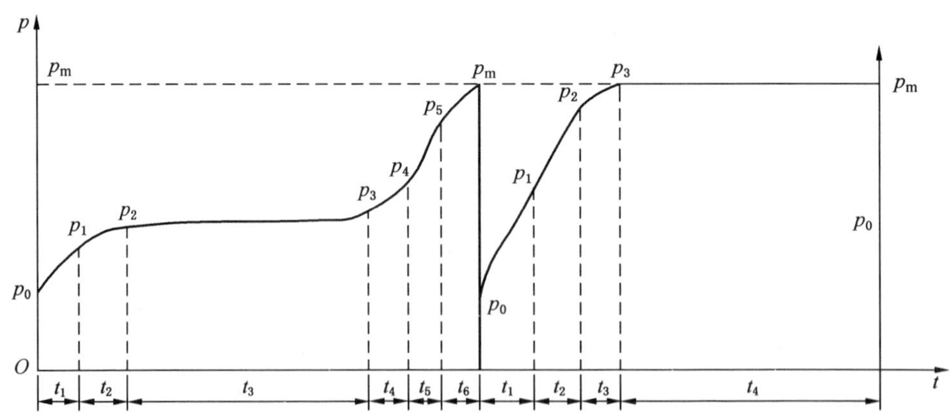

图 11－14　两个不同循环的 p—t 曲线

3. 时间加权平均阻力（p_t）

时间加权平均阻力指一个采煤循环内以时间为加权计算的平均工作阻力。为简化计

算，将曲线所包围的面积分割成数个曲边梯形，这样，可按下式近似地求得 p_t，即

$$p_t = \frac{1/2(p_0+p_1)t_1+1/2(p_1+p_2)t_2+\cdots+1/2(p_{n-1}+p_n)t_n}{t_1+t_2+\cdots+t_n} \quad (i=1,\ \cdots,\ n) \quad (11-3)$$

式中　t_i——时间，min；

p_i——支架阻力（$\pi D^2 Q_i/4\times10$），MPa。

4. 支护强度（q）

支护强度指支架对顶板的支护阻力与支护面积（F）的比值。对于支撑式支架，立柱与顶板垂直，q 值可用 p/F 求出。对于掩护式支架，则需要再乘以支护效率。

5. 统计支架的工作特性曲线

统计不同时期（如周期来压或非周期来压时）支架阻力－时间关系曲线（图 11－15），可以分析顶板压力的大小和支架对顶板的适应性。例如，一次急增阻式曲线百分比极小，即说明支架的支撑力对这种顶板来说是有富余的。又如，初撑增阻段末阻力 p_1 是衡量支架初撑力是否足够的一个依据，如果 p_1 接近于 p_0，则说明支架初撑后即基本能与顶板取得相对平衡，可减少顶板在初撑急增阻段的下沉量。

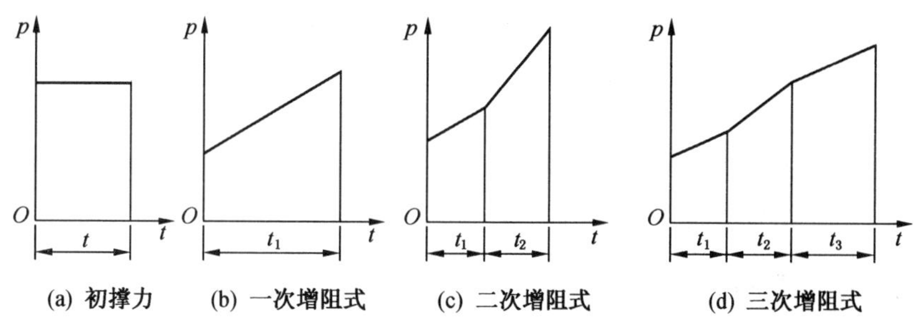

图 11－15　液压支架阻力－时间关系曲线类型示意图

6. 支架安全阀的开启状况

根据阻力－时间曲线，整理立柱安全阀开启的数据，并填入表 11－2 中。

表 11－2　液压支架立柱安全阀开启日常资料整理表

循环号	至开切眼距离/m	循环时间/min	安全阀开启时间/min				开启压力/MPa			
			左前	右前	左后	右后	左前	右前	左后	右后

液压支架立柱安全阀的开启情况，主要根据自记仪记录的曲线来取得。一般在立柱达到额定工作阻力时，安全阀开启。开启后压力不再上升，压力曲线出现小锯齿形，如图

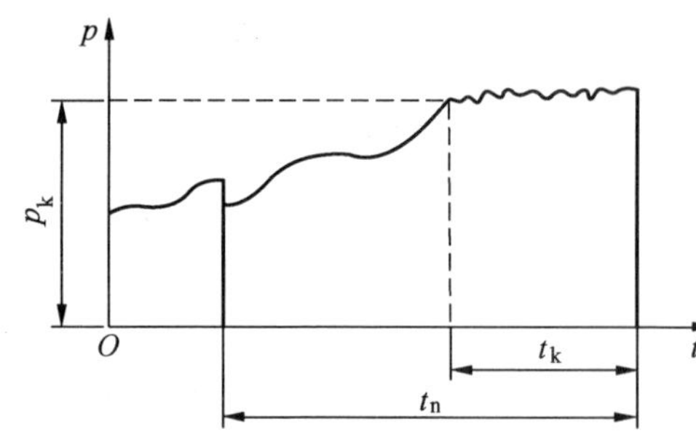

t_k—开启时间；t_n—循环时间；p_k—开启压力

图 11－16 安全阀开启循环 p－t 曲线图

11－16 所示。

安全阀的开启情况可由安全阀开启时间比率平均值（η_t）和安全阀循环开启率平均值（η_k）这两个计算指标来衡量，其公式为

$$\eta_t = \frac{\sum[(t_n - t_k)/t_n]}{Z_s} = \frac{\sum t_k/t_n}{Z_s} \tag{11-4}$$

$$\eta_k = \frac{\sum(k_i/k)}{Z_s} \tag{11-5}$$

式中 Z_s——安全阀开启的立柱总数；

t_n——循环时间；

t_k——安全阀开启时间；

k_i——测区支架开启循环数；

k——总循环数。

安全阀开启时间比率平均值在一定程度上可反映基本顶来压的强度；安全阀循环开启率平均值则反映基本顶周期来压的频率。

7. 绘制监测总图

求得几条测线诸值的平均值绘入监测总图。此图上，支架阻力的变化是判定综采工作面基本顶来压步距和强度的重要依据。

三、液压支架外载监测

上述所测得的支架载荷，都是指顶板压力通过顶梁传递到支架立柱上的力。但支架顶梁或掩护梁与顶板或垮落的矸石之间的作用实际上都是一种分布载荷。不同的支架结构，不同的顶板条件或不同时期，载荷的分布都是不同的。载荷的分布状况对于顶板维护，特别是对端面顶板的维护有明显的影响。因此，为掌握支架外载的分布规律，需要监测作用在支架顶梁和掩护梁上的载荷分布规律，为支架的结构和参数设计提供依据。

支架外载监测主要包括两种方法：一种方法是在支架的顶梁和掩护梁上排列测力传感器，然后用二次测量仪表进行测量，并分析绘制顶梁载荷分布图，计算顶梁外载的合力作用点，并据此进一步研究支架对顶板的控制效果；另一种方法是用测力销测量支架各铰接部位的联结力。根据力学平衡关系计算有水平力作用时支架的受力特点。由于支架外载监测与支架的结构特点有关，且需要在支架上加设专用的应力测试仪器，一般由生产厂家会同使用单位进行专门的支架和仪器的安装和测试，在此不详细介绍，可参阅相关资料。

第四节 巷道矿压监测

一、围岩变形破坏监测方法

巷道围岩的稳定状况指标包括围岩的位移量、破坏范围、岩体内应力场变化等。这些指标直接影响到巷道维护的完好程度和工作空间的安全性，因此，监测巷道围岩的稳定性，可以为判断巷道支护质量和改善巷道支护提供科学的依据。

（一）监测区地质资料与开采条件

进行巷道围岩稳定性监测应掌握的地质资料和开采条件包括：通过地质钻孔、岩层柱状图等多种途径，掌握地质构造及围岩的结构特征、岩体物理力学性质、水文地质等情况，并在地质图上标明地质构造裂隙发育带的位置、产状、层厚等；了解采煤方法、煤柱尺寸、开采影响范围等，掌握好巷道与采煤工作面相对空间位置与时间的关系；了解巷道掘进断面尺寸、支护方式和支架工作特性等。

（二）监测参数及方法

1. 巷道周边位移测量

巷道周边位移是围岩与支护相互作用的结果，是反映多因素影响的一个综合指标。测量巷道周边位移是判定巷道围岩稳定程度最常用的方法。

1）测站与测点布置

对一条巷道进行围岩稳定性监测，通常设 3 个测站，测站间距可取 50 ~ 100 m，选择有代表性的围岩条件，或选择特殊条件进行专项观测。1 个测站应设 3 个观测断面，断面间距可取 3 ~ 5 m。

测点是量测的基准点，应安设可靠，保证测点与围岩同步位移。通常在围岩上打一个深 100 ~ 200 mm 的钻孔，如果围岩较破碎，钻孔可更深一些。钻孔直径 40 mm，在孔中打入木楔，木楔上钉有作为测量基准点的基钉，也可用水泥基钉（图 11 – 17）。在测量过程中要保护好测点，避免移动和损坏。

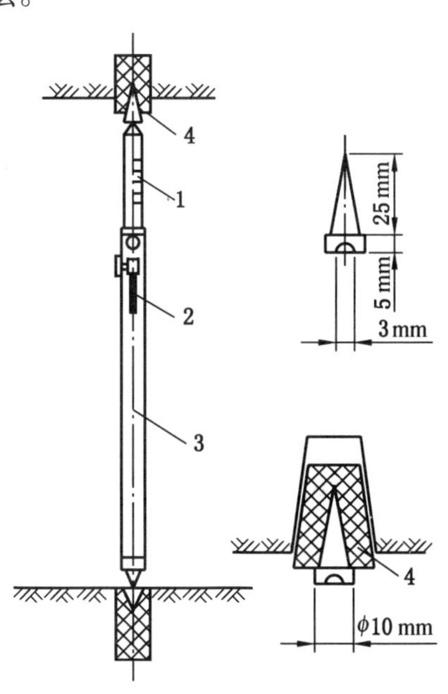

1—测杆；2—弹簧；3—套管；4—基准点

图 11 – 17　测杆与基准点

2）量测方法

一般情况下量测位移的精度取 1 mm，通常采用测杆和钢卷尺或收敛计进行测量。测杆是由测杆 1 和套管 3 组成，测杆上带有读数尺，精度为 1 mm。测杆上设有游标，最小为 0.05 mm。测杆上如果装百分表，测量精度可达 0.01 mm。在测杆上装位移传感器，则可实现远距离与计算机连接，实现自动检测与数据处理。收敛计由钢尺、微读装置、连接环、拉紧装置等部分组成。目前国内已生产的收敛计有 GSL 型钢环式等多种，量测范围 5 ~ 10 m，精度已达 ±0.15 mm 以上。

量测一般采用十字测量法，如图 11 – 18a 所示，直接测 *AC* 和 *BD* 的相对位移量。有时为了量测围岩变形的不对称性，也可加测 *BO*、*AO* 或 *DO*、*CO*。当顶板较好，侧帮变形较大时，可采用图 11 – 18b 的方法进行侧帮位移测量。测量断面收缩，则采用图 11 – 18c 所示的方法。采用图 11 – 18d 扇形布置法，则可以测定全断面收缩率。

观测巷道断面变形和收缩，还可以采用传感器量测的方法，如图 11 – 19 所示。该法在巷道周边埋设 8 个基点 1，基点间用要张紧的钢丝 2 串联起来，在每个基点上安设一个测钢丝倾斜的传感器 3，根据倾角变化，可得到各测点的变形位移量。还可以用传感器 4，

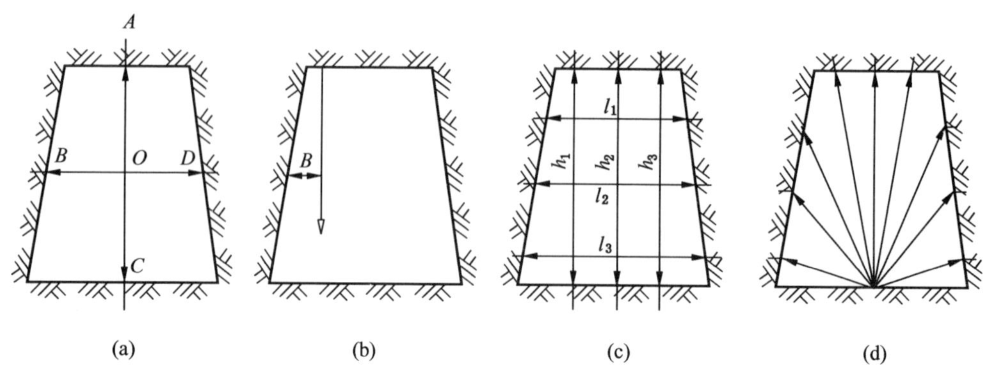

图 11－18　巷道围岩表面位移观测方法

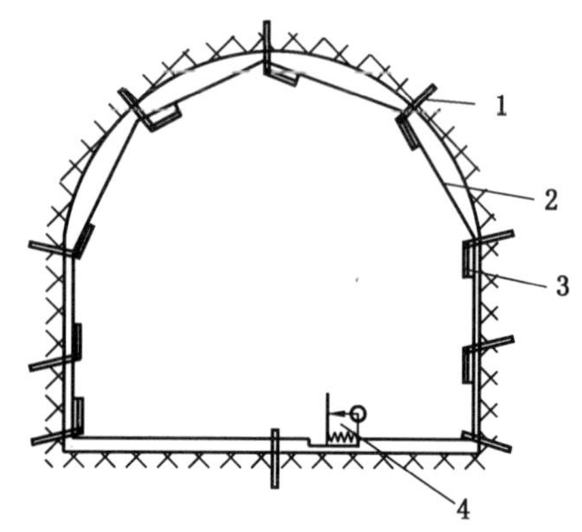

1—基点；2—钢丝；3、4—传感器

图 11－19　多角形位移观测

测得全断面周边总位移量，即钢丝的位移量。

应该指出，巷道围岩表面位移观测的方法和精度，与观测的目的及巷道预计的变形量大小有关。预计变形量较大的巷道，观测精度可低些，观测间隔小些；预计变形量小的巷道观测精度则应高一些，观测间隔大些。

为进行位移反分析计算而设计的测点要求较严格，除必须采用以上正规测量方法外，还要对观测断面上的测点数量及位置进行科学设计。而一般安全监测及支护设计分析的观测，则可采用简便易行、要求不高的方法。此时，对整体性支护的巷道，如锚喷支护、砌碹支护等，可在巷道表面用彩色标注测点；对架棚支护巷道，则在棚间完整处标注；锚网支护巷道可在紧贴围岩的网上或锚杆盘上进行测量。

2. 巷道围岩深部位移量测

为了探明巷道围岩深部的稳定状况，进一步研究支架与围岩的相互作用关系，还需对围岩深部岩体的破坏和位移变化进行观测。

进行深部岩体位移观测，通常在围岩内钻孔，并在孔内布设多个测点，以观测不同深度的岩体位移，测得沿钻孔深度的变形位移梯度曲线 A，如图 11－20 所示。

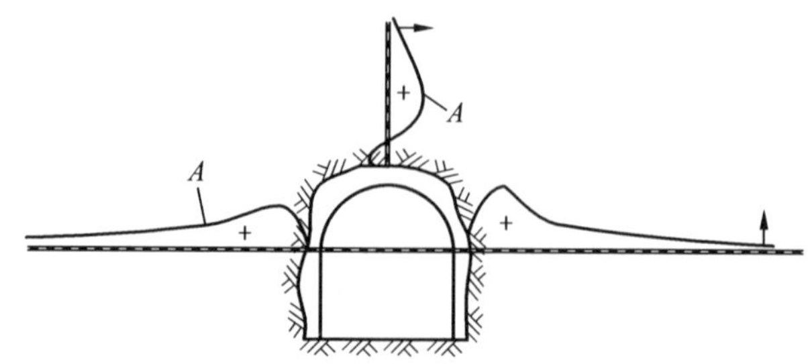

图 11－20　巷道围岩深部变形位移观测

在钻孔内布设测点进行观测时，通常以孔底的测点作为基准点，测量各测点与基准点的相对位移变化，在钻孔内布设的测点及其测量系统称为钻孔位移计。布设多个测点的系统称为多点钻孔位移计，其结构形式如图 11－21 所示。

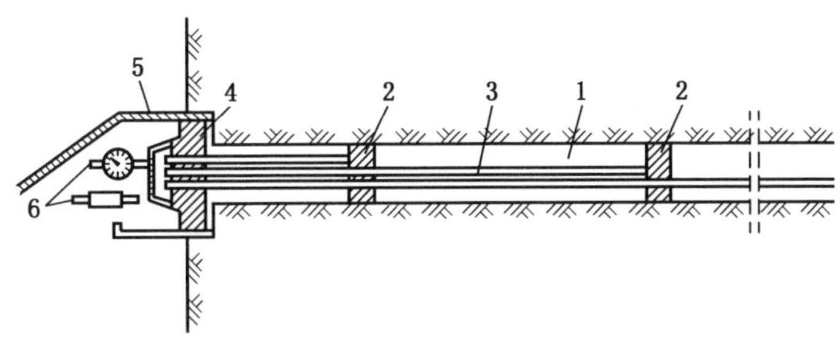

1—钻孔；2—测点锚固器；3—连接件；4—量测头；5—保护盖；6—测量计

图 11－21 钻孔多点位移计

测量时，测点锚固器应把测点固定在所测的深度，带动连接件实现与岩体变形同步位移。测点锚固器主要有压缩木测点锚固器、水泥砂浆锚固器和机械式锚固器（弹簧卡式、胀壳式、楔形式等）。

连接件是连接测点至孔口的部件，用以传递深部岩体变形位移。其主要的结构形式有钢丝连接件、杆式连接件和扁钢尺连接件。由于受到钻孔空间限制，一般只能安设 6～10 个测点。钢丝连接件最好采用镍铬合金钢丝，预防锈蚀。

量测头的外部一定要设置保护盖，以保护测点连接件等不受损坏。测量计一般采用钢卷尺，可保证精度达 1 mm，也可用百分表、位移传感器等精度较高的测量计。

目前，新研制的磁性测点钻孔位移计，其结构如图 11－22 所示。磁性测点设在塑料套管上，由卡式弹簧锚固器固定在钻孔内岩壁上形成测点。量测测点变形位移量时，在磁感应杆（带有传感器）沿导向管跟踪磁性测点。在感应杆上有毫米刻度，由测量指示仪显示跟踪到测点定位，即可直接在感应杆读数。磁性测点钻孔位移计，由于无需连接件，测点数量可不受限制，且测点锚固力较小，测点安装和制作也较简单。

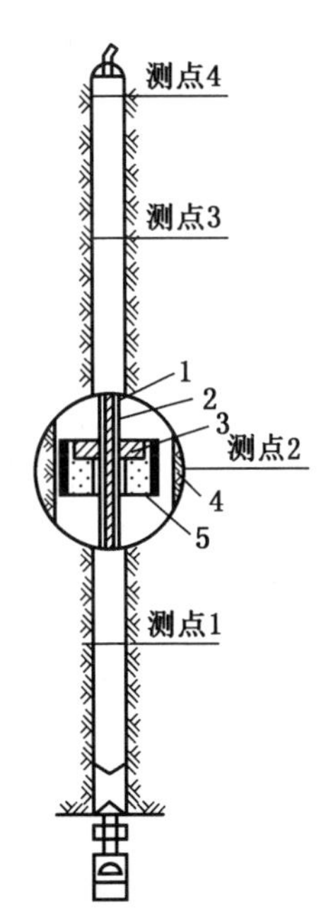

1—磁感应杆；2—导向管；3—磁性测点；4—卡式弹簧锚固器；5—塑料套管

图 11－22 磁性测点钻孔位移计

3. 巷道围岩破坏圈测定

破坏圈的大小及破坏圈内围岩变形特征，对研究围岩稳定及支护措施具有实际意义。因此，我们可采用多点位移计、声波探测法和雷达探测法，对围岩破坏圈进行测定。

1）声波探测法

声波的实质是弹性介质的机械振动。对钻孔中不同深度的声波振幅及声波速度进行测定，可以判断岩体内部的破坏状况。

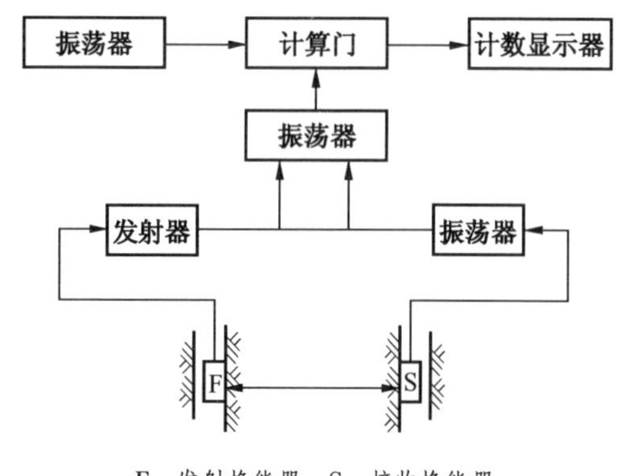

F—发射换能器；S—接收换能器

图 11－23 声波速度量测原理图

测定声波在岩体内传播速度的系统如图 11－23 所示。在岩体的钻孔内设置发射换能器 F，同时在相距 L 的钻孔内或岩体表面设置接收换能器 S。发射换能器 F 向岩体内发射声波，控制器将计数电子门开启，使振荡器的计时脉冲进入计数器，并计数显示。当接收换能器 S 接收到声波信号，同时通过控制器将计数电子门关闭，计数器停止计数。这时，计数器显示的数字即为声波从发射端 F 至接收端 S 所经历的时间 t（经过距离为 L），声波传播速度即为 $V_p = L/t$，单位 m/s。

声波在岩体内传播过程的振幅与频谱的改变，与岩体的结构特征及力学性态的改变密切相关，因此，获取的声学参数越多，判识的分辨能力和可靠性就越大。该系统通过 SD 声波仪发射和接收声波信号，由 KC－85 型微处理器程控采集波列，储存或绘图打印输出，并可进行频谱分析，输出多项声学参数。该系统仪器为便携型，可以在现场测试。其声波衰减系数 α 为

$$\alpha = -\frac{1}{L}\ln\frac{A_L}{A_0} \tag{11-6}$$

式中 A_0——初始发射波振幅；

A_L——通过距离 L 后的振幅。

2）雷达探测法

探地雷达又称地质雷达，是当前国际上最先进的地球物理勘探手段之一，由控制面板、发射机、发射天线、接收天线、接收机、光缆及笔记本电脑等组成。

巷道开挖后围岩松动、破碎，电磁波遇到破碎的围岩会产生相对杂乱的反射信号。在围岩破碎区与弹塑性区交界面，雷达波将产生强反射，电磁波的能量会有很大的消耗，即透过强反射界面的电磁波将很快消失殆尽。因此，可以将探地雷达用于确定巷道围岩松动圈范围。

此外，还可应用钻孔电视方法、岩体电阻率探测法、岩体无线电磁波透视法、放射性探测法、渗液或渗气探测法和剪切带量测法等方法来测定巷道围岩的破坏圈。

4. 围岩内应力测量

巷道围岩应力测量，也是分析围岩稳定性、改进巷道布置和优化支护设计需要进行的一项重要工作。虽然这项工作很重要，但由于目前所采用的方法还不完善，且测试过程复杂，测试工程量和费用均较大，所以实际工程中只对特别重要和变形特别剧烈的巷道进行一些围岩应力测量，多数情况下不作为一项常规测量工作。

二、巷道支架载荷监测方法

（一）支撑式支架的支护阻力监测

1. 支架承载后变形破坏的统计分析

对一条巷道支架变形破坏状况进行统计，是分析支架使用效果和巷道维护状况的一种

简易方法。这种方法是直接用钢卷尺进行简易测量，统计梁、腿破坏位置、破坏形式等，各占总统计架数的比值分布，从整体上分析支架选型的适用性和有效性，以及存在的问题，为改善支护的技术措施提供科学依据。

2. 支架承载的测定

支架承受的外载荷是判断支架工作阻力是否得到合理利用的重要指标，其大小与围岩压力和支架的工作特性密切相关。在进行支架外载测定时，所选用的测力计性能和安设方法，都不应改变支架本身的工作特性，安设在支架上的测力计，实际上已成为支架工作特性的一部分。因此，测力计应具有足够的刚性，其受力变形特性对支架工作特性造成的影响，可忽略不计，即只允许微小的变形增量。

为了评价一条巷道支架的承载状况，应在该巷道中选取有代表性的地段设置 3 个测站，每个测站测 3 架支架，每架支架根据断面大小布设测站和测点。

3. 支架阻力测定仪器

测定支架支护阻力常用的是测力计，在选择测力计时，首先其精度要合理。由于影响支架载荷值的因素较多，且在空间位置上和时间序列上随机变异较大，测试结果离散较大。一般认为选用的测力计精度为 3 ~ 5 kN，就可基本满足要求。

1）液压式测力计

目前，常用的液压式测力计有活塞式和液压枕式两种。活塞式测力计，一般安设在支架腿下，测量支架垂直压力。液压枕测力计是由薄钢板压模成型对焊而成的囊式结构，一般测量支架的分布载荷。

两种液压式测力计均由压力表直接测读荷载大小，测读方便、直观。

2）振弦传感式测力计

该测力计是根据振弦传感原理制成，即利用合金钢弹性工作膜受力后产生微量挠曲变形，通过张紧钢丝弦的自振频率的改变测量承载力的大小。该产品有 YLH 和 GH 等系列，承载能力有 25 kN、150 kN、300 kN 及 500 kN 等几种。

4. 支架构件内力的测定

支架承受外载会引起其构件内力产生变化，测定这种内力变化可以知道支架工作状态及承载能力。目前主要应用电阻应变片和光弹应变计的方法来测量支架构件内力。

电阻应变片是由金属电阻丝制成，测量时，用强力胶将电阻应变片粘贴在构件上，以保证金属电阻丝与构件产生同步应变变化。电阻应变片是由专用 KJY 型矿用电阻应变仪进行测量，读数即为应变值。

光弹应变计由光学灵敏材料环氧树脂薄片制成，粘贴在被测构件表面，与承载方向一致，在反射式偏振光场内根据应变 – 光性定律，测量光学干涉条纹的变位值，即可测得构件应变大小。

电阻应变片和光弹应变计在承载构件上的粘贴密度，一般根据构件承载时应变梯度的大小而定，梯度大者粘贴密度大些，反之小些。通常在一个构件上粘贴的数量不得小于 3 ~ 4 片。

5. 支架承载后可缩量的测量

可缩性金属支架的可缩量大小是反映支架承载性能的重要特性之一。测量支架可缩量就是量测支架构件相互搭接或接触长度的改变量。对于使用卡缆的可缩性金属支架，同时测量卡缆螺栓力矩大小。由于卡缆的扭力矩大小与支架构件可缩的滑移阻力相关，并可以在实验室测得此相关变化，故通过支架可缩量的测量，也可大致掌握支架的实际工作状况。

（二）锚杆支护承载监测

锚杆承载测定所需的仪器精度、安设方法、测站与测点布置及其性能，与支撑式支架外载荷测力计的要求基本相同。目前可供选用的锚杆测力计有以下几种。

1. 圆盘锚杆测力计

该测力计的受力弹性元件是一对盘式弹簧。当测力计受外载荷作用后，盘式弹簧压缩变形，通过指示器百分表测得变形值。通过变形值与压力值相关标定后，就可得到载荷值。

2. 液压式测力计

液压式测力计有液压活塞式和液压枕式两种。液压活塞式锚杆测力计承压时，液压腔内的液压上升，可直接由压力表显示读数；液压枕式测力计，与 YZ 型液压枕作用原理相同，将液压枕做成圆形，中心开孔，套在锚杆上，由压力表直接读数。

3. 锚杆振弦传感测力计

该测力计的传感弹性元件为壳体，当连接其两端的锚杆承载时，壳体产生弹性变形伸长，振弦张力增加，引起振弦频率发生相应变化，通过振弦频率测定即可得到锚杆承载大小。

4. 直接粘贴电阻应变片测锚杆承载

应用电阻应变片测锚杆承载的方式，是将电阻应变片直接粘贴在锚杆轴线方向，然后把导线妥善引出，并用环氧树脂等防潮涂料进行防潮处理，再在外层缠绝缘布带预防电阻应变片碰伤。此外，温度补偿应变片一般应贴在结构外不受力的钢件上，并置于温度变化相同的环境中，这样才可补偿由于温度带来的读数误差。

（三）喷层混凝土承载测量

喷层混凝土承载测量，通常将传感器埋设在混凝土内部进行应力或应变测量。但是一定要考虑传感器和混凝土材料力学性能的刚性匹配问题。通常用应变砖和电阻式应变计对喷层混凝土进行承载测量。

1. 应变砖

应变砖的传感元件是电阻应变片，将应变片粘贴在延展性较好的金属箔上，金属箔采用银较为理想。将制作好的应变传感元件放置在模具中，用与被测混凝土相同的砂浆配比浇铸成应变砖，脱模后放入水中养护。使用时，将应变砖按指定方向浇灌在混凝土喷层内，就可进行应变的测量工作。

2. 电阻式应变计

电阻式应变计由铝合金弹性元件、4 片电阻应变片和防潮填料等组成。弹性模量为 7.4×10^{3} MPa，较混凝土弹性模量小得多，测量时主要是反映应变的相对变化。

（四）煤巷锚杆支护监测

煤巷锚杆支护监测分为综合监测和日常监测，其主要目的：①通过综合监测验证初始设计，为评估支护效果提供数据；②进行日常监测以便及时发现任何异常，确保安全生产。

1. 综合监测

1）综合监测内容

验证初始设计的综合监测至少应包括以下内容：

（1）顶板变形量、变形范围、弱化高度以及变形随时间的增长情况。

（2）两帮变形量、变形范围、弱化深度以及变形随时间的增长情况。

（3）锚杆承载情况。

（4）锚索和其他二次加固支护的承载工况。

2）综合监测方案及要求

（1）顶板变形观测要求测至顶板向上至少 7 m 处，孔内测点数量不少于 12 点，或采用双孔，孔内测点交错布置，但每孔内测点不小于 6 点；锚杆承载工况要采用测力锚杆进行观测。

（2）距掘进工作面 50 m 以内及距回采工作面 100 m 以内，每天观测一次；其他情况不少于每旬观测一次。

（3）监测仪器安设必须紧跟工作面，除非方案中另有规定，仪器安设在巷宽的中部和巷帮的中部。仪器布置如图 11 – 24 所示。

2. 日常监测

（1）所有采用锚杆支护的巷道都应进行日常监测。日常监测方案由生产技术科负责制订，由掘进施工单位负责按技术要求实施。生产技术科应就日常监测的仪器安装步骤、技术要求、测读方法等对施工单位有关人员进行必要的培训。

（2）日常监测主要监测顶板变形，应采用简便、易读并具备直观视觉显示功能的顶板离层指示仪，以使井下所有人员都能随时了解顶板活动情况。

（3）顶板离层指示仪应按规定间隔及时紧跟掘进工作面安装，以便监测顶板变形的全过程。

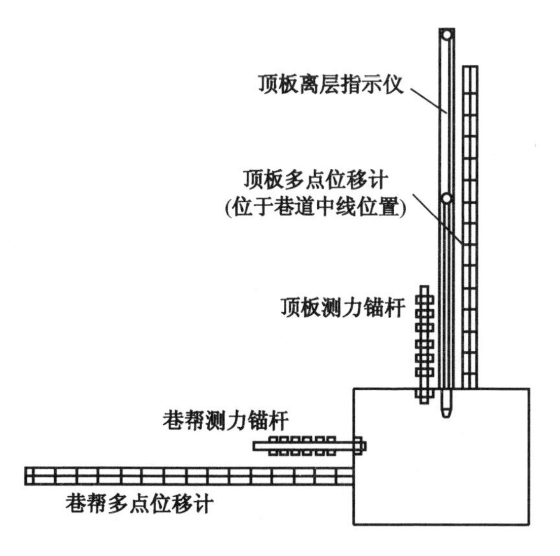

图 11 – 24 综合监测仪器布置图

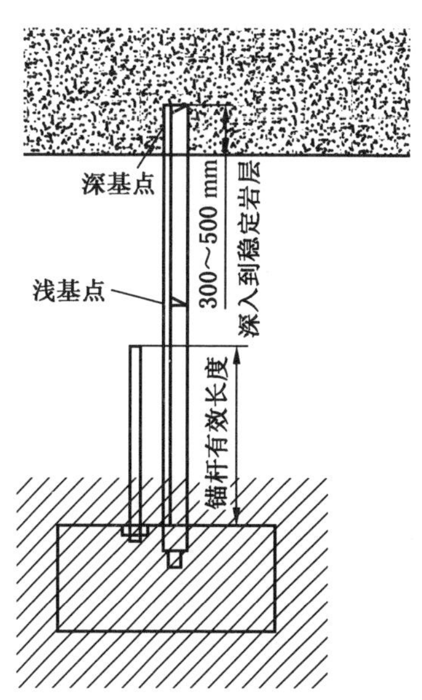

图 11 – 25 顶板离层指示仪安装图

(4) 作为指导性原则，顶板离层指示仪的最大安装间隔：对于实体煤巷，Ⅲ类及Ⅲ类以上巷道为 50 m，Ⅳ类巷道为 40 m；对于沿空巷道，Ⅲ类及Ⅲ类以上巷道为 40 m，Ⅳ类巷道为 30 m；巷宽大于 5 m 的大断面巷道及综放（采）开切眼为 20 m；断层及围岩破碎带、顶板淋水、应力集中区、交岔点及硐室等特殊条件下的巷道必须安设顶板离层指示仪。

(5) 顶板离层指示仪均应安设在巷宽的中部，交岔点处的离层指示仪则应安装在交岔点中心位置。

(6) 顶板离层指示仪下部测点应与顶锚杆上端处在同一高度处，上部测点应处在锚杆上方稳定岩层内 300 ~ 500 mm，无稳定岩层时，上部测点在顶板中的深度一般不低于巷道跨度的 1.5 倍（图 11 -25）。

(7) 每班对距掘进工作面 50 m 以内的顶板离层指示仪进行测读和记录；距掘进工作面 50 m 以外的顶板离层指示仪每周不少于 1 次进行测读和记录。

(8) 对当天汇总的监测数据要及时处理分析，发现异常需及时汇报。

第五节　矿压监测数据的分析方法

矿压观测数据的分析与处理包括对矿压观测数据可靠程度的判定，观测数据的计算、制表、作图、分析及经验公式的确定等内容。

通过矿山生产现场大量的矿压观测，可获得各种矿压显现的第一手资料。这些资料包含了丰富的、反映矿压显现规律的信息。但是，由于矿压观测仪器灵敏度不够高，观测方法不够完善，井下观测环境比较恶劣，受生产和地质条件多变的影响，以及观测人员技术水平的差异等，使得观测数据和真实的矿压显现情况之间存在差异，这种差异称为误差。误差就是测量值与真实值的差值。产生误差的原因很多，其中有些原因是事先可以发现且在某种程度上还是可以控制的，而有些原因则不可能或不容易事先发现，从而得不到有效控制。

随着人们对矿山压力、岩层控制理论与技术研究的不断深入，矿压观测方法，观测仪器和手段的不断改进以及观测人员技术水平的提高，矿压观测中的数据误差可以逐步减少，但无论如何也不能做到没有误差。因此，不能忽视误差的存在，以免因观测数据误差过大，使观测结果不可靠，影响观测数据的分析与处理甚至影响观测工作的进展和成果应用。要研究判定矿压观测数据的可靠程度，则必须研究有关误差的一些基本理论。

如上所述，矿压观测数据受到许多不可控制因素（如地质构造、煤层厚度和倾角、岩层结构的变化等）的影响。即使是一些可控制因素（如工作面推进长度、控顶距、支架型号等)，其影响程度也会因时间、空间的变化而变化。所以，很难用少量实测数据来评价一条巷道或一个采煤工作面的围岩稳定性及支护状况的优劣。因为少量观测数据一般不具有普遍意义，也发现不了规律性。每次观测时，并不知道所要观测量的大小，但它的范围一般是可以确定的。这种情况在数学上称为试验。在试验中，对一次试验（观测）可能出现也可能不出现的事件，而在大量重复试验（观测）中却具有某种规律性的事件（观测结果)，称为随机试验（观测）的随机事件，即矿压观测数据具有明显的随机性。

在基本条件未变时，为什么井下观测会有不同的观测结果呢？这是因为影响观测结果的因素很多。其中有些因素已为人们所认识，可作为已知条件加以控制，且它们往往是对观测结果有明显影响的主要因素。所以在每次矿压观测时，要规定一系列观测方法，主要目的是控制这些主要因素的影响。通常所指“在相同条件下”也仅仅是指这些主要条件相同。除此之外，还有许多其他因素也在起作用。这些因素有些尚未被人们所认识，有些即使认识也无法控制；有些认为影响很小的因素对它也不加以控制，虽然每个因素单独作用影响都不大，但合起来的作用对观测数据的影响是明显的。这些未加控制的因素对观测结果的影响往往是随机的，或大或小，或正或负，具有一定偶然性。将这些因素统称为随机因素。

显然，随机事件是在随机因素作用下发生的事件，它的取值称为随机变量。这样，在井下进行矿压观测就是一种随机试验，观测结果称为随机事件，观测的矿压显现量是随机变量。随机变量的值是受随机因素影响的。随机因素对观测数据的影响虽然具有一定的偶然性，但对大量的观测数据却表现出某种规律性，必须使用概率论与数理统计的基本理论和方法。

一、矿山压力监测数据的多元线性回归分析

多元线性最优回归是处理多个自变量与一个因变量之间线性关系的分析预测方法。

考虑自变量（如岩石强度、岩层厚度、地应力等）x_1，x_2，…，x_m 和因变量（如围岩稳定性）y 的关系，现有自变量和因变量的几组统计数据：（x_{1i}，…，x_{ii}，…，x_{mi}；y_i）（$i=1$，2，3，…，n），一般要求 $n>m$。确定随机变量 y 与各个自变量间是否存在线性相关关系，若存在则给出合适的线性组合关系式——回归方程，是多元线性回归分析所要解决的主要问题。

我们可以用下列线性方程来描述 y 与 x_1，x_2，…，x_m 之间的线性关系：

$$\hat{y}=b_0+b_1x_1+b_2x_2+\cdots+b_mx_m \tag{11-7}$$

式（11-7）就是多元线性回归的基本关系式——回归方程。式中，b_0 为常数项，b_1，b_2，…，b_m 为$\hat{y}$对 x_1，x_2，…，x_m 的回归系数。常数项 b_0 和回归系数 b_1，b_2，…，b_m 可根据最小二乘法原理进行估计。

设 $Q(b_k)(k=0,1,2,\cdots,m)$ 为残差平方和（即原始数据 y_i 与用回归方程计算所得的预测值$\hat{y}_i$之差的平方和），即

$$Q(b_k)=\sum_{i=1}^{n}(y_i-\hat{y}_i)^2=\sum_{i=1}^{n}(y_i-b_0-b_1x_{1i}-b_2x_{2i}-\cdots-b_mx_{mi})^2 \tag{11-8}$$

显然 $Q(b_k)$ 是 b_k 的多元函数。为使 $Q(b_k)$ 达到最小，根据多元函数的极值原理，必须使 b_k 满足 $Q(b_k)$ 对 b_k 分别求得的偏导数为零。

先对 b_0求偏导数，并令其为零，有：

$$\frac{\partial Q(b_k)}{\partial b_0}=-2\sum_{i=1}^{n}\left(y_i-b_0-\sum_{k=1}^{m}b_kx_{ki}\right)=0$$

解上式得

$$b_0=\bar{y}-\sum_{i=1}^{m}b_k\bar{x}_k \tag{11-9}$$

其中

$$\bar{y}=\frac{1}{n}\sum_{i=1}^{n}y_i$$

$$\bar{x}_k=\frac{1}{n}\sum_{i=1}^{n}x_{ki}$$

将式（11－9）代入式（11－8），有：

$$Q(b_k)=\sum_{i=1}^{n}[(y_i-\bar{y})-b_1(x_{1i}-\bar{x}_1)-b_2(x_{2i}-\bar{x}_2)-\cdots-b_m(x_{mi}-\bar{x}_m)]^2 \tag{11－10}$$

将式（11－10）中的 $Q(b_k)$ 对 $b_k(k=1,2,\cdots,m)$ 分别求偏导数，并使其为零，就可以得到以下 m 个方程的联立方程组，即

$$\frac{\partial Q(b_k)}{\partial b_k}=-2\sum_{i=1}^{n}[(y_i-\bar{y})-b_1(x_{1i}-\bar{x}_1)-b_2(x_{2i}-\bar{x}_2)-\cdots-b_m(x_{mi}-\bar{x}_m)(x_{ki}-\bar{x}_k)]=0$$

$$(k=1,2,3,\cdots,m)$$

即可得

$$\sum_{i=1}^{m}b_j\sum_{j=1}^{n}(x_{ji}-\bar{x}_j)(x_{ki}-\bar{x}_k)=\sum_{i=1}^{n}(y_i-\bar{y})(x_{ki}-\bar{x}_k)\quad(k=1,2,\cdots,m) \tag{11－11}$$

把式（11－11）写得更直观一些，有：

$$\begin{cases}L_{11}b_1+L_{12}b_2+\cdots+L_{1m}b_m=L_{10}\\L_{21}b_1+L_{22}b_2+\cdots+L_{2m}b_m=L_{20}\\\qquad\vdots\\L_{m1}b_1+L_{m2}b_2+\cdots+L_{mm}b_m=L_{m0}\end{cases} \tag{11－12}$$

其中

$$L_{kj}=L_{jk}=\sum_{i=1}^{n}(x_{ji}-\bar{x}_j)(x_{ki}-\bar{x}_k)\qquad(j,k=1,2,\cdots,m)$$

$$L_{j0}=\sum_{i=1}^{n}(x_{ji}-\bar{x}_j)(y_i-\bar{y})\qquad(j=1,2,\cdots,m)$$

设

$$\boldsymbol{L}=\begin{bmatrix}L_{11}&L_{12}&\cdots&L_{1m}\\L_{21}&L_{22}&\cdots&L_{2m}\\\vdots&\vdots&\cdots&\vdots\\L_{m1}&L_{m2}&\cdots&L_{mm}\end{bmatrix} \tag{11－13}$$

则式（11－7）中的回归系数（b_1，b_2，…，b_m）可由下式求得，即

$$\boldsymbol{b}=\boldsymbol{L}^{-1}\boldsymbol{L}_0 \tag{11－14}$$

其中

$$\boldsymbol{L}_0=(L_{10},L_{20},\cdots,L_{m0}) \tag{11－15}$$

式（11－13）给出的联立方程式称为“正规方程”或“法方程”，通过高斯消元法解此线性方程，就可将 b_1，b_2，…，b_m 求出，常数项 b_0 可由式（11－9）求出。根据以上原理即可编程序，在计算机上估计出各参数，建立起多元线性回归方程模型。

【例 1】参照 S. S. Peng 等在不稳定顶板条件下，利用有限元对未支护区影响因素的研究成果，进行多元线性回归分析得到如下回归方程：

$$y=-247-148x_1-218x_2+28x_3+14x_4+4.49x_5+9.45x_6-0.43x_7 \tag{11－16}$$

式中 x_1——直接顶的弹性模量，MPa；

x_2——煤层的弹性模量，MPa；

x_3——基本顶的弹性模量，MPa；

x_4——直接顶与采高的比值；

x_5——顶梁端点与煤壁间的距离，m；

x_6——支架立柱倾角，(°)；

x_7——支架支撑力，10^4 N；

y——未支护区内所产生的最大水平应力，Pa。

利用式（11－16）可对未支护区所产生的最大水平应力进行仿真预测，从而为达到及时护顶，保证安全提供依据。

当自变量与因变量之间为非线性关系时，应采用多元非线性回归分析方法。具体过程是，首先采用一元非线性回归计算，寻求各自变量与因变量之间的非线性关系，再采用不同的非线性关系，分别作回归计算，相关系数最大的一元非线性回归方程即为自变量与因变量之间的非线性关系；其次由所确定的非线性关系对数据进行预处理，使因变量与自变量之间转化为线性关系，采用多元线性回归方法求出线性方程；最后转化为多元非线性方程。

二、矿压监测缺失数据的拟补方法

在矿山压力监测过程中，往往由于生产、地质及人为的因素，造成监测数据的缺失，从而导致分析结果的不准确。因此，根据已有监测数据的内在规律性，采用一定的数学手段，对缺失数据进行合理的拟补，是研究矿压规律的重要途径。所谓缺失数据拟补，就是根据已知观测点的数据，求出未知测点的数据，在数学上有的学者称之为插值计算。本节主要讨论工程中常用的线性插值拟补方法。

在进行现场矿压监测研究时，用来描述某种矿压显现信息（如顶板下沉速度）的函数$f(x)$通常是很复杂的，甚至很难找到它的具体表达式。而通过现场监测，所得到的又往往是一些离散的互不相同的点 x_i（$i=0, 1, 2, \cdots, n$）上的函数值，即$f(x_i)=y_i(i=0, 1, 2, \cdots, n)$，或者说，得到一张表（表11－3），我们称之为列表函数。

表11－3　列　表　函　数

x	x_0	x_1	x_2	…	x_n
y	y_0	y_1	y_2	…	y_n

有时，出于研究目的及研究方法的需要，必须求出某两个已知点之间的函数值，也就是说必须对观测数据进行拟补，即差值处理。

线性插值是一种工程中应用较为普遍的插值方法。若已知 x_i 和 x_{i+1}，两点上的函数值分别为 y_i 和 y_{i+1}，则两点之间某点的插值公式为

$$p(x)=f(x_0)+\frac{f(x_{i+1})-f(x_i)}{x_{i+1}-x_i}(x-x_i) \tag{11-17}$$

如图11－26所示，当插值点位于和之间时，即 $x_i<x<x_{i+1}$时，称之为内插；当插值点位于 x 外侧时，即 $x<x_i$ 或 $x>x_{i+1}$时，称之为外插。

【例2】采用“岩层动态”观测研究方法进行采场来压预报时，工作面超前巷道中的顶板下沉速度是一个非常重要的指标。为了获取此数值，一般的做法是，根据煤壁前方巷道中数个距煤壁固定距离点的下沉速度曲线（即下沉速度高峰的收缩和扩张），推断基本顶岩梁运动过程中支承压力的分布及岩梁断裂的位置和时间，由此推断工作面基本顶来压时间、类型及特点。通常选取煤壁前方2 m、4 m、6 m和8 m处(或3 m、5 m、7 m、9 m)的顶板下沉速度作为研究指标。超前巷道中顶板下沉速度是通过在其中设置动态仪来监测的。随着工作面的推进，每台动态仪与煤壁的距离是变化的。因此，在多数情况下，动态仪观测得到的下沉速度并不是我们要研究的固定点上的下沉速度，而是必须用这些已知的观测数据进行插值，求出固定点上的下沉速度数据，从而达到来压预报的目的。

假设在某工作面用煤壁前方2 m、4 m、6 m、8 m处的顶板下沉速度曲线进行来压预报，巷道中布置了5台动态仪，间距2 m，如图11－27所示。据某班观测，1号动态仪距煤壁1 m，下沉速度为0.4 mm/h，其他各动态仪的下沉速度见表11－4。

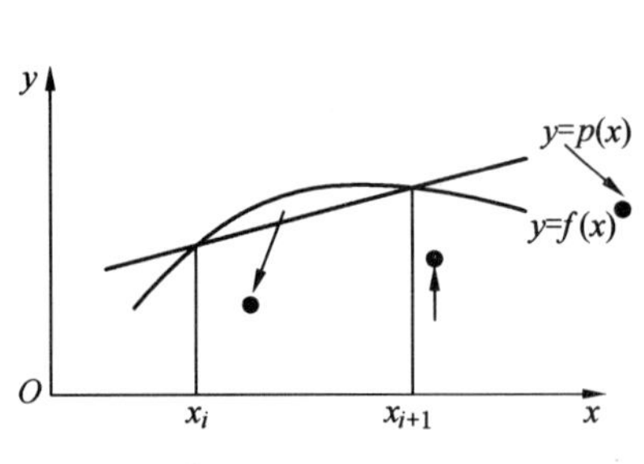

图11－26　插值拟补法示意图

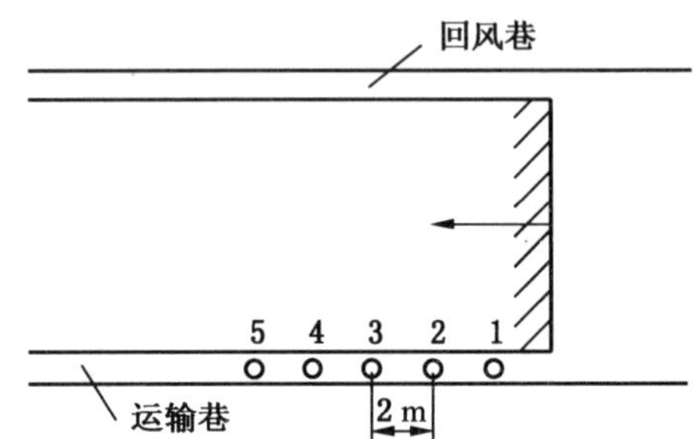

图11－27　超前巷道矿压观测布置图

表11－4　顶板下沉速度表

动态仪	1	2	3	4	5
距煤壁距离/m	1	3	5	7	9
下沉速度/(mm·h^{-1})	0.4	0.64	1.45	0.88	0.67

由表11－4可知，2 m点位于1号与2号动态仪之间，据插值公式（11－17），可得距工作面煤壁2 m处的下沉速度为

$$V_{2m}=\frac{V_2-V_1}{L_2-L_1}(2-L_1)+V_1$$
$$=\frac{0.64-0.40}{3-1}\times(2-1)+0.40$$
$$=0.52$$

式中　V_{2m}——煤壁前方2 m处的下沉速度，mm/h；

V_2、V_1——2号动态仪与1号动态仪的下沉速度，mm/h；

L_2、L_1——2号动态仪与1号动态仪距煤壁的距离，m。

同理，距煤壁4 m、6 m、8 m处的下沉速度分别为

$$V_{4m}=\frac{V_3-V_2}{L_3-L_2}(4-L_2)+V_2$$
$$=\frac{1.45-0.64}{5-3}\times(4-3)+0.64$$
$$=1.045(mm/h)$$
$$V_{6m}=\frac{V_4-V_3}{L_4-L_3}(6-L_3)+V_3$$
$$=\frac{0.88-1.45}{7-5}\times(6-5)+1.45$$
$$=1.165(mm/h)$$
$$V_{8m}=\frac{V_5-V_4}{L_5-L_4}(8-L_4)+V_4$$
$$=\frac{0.67-0.88}{9-7}\times(8-7)+0.88$$
$$=0.775(mm/h)$$

根据上述计算结果，即可绘制出顶板下沉速度曲线。

第六节 矿山压力观测报告的编写

采煤工作面或者巷道矿压观测的结果要通过矿山压力观测报告加以概括和归纳，它既可作为现场顶板控制的指导性技术文件，又可作为矿压理论研究的依据。矿压观测报告要有严密的科学性和明确的针对性；同时对新发现的问题可以进行大胆的探讨，阐明自己的见解和学术观点。所谓科学性，就是对所获得的全部观测数据用概率论和数理统计的方法进行处理，不得随意取舍或按照错误的方法整理分析。所谓针对性，就是要根据本次观测的具体内容、目的和所使用的仪器，对取得的成果进行实事求是的总结，得出本工作面或巷道所特有的矿压特征和顶板控制的方法及改善途径。

采煤工作面的矿压观测报告内容大致可分为 4 个方面：

（1）观测的目的、内容及方法。说明本次矿压观测的主要任务、内容、采用的矿压观测仪器、测区及测站的布置、观测和记录的方法及日常数据处理方法等。

（2）测区地质及生产技术条件：

①说明观测工作面的地质条件，煤层名称、采高、顶底板岩层组成、各层厚度、岩石强度、裂隙及构造发育程度、倾角、采深等（附综合柱状图）。

②说明观测工作面的生产系统、开采要素、工作面周围的开采状况及采空区的相对位置关系（附采区巷道布置图）。

③说明观测工作面的支架型号及参数、支架规格、采煤机型号及工作方式，控顶方式及控顶距，端头支护方式及劳动组织等（附支架布置图及主要技术特征表）。

（3）观测结果分析。观测结果的好与坏主要取决于观测计划及手段是否完善、观测工作组织与实施情况。如果观测目的明确，观测项目针对性强，观测方法和手段得当，观测数据完整且比较准确，运用恰当的数据整理方法，一定会取得满意的成果。

（4）结论与建议。结论与建议的主要内容：工作面矿压显现规律；支架形式与参数的改进建议；对顶板控制的建议，其他需要说明的问题。

观测结果分析是矿压观测报告最主要的内容，也是矿压观测研究目的所在，因此，有必要介绍一下分析的主要内容。

一、顶板来压特征

顶板来压特征包括直接顶初次垮落、基本顶初次来压和周期来压特征。分析顶板特征的目的在于掌握所观测工作面围岩运动规律，为顶板分类、支架选型、确定顶板控制措施等提供可靠依据。顶板来压特征包括来压显现程度、来压步距、来压强度3个方面。

（一）来压显现程度

一般列表对比来压时与来压前支架（柱）工作阻力、顶底板移近量、顶板破碎程度、活柱下缩量及煤壁片帮深度等项目，判断来压显现程度。

（二）来压步距

来压步距主要是指基本顶初次来压步距 L_0 及周期来压步距 L_E。实测表明，利用顶底板移近量及支柱（架）工作阻力 p_0、p_t、p_m 可初步判定 L_0 和 L_E。在参考煤壁片帮深度 C、冒落高度 h、顶板破碎度 F 及巷道底鼓速度的变化规律进行判断。

无论用哪一个参数确定 L_0 和 L_E，其步骤基本相同。

（1）选取同一条件下的观测值，以观测循环、观测日期和至开切眼的距离为横坐标，以选定的观测值为纵坐标，绘出矿压观测量与至开切眼距离的关系曲线，判断有无明显的具有规律性变化的峰值。如果此峰值存在，说明可能有基本顶来压现象。

（2）在初步判定基本顶具有来压显现的前提下，计算矿压观测量的平均值和均方差，进一步确定基本顶来压峰值及步距。

一般可用以下两式计算结果作为区分基本顶来压与否的界限：

$$S_M = \overline{S}_D + (1 \sim 2)\sigma_s \tag{11-18}$$

$$p_M = \overline{p}_D + (1 \sim 2)\sigma_p \tag{11-19}$$

式中 S_M——判定基本顶来压的累积顶底板移近量；

$\overline{S}_D$——观测期间顶底板累计移近量平均值；

σ_s——顶底板累计移近量均方差；

p_M——判定基本顶来压的工作阻力；

$\overline{p}_D$——观测期间全部支护阻力平均值；

σ_p——支护阻力均方差。

计算 p_M 时，取一倍均方差$(\overline{p}_D+\sigma_p)$ 还是两倍均方差$(\overline{p}_D+2\sigma_p)$，要参照其他量而定。一般情况下，凡是 S_M、p_M 的实测值大于相应的判定值时，均属于基本顶来压。通常，当支撑力不高于直接顶平均载荷时，在工作面全部观测值绘成的支架载荷—频率分布图上，若出现两个区域，可认为基本顶有周期来压。并由此可进一步计算周期来压时的平均值与均方差。

（3）量取基本顶来压峰值与至开切眼的距离，即可得出基本顶初次来压步距。根据观测到的几次周期来压，求出其步距的平均值和均方差。

（三）来压强度

判断来压强度，可以用动压系数 K_D 作为衡量的标准，K_D 为基本顶周期来压时工作阻力 $p_{基}$ 与非周期来压期间工作阻力 $p_{平}$ 的比值。

表 11－5 为柴里煤矿 321 一分层工作面观测结果，该工作面有上位基本顶和下位基本顶之分，且工作面长度在观测期间有显著变化。

表 11－5　基本顶来压步距及强度

来压性质	工作面	来压次序	情况说明	来压步距					动载系数		
				持续时间		影响范围/m	间隔时间/d	来压步距/m	按初撑力计	按最大阻力计	平均
				循环	天数/d						
初次来压	短	1	下位	5	0.2	1.88	7	24.0	1.47	1.86	1.67
			上位	4	0.8	3.0	3	34.4	1.17	2.95	2.06
	长	1	新面	5	2	2.1	2.3	38.1	1.28	2.56	1.92
周期来压	短	1	下位	4	0.6	1.8	1.5	5.7	1.76	2.12	1.94
			上位	5	0.6	2.1	1.5	12.9	1.40	2.38	1.86
		2	下位	3	0.5	1.5	6.5	14.7	1.04	1.62	1.33
			上位	3	0.5	1.2	2.0	22.2	1.62	2.02	1.82
		3	下位	2	0.4	0.9	5	15.5	1.17	1.86	1.40
			上位	3	0.5	1.1	2.0	23.5	1.20		1.53
		4	下位	2	9.4	0.9	12	17.8	1.34	1.52	1.43
			上位	6	1.0	3.2	1.0	22.1	1.26	2.02	1.64
	长	5	新面	6	2.0	3.0	7.0	12.2	1.05	1.46	1.26
		6	旧面	1	0.5	0.8	5.5	7.3～11.3	2.14～2.34	1.58～1.96	1.94～2.05
		7	旧面	4～8	1.0～1.5	2～4.5	2.5～5.0	10～10.8	1.17	1.16～1.72	1.17～1.33
	短	8	下位	2	0.4	1.1	8.0	16.0	1.18	1.58	1.39
			上位	4	0.6	1.8	1.7	22.6	1.36	1.97	1.67
	长	9	新面	4	1.1	2.2	5	10.4	1.53	1.57	1.55

二、对煤层顶板稳定性评价

顶板稳定性对架型选择、支护参数的确定有着明显的作用。对煤层顶板稳定性的评定主要是确定顶板的类或级。对照《缓倾斜煤层顶板分类方案》的标准，根据观测结果，确定观测工作面直接顶的类别和基本顶级别。

三、对支架参数合理性的分析

在对实测数据进行统计分析和主要参数之间回归分析的基础上，观测报告应对以下问题进行分析且得出结论。

单体液压支护和综采液压自移支架可作如下分析：初撑力 p_0 的平均值及各区间的分布

频率；初撑力对时间加权平均阻力 p_t 的影响—回归分析；初撑力对最大阻力 p_M 的影响—回归分析；临界初撑力的确定；额定初撑力的利用率及改善路径；时间加权平均阻力、循环末阻力及额定阻力的实际利用率；实测安全阀开启率及对顶板移近量的影响；额定工作阻力合理性的评价；建议的额定工作阻力。

表 11－6 为邢台煤矿 7404 工作面工作阻力分析，供参考。p、p_M、p_t 表格类似，可以类推。其他表格可根据要求制作。表 11－7 为范各庄煤矿单体液压支柱 1353 工作面的矿压显现汇总表。

表 11－6　7404 工作面支架时间加权阻力统计表

测区	平均值/10 kN	均方差/10 kN	区最大值平均值/10 kN	最大值/10 kN	与额定功作阻力比/%	大于 2000 kN（每架）的频率/%	观测循环/个
下	227.6	19.99	—	275.8	70	59.29	81
中	229.9	21.09	289.9	394.4	70	65.46	84
上	231.3	21.77	—	289.4	71	67.69	82
平均	22.9	20.92	289.9	288.97	70.3	63.95	81～84

表 11－7　范各庄煤矿 1353 工作面各排支柱最大压力、平均压力和最大压缩量

至煤壁距离/m	0.9			2.1			3.3			3.9			4.5		
项目	p_{cp}	p_M	S_M	p_{cp}	p_M	S_M	p_{cp}	p_M	S_M	p_{cp}	p_M	S_M	p_{cp}	p_M	S_M
初次放顶	7.7	1.4	1.3	12.0	13.6	17.5	18.2	20.7	58	21.7	21.9	130	21.8	21.8	160
慢速推进	7.3	8.6	0	7.5	8.8	10.1	14.6	14.2	17	13.9	13.9	20	15.6	15.6	183
暂停产期	9.4	10.8	10.0	11.4			18.2	21.0							
强烈地震后	25.3	30.0		23.9	26.5		26.2	28.5							

四、顶梁载荷分布及改善途径

单体支柱工作面顶梁载荷分布基本上由立柱的工作阻力决定。

综采工作面需要计算和分析以下问题：根据实测工作阻力及支架参数，计算顶梁的平均合力作用点及垂直合力；按线性（梯形三角形）分布公式，计算顶梁的平均阻力及其在顶梁尖端的分布；对顶梁载荷分布特征的评价及改善建议。

表 11－8 为石嘴山一矿 2292 下工作面 QY 型支架顶梁载荷统计结果。

五、支架支护效果和工作状态

（一）顶板破碎度

采煤工作面正常推进阶段和过断层时，平时与周期来压结束时的顶板破碎度 F 是评价支架支护效果和工作状态的重要指标。表 11－9 为范各庄矿 1370 工作面顶板破碎度等参数统计表。

表 11-8 QY 型支架顶梁载荷分布表

项目		顶梁载荷/kN			支护强度/MPa			前探梁均值/MPa	后梁均值/MPa	合力作用点
		p_0	p_t	p_m	q_0	q_t	q_m	q_1	q_2	x/cm
平均值		51.7	69.6	104.9	0.114	0.1158	0.1428	0.1059	0.1841	77
其中	立柱	535.8	583	709						
	前梁千斤顶	111.96	112.7	115.6						
	平衡千斤顶	22.1	28.3	13.1						
均方差		153.6	150.9	207.9	0.0319	0.0309	0.0426	0.0637	0.0696	6.87

表 11-9 范各庄矿 1370 工作面基本顶来压时围岩状况变化统计表

来压次序	测点位置	顶板破碎度 F			片帮深度 C			冒落高度 h		
		$F_{平}$/%	$F_{周}$/%	$F_{周}/F_{平}$	$C_{平}$/mm	$C_{周}$/mm	$C_{周}/C_{平}$	$h_{平}$/mm	$h_{周}$/mm	$h_{周}/h_{平}$
初次来压	54~55 架	0	0	0	0	133	13.3	0	0	0
	35~37 架	16.8	34	2.04	200	177.6	1.13	46.4	340	7.3
第一次周期来压	54~55 架	0	0	0	274.8	500	1.8	0	0	0
	35~37 架	50	67	1.34	276.8	1600	2.1	944.9	2000	2.1
第二次周期来压	54~55 架	0	20		423.5	1034	2.4	0	209	
	35~37 架	62.8	100	1.95	743.7	1100	1.48	1044	767	0.73
第三次周期来压	54~55 架	46.9	0		1013	1167	1.1	486	0	
	35~37 架	81.6	100	1.23	1051.9	767	0.73	529.6	700	1.32
周期来压平均值	54~55 架	15.6	6.7	0.43	507.4	900.3	11.78	162	66.7	0.41
	35~37 架	64.8	89.9	1.73	852.8	155.7	1.36	839.9	1155.7	1.38

注：F、C 和 h 的脚标“平”字及“周”字，分别表示平时与周期来压时数值。

（二）顶底板移近量及移近速度的分布

表 11-10 为邢台煤矿不同支架工作面顶底板移近量对比表。顶底板移近量是衡量支护效果的重要指标。采煤工作面采用不同支架，其底板移近量不同。

表 11-10 邢台煤矿不同支架工作面顶底板移近量比较表

项目	工作面编号		采高/m	控顶距/m	累积顶底板移近量/m	单位顶底板移近量/($mm \cdot m^{-1}$)	与 7203 工作面单位顶底板移近量比较/%
单体支柱	东翼 7203		1.86	3.5	253.4	38.9	100
	7303 7504		1.87~1.98	3~3.6	227.3~424.9	3~60	77.1~154.2
掩护式支架	东翼 7404	最大	3.06	3.6	249.5	25.68	66.1
		最小	3.17	3.6	452.2	83.17	213.8
		平均	2.90	3.6	45.0	1.46	3.8

（三）支架工作状态

支架工作状态主要是指支架在井下实际工作的状态，如增阻、恒阻、降阻。另外还包括支架工作阻力在循环内随时间的变化。为此需要归纳分析两个方面的内容。

（1）支架工作阻力与活柱下缩量的关系。若支架工作阻力与活柱下缩量两者呈线性增长关系，则为增阻状态；若支架工作阻力不增加，而下缩量增长则为恒阻状态；如果支架工作阻力下降而下缩量增长，则为降阻状态，此种状态为不正常工作状态，说明支架液压系统有故障（有渗漏等），必须及时检查处理。

（2）循环内支架工作阻力变化。循环内支架工作阻力随时间变化情况可分为：一次急增阻型（急增阻—微增阻或连续急增阻）；二次急增阻型（急增阻—微增阻—急增阻）；微增阻型；微增阻—恒阻型；恒阻型（安全阀开启型或不开启型）；初撑—降阻—增阻或恒阻型。支架不同的工作状态与顶板动态、初撑力大小、支架液压系统密封性能及操作质量有关。在正常情况下，一次或二次急增阻类型中，若急增阻所占时间比例较大，说明支架初撑力不足，低于临界值。在这两类中，若出现微增阻阶段，则此时支架与围岩处于相对稳定阶段，其平均值可视为与临界阻力接近。若初撑力为恒阻或降阻（安全阀不开启），意味着支架初撑力设计得过高。

对一个采煤工作面观测完毕后，应对支架各种工作状态进行简要统计，做出必要的结论。

在整理支架（柱）工作阻力与活柱下缩量时，对于液压支架（柱），必须明确区分支架处在弹性的或安全阀开启的状态中哪一类。前者相当于弹性介质，后者相当于黏性介质（即压力不变的条件下，下缩量连续增加）。在增阻阶段，工作阻力与顶底板移近量成正比，此时支架处于弹性工作状态。支架工作阻力为

$$p_1 = p_0 + KS_n \tag{11-20}$$

式中 S_n——活柱下缩量；

K——支架刚度；

p_0——支架初撑力。

安全阀开启后，支架处于恒阻阶段。顶底板移近量取决于支架—围岩相互作用关系。此时，支架工作阻力为

$$p_2 = p_K \tag{11-21}$$

式中 p_K——安全阀开启时支架的工作阻力。

对于全工作面的矿压显现而言，支架的工作状态为多种类型混杂，即一部分支架安全阀开启，其余处于弹性压缩阶段，两种工作状态并存。此时，支架的工作状态通常用安全阀开启率表示。其中循环开启率表示观测期间立柱安全阀开启的百分率。研究支架工作特性，弄清 Δp 与 S_n 关系，掌握活柱下缩量 S_n 与顶底板移近量 S_D 的关系，对于设计支架初撑力、额定工作阻力及工作高度，判断支架工作质量等问题具有重要意义。根据部分工作面的观测结果统计，活柱循环下缩量随安全阀开启率呈指数规律增长。

（四）端面顶板破碎度的分析

端面顶板破碎度是支架支护效果的主要指标，其值的大小与下列诸因素有关：顶板岩性及厚度，端面距，片帮深度，顶梁上方第一接顶点至顶梁前端面距离形成的机道上方空顶宽度，支架工作阻力，特别是梁端支护强度。对于后两项，可用多元线性回归分析，确

定各量间的关系。

此外，要研究冒落高度、工作阻力与端面距的关系。原联邦德国埃森采矿研究中心的研究结果表明，顶板冒高大于 50 cm 区域与工作面长度的频率及支架工作阻力有关。还有，初撑支护强度 q_0 对顶板破碎率 F 也有影响，如图 11 - 28 所示。初撑支护强度大于 0.2 ~0.25 MPa 时，对端面破碎度 F 的影响比较显著；而大于 0.2 ~0.25 MPa 时，F 值变化的幅度不大。

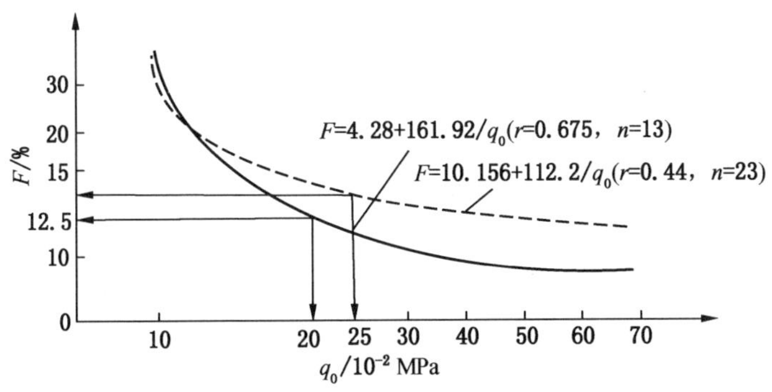

图 11 - 28　顶板破碎度与初撑支护强度的关系

（五）顶底板移近量的分析

累积顶底板移近量和单位顶底板移近量是衡量在支架支撑作用下顶板稳定程度的指标。它与下列因素有关：初撑力对顶板移动变形有影响；支护强度与顶底板移近量呈双曲线关系，如图 11 - 29 所示，当 $q_0 > 0.2$ MPa、$q_t > 0.3$ MPa 时，支架工作阻力的增大对顶底板移近量影响不明显；循环压力增量与活柱下缩量呈曲线关系，如图 11 - 30 所示，当立柱下腔压力 $p < 34$ MPa 时，活柱下缩量和支护阻力增长较慢，而立柱下腔压力 $p > 34$ MPa 时增长较快，即安全阀开启后，活柱下缩量增加。

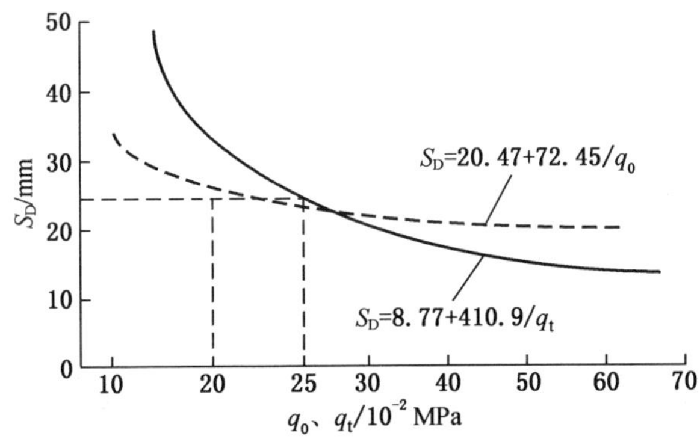

图 11 - 29　综采工作面顶底板移近量与支护强度的关系

六、支架对顶底板适应性的分析

支架对顶底板适应性的分析包括：该工作面支护的技术经济效果，如产量、效率、坑

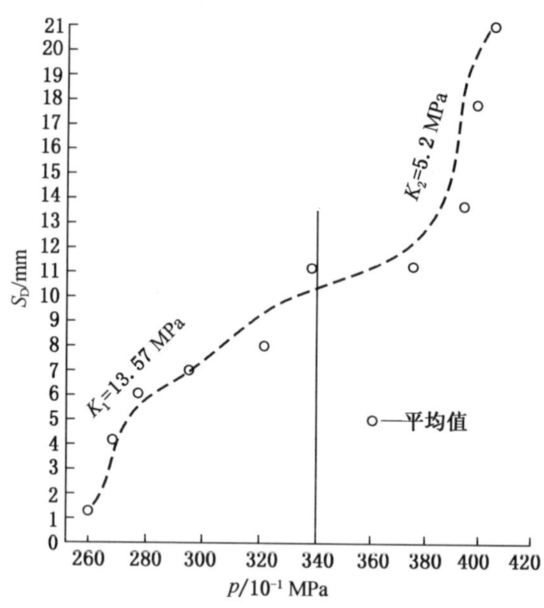

图 11－30　自移式支架立柱下腔压力与顶底板移近量的关系

木消耗成本、事故率；支架的稳定性和损坏情况统计与分析；不同支架顶板端面破碎度、移近量及其速度的对比；对底板适应性的分析。

考察支架对煤层底板或分层开采煤层的适应性，主要根据移架阻力的大小及移架工作能否顺利进行来确定。移架阻力可通过移架千斤顶液压缸内压力的变化来判断。底板压入深度，特别是底板尖端的压入深度可判断支架对煤层底板比压的优劣。

七、主要实测数据的回归分析

（1）同一综采工作面的观测数据可研究以下随机变量之间的定量关系：初撑力 p_0 与循环时间加权平均阻力 p_t 或末阻力 p_m 之间的关系；循环内阻力的增量 Δp 与增阻速度（$\Delta p/t$）、初撑力 p_0 的关系；循环末阻力与初撑力及循环时间的关系；顶底板移近量 S_D 与活柱下缩量 S_n 的关系；顶板破碎度 F 与端面控顶距 S_1、支护阻力 p_t 的关系；支护阻力 p_t 与顶底板移近量 S_D 的关系。

（2）对于若干工作面的实测数据，可研究以下各随机变量之间的关系：支架平均支护强度$\overline{p_t}$、循环末支护强度$\overline{q_m}$与初阻力 p_0、周期来压步距 L_2、直接顶充填能力（h_1/m）及控顶距 L_K 等因素的关系；基本顶初次来压步距与周期来压步距的关系；基本顶初次来压、周期来压步距与地质因素（直接顶厚度、基本顶厚度、顶板岩性）的关系。

八、对顶板控制的分析和建议

（1）巷道布置和开采顺序是否合理，邻近采区、上下区段、上下煤层的开采对本工作面的影响特征、范围、强度。

（2）工作面推进方向是否合理，与顶板节理方向的夹角，与煤层节理的夹角，仰斜或俯斜推进的控顶效果及技术经济指标。

（3）工作面停产事故的定量分析，各种事故（冒顶事故、机电事故、运输事故、组织因素等）所占的比例及原因分析。

（4）对顶板控制的各种措施，包括特种支架的作用和效果的分析。

思考与练习题

（1）矿山压力监测的主要仪器有哪些？各有什么特点？

（2）简述圆图自记仪的原理及数据处理方法。

（3）简述支架外载监测的方法。

（4）简述巷道围岩变形破坏的监测方法。

（5）简述巷道支架载荷的监测方法。

（6）简述各类数据分析方法的特点。

参 考 文 献

[1] 宋振骐. 实用矿山压力控制 [M]. 徐州：中国矿业大学出版社，1988.
[2] 钱鸣高，石平五. 矿山压力与岩层控制 [M]. 徐州：中国矿业大学出版社，2003.
[3] 钱鸣高，石平五，许家林. 矿山压力与岩层控制 [M]. 徐州：中国矿业大学出版社，2010.
[4] 岑传鸿，窦林名. 采场顶板控制及监测技术 [M]. 徐州：中国矿业大学出版社，1998.
[5] 蒋金泉，谭云亮，潘立友，等. 矿山压力监测及预报 [M]. 北京：煤炭工业出版社，1996.
[6] 姜福兴，王同旭，潘立友，等. 矿山压力与岩层控制 [M]. 北京：煤炭工业出版社，2004.
[7] 谭云亮，宁建国，顾士坦，等. 矿山压力与岩层控制 [M]. 修订版. 北京：煤炭工业出版社，2011.
[8] 耿献文，马全礼，刘桂仁，等. 矿山压力测控技术 [M]. 徐州：中国矿业大学出版社，2002.
[9] 谭云亮，宁建国，赵同彬，等. 深部巷道围岩破坏及控制 [M]. 北京：煤炭工业出版社，2011.
[10] 陈炎光，陆士良. 中国煤矿巷道围岩控制 [M]. 徐州：中国矿业大学出版社，1994.
[11] 刘长武，褚秀生. 软岩巷道锚注加固原理与应用 [M]. 徐州：中国矿业大学出版社，2000.
[12] 李明远，王连国，易恭猷，等. 软岩巷道锚注支护理论与实践 [M]. 北京：煤炭工业出版社，2001.
[13] 齐庆新，窦林名. 冲击地压理论与技术 [M]. 徐州：中国矿业大学出版社，2008.
[14] 屠世浩，袁永. 厚煤层大采高综采理论与实践 [M]. 徐州：中国矿业大学出版社，2012.
[15] 杨帆. 急倾斜煤层采动覆岩移动模式及机理研究 [D]. 阜新：辽宁工程技术大学，2006.
[16] 周世宁，林柏泉. 煤矿瓦斯动力灾害防治理论及控制技术 [M]. 北京：科学出版社，2007.
[17] 俞启香. 矿井瓦斯防治 [M]. 徐州：中国矿业大学出版社，1992.
[18] 蒋承林，俞启香. 煤与瓦斯突出的球壳失稳机理及防治技术 [M]. 徐州：中国矿业大学出版社，1998.
[19] 中国煤炭工业劳动保护科学技术学会. 瓦斯灾害防治技术 [M]. 北京：煤炭工业出版社，2007.
[20] 李白英. 开采损害与环境保护 [M]. 北京：煤炭工业出版社，2004.
[21] 邹友峰，邓喀中，马伟民. 矿山开采沉陷工程 [M]. 徐州：中国矿业大学出版社，2003.
[22] 郭惟嘉. 矿井特殊开采 [M]. 北京：煤炭工业出版社，2008.
[23] 王金庄，邢安仕，吴立新. 矿山开采沉陷及其损害防治 [M]. 北京：煤炭工业出版社，1995.
[24] 何国清，杨伦，凌赓娣，等. 矿山开采沉陷学 [M]. 徐州：中国矿业大学出版社，1989.
[25] 虎维岳. 矿山水害防治理论与方法 [M]. 北京：煤炭工业出版社，2005.
[26] 高延法，施龙青，牛学良，等. 底板突水规律与突水优势面 [M]. 徐州：中国矿业大学出版社，1999.
[27] 张文泉. 矿井水害预防与治理 [M]. 徐州：中国矿业大学出版社，2008.
[28] 施龙青，韩进. 底板突水机理及预测预报 [M]. 徐州：中国矿业大学出版社，2004.
[29] 姜福兴，谭云亮，韩继胜，等. 巷道围岩动态工程分类技术研究 [J]. 工程地质学报，1999，7 (3)：243-249.
[30] 于正兴，姜福兴，桂兵. 冲击地压危险性的宏观评价方法在“孤岛”工作面的应用 [J]. 矿业安全与环保，2011，38 (5)：30-32.
[31] 伍永平. 大倾角煤层开采“顶板-支护-底板”系统稳定性及动力学模型 [J]. 煤炭学报，2004，29 (5)：527-531.
[32] 黄建功. 大倾角煤层采场顶板运动结构分析 [J]. 中国矿业大学学报，2002，31 (5)：411-414.
[33] 王连国，李明远，王学知. 深部高应力极软岩巷道锚注支护技术研究 [J]. 岩石力学与工程学报，2005，24 (6)：2889-2893.

[34] 马世志，张茂林，靖洪文，等. 巷道围岩稳定性分类方法评述［J］. 建井技术，2004，25（5）：24－27.

[35] 李万军，杨家兵. “下三带”理论和“P－h”临界曲线法预测底板突水［J］. 煤矿开采，2010，15（5）：45－47.

[36] 徐建文，石伟良，王飞，等. 矿井突水综合防治技术［J］. 煤矿开采，2010，15（4）：112－114.

图书在版编目（CIP）数据

矿山压力与岩层控制/谭云亮，赵同彬主编．--北京：煤炭工业出版社，2014

煤炭成人高等教育“十二五”规划教材

ISBN 978-7-5020-4599-9

Ⅰ.①矿… Ⅱ.①谭… ②赵… Ⅲ.①煤矿开采—矿山压力—成人高等教育—教材 ②煤矿开采—岩层控制—成人高等教育—教材 Ⅳ.①TD32

中国版本图书馆CIP数据核字（2014）第166685号

煤炭工业出版社 出版
（北京市朝阳区芍药居35号 100029）
网址：www. cciph. com. cn
煤炭工业出版社印刷厂 印刷
新华书店北京发行所 发行

*

开本 787mm×1092mm 1/16 印张19
字数460千字
2014年10月第1版 2014年10月第1次印刷
社内编号7454 定价35.00元
